U0159176

雅鲁藏布谜峡

——世界第一大峡谷科考探险纪实

罗洪忠　罗林鑫◎著

西南交通大学出版社
·成　都·

图书在版编目（CIP）数据

雅鲁藏布谜峡：世界第一大峡谷科考探险纪实 / 罗洪忠，罗林鑫著. —成都：西南交通大学出版社，2021.10

ISBN 978-7-5643-8331-2

Ⅰ. ①雅… Ⅱ. ①罗… ②罗… Ⅲ. ①雅鲁藏布江－峡谷－科学考察－普及读物 Ⅳ. ①P942.700. 77－49

中国版本图书馆 CIP 数据核字（2021）第 209186 号

Yaluzangbu Mixia

——Shijie Di-yi Da Xiagu Kekao Tanxian Jishi

雅鲁藏布谜峡

——世界第一大峡谷科考探险纪实

罗洪忠　罗林鑫　著

责任编辑	居碧娟
封面设计	曹天擎
出版发行	西南交通大学出版社 （四川省成都市金牛区二环路北一段 111 号 西南交通大学创新大厦 21 楼）
发行部电话	028-87600564　028-87600533
邮政编码	610031
网　　址	http://www.xnjdcbs.com
印　　刷	成都蜀通印务有限责任公司
成品尺寸	170 mm × 230 mm
印　　张	22
字　　数	372 千
版　　次	2021 年 10 月第 1 版
印　　次	2021 年 10 月第 1 次
书　　号	ISBN 978-7-5643-8331-2
定　　价	58.00 元

图书如有印装质量问题　本社负责退换

版权所有　盗版必究　举报电话：028-87600562

编 委 会

顾　问： 魏长旗　李继承　杨玉东　边巴索朗

主　任： 叶敏坚

副主任： 张巍巍

常　委： 肖志伟　黄才文　林荫辉　王文会　覃业在
翁恩维　冼伟光　蔡　畯　索朗达杰　叶小青

委　员： 雷元新　周绍缨　劳美铃　何　芬　黄中粱
张弘弢　杨立韵　王　强　王　斌　苏　畅
张　璇　陈　星　陈景利　刘秀珍　杨志滢
黄　强　成　武　麦光怀　张英文　刘杨晖
强　荣　薛敏菲　洪居陆　贾晓琴　徐海燕
黄声淳　陈志民　黄伟羡　李燕娥　冯昌盛
陈治龙　次仁索朗　曾银津　杨　锋　杨　燕
陆永升　伍金次仁

序

我与罗洪忠同志同为四川老乡，他是一名从西藏部队政工干部成长起来的军旅作家，长期在西藏工作，对雅鲁藏布大峡谷人文历史、风情、科考、探险颇有感情。这是他推出的“人文雅鲁藏布大峡谷”丛书的第四部著作，也是持续时间最长的一部著作。

1994 年 4 月 17 日，当他看到新华社高级记者张继民在《人民日报》上发表的《中国科学家论证雅鲁藏布江大峡谷为世界第一大峡谷》一文后，一向热爱西藏、热爱自然的他，不顾家庭的反对，毅然走进了雅鲁藏布江大峡谷，去实地感悟世界第一大峡谷。

他在多次亲近雅鲁藏布江大峡谷后，心灵受到了雄伟壮丽的大峡谷洗礼，他从崇拜世界第一大峡谷到热爱她，进而产生了书写世界第一大峡谷，让世界上的人们知道世界第一大峡谷在中国的梦想。

洪忠开始搜集有关大峡谷的国内外历史资料，拜访与大峡谷相关的人，包括解放军战士，当地世居民族，知名作家，也包括多次科学考察大峡谷的科学家……

一次，他来到北京，在我的办公室访问我，畅谈了他对世界第一大峡谷的崇拜与热爱，回顾了他走进世界第一大峡谷后的感悟，特别是，他立志撰写一部尽可能全面介绍雅鲁藏布大峡谷的著作，不仅仅介绍我国科学家、探险家对于大峡谷逐渐加深的认识，介绍世界上其他探险者、科学家走进大峡谷的历史真面貌，也要实事求是地揭露外国某些别有用心的掠夺者对世界第一大峡谷宝贵资料的窃取……

我被他的志向感染，被他怀揣“中国梦”的大智大勇感动。时任中国科学探险协会主席的我，向他提供了我们科学家所掌握的所有有关大峡谷的资料，向他介绍了有关科学家和人物的联系方式，以便帮助他实现自己的梦想。

我们畅所欲言交谈，我真心希望他写雅鲁藏布大峡谷的真实历史，写人类逐渐认识大峡谷的过程，展现大峡谷的真实面貌，着墨大峡谷的自然特征。

与此同时，我也希望他的著作一定要彰显大峡谷与人类和谐共存的真实历史，呼吁人类关爱大峡谷，共同为促进大峡谷的可持续发展而不懈努力！

洪忠尽可能这样努力了，洪忠倾尽了他二十多年的心血，反反复复，多次修改，今天他的著作终于问世了。

在此，我一方面衷心祝福洪忠的成功，一方面希望读者耐心地阅读，从中寻找人与自然和谐共生的乐趣，从中寻找认识大自然的科学途径，从中吸取有益于自己的科技知识。

一部著作问世，尤其是关于人类认识与亲近世界第一大峡谷历史著作的问世，并不是人类认识大峡谷的终结，而仅仅是开始。

因此，我衷心希望读者在阅读后，敢于提出问题，发现问题，并在实践中去检验，去伪存真，由此及彼，把雅鲁藏布大峡谷的真实面貌更完整地介绍给全世界的人们！

高登义

2021 年 3 月 21 日于北京修改

（高登义，四川大邑人，中国科学院大气物理所研究员、博士生导师，中国科学探险协会主席，挪威卑尔根大学数学与自然科学院荣誉博士。中国科学院老科学家科普演讲团副团长，《中国科学探险》杂志社社长、主编；中国科普作家学会常务理事；曾任中国科学院大气物理研究所副所长，科学指导委员会委员；我国第一个完成地球“三极”科学考察的人；与地理学家合作，发现并论证了雅鲁藏布大峡谷为世界第一大峡谷，引起了世界地理学界的关注，于 1998 年作为队长率领科考队穿越雅鲁藏布大峡谷）

目　录

世界第一大峡谷

雅鲁藏布大峡谷、南迦巴瓦峰、巴东瀑布被《中国国家地理》杂志评选为名峡、名山、名瀑之首，无疑是在提醒人们，不同的角度产生不同的“美”，变化、个性，将使这个时代的“美”更加绚丽多姿。在生活方式发生巨大改变的现在，回归自然、探索未知、更加人文、注重个性的生活态度，已经成为新世纪的健康人生标准，人们的审美也随之改变。

不管我们承不承认，地处雅鲁藏布江下游河流段的雅鲁藏布大峡谷，在一夜之间声名远播，它的名气甚至超过了雅鲁藏布江本身。

雅鲁藏布大峡谷为国人所知，源于 1994 年 4 月 17 日中国新华通讯社向全世界发布的一条爆炸性消息：我国科学家首次确认，雅鲁藏布江大峡谷为世界第一大峡谷。壮美的祖国山河又被我国科学家首次确认一项新的世界之最，深达 5382 米的雅鲁藏布江大峡谷是地球上最深的峡谷。从此，过去曾先后被称为世界第一大峡谷的深达 2133 米的美国科罗拉多大峡谷、深达 3200 米的秘鲁科尔卡大峡谷都将退居次位。这项重大成果是中国科学院地理学家杨逸畴、大气物理学家高登义、植物学家李渤生一致推出的……

在交通、通信乃至卫星技术空前发达的今天，我们小小的地球上似乎不再有重大的隐秘可言。历时数百年的地理大发现时代，也似乎在 1910 年岁末挪威人阿蒙森的双脚踏上南极的那一刻宣告终结。试想一想，地球上还有哪些不为人知的秘境呢？在世界地理认识上还有什么重大奇迹会出现？尤其当神秘的西藏也被猎奇者涉足，整个世界仿佛就此一目了然。于是，人们自然将目光越过现实世界，投向了外太空，以满足自身的好奇。

我们知道，自 1492 年哥伦布环球航行发现新大陆以来，至今已过去了 500 多年，可中国人在世界地理发现上一直默默无闻。这一重大的地理发现，若得到世界各国的承认，意味着《中国大百科全书》及《辞海》中的有关条目将从此做出更正，世界的地理教科书也将做出改动。

然而，当我国科学家论证雅鲁藏布大峡谷为世界第一大峡谷时，人们不免要提出这样的问题：雅鲁藏布大峡谷白马狗熊[①]—扎曲—甘登之间近百千米的峡谷河流段，在这之前尚无一名科学家沿江徒步全程考察。那么，大峡谷最深处在哪里？最深值是多少？核心地段的平均深度是多少？大峡谷究竟有多长？入口处和出口处在哪里？大峡谷江面宽度的变化趋势怎样？江面坡降是多少？

1998 年 10 月，由地理、地质、大气、动物、植物、冰川、测绘、新闻等 57 名学科专家和新闻记者组成的科学探险考察队，历经流血流汗的艰辛、出生入死的考验，实现了人类首次全程徒步穿越雅鲁藏布大峡谷派乡至西让核心地段的壮举。在此次科考中，中国国家测绘局首次派人，采用当今世界上最先进的测绘仪器和技术手段，对雅鲁藏布大峡谷进行了精确测量，一个个

① “白马狗熊”属翻译成汉语时出错，应为“白马更穷”，意为“莲花小庙”。

新的权威数据不断展示在世人面前。

雅鲁藏布大峡谷全长为504.6千米，入口处在米林县派乡物资转运站，出口处在印占区的墨脱县巴昔卡村；峡谷最深处为6009米，位于南迦巴瓦峰、里勒峰与雅鲁藏布江交汇处的宗容村；单侧峡谷最深处在得哥村附近，谷深7057米；大峡谷平均深度为2268米，核心地段平均深度为2673米；大峡谷江面从入口处的宽660米逐渐收敛至最窄处的35米，江面最大坡降（河段高程差与距离之比）为75.35‰。

这次徒步穿越和实地考察测量，从西兴拉往下的白马狗熊到帕隆藏布汇入口的扎曲，在这短短的20余千米大峡谷核心无人区内，河床特别陡急，平均每千米下降22米之多。科学家首次提出了河床瀑布群的概念，并证实和发现这个河段有四大河床瀑布群，即在峡谷短距离内出现的瀑布往往有一个主体瀑布，主体瀑布上、下游还有一系列小的瀑布和跌水。测绘专家还精确测定了4组河床瀑布群的宽度和落差，其中最宽的巴东瀑布宽为117.7米，落差最大的扎旦姆瀑布群竟高达55.96米，其落差比号称世界最大的尼亚加拉大瀑布还大0.96米，这无疑又是一个新的世界地理奇观。

让我们再回过头来看看，长440千米、深2133米的美国科罗拉多大峡谷和长90千米、深3200米的秘鲁科尔卡大峡谷，曾先后被称为世界第一大峡谷。再仔细对比中国测绘专家测得的这一组组科学数据，它们再一次向世人证明，雅鲁藏布大峡谷无论其长度，还是深度，都是这两条大峡谷无法比拟的，世界第一大峡谷非它莫属。

也许是“世界第一”的光环笼罩在雅鲁藏布大峡谷头顶的缘故，一个个耀眼的“金牌”更为它蒙上瑰丽的色彩，连一些曾经的名山、名峡、名瀑，都退居到雅鲁藏布大峡谷流域的身后，甘愿当起了小弟弟的角色。

2005年初夏，《中国国家地理》杂志社发起了一项评选“中国最美地方”的活动。半年来，经过专家组的层层筛选，在众人的翘首企盼中，一份包括了山、湖泊、草原、森林、瀑布、沙漠、雅丹、冰川、湿地、峡谷、洞穴、岛屿、海岸、城市、村镇等15个中国“最美”的美景类型新鲜出炉，雅鲁藏布大峡谷景区共获得了3项第一：中国最美的山峰——南迦巴瓦峰；中国最美的峡谷——雅鲁藏布大峡谷；中国最美的瀑布——雅鲁藏布大峡谷巴东瀑布。

对于山、峡谷、瀑布的审美，中国人自古就有丰富的经验，众多美丽的诗句都是围绕着这些名山、名峡、名瀑发出的溢美之词。最耳熟能详的诗句有“五岳归来不看山，黄山归来不看岳”“自三峡七百里中，两岸连山，略无阙处。重岩叠嶂，隐天蔽日。自非亭午夜分，不见曦月”“一溪悬捣，万练飞空，溪上石如莲叶下覆，中剜三门，水从叶上漫顶而下，如鲛绡万幅，横罩门外，直下者不可以丈数计，捣珠崩玉，飞沫反涌，如烟雾腾空，势甚雄厉”，等等。然而，出乎人们预料的是，在这份名单中，占据山、峡谷、瀑布最美类型之首的，却不是黄山、三峡、黄果树瀑布。

雅鲁藏布大峡谷、南迦巴瓦峰、巴东瀑布被列为名山、名瀑、名峡之首，无疑是在提醒人们，“美”没有恒定的标准，不同的角度产生不同的“美”，变化、个性，将使这个时代的“美”更加绚丽多姿。在生活方式发生巨大改变的现在，回归自然、探索未知、更加人文、注重个性的生活态度，已经成为新世纪的健康人生标准，人们的审美也随之改变。从对大自然的敬畏到“人定胜天”的斗志，再到和谐相处的欣赏，人们看峡、看山、看瀑的眼睛不断转变着角度。

雅鲁藏布大峡谷的发现，犹如一颗耀眼的明珠，让世人眼前一亮。可我们是否想到，这个长期深锁幽闺的大峡谷，今天能成为中国最美风景，是无数科学家、探险家、民俗学家等付出巨大心血的结晶。

长久以来，西藏人称雅鲁藏布大峡谷为“隐藏在云雾雪山密林中的人间绝域”，既言人的足迹难以到达，也言“未知”的诱惑。正是在这样人迹罕至、原始封闭、玄机四伏、奥妙无穷的地方，让无数科学家、探险家、民俗学家心驰神往，有的甚至葬身其中。

凡是到过雅鲁藏布大峡谷的人，都会被它流经世界上最荒僻、山最多地带的神奇魅力所吸引。它集高、壮、深、润、幽、长、险、低、奇、秀于一身：冰峰雪岭的冷傲，热带雨林的妩媚，奇花异草的静谧，珍禽异兽的喧嚣，仙山天国的飘缈，凶峡恶谷的奇绝，自然风光的奥妙，生存环境的险恶……这一切，震撼灵魂，令人倾心迷恋。

早在19世纪20年代，英国统治下的印度测量局就开始着手系统地搜集西藏的地理情报。许多地理学家发现了一个有趣的现象，当雅鲁藏布江流入西藏东南部时，海拔近3000米，进入印度阿萨姆平原后，海拔仅为150米，两点间的直线距离只有190千米。在如此短的距离内，落差竟如此之大，在世界大江大河中极其罕见。

正是因为这一地理环境的独特，雅鲁藏布江最终流向何方，是否有大的河床瀑布，成为萦绕在许多西方地理学家心中的谜团，不免使人顿生一个个疑问，难道它在西藏东南部山区无法通行的丛林中“隐形匿迹”了？难道它飞奔而下的河道要比想象的长得多吗？难道在这个隐匿区内有一系列急流险滩不成？抑或有一条能同世界最大的尼亚加拉瀑布相匹敌甚至会超过它的河床大瀑布吗？

在揭开这些秘密之前，有的人认为它注入了察隅河、丹巴曲，有的人甚至认为它注入了长江、澜沧江、怒江。这一个个疑问，经过一些新闻媒体的宣传，像谜一样吸引着西方人前来探奇历险。出人意料的是，从 1825 年英国探险家贝德福德探索它的秘密开始，直到 1924 年英国植物学家沃德解开这个秘密，用了整整 100 年时间。

20 世纪初期，德国气象学家魏格纳从世界地图上发现了一些不可思议的现象：他注意到南美洲东海岸巴西的凸出部分与尼日利亚下方的非洲西海岸可以拼合，好像它们曾为一体而后反方向分离；南美洲与非洲的古动物群有相似之处；印度和大洋洲南部的冰川沉积物居然一体相连，似乎共同经历了一次大陆冰川作用……

在魏格纳之前，已有人注意到了地图上几大块大陆可以拼接的现象，并为此议论纷纷，也有过一些遐想。只有魏格纳于 1912 年大胆推论：它们曾一度同为一个名叫冈瓦纳的超级大陆，位于南极附近，在某一个时期它们开始分裂成几大板块，并各自漂移开来，这便是后来逐渐被人们接受的“大陆漂移”学说。这也引发了一场新的地学革命，板块构造学说、磁极倒转学说也因此应运而生。

“大陆漂移”学说不仅解释了海洋的形成、陆地的漂移，也解释了大陆碰撞的理论。这一系列新理论构成了 20 世纪 70 年代国际地学革命的核心，人类对于地球的认识又大大地向前迈进了一步。从事青藏研究的科学家们由衷地感谢这一场地学革命，青藏高原研究无疑是这场革命的受益者。地质学家发现雅鲁藏布江一线的蛇绿岩最为典型，大胆推断它把古特提斯海分隔的冈瓦大陆和欧亚大陆连接起来。昔日广阔的古海洋被挤压成如此之窄的一个条带，地质学家称之为雅鲁藏布江缝合线。

随着人们对雅鲁藏布大峡谷的逐渐考察，一些地质学家又惊奇地发现了一个更为有趣的现象：在山系集结的喜马拉雅山脉的东、西两端，分别隆起两座高峰，东端是雅鲁藏布大峡谷内侧的南迦巴瓦峰（7787 米），西端是位于克什米尔的南迦帕尔巴特峰（8125 米）。奇异的是，这两座高峰的外侧，分别被两条大河围绕，并且都形成了奇特的马蹄形大拐弯，东端为雅鲁藏布江下游大拐弯，西端为印度河上游大拐弯，都是世界级的河流大峡谷。

为什么同一山脉的两端会有两座山峰对峙、遥相呼应？并且几乎对称地被两条大河深切围绕？是偶然的巧合？是大自然的鬼斧神工？还是揭示地壳运动的规律？地质学家们一向把青藏高原看作敲开地球历史之门的“金钥匙”，有的地质学家形象地把它们比喻为喜马拉雅山东西两端的两个“地结”，就像两把巨大的“锁”，将世界上最大的一条山脉悠悠然挂在了高原的两端，并将欧亚板块紧紧“锁”在印度洋板块之上，而这两大“地结”和两条大拐弯峡谷便成了最理想的“锁孔”。

雅鲁藏布大峡谷诡云谲波、风光万千，不仅隐藏着无数的自然之谜，而且是一条有着厚重文化的历史通道和弥漫着历史熏风的文化长廊。大峡谷是世界上“最高的绿洲”，这里有郁郁葱葱的原始林海，云遮雾罩；峡谷中有金色的油菜地、绿油油的青稞田，有门巴族、珞巴族风情和独特的大峡谷文化，有清溪、急流、瀑布、跌水，点缀着古朴的寺庙。独特的自然环境，特别丰富的生物多样性资源，所有这一切构成雅鲁藏布大峡谷多姿多彩又独一无二的景观：原始、自然、质朴，魅力无穷。

我们关注大峡谷的现在，更关注它的未来。今天，我们惊喜地看到科学和理性的光辉照耀大峡谷，它的天然存在为青藏高原自然资源与社会经济的可持续发展提供了一种可能性。在为人类争得了多项“世界之最”以后，大峡谷的下一个使命就是为人类造福。

雅鲁藏布大峡谷是中国综合自然资源最丰富的山地，它所蕴藏的各种自然资源如水利、旅游、生物资源不仅关系到该地区的重要利益，也关系到西藏乃至全中国的重要社会经济利益。然而由于这里是中国尚未开发的欠发达地区，基本上承袭了非持续性的发展模式，众多的自然资源得不到合理利用，造成了巨大的资源浪费。于是，一些科学家大胆地提出了自己的宏伟设想。

有的科学家建议将大峡谷截弯取直，可建造一个发电量为三峡水电站 2.5 倍的超级水电站。从大拐弯峡谷的入口（海拔 3000 米左右的米林县派乡物资转运站大渡卡一带）筑坝截弯取直，开凿隧洞引水，隧洞通过东喜马拉雅山（多雄拉山）到大峡谷下游的墨脱县邦博一带出口（海拔 630 米左右），直线距离不足 40 千米，可获得近 2500 米高的水头，其装机容量可达 3800 多万千瓦，能彻底解决青藏高原能源短缺问题，甚至能缓解相邻南亚国家能源的不足。

有人建议对大峡谷水汽通道进行全面改造，让印度洋的暖湿气流顺利通过喜马拉雅山，可以滋润干旱的大西北。科学家经过初步测试证明，沿雅鲁藏布大峡谷进入高原的水汽输送速度最高达到 1000 克/厘米·秒以上，水汽输送量居由高原四周向高原内部输送量之首，与夏季自长江流域以南向长江以北输送的水汽量相近。大峡谷切开喜马拉雅山地形成屏障，成为天然的水汽通道，并为高原生态环境带来重要影响的事实是客观存在的。因此，有的科学家建议只需进一步扩大大峡谷水汽通道，对它实施改造调控，调来更多的水汽和热量北上，改变中国青藏高原和西北地区干旱环境的面貌。

有的科学家建议利用大峡谷丰富的电能，将雅鲁藏布江、怒江、澜沧江、金沙江的水调到黄河，以及更远的大西北。目前西藏没有大规模的用电户，且邻近的西南、西北又是我国能源的“富矿区”。黄河、金沙江上均有很多梯级水电站等待开发。如果为了国内用电，与其开发雅鲁藏布大峡谷水电站，还不如开发上述河流上的梯级水电站。

这些看似疯狂的设想，恰恰正建立在科学考察和反复论证分析的基础之上，如果这一切成为现实，世界第三极乃至整个中国西北地区和相邻的南亚地区的能源、生态环境都会因此而发生重大改观。

科学的设想是人类生存发展的一种动力，科学家的设想为我们提供了一种全新的思路，在高山峡谷、冰峰大河、险滩泥沼之间，在这些看似无法逾越的自然障碍面前，究竟还有多少是我们没有发现的？究竟还有多少是我们可以利用的？我们希望关于大峡谷的设想仅仅是个开始。

“喜马拉雅谜河”

历史似乎跟雅鲁藏布大峡谷开了一个天大的玩笑。在人类掀开雅鲁藏布大峡谷神秘面纱的背后，是英国侵略者为了搞清雅鲁藏布江流向何处，英国皇家地理学会会员贝利、地理学家沃德等，一手拿枪，一手拿着测量仪，先后深入大峡谷进行所谓的无护照之行，发现了雅鲁藏布江上的河床大瀑布、拍摄有图片和文字描述，记录了大峡谷动植物和人文景观，成为早期研究大峡谷科考、人类学的重要史料。

枪口洞开的大拐弯

雅鲁藏布大峡谷位于西藏东南部，北倚念青唐古拉山，东望横断山，向西则是绵长的喜马拉雅冰峰雪岭。它的入口在西藏米林县派乡物资转运站，出口在墨脱县巴昔卡，全长 504.6 千米，流域面积达 7 万平方千米。

当我们今天打开中国地图时，便能看到一个奇怪的现象，当雅鲁藏布江流经西藏米林县派乡物资转运站时，来了个“突发奇想”，环绕喜马拉雅山脉的东部尾闾最高峰——南迦巴瓦峰“潇洒一甩”，形成一个巨大奇特的马蹄形大拐弯，令人叹为观止。

若把雅鲁藏布大峡谷流域比作一把椅子，那么内侧海拔 7787 米的南迦巴瓦峰和外侧海拔 7257 米的加拉白垒峰，该是它的靠背了，还有众多的雪山把这个靠背编织得密不透风，让人对大山产生一种莫名的敬畏感。

这个早已为门巴人熟知的马蹄形大拐弯，在 80 年前除了当地附近的门巴村民外，可以说世上几乎无人知晓。自 1924 年那个寒气袭人的上午，当英国植物学家 F．K．沃德的双腿踏上大拐弯顶端扎曲后，这个奇特的马蹄形大拐弯很快像长了翅膀一样，飞向了世界的每一个角落。

可令人意想不到的是，历史似乎跟雅鲁藏布大峡谷开了一个天大的玩笑。人类掀开雅鲁藏布大峡谷神秘面纱的背后，是英国侵略者为了搞清雅鲁藏布江流向何处，以便找到一条侵略中国的便捷通道，从而用血腥的枪口洞开了这个神秘的大门。

中国人知道雅鲁藏布大峡谷有个马蹄形大拐弯，恐怕大多数都是从 1998 年人类首次徒步穿越雅鲁藏布大峡谷核心段，从中央电视台的宣传中了解到的。但多数中国人也许并不了解的是，这个神奇马蹄形大拐弯的发现，与一个名叫 C．贝德福德（C.Bedford）的英国陆军上尉有关，是他掀起了一股讨论雅鲁藏布江流向何方的热潮。

1825 年 11 月 22 日傍晚，热浪阵阵袭来。这天对于贝德福德来说，无疑是一个再美好不过的日子。英国在印度取得稳固的统治地位后，吞并缅甸阿萨姆指日可待。他的双脚从阿萨姆踏上雅鲁藏布大峡谷流域，来到靠近阿萨姆帕西尔的一个珞巴族村寨，进入了我国珞巴族领地，成为第一个进入这块神秘土地的欧洲人，开始了他寻找雅鲁藏布江流向何处的探险之旅。

世界历史的法则永远告诉人们这样一个真理，不管一个国家过去多么强大，多么先进文明，只要你躺在那里睡大觉，就会被历史的车轮碾得粉碎。四大文明古国之一的印度，早在400年前，就被一个小小的英国用坚船利炮洞开了国门。英国在其沿海一带成立了东印度公司，专门从事印度洋地区的殖民活动，不久又在印度苏拉特建立商站，以此为据点，步步为营，向印度腹部扩张，经过上百年，将印度变成了自己的殖民地。

打开东方古老的一册山河，就会看到雅鲁藏布大峡谷的出口处在墨脱县的巴昔卡，再往下就流入了印度阿萨姆地区。可就是这个阿萨姆，它原本也不是印度的领土，而是由缅甸的一个土王阿霍姆统治。然而，英国人对领土的贪婪，几乎达到了疯狂的地步，它已不满足于在印度取得的统治权。

早在几年前，英国陆军上尉军官贝德福德就踏上了阿萨姆平原，着手搜集这里的地理情报，为英国吞并阿萨姆做准备。就在贝德福德踏上珞巴族领地的第二年，即1826年，东印度公司靠着先进的洋枪洋炮，与缅甸签订了《阳达布条约》，强行从缅甸人手中夺得了阿萨姆。然后他们又以此为跳板，把侵略矛头直指西藏东南部珞巴族聚居的地区。

珞巴族民荣人表演踏步战舞

贝德福德18世纪末生于英国，曾就读于英国皇家地理学院，大学毕业后，参加了英国侵略印度的军事行动。1825年，他就已是英国东印度公司测量队的一名上尉军官。当他接到上司关于弄清雅鲁藏布江流向何处的命令后，从阿萨姆挑选了30多名背夫，沿着布拉马普特拉河逆流而上，开始了他的“阿波尔”探险之旅。

19世纪初期，东印度公司完全不了解雅鲁藏布大峡谷流域珞渝的情况，仅是道听途说地获得了一些不甚确切的信息。正如F. 哈密尔顿在1807年至1814年编写的《阿萨姆记事》所写道：“布拉马普特拉河对岸为米里人或达夫拉人，紧挨着迪杭河（雅鲁藏布江下游）那边，据说居住着叫阿波尔（珞巴族）的人群，再进去是另一个叫提克利亚那加人，两者均极端野蛮，据说他们的确是食人的。”[①]在英属印度政府任职多年和对珞巴部落文化颇有研究的V. 埃尔温博士对此评论说，当时欧洲人对那个地区“知道得何等之少”!

1825年，东印度公司抢夺缅甸阿萨姆平原的战争尚未结束，M.沙尔舒少校组织一支由军人组成的大型探测队，跟随几个师的部队前进，直至1828年结束。1825年1月，当贝德福德带着助理威尔科克斯中尉到达阿萨姆边境的戈阿尔帕拉时，获悉缅甸军队在兰普尔有条件地向东印度公司军队投降，便试图扩大战果探查布拉马普特拉河支流。贝德福德就是在这样的背景下，进入了我国珞巴族巴达姆部落领地。

11月22日，贝德福德上尉第一次在珞巴族村庄只逗留了2天，企图说服珞巴族部落头人让他们继续前行，但徒劳无益，只得暂时撤回阿萨姆平原。11月28日，在布拉马普特拉河一条支流河口的平原地带，贝德福德一行遇到了许多珞巴人，他们下到“洛希特河”（注：察隅河）北面地区向米里部落人（有的学者认为他们属于珞巴族众多部落中的一个）收取租金。这些珞巴人声称，布拉马普特拉河北岸平原地区归他们部落所有，耕种平原土地的居民每户每年必须向他们缴一笔租金。

西藏东南部的门隅、珞渝和察隅地区，居住着门巴族、珞巴族和僜人的众多支系与部落，也居住着少数藏族人。英国殖民者强行霸占阿萨姆后，探险考察者进入雅鲁藏布大峡谷流域，仍沿袭阿霍姆王朝对中国珞巴族、僜人的某些侮辱性称呼，带来了许多部落和地理名称的混乱。诸如将墨脱县和察隅县丹龙曲两岸的珞巴族义都部落、僜人统称为“米什米人”；将墨脱县雅鲁

① 参阅《珞巴族阿迪人的文化》，西藏人民出版社1991年10月第一版。

藏布大峡谷两岸、西巴霞曲以东的巴达姆、民荣、迦龙等十余个珞巴族部落称为“阿波尔人”；将隆子县西巴霞曲以西的珞巴族崩尼、崩如等部落称为“达夫拉人”；等等。

珞巴族达额木部落猎人（冀文正摄）

这些部落主要分布在雅鲁藏布江下游和喜马拉雅山南麓布拉马普特拉河的大小支流上，如丹巴曲、锡约姆河等，可英国人将雅鲁藏布江下游称为“迪杭河”，将中国西巴霞曲称为“苏班西里河”，将察隅河称为“洛希特河”，等等。在中国的一些学术文章里，有人不了解这样的历史背景，又不去查找有关的专业地名对照表，仍沿用英国人的称呼，带来了不应有的失误，引起了一些中国地理学界有识之士的担忧。

贝德福德会见了珞巴族部落中头人塔林，送了糖、酒等许多礼物，希望在头人塔林的陪伴下进入珞巴族的村寨，仍然遭到了塔林的坚决拒绝。塔林还作出一条专门规定，不准他的部落民众带英国探险队进村。贝德福德只得遗憾地离开塔林的村庄，返回阿萨姆平原。

据历史资料记载，后来贝德福德进入雅鲁藏布大峡谷出口处巴昔卡的时间是 1826 年 3 月的一个下午。那天下午，贝德福德遥望远处喜马拉雅山的绵绵雪峰，乘上竹筏，在细雨霏霏中，沿着宽阔的雅鲁藏布江，缓缓划向对岸，再穿越长长的陡峭山道，偷偷进入了珞巴族村寨。

珞巴人对陌生人素来谨慎，贝德福德何以能如此顺利地进入珞巴族村庄呢？原来，珞巴人对阿萨姆的米里人一向非常友好。多年来，在这两个族群间有一个不成文的规矩：靠近阿萨姆的一些珞巴族部落认为，鱼是从上游珞巴族领地流到下游阿萨姆的，故定期到阿萨姆米里人那里去收取渔业税。这种权利，阿霍姆政权也是承认的。

在这之前，贝德福德在给大英帝国的报告中也证实了这一点。他说，“阿波尔”头人认为，整个平原地区都是他们管辖的范围，在习惯性的季节里，他们从山里走下来，到阿萨姆不受任何干扰，能顺利地向各个分散居民点收税。贝德福德正是利用珞巴人与阿萨姆人友好这一点，才顺利进入了珞巴族村寨。19 世纪曾任阿萨姆地区政府官员的 A．麦肯齐（A. Mackenzie）在所著的《孟加拉东北边境部落与政府的关系史》中指出：“正如我曾经说过的，阿波尔人宣称对平原的米里人拥有绝对的主权和对迪杭河中所有的鱼与金子拥有不可转让的权利。”①

当贝德福德进入巴昔卡村的第二天，阳光灿烂，春风送爽，那是一个多日来难得的好天气。巴昔卡村是印度洋暖湿气流沿布拉马普特拉河进入雅鲁藏布大峡谷的第一个通道，这里的年降雨量在中国大陆也是最丰富的，一年四季雨水不断。贝德福德没有放过这个难得的机会，尽情地欣赏起珞巴族村寨的自然风光。令他惊叹的是，珞巴村庄周围的景色十分美丽。每个村的视野都很开阔，能把周围的景致一览无余。村前蜿蜒的河流，闪着粼粼波光，绕过树木葱茏的群山。村后长长的引水竹管里，股股泉水从山涧曲曲折折流向村寨，即使是现代最精美的构思也难以比拟。这种景色与村庄如此协调，珞巴人在选择村址时是否有意考虑美学的问题，这还很难说。但不可否认，珞巴人天生的审美观，在选择村寨位置上起了很大作用。

当然，站在村旁眺望远山的贝德福德，在尽情欣赏珞巴族风情的同时，并没有忘记自己的“使命”。他小心谨慎地从衣服口袋里拿出英国东印度公司的一封信函，一字一句地认真领会起来上司的意图来。

贝德福德心里十分清楚，英国武力侵占中国领土的企图由来已久。尽管那时的中国已相当贫弱，但面对这头沉睡的亚洲“雄狮”，想一口吃下它也非易事。不过话说回来，英国人也有自己的如意算盘，他们首先以传教和通商为幌子，从两条战线寻找侵略中国的通道：一条从东南沿海入手，企图打开我国长江、黄河流域的广大市场；一条以阿萨姆作跳板，从喜马拉雅山南麓插足，使他们的商品能通过西藏输入四川、云南、贵州一带。

这样一来，西藏就可以作为他们进入中国市场的后门，有助于避开在广州受到的限制。西藏东南部的珞渝、门隅和察隅，是从印度进入西藏直抵四

① 有关贝德福德这一节的描述，主要综合贝利的《无护照西藏之行》，房建昌、李初初的《雅鲁藏大峡谷科考史记》，罗伊的《珞巴族阿迪人的文化》等书综合而成，在书中结尾主要参考文献中已标明。

川的便捷途径，自然就成了侵略者染指的重要目标。在贝德福德进入我国珞巴族村寨巴昔卡的 15 年后，即 1840 年爆发了鸦片战争，中国被迫同西方列强签订了一系列不平等、丧权辱国的条约。

可令贝德福德迷惑不解的是，雅鲁藏布江穿过藏东南人口最稠密的林芝地区直向正东流去时，突然在喜马拉雅山脉的崇山峻岭中“消失”了。多年来，雅鲁藏布江最终流向何方一直是个谜。雅鲁藏布江上游发洪水，也许会使金沙江、澜沧江、怒江、察隅河、丹巴曲、布拉马普特拉河中的任何一条河水上涨。尽管地理学家猜测，雅鲁藏布江有可能流入上述 6 条江河中的任意一条，但贝德福德却始终坚持自己的看法，雅鲁藏布江最大的可能性就是注入印度的布拉马普特拉河。

贝德福德要想证实雅鲁藏布江流入了印度的布拉马普特拉河，唯一办法就是从雅鲁藏布大峡谷出口处的墨脱县巴昔卡逆流而上，徒步穿越并走到雅鲁藏布江上游河流段，证实它们是同一条河流。但是，该计划实施起来非常困难。雅鲁藏布大峡谷流经世界上山最多、最荒僻的地带。政治上的“障碍”更甚，难以克服。贝德福德的报告说：中国人竭力防止外国人进入他们的国土，在印度平原和西藏山系之间的山脚地带，居住着许多“原始野蛮”部落。他们好斗好诈，疑神疑鬼，无休止地相互残杀。“阿波尔”人虽说本性友好，但生性好疑惑，对外来人产生敌意，竭力阻止外人进入他们的领地。①

随着一步步向雅鲁藏布江上游推进，贝德福德发现了一个更为有趣的现象，珞巴族村寨的选择完全符合战斗的要求，甚至可以说独具匠心。所有村庄主体修在山尖上，进入村子的路只有一条，且需通过森林和石墙。但实际的村庄主体却建立在比较空旷的地方。村子背后紧靠着一小块林地，以供安全撤退之用。进入村子的小道与其他道路不同，十分难走，一般都是夹在两山之间的一条陡峭的羊肠小道。战斗时，敌人很容易在这里中埋伏。

这自然使贝德福德想到，珞巴族各部落在扩大住地的初期，因争夺好的土地而有种不安全感，每个村寨都有随时被突然攻占的危险。部落间的不和、进攻、反击的宿怨及土地的纠纷，都会使彼此猜疑，失去安全感。在这样的状况下，具有有险可守、能防止偷袭的良好地形，是选择村子的基本考虑。当然，在一个森林密布的多山地区，只有在能俯瞰周围地势的山冈才可能具备这个防御条件。

大山阻隔，交通闭塞，珞巴人对外来人异常敏感。为了保存自己，珞巴

① 参阅《珞巴族阿迪人的文化》，西藏人民出版社 1991 年 10 月第一版。

人不得不组织起来，制造武器，抵御外来的侵略。如今，我们深入珞巴村庄，还能看到一些原始古朴的进攻性和防御性武器。但对珞巴人来说，很难区分哪些武器是进攻性的，哪些是防御性的。

贝德福德在长时间与珞巴人的接触中发现，珞巴人在长期的部族的斗争中，为了使村寨更具防御力，积累了整套对付外敌入侵的方法。他们将大树砍倒，用粗大的树干强化石墙，并迅速地用一些树干堵住所有通向栅栏和村子的道路，并清理村子周围的环境，以便让哨兵看清敌人的行动，采取相应的措施阻遏敌人进入。

珞巴人还在道路附近暗设弓箭。他们先把毒箭放在固定于弓上的空心竹管内，将弓弦绷紧，并用当地生长的一种藤条绑住，藤条的另一头安放在人行道上。只要过路人轻轻一碰，弓箭立即射出。如安设多套此类装置，弓箭射出的角度则各不相同。同时，他们还安放简单易行的装置，即把人行道上的树不完全砍断，用一根竹绳捆扎固定，竹绳的另一头拉向远处，只要用刀轻轻一砍竹绳，树木就掉下来，沉重的树木能把路上行走的敌人压死。

也许你看到这里会问，贝德福德的重要“使命”不是弄清雅鲁藏布江是否流向布拉马普特拉河吗？为什么他对珞巴族的战争形态如此感兴趣？我们不得面对这样一个事实，这名背着洋枪、手拿测量仪闯入雅鲁藏布大峡谷深处的英国军官，最大的目的就是搜集更多的地理情报，为侵占这块土地做准备，他能放过获得珞巴族这一重要情报的机会吗？

正是怀着这样的目的，贝德福德每深入一个珞巴族村庄，都会特别揪心。他做梦也没有想到，这个尚处于原始社会向奴隶社会过渡的部落，对付入侵者的办法多得令人咋舌。敌人每前进一步，都会付出很大的代价。在这些办法中，最令贝德福德头痛的恐怕要算那些广泛用作防御武器的竹签了。竹签用竹片制成，形状像钉子，经火烧烤后变得异常坚硬，上涂毒药。珞巴人把竹签牢牢地斜插在地上，并巧妙地设在丛林里或通向林子的路上。竹签约45厘米，制作简便，超过一半的部分牢牢地插入地下，仅竹签的尖端露出地面，那些光脚或穿软底鞋的人如果没有觉察，踩上去就有致命的危险。

在一个叫民荣的村落，贝德福德听到这样一个有关珞巴人使用防御武器的民间传说。在古时候，有两兄弟，一个叫鲁依，一个叫甘木波，他们都是著名的猎人。为了消灭毁坏庄稼的狗熊，他们开始制造各种类型的武器。他们还找到了一根富有弹性的特别藤条，用刀将其砍成两半，发现里边有两条虫子，并在手工艺人铁匠的帮助下，将虫变成一只狗、一只猫，并用藤条来做成一个弓箭。他们想方设法打听到一种生长在北方的毒树，然而这种毒树被信东纳内（神化传说中的人物）的女儿占有。两兄弟在鸟（珞巴人心中的一种善鬼）的帮助下，设法弄到了一些毒药，又从宁根索波（神化传说中的人物）的尾巴里取来了铁，热心的铁匠为他们制造了铁箭头。他们使用一种名叫塔洛的有毒植物，将毒汁涂在箭头上，从而发明了这一防御性武器。

在沿雅鲁藏布大峡谷逆流而上的过程中，还充满了大自然的考验：在奇险无比的原始丛林里，沼泽、山岳、野兽、蚂蟥、虫蛇、瘴疠、疾病、毒蚊，以及饥饿、伤痛和形形色色的困难一齐向他们进攻。

谁也没想到这支测量队行进的速度如此之慢。从初春到夏末，四个多月过去了，他们仅沿雅鲁藏布大峡谷河流段前行了不到 10 千米。对于全长 504.6 千米的雅鲁藏布大峡谷来说，实在是相差太远。

也许今天我们从地图上看，雅鲁藏布大峡谷出口处的巴昔卡距离入口处的派村，直线距离不过 100 多千米。可当时贝德福德想不到的是，这中间还隔着被当地人称为“野人山”“蚂蟥山”“蛇山”的座座大山。

这是一片方圆数万平方千米的原始森林，许多地方没有道路，只有一条马帮小道曲曲弯弯穿行其间。因为没有珞巴人向导，他们有时会在迷宫一般的大森林中迷了路，全靠一架指南针辨认方向。

亿万年来，大自然在地球上划出严格界限，造就另一种人类禁区，那就是森林和海洋。你看，重重叠叠的植物群落将天地融为一体，飞鸟如云，孔雀舞蹈，野兽怒吼，蟒蛇横行。没有人迹，没有房屋，更没有道路车辆和城市喧哗。大自然赋予每一种生命以平等权利，相生相克，优胜劣汰，生命进化。而繁衍和死亡一直是主宰这个世界的永恒主题。

透过历史烟云，我们看见阿萨姆背夫轮流在前面开路，他们挥动砍刀，在厚墙一般的藤蔓、灌木、荒草中劈出一条小径来。一名阿萨姆背夫倒下，被致命的眼镜王毒蛇击倒，但是后来人草草埋葬死者尸体后又继续前进。在那样的环境里，他们不能停留，停留即意味着死亡。

180 年前，这支队伍在翻越一座被当地人称为“蚂蟥山”的大山时，被一片水雾蒸腾的沼泽地挡住了去路。沼泽位于横卧的像人双腿的两山之间，看上去很平静，茂密的水草迎风摇曳。贝德福德果断下令涉过沼泽地。但是他万万没有料到，大自然早已在这里布下死亡之阵，那些致命的“敌人”已经在山谷里等待了几万年！

有这样一个细节，一名年轻的阿萨姆背夫将衣裤脱下来举在头顶，跳下沼泽探路，才行出几十米，宁静湿润的空气中甚至连草茎也没有摇晃，而这个背夫面部则发生了剧烈变化。先是像中了暗箭一样发出惨叫，恐惧得将脸和身体一齐拧歪了，然后开始转身往回跑，但是没来得及跑上岸就跌倒在水里，鲜血立刻把水染红了。

面对珞巴人的极力阻挠，贝德福德许多时候只能带着小队人马，像幽灵一样昼伏夜出，沿着雅鲁藏布大峡谷逆流而上，又继续前行了不到20多千米，终于为自己1年多来的行程画上了休止符。

俗话说，狐狸终有露出尾巴的一天。1826年那个夏季，当英国的枪炮声在阿萨姆打响后，珞巴人越来越不欢迎这名金发碧眼的英国人。贝德福德每走一地，就利用自身所带的测绘工具，测量海拔，绘制进出道路，记下沿途村庄的人口数量、真正能参与战斗的青壮年数量。这自然引来了珞巴人的不悦。贝德福德终止他的探险考察，缘于珞巴族对侵入他们领地人员的惩罚。《珞巴族阿迪人的文化》一书中有过这样的描述：

一群漂亮的珞巴族姑娘簇拥着一名高大的年轻小伙，随即又把新裙子放到小伙子的肩膀上，然后再送上一串大大的项珠，径直朝村里走去。在这名年轻小伙的背篓里，装着一只还在滴血的人手。

前天夜里，村里人得到了一个非常准确的情报，有一群外来人准备偷偷地潜入他们的村庄，将搜集到的情报卖给英国人。可这群外来人万万没有想到，他们犯了一个致命的错误，他们没有经过珞巴人同意，就擅自闯入他们的领地。

珞巴部落头人得知后，当即派出两支小分队，带上足够吃两三天的粮食，隐藏在这些外来人必经的路上，一支在山下，一支在山上。当这些外来人趁夜向村庄靠近时，并不知道脚下已暗藏杀机。就在他们临近第二小分队的埋伏地点时，只听得喊杀声震天，雨点般的箭向他们飞来，猿猴一样敏捷的珞巴人抽出大刀，当即砍死一人。这群外来人哪见过这阵势，掉头像兔子一样往回逃，有一个慌不择路，掉下悬崖摔死。可出人意料的是，珞巴人并没有乘胜追击，而是让这些外来人逃走了。①

贝德福德了解这些历史，这群外来人是由两名印度人带着的阿萨姆人，受英国东印度公司的指使，偷偷潜入珞巴族村寨，搜集这一带的地理情报。

① 沙钦·罗伊著，李坚尚、丛晓明译：《珞巴族阿迪人的文化》，西藏人民出版社1991年版。

此时的贝德福德强烈地感到，珞巴人对他们的行动已有所戒备，杀死外来人的意图非常明显，就是在向他们一行人示威，希望他们尽快离开。贝德福德一行是何时离开的珞巴族领地，如今在一些资料里，已很难找到一个准确的时间。但有一点是可以肯定的，他们不敢久留，沿原路返回，历时半个多月。

今天，当我们回过头来，再看看贝德福德带领的测量队的行进路线，也许能看出一些轮廓。这个测量队沿布拉马普特拉河逆流而上，沿途了解我国雅鲁藏布大峡谷流域的西巴霞曲、丹龙曲地区珞巴族各部落的情况，进抵珞渝地区（泛指珞巴族居住的地域），以了解这一地区与西藏腹心地带的联系。

贝德福德回到阿萨姆，向大英帝国写下一份长达数万字的考察报告，详细记述了他在珞巴族领地的经历，同时也记录了珞巴人的生存状态和风土民情。

克里斯纳横跨“三江”

1858 年，布拉马普特拉河北岸阿萨姆平原的比亚人，因不向珞巴族部落缴纳租金，遭到了珞巴族民荣部落克本村人的惩罚。英国东印度公司派出拉钦普首席专员 C. 比瓦尔上尉和指挥官 C. 洛德上尉，带领 15 名海军炮手、15 名地方炮手、88 名土著士兵及 2 门 12 磅山炮和 1 队后勤运输人员，趁机发兵“征讨”克本村，企图使民荣部落民众放弃对阿萨姆平原土地的所有权，不敢再下来收租税和惩罚抗税者。民荣部落民众奋勇杀敌，击退了英国侵略军。当天夜里，民荣部落民众又偷袭英军营地，杀死杀伤了许多英印官兵，英军遭到了重大损失，不得不撤回阿萨姆平原。

1860 年，东印度公司印度测量局为确定一条所谓的“稳固边界线”，派出大批人马深入喜马拉雅东端，包括珞巴族生活的雅鲁藏布大峡谷地区，着手系统搜集这一带的地理情报，同样遭到了珞巴族同胞的强烈反对，未获得多少结果而退回阿萨姆。就在英国搜集喜马拉雅东端情报屡屡受挫时，他们不得不把情报的搜集转移到另一条线路上。[①]

① 有关克里斯纳这一节的描述，主要综合贝利的《无护照西藏之行》、沃德的《神秘的滇藏漂流》、罗伊的《珞巴族阿迪人的文化》等书综合而成，在书中结尾的主要参考文献中已标明。

1861 年，英属印度三角测量局在印度北部专门设立了一个训练土著特务的基地，招募外貌与藏族人相似的喜马拉雅山区库马翁、锡金等地的土著人员，对其进行现代测绘知识和技能的训练，然后让这些特务冒充商人、苦行僧，潜入西藏进行秘密测量和情报搜集。他们会讲藏语，在西藏活动时没有任何语言障碍，而不至于引起西藏地方政府、僧俗群众以及门巴、珞巴与僜人的注意和怀疑。这种掌握有现代测绘知识的土著秘密测绘人员被称为“有学问的班智达”，有些人甚至能同时说印地语、藏语，个别还能说英语。

1866 年，英国再次派出三角测量队进入雅鲁藏布大峡谷地区，因受到珞巴族人的极力阻挠，被迫退回到印度阿萨姆平原。正是在这样的背景下，他们派出精心培训的“班智达”，几乎走遍了西藏各地，进行大大小小的秘密测绘活动。他们会使用三棱形罗盘测量线路、绘制地图，用六分仪识别确定星座，用寒暑表测量经纬度等。

这批人员中最有名的要数尼泊尔库马翁地区菩提亚人辛格家族四兄弟，分别是南・辛格、马尼・辛格（特务代号G.M）、卡连・辛格（特务代号G.K）和吉森・辛格（亦称克里斯纳，特务代号A.K）。

辛格家族四兄弟多次潜入西藏西部、北部、中部，以及东南部许多地区和城镇，秘密测量和搜集有关这些地区政治、军事、交通、地理、经济、民情、矿产与其他资源的大量有价值的情报。印度三角测量局的官员们对这些庞杂的资料进行系统整理，使西方人对这块被誉为“地球第三极”的神秘土地有了一个大概的了解。

辛格家族四兄弟中，最为人熟知的吉森・辛格，也就是克里斯纳。拿美国作家约翰・麦格雷格的评价来说，这位间谍以其在西藏中部的北部地区的秘密“探险”而闻名遐迩。

1872 年秋，他同四名装扮成赶牲口的尼泊尔人，一边往北走，一边进行测量，直至抵达青海湖，路途中遇到的袭击和劫掠令他们“使命”夭折。这群多少有些凄惨的间谍们，于 1873 年 3 月 9 日到达拉萨，重新装备后返回印度报告了他们不可避免的失败。

1877 年，东印度公司再派出三角测量队进入珞巴族生活的地区，企图搜集这里的地理情报，同样受到了珞巴人的敌视，无法继续前进。第二年，克里斯纳接受了印度三角测量局一项新的任务：探测我国雅鲁藏布大峡谷流域的珞渝和察隅地区，查明伊洛瓦底江、布拉马普特拉河两条江河中，到底谁是雅鲁藏布江的续流。

他们的测绘方法非常隐蔽，用的是藏族人常用的手转经轮和念珠，即使他们数步量距绘图，也会被认为是在专心念经。在他们的手转经轮内，放的不是一般人念的经书，而是测定各地方位以及村、镇、城之间距离的记录纸和秘密罗盘。他们使用的念珠，也不是一般藏族人手上的 108 颗，而是整整 100 颗，他们每走一步即转一颗来测量距离。[1]

西藏对于克里斯纳来说是完全陌生的。那是 1878 年 4 月 28 日的一个清晨，克里斯同两个助手一道，扮作商人离开印度大吉岭，从亚东春丕进入西藏，经江孜抵拉萨，在那里停留了一年，秘密测量了拉萨及周围地区。

暗蒙蒙的雪山，尖刀似的冰峰，奇特的地理环境，纯朴的藏族牧民，这些从其他探险者那里得来的知识，像磁石一样深深地吸引着克里斯纳。这一天，他牵着刚刚花一些藏银购来的毛驴布吉特，驮着必备的帐篷、食品和一些生活用品上了路。

旭日爬上山顶，金灿灿的阳光洒在帕里镇四周的群山上，湛蓝色的天空好似平静的湖面，克里斯纳的心情也像天空一样开阔。可是一头“布吉特”的心情却很烦躁，第一天上路它又是嘶鸣，又是踢腾，踌躇不前。到第二天晚上，布吉特的脾气变得更坏，克里斯纳拿它毫无办法。来到帕里以北的拉昂错（湖）边，他决定让布吉特休息一下，消消气，就卸下它身上的包袱，牵着它来到冰雪融化的湖水边。

突然，克里斯纳被一幅美丽的画面惊呆了：太阳就要落山，好像一盏通红的大灯笼，悬在海拔 7720 米的冈仁波齐山峰上。他丢下缰绳，急匆匆取出照相机，拍下这迷人的镜头。突然他在取景框中发现一头矫健的毛驴朝大山狂奔而去。

“唉，我要是有这么一头雄壮的毛驴多好啊！”克里斯纳沮丧地放下照相机回头一看，布吉特不见了。他万万想不到，那神骏的毛驴竟是他的布吉特！克里斯纳无可奈何地重新收拾那堆行李，把帐篷、睡袋、炊具、药品、笔记本等塞进一个袋子里，恋恋不舍地扔掉其他东西，行袋的重量少了一半。此刻他的双脚已打起了血泡，只得小心翼翼地包扎好，又穿上那双任重道远的登山鞋，继续朝前走。

到达世界海拔最高的帕里镇后，克里斯纳得知从这里到康马的一段路被

① 参阅 F. M. 贝利：《无护照西藏之行》，西藏社会科学院资料情报研究所编印，1983 年 6 月。后面对克里斯纳、基塔普、贝利、沃德等的诸多叙述，很多来源于此书。

山洪冲断了，他唯一的选择就是绕道而行，无形中陡增数十千米的行程。听到这消息，他仿佛被劈头盖顶打了一棍，愕然了。深思之后，他还是决定迂回而进。当他们一行抵达西藏康马县的一个村庄时，险些被冻死在雪山上。

时值5月初，西藏高原的萧瑟寒风，依旧不停地吹。6月飘大雪，在世界屋脊不是什么新鲜事情。克里斯纳沿着年楚河谷向拉萨进发。愈向前行，峡谷愈窄，两旁的山脉使他产生一种幻觉，想起了家乡的各种食物来。在他的眼里，风化成蜂窝状的山峰像是巨大的海参，一堵岩墙上的弯曲处宛若洋蓟心，河对岸矮山在阳光下熠熠闪光，其后尖耸的群峰，有的像竹笋，有的像鲫鱼背，而那汩汩流动、不断冒泡的年楚河水，不正是美味的香槟酒吗？面对大自然赋予的宴席，克里斯纳垂涎欲滴。

克里斯纳进入拉萨地区的时间，应是五月的一个上午。那个上午，他们乘坐一叶牛皮船，沿雅鲁藏布江缓缓划行至对岸。此时，平静的江面像一张古铜镜，折射出远处矗立的白色山峰、空中飘浮的白色云朵。他顺着江堤徜徉，无意惊动了几百只鸟，它们忽地骚动起来，“呀呀呀”在水面上漂来漂去，仿佛微波荡漾的江面上盛开的朵朵白莲花。就在这时，岸边一下热闹起来，无数只各种各样不知名的鸟腾空而起，彩色的羽毛，嘹亮的叫声，有的在天空盘旋，有的飞落到远处江面上游弋。碧蓝的天空中，犹如飘起的五色经幡，瑰丽万千。

然而，这个极地“天河”在克里斯纳的感觉中，又是十分的寂静与空渺——村庄散落在条条深山沟里，听不到人声的喧嚣，只有划动的牛皮船惊飞岸边的水鸟，那难熬的寂寞才会暂时被击破。越是这样，在他的心里，世界屋脊上“三江”那片充满了生命活力的原始世界，便越是被罩上了一层浓郁的神秘色彩。

克里斯纳抵达拉萨地区后，对拉萨以东的北部、中部及南部地区进行了探查。尔后又到达西藏首府拉萨，准备花一年的时间学习蒙古语，以便能够到达蒙古探险考查。拉萨的生活趣味无穷，西藏人的风俗习惯及礼仪深深地吸引了他。在大传昭期间，男女诸神云集拉萨。

在山南桑耶寺，克里斯纳一行声称是宗教信徒，被迫停留了七日，寺院喇嘛要求他们夜晚睡在一个房间里。他称之为“地狱之门”，房间里“堆满了巨大毒蛇皮及兽皮……所有这一切，都是为了增强恐怖的效果”。在这段时间里，他常常反复无常地吵闹，喇嘛们对他大失所望，只好让他们一行离开这里。

1879年9月17日，克里斯纳一行没有像G. M. N（特务代号）那样，沿着雅鲁藏布江顺流而下，进入西藏东南部那片神秘的原始丛林，而是从拉萨启程，与一个大商队同行。有一次商队领队坚持主张人人都要骑马加快速度，穿过据传有盗匪出没的地区。克里斯纳“马上着手测量牲口的步距。他用这种办法，计算了将近230英里的距离”。

三江源扎青段（建生摄）

到1880年春季，当经过青海果洛地区时，商队遭到了约300名劫匪的抢劫，只得把剩余贸易物出售，卖了200卢比，卖了一些马匹。可到甘肃敦煌后，当地官员发觉他是一个特务，予以逮捕，监禁了7个月。沙塘镇一位有影响的喇嘛与克里斯纳在早期旅行中相识，将他弄出狱，之后，他再向蒙古进发。尔后，他又折回抵达“三江”的发源地青海。

翻开中国地理教科书，构成青藏高原骨架的喜马拉雅山、冈底斯山、念青唐古拉山、唐古拉山、祁连山等几大山系，均呈东西向排列。可唯有东侧群山突然改道，大致呈南北走向，被称为横断山脉。

我们可以毫不夸张地说，在全世界山族中，横断山脉最为独特：青藏高原在这里突然被拧转为南北走向；转向的同时山脉之间的空间距离也被压缩，在藏东南滇西北不过60千米的宽度中，可以容纳三列山脉和三条大江（金沙江、澜沧江、怒江）比肩而行，再向西又有三条大的江河（察隅河、丹巴河、雅鲁藏布江下游段），从西藏东南部山区流入阿萨姆平原。

所以，当我们乘坐飞机穿越世界屋脊时，一眼便能够在空中俯瞰到高密度的山阵，相对狭窄的空间造成了横断山区的山高谷深——群山高耸，河谷深切，峰岭相连，苍山如海，雪光晶莹。江河细如丝线，缝缀在山基深邃的阴影中。如此大面积的高山峡谷地区堪为绝无仅有，举世无双。

1880 年 3 月初，克里斯纳横跨“三江”，然后顺江而下，进入了藏、川、滇“大三角”的丛林草莽之中。克里斯纳到达四川德格和巴塘后，在巴塘的法国传教士听说他是印度政府派来的秘密测量人员，给予了金钱上的帮助。

这里绵延盘旋着一条世界地势最高、传播世界文明文化的神秘古道——茶马古道，有的专家称之为中国对外交流的第五条通道，同海上丝绸之路、西域之道、丝绸之路、唐蕃古道有着同样的历史价值和地位。

茶马古道的路线有两条：一条是从云南普洱出发，经大理、丽江、香格里拉、察隅、波密、拉萨、日喀则、江孜、亚东、柏林山口分别到缅甸、尼

珞巴族民荣部落竹楼

泊尔、印度；另一条是从四川的雅安出发，经康定、昌都、波密、拉萨、日喀则、江孜分别到尼泊尔、印度。古道在静默中浸透着种种神秘苍茫，数千年的岁月积淀了无与伦比的文化宝藏。

古道的石板上嵌有 2 寸①许深的马蹄印，欲说风尘；道旁的石壁上刻着许多佛教箴言和摩崖画，几经沧桑。许多连接古道的铁索桥，据说是用马帮们的买路钱架成的。在深深的洞穴中、陡崖下，克里斯纳随处可见森森白骨。在一个藏家小院，七八十岁的老人喝着酥油茶，用苍凉的声音，讲述了那个遥远的茶叶进入西藏的故事。

尽管这段文字历史久远，可我们仍可从这些旅行日记优美的字里行间，体会到茶马古道厚重的历史文化："当我的双脚踏上茶马古道，就有一种异样的感觉。在渐行渐远的马帮响铃声中，我体验到了中国西南特有的文化带所具有的一种摄人心魄的内涵：它自古至今延续着的血脉文化，包孕了那么多的民族群体文化、'个体'文化及'混合'文化，这里有着十分丰富的古代文化遗存，它是一条足够让世人惊诧，欲探过究竟的神秘古道。"

当时的茶马古道，对初来乍到的克里斯纳来说，可以说各方面都是神秘而新鲜的。尤其是在"三江"流域半年多的考察中，使他真切地领略到了中国西南山川的瑰丽壮美与奇风异彩，并第一次感受到了茶马古道的神秘与伟大。

也许当我们今天回过头来审视茶马古道时，这里"串联"着的神秘区域，不仅对那些经商者具有吸引力，那些荒无人烟地带的地貌同样令克里斯纳这样的殖民探险者着迷。雄奇绵延的山脉、湍急的河流、峻峭的"V"字形峡谷、道路的艰险曲折、马帮筑成的"文化时空隧道"，流淌着与外面世界沟通的"生命大动脉"，它们足以让人体验到生命代价的崇高和大自然的神奇伟力。这片广袤的地域，由于受到过不同文化的冲击，久而久之成为民族文化的"聚宝盆"。

的确，在古老而神秘的茶马古道上，智慧而勤劳的各民族祖先，曾给我们留下了无数稀世的文化珍宝！这些稀世珍宝，有的隐藏在深谷中，有的尘封在寺庙里，有的埋葬于古墓里。

这些既令克里斯纳感到新鲜，又也感到特别刺激。不过，他的首要任务不在此，而是证实雅鲁藏布江是否流入了"三江"。尽管回到英国的克里斯纳，

① 1 寸约合 3.33 厘米。

向西方人介绍了这条神秘的茶马古道，但还是把更多的笔墨放在了介绍"三江"的流向问题上。

雅鲁藏布江是否流入了金沙江，在西方来说一直是个谜。当克里斯纳追踪金沙江来到云南丽江石鼓时，发现它突然来了一个大拐弯，再折向北，然后又折向东。当他请教当地村民时，当地人都称它为"长江第一弯"。当再询问它流向何处时，村民毫不迟疑地告诉他流入了长江。一个不容置疑的事实在他头脑中产生，金沙江是长江的一条重要支流，至于它在何处注入长江，已不是很重要。这一重要发现使克里斯纳当即意识到，雅鲁藏布江不可能流入金沙江。

由此，一个个问题又在他的心中产生，难道雅鲁藏布江流入了澜沧江？抑或怒江？此时的克里斯纳没有沿金沙江逆流而上，而是从云南丽江向西翻过一座又一座大山，在云南福贡境内发现了澜沧江的身影，再往西走又看到了怒江。他通过请教一些当地村民，最终弄清了澜沧江、怒江的流向：当澜沧江流到云南景洪后，便进入了缅甸、老挝的土地，国外称之为湄公河；当怒江流到云南临沧后，便进入了缅甸的领土，被称为萨尔温江。

克里斯纳的考察结果无疑表明，澜沧江与湄公河、怒江与萨尔温江，分别同属于一条河流，而澜沧江、怒江的源头在青海玉树的唐古拉山，雅鲁藏布江的源头却在喜马拉雅山北麓，这不难使他得出这样的结论：雅鲁藏布江不可能流入湄公河（澜沧江）、萨尔温江（怒江），更不可能流入伊洛瓦底江。

今天，当我们再来看这里的地理环境，澜沧江水流湍急，两岸植被丰厚，翠竹婆娑，怪石林立，古树蔽日遮天，古藤蔓攀附壁，野生动物繁多，风光秀丽无比，是一条通往东南亚的"黄金水道"。澜沧江在云南德钦县境内形成深谷断裂带，这里谷地和山峰海拔高差达4000多米，再加上极大的流水落差悬殊，真可谓隔河如隔天，渡河如渡险……怒江的得名，主要是这里江水湍急，桀骜不驯，浪卷起风，风又推着浪，猛力向岩墙撞击，发出巨大的轰鸣，犹如怒吼着的千军万马，因而被称为怒江。人们在东岩的岩墙上凿石穿木，修成栈道，从这里北可通往西藏及印度阿萨姆。

克里斯纳的探险之旅确切地证实雅鲁藏布江不可能流入金沙江、澜沧江、怒江，但萦绕在他心中的问题依然存在：雅鲁藏布江是否流入丹巴曲和"德亨河"（雅鲁藏布江下游段），然后再汇入印度的布拉马普特拉河呢？或者说它流入了"洛希特河"（察隅河）呢？

怒江上的溜索

克里斯纳考察完“三江”后，没有满足已取得的科学探险成果，随后又沿怒江逆流而上，进抵西藏察隅的察瓦龙，然后折向西沿察隅河顺江而下进入下察隅的宜马，打算从这里沿察隅河而下抵达印度。可就在通往察隅河的路上，他测量了珞渝和察隅的许多未测量过的地区，后因被雅鲁藏布大峡谷流域的珞巴族义都部落阻挠而中止。

1882 年年初，克里斯纳不得不沿途返回，从察隅返回波密、林芝，然后在藏西北绕了一大圈，经拉萨溯雅鲁藏布江而上，再经日喀则抵达岗巴拉山口，从那里向南转，进入印度大吉岭设在台拉登的大本营。他先后到达了四川的打箭炉、巴塘、硕板多，还有云南的丽江、福贡，西藏的察隅等地。

基塔普见证河床瀑布

在雅鲁藏布江流向的考察上，有一个特殊人物，那就是没有上过一天学的锡金（当时为独立王国，今为印度的一个邦）人基塔普（Kintup，特务代号K.P）。准确地说，基塔普是一名秘密代号为G.M.N（一些资料中称其为内木森）的锡金人秘密测量雅鲁藏布江时唯一带的仆人，他当时没有受过一天的专业培训。

然而，就是这个不起眼的锡金仆人基塔普，连他的主人也无法预料到，他的足迹远比自己走得远。基塔普不仅成功地跟随主人到达了雅鲁藏布大峡谷入口处米林县派乡物资转运站，后来还首次向世人证实雅鲁藏布大峡谷中有河床瀑布，一时间在西方掀起了一股寻找河床大瀑布的热潮。

那是1878年初春，G. M. N接受了一项专门任务，英属印度测量局R. E.哈尔曼上尉（R. E. Harman）派遣他到被万山包围的西藏，测量山南泽当以东的雅鲁藏布江流向。G. M. N来到印度测量局，经过半个月的野外取火、涉河、登山、攀爬等基础训练后，尚未完成训练项目的他就被派了出去。临别时，G. M. N带着年仅21岁的仆人基塔普来向哈尔曼上尉辞行，哈尔曼只是礼貌地点了点头，甚至连正眼也没瞧基塔普一下，便让他们主仆二人上了路。

哈尔曼是大英帝国的一名上尉军官、印度测量局的一名重要官员，喜马拉雅山一带诸国的许多测量任务，大都是由他来下达的。

历史勾勒了基塔普和他的主人所行进的路线，他们从锡金出发，翻越著名的乃堆拉山口，也就是从今天的中印通商口岸进入亚东，经世界最高镇帕里，然后到达后藏日喀则，再沿雅鲁藏布江而下，经尼木、曲水、贡嘎、加查、朗县，进入雅鲁藏布大峡谷入口处米林县派乡物资转运站。

基塔普进入大峡谷入口处派乡物资转运站的日子，在资料中有详细的记载，那是1878年8月13日。一个不容置疑的事实，他们是首批秘密测量大峡谷入口处的外国人。

基塔普

雅鲁藏布大峡谷入口处在米林县的派乡物资转运站，它的北侧是加拉白垒峰，南侧是南迦巴瓦峰，高耸对峙，一江峡谷，幽深中流，但见谷底奔腾的急流携带着滚滚的巨石，呼啸翻浪，轰声隆隆。基塔普站在入口处多雄拉一侧的山脊往下看去，雅鲁藏布江水犹似百里急泻的瀑布，其壮观程度令人瞠目。神山和奇水配合构成的高山峡谷是那样的雄伟峻峭，幽深险急。这万千气象如梦幻仙境，更衬托出雅鲁藏布大峡谷一带的神秘莫测，让基塔普心驰神往。

今天看来，从派乡物资转运站到雅鲁藏布大峡谷大拐弯顶端扎曲的 90 多千米内，隐藏着已探明的四处河床大瀑布群，两岸是刀劈斧削一般的山峰，就连西藏最擅长攀爬的黄羊也望尘莫及。西藏和平解放 70 年来，我国培养了一大批训练有素的登山家，可当他们面对雅鲁藏布大峡谷两岸的险峰，要想沿江探险都非常困难。我们完全可以想象，基塔普随主人秘密测量的结果，只能以失败收场。

基塔普跟随主人从米林县派镇的派村顺江而下，到达了一个叫加拉的地方，前面的路非常难行。他们在那里过江后，对岸的路也渐渐消失，最终不得不原路返回。

地理环境的阻隔自不待说，更何况西藏地方政府反对这样的秘密测量行为。雅鲁藏布大峡谷入口处的派乡物资转运站，当时已隶属西藏地方波密土王管辖。由于这里地险民悍，经常风传盗劫盛行。G. M. N 作业迅速，将搜集到的一些地理情报记在一些碎纸上，也没有很好地整理在野外工作记录本上，他的天文观测也因记错日期而有许多缺陷。

5 月初的一天上午，天空下着绵绵细雨，基塔普随主人退回到派乡物资转运站。不久，他又随主人返回了锡金。临离开派乡时，基塔普站在一条山脊上，遥望远处若隐若现的雅鲁藏布江水，在心里一遍遍地问："雅鲁藏布江，你究竟流向了何方？难道你在这深山密林中'迷路'了？"

基塔普随 G. M. N 回到锡金后，没有鲜花和掌声。当 G. M. N 回到印度声称那一带政治背景复杂时，有些人骂他们是胆小鬼。在号称"日不落帝国"的英国，人们只会为胜利者佩戴花环。可有一个人不这样看，那就是印度测量局的哈尔曼上尉。他这次再见到基塔普时，几乎是用欣赏的目光上下打量他，还特地将他送到印度测量局进行为期 1 年的严格训练。

1880 年 5 月，基塔普的主人 G. M. N 一病不起，考察米林县派乡物资转运站加拉村以下的雅鲁藏布江的任务也自然落到了基塔普的头上。但时局变化，西藏地方政府对英国人保持警惕，禁止任何外国人进入成为一条不成文的规定，这迫使印度测量局改变他们的考察策略。哈尔曼上尉挑选了一名信奉藏传佛教的蒙古喇嘛，极力扮演成去西藏朝圣的香客，实则追踪加拉村以下的雅鲁藏布江到印度阿萨姆平原的流向，基塔普再次随行。

基塔普此行的目的是弄清雅鲁藏布江是否与印度的布拉马普特拉河为

同一条河流。若能证明是同一条河流，他们还怀疑从海拔 11 600 英尺[①]高度的拉萨到海拔 500 英尺的阿萨姆平原如此巨大的落差里，有可能存在巨大的河床瀑布。

早在基塔普动身之前，印度测量局就发给他一套特制的器材。在香客用的转经筒里，装有一卷写着“唵玛呢叭咪哞”的经书，里面还藏有一卷记录纸和一个棱镜罗盘。用 100 颗念珠代替西藏 108 颗的念珠串，目的是数步量距。除了这些常用器材外，基塔普和蒙古喇嘛还带着许多装有书写纸的金属小管以及一个钻头。钻头用来钻孔，以便把金属管固入原木，随木抛进江水漂浮而去。在他们动身前，哈尔曼上尉一再交代，若无法沿江而行，最好用书信的方式通知察隅河、丹巴河、“德亨河”下游的人员，然后每隔一段时间往雅鲁藏布江里扔进一些带有金属管标记的原木，以便接到原木的下游人确定它流向了哪一条河。这在哈尔曼上尉看来，是一个再好不过的万全之策。

今天，我们无法查找蒙古喇嘛的真实姓名，但有一点是可以肯定的，他的肤色同藏族人没有两样，能说一口流利的藏语，就连大峡谷一带的藏族人，也把他当成从青海远道而来朝圣的藏族香客了。他也正是凭着这个优势，在当地雇上了两名藏族背夫，踏上了探险雅鲁藏布大峡谷之旅。所不同的是，他没有沿着基塔普一年前考察的线路行进，而是从派乡物资转运站对岸的吞白村沿江考察的。

那是 6 月初的一个清晨，基塔普随蒙古喇嘛来到了米林县的吞白村，村边有座著名的古茹寺。随行的一名背夫向他们介绍，“古茹”在藏语里意为上师，指莲花生大师。据传古茹寺是藏传佛教创始人莲花生大师早年的修行洞，有的人干脆称它为莲花寺。这名背夫接着指向吞白村外的江心说，那里有一个很不起眼的小岛，名叫“森不藏”（意为“罗刹城堡”），就是有名的魔鬼头亚克夏的城堡，吞白村到对岸大渡卡这一段江面又被称为魔鬼灵湖。起初，莲花生大师还不能战胜魔头，就在古茹寺内的洞中修行了 3 年。3 年后，莲花生把手中的金刚橛从洞中抛出，降服了这个魔鬼头。可为了永久地镇住这个魔鬼头，莲花生大师命一名曾被他降服的地方神工尊德姆镇守此地。为此，莲花生大师在江中小岛上修建了工尊德姆小庙，以此镇住魔鬼灵湖。

随后，这名背夫指着斜对面江岸的一个村介绍其为玉松村。据传莲花生大师又在那里选址建寺，主供工尊德姆神。寺中有一幅黑唐卡和一张工尊德

① 1 英尺约合 0.3048 米。

姆女神的面具。村中一名老者还告诉他们，传说 15 世纪西藏著名高僧汤东杰布曾来过此地修行。

据说工尊德姆的珍贵唐卡在建寺之前就存在，没有装裱，有 1500 至 2000 年的历史。噶厦政府曾想把唐卡请去拉萨，把它放在骡子背上，但唐卡很重，以至于骡子没法走动，噶厦政府只好把它留在原寺中，并在唐卡上加盖了政府的印章，可后来唐卡突然神秘失踪。喇嘛林寺主持琼依仁波切在重修工尊德姆寺时，人们在墙中又发现了失踪许久的唐卡和面具。原来是一个老者为了保护这些文物，把它们藏在了墙中间。

过了吞白村，基塔普随蒙古喇嘛继续向前，过索松草原后，这里便是著名的魔鬼头，但见一巨石突出于雅鲁藏布大峡谷峭壁，悬空于江面几百米之上。他们站在巨石上，涛声如巨，大峡谷尽收眼底，恐高之人，不敢向前。传说格萨尔王降妖伏魔时，将魔鬼的头砍下镇于此地。他们一行下魔鬼头后，一路下坡来到了达林村。这是雅鲁藏布大峡谷靠近加拉白垒峰一侧的最后一个村子，再往下便是无人区了。达林村位于雅鲁藏布大峡谷之中，村前却是一块很大的草原，牛羊相间，一派田园风光。而草原的尽头隔江便是南迦巴瓦峰，这里是观看南迦巴瓦峰的最佳地点。虽说南迦巴瓦终年云雾环绕，但在达林村却总能看见神山一角。早晚云开雾散时，更是观看南迦巴瓦峰的大好时机。运气好还能看见日照金山、七彩虹云等奇特景观。

基塔普随蒙古喇嘛继续前行，路更加难走，全在石块间的缝隙中行进。他们转过一个山嘴，可以看到远方加拉白垒的峰顶隐藏在稠密的雨云中。这里江面开阔，水流相对平缓，有一个摆渡口，可直通对面的加拉村，也就是基塔普 1 年前考察过的村庄。对岸有两间简陋的木屋，屋旁有用木槽接住自山上引来的涧水，这是当地人放牧时搭建的。他们只好选择从这里过江，就宿在那两间木屋里。事实上，蒙古喇嘛还从一名背夫那里了解到，藏传佛教的创始人莲花生大师在这里同样埋下了许多“经典”，在当地仍延续着“转加拉”的风俗。也许正是莲花生大师在加拉的传教之行，先后有了吞白古茹修行洞、玉松工尊德姆寺、森不藏、洞不弄，以及加拉瀑布阎罗宫等一系列朝圣景点，才形成了“加拉朝圣之路”。

蒙古喇嘛的主要任务是考察加拉村以下雅鲁藏布江的流向，他缘何对这一带的朝圣点如此着迷呢？这是不是与他的任务相悖呢？不可否认，这名蒙古喇嘛也是一个藏传佛教的信奉者，对这些朝圣点着迷并不奇怪。事实上，这名蒙古喇嘛在朝圣时，并没有忘记此行的重任。正是这样，他成了一个不受欢迎的香客，最终让他选择卖掉自己的同伴而去。这一点，我们可以通过英国特务贝利的《无护照西藏之行》[①]，便可知道当时的情景：

聂巴（波密土王的管家）说他看到摩斯赫德在山口顶部测量海拔高度，并搞了些别的观测。波巴人（今波密人）不喜欢有人数步量距并将步数写进书里，所以把这些人赶走了，不许他们再来。

对于此事，我没敢向聂巴挑明，但我想它已经非常接近事情的原委了。此事分明是由那位蒙古喇嘛和基塔普的旅行造成的，当那位蒙古喇嘛发现他难以搞测量后，就以为得不到印度政府的酬报了，于是他把测量用具和基塔普卖掉，换了些钱回家去了。

那是7月的一天，基塔普随蒙古喇嘛到达加拉后，沿江顺流而下。可走了一小段路，发现无路可走，便又返回加拉，过到江对岸，沿江直至白马狗熊。此后，路径渐趋消失。他们再次沿原路返回加拉，尔后向北进发，打算绕道向江的下游前进。这样一来，他们就不得不进入波密土王的领地。

这是一段不容忽视的历史，就在基塔普跟随主人到派乡物资转运站探险考察时，一山之隔的波密土王应墨脱县门巴头人诺诺拉的请求，派出一支军队从派乡物资转运站翻越多雄拉山进入墨脱，攻打墨脱县珞巴族达额木部落。波密土王军队火药枪的巨响和枪口喷出的密积铁砂，让达额木部落的弓箭盾牌难以招架。随后，波密军队和门巴人又兵分三路，直压北上的珞巴人。珞巴人无法抵御，迅速撤退，原在墨脱县境内的许多达额木部落人纷纷南逃，波密土王的军队迅速占领现今墨脱县全境，一路还杀到了仰桑曲流域。

这期间，达额木部落曾组织过几次反攻，但是都以失败而告终。最后，达额木部落在仰桑曲北岸的吉刀一带，按习惯派了一位老年妇女摇着树叶前来讲和，门巴、珞巴两族代表在今墨脱县地东村谈判。双方共同确认两个珞巴人和一个门巴人为械斗的挑起者，并将对此进行严厉惩罚。珞巴达额木部落首领吉白逃往其南边较大的希蒙部落，可面对波密土王的强大攻势，希蒙部落被迫把他交出来。最终吉白被波密土王绑了四肢抛入江中。谈判期间，杀了一头大额牛，相互喝热血，吃生肉，以石为证，共同发誓，永世修好，门、珞两族方才和解。

① [英] F. M. 贝利著，春雨译：《无护照西藏之行》，西藏社科院资料情报研究所编印，1983年.

1881年9月，波密土王在墨脱县建地东宗①，曾到波密去搬救兵的门巴族头人诺诺拉担任第一任宗本②。波密土王来到今墨脱县背崩村，召集附近村子的门巴人，把土地分给他们，并要求他们支付相应的劳役和实物，从而在这里确立了非庄园性质的农奴制经济，也标志着墨脱县没有徭役差税时代的结束。

面对复杂的时局，蒙古喇嘛失去了胆魄，他始终也没有跨出此次秘密测量最为关键的一步，只是游离在波密土王控制的区域之外。此时，一种说法在西藏流行开来，凡数步量距的人，都是英国人派来的特务，对西藏怀有不可告人的目的。这时，蒙古喇嘛就听说，西藏地方政府处死了多名收留数步量距的外国人的藏族人。尽管蒙古喇嘛极力伪装此行目的，但他所表现出来的异常行为还是引起了一些藏族人的警觉，有人甚至当面向他发出了警告。

藏布巴东1号瀑布（王辉摄）

① 西藏的宗，相当于今天的县。

② 宗本相当于县长。

当蒙古喇嘛带着基塔普来到达东久宗后，不得不对自己的行为有所收敛，还跟当地头人交上了朋友。没过几天，他告诉基塔普自己要外出，两三天后再回来，基塔普也只好在这个头人家等待。在那一带，有关时间长短的说法通常是不准确的，希蒙部落说两三天可能意味着两三个星期。可是两个月过去了，基塔普仍不见蒙古喇嘛回返，开始怀疑他是有去无回了。

蒙古喇嘛不在期间，基塔普以裁缝为生，他根本没钱去完成自己的使命。假如他带钱的话，不仅会暴露朝佛为假象，而且会有招惹强盗的危险。为此，基塔普不得不决定独自去完成任务。当他试图离开东久宗时，他们说他已被蒙古喇嘛作为奴隶卖给了头人，他被迫在头人家干活。基塔普只好时刻寻机逃出去。

机会终于来了。当了 7 个月奴隶后，主人放松了对基塔普的监视，使他找到了机会逃跑。然而，他没有像人们想象的那样尽快回家，而是到了雅鲁藏布江边一个名叫多吉玉宗的地方，而后沿江下至马普，没想到在那里被主人派去的人追获。基塔普以极其镇定的心情前去找马普寺的首席喇嘛，他当即跪倒在地，诉说自己是个贫穷的香客，被背信弃义的同伴出卖沦为奴隶。喇嘛见他非常可怜，用 50 个银圆将他收买。我们不得不承认，历经两次考察雅鲁藏布江流向、被人出卖为奴侥幸脱逃的基塔普，早已不是昔日那个未见过世面的锡金青年，他尽心竭力扮演一名朝圣香客的角色，极力掩饰此行的目的，很快得到了马普寺首席喇嘛的认同。

1881 年 7 月，那是通往墨脱道路的座座雪山冰雪消融的季节，一些朝圣香客沿金珠拉、随拉等山口进入墨脱县境内有名的圣山贡堆颇章朝圣。一天，他向主人提出到贡堆圣山转经，他的这一请求被毫无异议地批准了。

早在基塔普动身时，特务机关就发给他许多装有书写纸的金属小管，以及一个用来钻孔的钻头，以便把金属管固入原木。可在当奴隶期间，基塔普把钻头弄丢了，但金属管仍保存着。可没有了钻头，如何将一根根原木漂浮到阿萨姆，让人们一眼就能识别，这是他为新主人干活时反复考虑的一个问题。

基塔普转完贡堆颇章后，没有立即返回马普寺，而是来到马普寺附近，着手砍伐一些圆木。他无法按照原计划把金属管固定到圆木内，就把管子用藤条绑在原木表面藏于山洞，每隔一段时间就偷偷地投放一些圆木。可他后来又意识到，在事先未通知印度测量局人员注意察看的情况下，将原木抛进江里是徒劳无益的。

2 个月后，基塔普又返回马普寺，该寺首席喇嘛见到此情此景，更是喜出望外。基塔普主动返回的事实，在该寺所有喇嘛心目中，明显确立了一个新的认识，即他是一个可以信赖的香客。所以当他再次提出到拉萨朝佛时，无疑又得到了该寺首席喇嘛的批准。可他没有急于往拉萨赶，而是靠念珠数步量距，开始了沿江到拉萨的秘密测量。

3个月后，基塔普在拉萨找到一个相识的锡金人，托其给第一次探险考察的主人G.M.N发去一封信，要求他通知哈尔曼上尉：约定于藏历水羊年十月五日起，每天将有50根有标记的原木被抛进江里。依当时的情况看，从拉萨到他家锡金的旅途，相比之下更容易，但他再次返回了马普寺。这一举动使该寺首席喇嘛大感意外。自然，在9个月后，当基塔普又要求外出朝佛时，该寺首席喇嘛当即说："你要朝拜圣地，我很高兴。从今天起，我准许你到你喜欢的任何地方去。"

基塔普终于获得"自由"，沿江而下。他小心翼翼地把刻有标记的原木按计划抛进江里，然后试图沿珞巴人生活的墨脱县沿江而下抵达印度。但他面对异常艰险的道路，还有在经过相互械斗的门巴人、珞巴人领地时无法前行，只好先返回拉萨，再回到锡金。当他回到锡金后，才得知那位他委托的带信人已去世，根本未通知到印度测量局。他的信根本没有送出去，那些抛进江中的圆木根本无人"关照"，悄然漂进了孟加拉湾。

1884年6月，基塔普来到印度测量局，口授了一个探险调查报告，完全是凭着自己的记忆讲述的，因为他是一个文盲，他的沿途之行未做任何笔记。然而，事隔29年后，英属印度测量局贝利和摩斯赫德沿着他当年的路线考察时，称他报告的详细程度是惊人的，详细到令人不敢相信的地步。贝利在自己的考察日记《无护照西藏之行》中写道：

当我走上基塔普当年走过的地方时，发现他那时报告的准确程度是非常令人钦佩的。当然，这种情况对我来说并非没有像对其他大多数人那样感到意外。我早已发现，许多文盲的目视记忆力要比那些有学问的人强得多。也许，记忆字母和单字的那一部分脑神经功能同记忆地名的那一部分脑神经功能是一样的；或者说，当我们借助于笔记时，我们大脑就解除了对笔记下来的东西的记忆负担。不管怎么说，我对不做笔记的文盲总比对不做笔记的文人更信任。

基塔普报告中最有争议的段落，是他和蒙古喇嘛在白马狗熊所见情形的描述，这是他们从加拉沿江而下所到的最远点。他是这样描述的：（雅鲁）藏布江离白马岗宗（现地图上标为白马狗熊）有两测链远。在离开大约 2 英里[①]远的地方，（雅鲁）藏布江越过一个名叫森吉错加的悬崖，从约 150 英尺的高度一泻而下。瀑布下面有个大湖，在那儿总是能看到彩虹。

我们不得不承认，基塔普口述这个探险报告时，离他到白马狗熊过去 4 年之久，但西方人还是出于感情上的缘故，认为他所讲的一切都是事实。这就意味着，基塔普向世人提供了一个不容争辩的事实：在雅鲁藏布大峡谷白马狗熊附近的河床上，有一条非常大的瀑布，就算不是在流量上，至少在高度上可以同世界上最大的美国和加拿大交界处的尼亚加拉瀑布相匹敌。

事隔 33 年后，也即 1913 年 7 月 22 日，印度测量局的贝利上尉探险考察来到白马狗熊，证实了基塔普看到的雅鲁藏布大峡谷河床彩虹瀑布确实存在，但远没有他说得那么高，也仅有 30 英尺。的确，这是一个基塔普无法纠正的错误，他对记者采写的报道根本看不懂。或许是英国记者听力有误，又或许是故弄玄虚，总之是将这一结果发表在英国非常有权威性的一些报纸上，一时间在西方传为美谈。

然而，基塔普这样一个对印度测量局做过重要贡献的“英雄”，他的结局并不是很好。1914 年年初，当贝利考察结束后返回印度西姆拉，从多方打听得知他依旧在印度大吉岭当裁缝，也即他被蒙古喇嘛卖掉后在东久宗学的行当。说实在的，基塔普和当奴隶时的生活没什么两样，且一干就是 29 年。贝利希望见到这位“传奇人物”，可此时的基塔普几乎穷困潦倒，连大吉岭到西姆拉的经费都没有，还是靠印度测量局总测量官西德尼·伯尔拉德上校先生拨的专款，他们才得以相见。

贝利希望印度政府发给基塔普一笔养老金，但令他想不到的是，这些人不为所动，甚至对他说：“我们不能给此人养老金，那是一笔无限期的资金承诺，他也许会活到 90 岁。”贝利当即说：“如果他真的活到 90 岁，那就更有必要给养老金。”尽管贝利一再坚持，但对方就是不肯让步，最后对方竟亮出了底线：“没有养老金，我们如今能做到的，最多不过是给一笔 1000 卢比的额外津贴，只此而已。”这样，基塔普带着 1000 卢比返回了大吉岭。这笔钱大大超过了作为养老金所应得到的数额，因为他回去后几个月就死了。

① 1 英里约合 1.6 千米。

无护照大峡谷之行

1880年，基塔普在雅鲁藏布大峡谷白马狗熊发现的河床“大瀑布”，让一位年轻的地理学家着迷。时隔33年后，这位年轻的地理学家踏上了寻访之路。他就是英国皇家地理学会会员、探险家F.M.贝利（F.M.Bailey）。

贝利，1882年生于英国，曾就读于英国皇家军事学院。1900年加入英印军队，参加了1903—1904年第二次侵略我国西藏的战争。1911年至1912年冬，他在英国外交大臣麦克马洪的暗中支持下，成功地捞到了一个参加攻打“阿波尔”的任务。1913年7月，贝利进入雅鲁藏布大峡谷核心段探险考察，后著有《无护照西藏之行》。

贝利上大学时，从书本上了解到雅鲁藏布大峡谷出现了一个落差达20多层楼那么高的河床“大瀑布”，这不能不说是一大地理奇观。然而，这个发现者只是个没上过一天学的文盲基塔普，连个测量工具都没带，人们凭什么相信他的话呢？印度测量局自1878年以来，将雅鲁藏布江流向何方作为一个重要课题，已有多人深入雅鲁藏布江一带秘密测量，其中就包括克里斯纳。可20多年过去了，没有一人拿出一张照片证实雅鲁藏布江河床大瀑布的存在，人们凭什么相信基塔普的口授调查报告呢？

雅鲁藏布江上是否有河床大瀑布，军事上的意义显得尤为突出。英国吞并阿萨姆后，以此作为重要的前进基地，以期占领中国西藏的领土，还可将其作为进入中国内地的便捷跳板。但他们准备沿亚东河谷、丹巴曲、察隅河流域进入西藏的道路，要么被中国西藏地方政府官兵把守着，要么因道路艰险而无法前进。但要能确切证实雅鲁藏布大峡谷里有河床大瀑布，就等于为大英帝国印度测量局解开了地理学一个多年未解的地理难题。

1904年，贝利随荣赫鹏大军进攻拉萨。当时，他的父亲贝利中校任苏格兰地理学会秘书长。由于从小受父亲的影响，贝利把解开这个地理奇谜当成一项重要工作。拿贝利的话来讲，解开雅鲁藏布大峡谷河床大瀑布之谜，成了他当时的一个重要任务。为此，在力所能及的范围内，贝利极力为完成此项任务锻炼自己。在西藏干坝宗居住的日子里，他学习了一些藏语口语知识，熟悉藏族人的生活方式和思维方法。在后藏地区考察时，他取得了在海拔 5600 米以上和气温在零下 25 摄氏度地区探险考察的经验。这些无疑都成为他日后的雅鲁藏布大峡谷探险考察的铺垫。

1913 年 2 月 14 日，贝利随麻通河谷主力部队，沿丹巴曲逆流而上到达其支流麻通河与得日河的汇合处伊鲁普村，这里居住着我国珞巴族义都部落。也许是因为英殖民者半个多世纪的思想渗透，靠近阿萨姆一带的我国义都部落人对白皮肤洋人已不再恐惧，还告诉他们一件极其新鲜的事情，沿麻通河逆流而上，有一个叫米培的藏族村庄。

英国皇家地理学会会员贝利上尉

贝利听后十分惊奇，因为西藏人大都生活在海拔 3500 米以上地区，这里自古都是珞巴族义都部落的地盘。于是，一个疑问在他心中产生：他们从何处而来？他们为什么选择这样的地方生存？他们如何同珞巴族义都部落相处？当他怀着急切的心情询问时，伊鲁普村的珞巴人称这条路实在难行，没有一个人去过那里，能提供的信息微乎其微，这更加坚定了他去探究竟的决心。

为了深入这个藏族村庄考察，贝利可谓是煞费心机。他在伊鲁普村储备给养，还组织当地人沿途架设了栈桥和藤索桥各一座。经过 9 天的艰难行军，贝利便与麻通河谷主力部队的布利斯少校、内维尔上尉和指挥部的武装警卫一同到达了这个村庄，戏剧性的一幕发生了：一个妇女背着木制水桶出现，她并未注意到贝利一行的到来，于是贝利用藏语把她叫住。她猛抬头看到这一切时，被吓坏了，当即扔掉水桶尖声叫喊着跑进一个屋子里。她在屋里不断叫喊，歇斯底里。随后，两个男人从屋里走了出来，他们扫视了贝利一眼。贝利在一根圆木上坐了下来，招呼他们过来。这两个男人见贝利并未带武器，来到他的身旁，把腰带解开，将腰刀扔在地上，有意显示他们的武力。贝利声称要找他们的头人，起先他们执意说头人不在，但当头人从同一个屋子出来时，他们又不说话了。一名叫江措的头人问贝利是否是清廷人，他以为贝利是来杀自己的，甚至可能要杀村里所有人。贝利声称自己不是，才慢慢消除了他的担心。就在贝利进去的 2

年前，清军曾进入珞渝地区清剿波密土王的残余势力。

这些藏族人与珞巴族义都部落之间断然隔绝，以至于根本没有听说贝利一行的到来。正在此时，内维尔、布利斯以及 20 多个印度兵违背约定露面了，藏族人警觉起来，以为是贝利设下的圈套抓他们。贝利再次把他们稳定下来，解释了他们是什么人，以及来此的目的，提出希望在勘测方面得到他们的帮助，要求把营地挪到村庄附近。贝利一行在米培住了一个月，这期间取得了江措的信任。从他那里了解到他们定居在这块地势较低的山谷中的来龙去脉。

据《清实录》记载，公元 1906 年，康巴地区（今四川甘孜州、阿坝州）的藏族人听说西藏有一个叫白马岗的地方，是一个天生福地，1000 多名信佛的男女便备装上路。1909 年，又一批信男善女上了路。清政府知悉此事，曾令川滇边务大臣赵尔丰拦阻，设法召回。今天从贝利的《无护照西藏之行》，还是能依稀了解这段逝去了百年的康巴藏族寻找到理想天国后的真实生活。

麻通河是丹巴曲的一条重要支流，曾一度被印度测量局怀疑雅鲁藏布江流经此河。可贝利发现了一个奇特的现象，沿该河越往上走，水流量变得越小。这本是一件极其正常的事情，可在贝利的心里变得极不正常。因为他曾随荣赫鹏大军攻打拉萨，见到雅鲁藏布江流到拉萨曲水时，它的水流量都远比这大得多。若雅鲁藏布江流经麻通河的话，少说也有数百千米，它已集纳数十条江河的水流，流量怎么会比流经曲水时还小呢？由此，一个结论在他心中产生：雅鲁藏布江不可能流入丹巴曲，它和印度阿萨姆的布拉马普特拉河是同一条河流，这就无形中支持了哈尔曼上尉的理论推断：雅鲁藏布江流向了“德亨河”（雅鲁藏布江下游段）。

早在 20 多年前，印度测量局哈尔曼上尉就为从理论上推断雅鲁藏布江的流向，以这样的方式来思考问题：当丹巴曲、“德亨河”离开喜马拉雅山峦至阿萨姆平原后，从表面上看不出流量谁大谁小。可雅鲁藏布江是由喜马拉雅山脉北坡的融雪积聚而成，显然雅鲁藏布江流入的河流流量要大些。正是受到这一理论的启发，他来到丹巴曲、“德亨河”离开山峦的地方仔细测量它们的流量，发现“德亨河”每秒的流量是 56 500 立方英尺，而丹巴曲只有 27 200 立方英尺，这就从理论上说明雅鲁藏布江流入了“德亨河”。

1911 年，“阿波尔”勘测队司令官向驻扎在阿萨姆的鲍沃尔上将发出命令，指令他解决“（雅鲁）藏布江和布拉马普特拉河的同一性问题”。于是，鲍沃尔将军派出了三支考察队，在军队的掩护下，先后沿“德亨河”、丹巴曲、察隅河逆流而上，考察这三条江的源头。半年多时间里，尽管当时没有一支人马到达这三条河中任何一条河流的源头，但他们还是排除了雅鲁藏布江流入察隅河、丹巴曲的可能。拿当时这方面的权威、英国皇家地理学会会长托马斯·霍尔迪克先生的话来说：“有大量证据事实确认了两河（指雅鲁藏布江与布拉马普特拉河）的统一性，已把布拉马普特拉河与（雅鲁）藏布江的一致问题视为无关紧要的小问题。的确，长期以来，原有的争论已不再刺激地理学家的胃口，地理学家们几乎已把两河一致这一点视为既定事实了。”

哈尔曼上尉的“发现”令人信服，但一个个问题又摆在了贝利的面前：雅鲁藏布江流经藏东南米林时，便在这些无法通行的丛林中隐形匿迹了，而那一带的海拔近 3000 米，远比流入海拔不足 150 米的阿萨姆平原高得多。然而，这两点的直线距离仅 190 千米，雅鲁藏布江又是如何流的呢？难道它飞奔而下的河道要比想象的长得多吗？难道在海拔3000米以下的隐匿区内有一系列急流险滩不成？或者说，在这未被发现的无人区里，莫非有一条敢于同世界最大的尼亚加拉瀑布相匹敌，甚至会超过它的瀑布？此时，贝利已不再关注雅鲁藏布江是否流入了“德亨河”，而是关注这条江是怎么通过藏东的崇山峻岭的，它是否有基塔普所说的河床“大瀑布”。还是在大学时代，贝利就游览过位于美国和加拿大边界的尼亚加拉河上的尼亚加拉瀑布，更被这个瀑布的雄奇壮观震撼，这自然将他带回了遥远的回忆之中。

尼亚加拉瀑布由三股飞瀑组成，是最后冰川期留下的遗迹。其中，在河东美国一侧悬挂两瀑，落差 55 米，叫“彩虹瀑”和“月神瀑”；在河西加拿大一侧的飞瀑更为壮观，状如马蹄，称“马蹄瀑”，落差 54 米，是世界上最宽的瀑布。据测量表明，三股飞瀑总宽度为 1000 米，总流量为每秒 6000 立方米。当人们来到尼亚加拉瀑布处，便可从多角度欣赏它的壮丽风采。那里有著名的“前景观望台”，巍峨耸立。沿着山边崎岖小路前往“风岩”，就可仰望大瀑布“银河落九天”的景象，它以其磅礴气势、铺天盖地、飞流直下，不禁使人涌起了一股与大自然共鸣的激情。游客必须在此穿上雨衣，否则飞珠玉溅，衣衫尽湿。若到横跨美国和加拿大的“彩虹桥”，就可看到大瀑布的全景，仅需步行 5 分钟就能从美国到加拿大。游客还可以乘“雾中少女”号游览船，穿梭于波涛汹涌的瀑布之间，到扑朔迷离的水雾中去领略惊心动魄、涤荡尘嚣的感觉。正是因为这奇特的自然景观，尼亚加拉大瀑布每年吸引数百万游客前来观奇历险。

我们不得不承认，贝利是一个善于心计的特务，他经过在西藏一带的考察，同阿萨姆一带的藏族人长时间接触，以及与靠近阿萨姆一带的珞巴部落打交道，练就了一张伪善的面孔，赢得了米培村头人江措的信任。拿他的话来说："谨慎是十分必要的，我不能过早暴露自己的意图。"几天后，当他向江措询问雅鲁藏布大峡谷内是否有河床大瀑布时，江措称他亲眼见到了大瀑布，同基塔普提供的情况非常吻合，这更加坚定了贝利前去考察的决心。当他提出考察的想法后，江措不仅占卜为他选择了适宜的时间和所走的道路，还为他挑选了一名向导和七名背夫。

为了确保贝利在西藏考察顺利，尤其是得到波密土王家族的支持，江措还给波密土王管辖的金珠宗宗本写了一封信，信的内容是这样写的："英国人从楚里卡塔来到白马岗，送给我们不少好礼物。他们打算到波密，而后回印度。鉴于本人不能同去，特此告知。请派人陪着他们。英国人贝利先生要去，请不要阻拦他，但可以给予必要的指令。在察隅、嘎拉雍宗和（雅鲁）藏布江峡谷一带有许多英国人，在这里的得日、丹巴、埃姆拉、阿会和麻通河谷地也是如此。……贝利先生了解扎寺喇嘛，他们也知道他的到来，所以你千万不要阻拦。他们不会危害百姓，请给予帮助。"

贝利进入雅鲁藏布大峡谷的时间，在他的《无护照西藏之行》中已有明确的记载。那是 1913 年 5 月 16 日，尽管贝利的考察计划没有得到上司的批准，但他却在一手制造臭名昭著的"麦克马洪线"的麦克马洪的暗中支持下，同另一位来自英国皇家陆军工兵部队、已在印度测量局从事 6 年测绘工作的摩斯赫德上尉一道，带着十名背夫和两名曾多次往返米培与墨脱金珠之间的藏族向导，其中还包括特别能吃苦耐劳的两位尼泊尔人和一位锡金人，沿着一年前寻找"希望之乡"人们返回的路线，向遥远的雅鲁藏布大峡谷金珠宗进发，这里隶属于波密土王管辖。

在今天看来，要从米培到墨脱的金珠乡，需翻越海拔 4000 米以上的永加普拉、安扎拉、日清拉、崩崩拉等数座大雪山，得等到每年的 7、8、9 三个月雪融化的日子。若冒险翻越遇上暴风雪、雪崩，生命都得不到保障。就在贝利去的一年前，数百名寻找"希望之乡"的藏族朝圣者不听劝告，在从这里到金珠宗的路途中留下了累累白骨。可我们不得不想到，贝利是一名多次前往恶劣自然环境的人，加之其带了一些先进设备，诸如帐篷、保暖内衣、取暖设备等，终究于 5 月 31 日到达了雅鲁藏布大峡谷核心段支流金珠河上游的墨脱县金珠乡，这里居住着数百名寻找"希望之乡"的藏族村民。他在这里见到了江措写信要找的宗本，他原是洛宗一位叫邦勒的神圣喇嘛的转世，也是墨脱的最高行政长官。

《无护照西藏之行》一书中、英文版

就在贝利寻找雅鲁藏布大峡谷河床大瀑布时，对英国军官敦巴尔护卫的“阿波尔”测量队未能找到而暗自庆幸。他曾在日记《无护照西藏之行》中写道：“从派村来了一个人，说那里有四十名阿萨姆士兵和两名英国军官，他们五天前离开派村，翻多雄拉走了。遗憾的是我和摩斯赫德未能见到他们，但高兴的是他们没有找到我们跟踪的瀑布。”

同年6月5日，贝利沿金珠河下到该河与雅鲁藏布江交汇处的卡布村，然后沿雅鲁藏布江逆流而上，经达木、邦辛乡、加热萨，翻越随拉山进入波密土王的领地。20天后，他拿着江措写给波密土王两位王后的信，如愿以偿地见到了波密土王的两位王后，得到了她们的大力支持，得以先后深入帕隆藏布江、易贡藏布江进行考察，然后进入雅鲁藏布大峡谷入口处派乡物资转运站对岸的吞白村，也即当年基塔普第二次进入白马狗熊的路线，寻找到了他所要找的河床“大瀑布”。贝利首次用拍照的方式向世人证实，雅鲁藏布大峡谷白马狗熊附近没有河床大瀑布，解开了多年来地理学家关注的一个地理之谜。贝利在他的回忆录《无护照西藏之行》里是这样写的：

后来，我找到一条通往（雅鲁）藏布江的小路，路的尽头看得见云雾般的溅散浪花。向下走半英里，坡度降低约四百英尺。我首先跨到一块高出水面约一百英尺（约 30 米）的岩石上，江水在约五十码（约 46 米）宽的沟壑里奔腾而过。我的左下方咆哮着打旋的急流，右下方江水猛然向下冲过岩石的突出部，在落差约 30 英尺（约 9 米）处飞溅起层层浪花，形成一朵水汽云雾，高出瀑布顶端约 20 英尺（约 6 米）。后来，摩斯赫德到那里时，看见一条彩虹。

由于西藏人没有“彩虹”这个名称，我们就给这条瀑布起了个诨名叫“彩色瀑布”。我在岩石上拍了几张照片，然后爬下来，又在瀑布上方的河沿旁边拍了一张。苦力说，冬季香客就是沿着瀑布边缘的一条小路转经的，瀑布过后绕环形路爬上寺庙。夏季的小路被水淹没了，我迫不得已朝原路返回，上行一英里（约 1.6 千米）后，又踏上了到白马岗宗（地图上标为白马狗熊）的征程。

贝利通过实地考察，解开了缠绕在西方人心中的一个结，那就是纠正了西方媒体宣传的那个可以与世界最大的尼亚加拉瀑布相匹敌的雅鲁藏布大峡谷河床“大瀑布”的传说。

当我们今天阅读贝利的《无护照西藏之行》，有一段是这样写的：“我和摩斯赫德在米培下面看到的被其‘敌手’南迦巴瓦遮掩过半的雪峰，终于露出了它那雄伟的真容，它的名字叫加拉帕日（今加拉白垒峰），高达二万三千四百六十英尺（7150 米），它本身算得上是世界最高峰之一。但使人惊讶的是，离它仅十三英里（21 千米）处就是南迦巴瓦峰，高达二万五千四百四十五英尺（7755 米）。（雅鲁）藏布江就是从加拉帕日峰以下一万四千英尺（4267 米）处和南迦巴瓦峰以下一万六千英尺（4877 米）处流过，水力之大就像科罗拉多大峡谷①里的科罗拉多河那样令人吃惊。”

这段文字向我们展示了一个地理极值，即南迦巴瓦峰峰顶到该峰下的雅鲁藏布江面，海拔相差约 2879 米。在我们看来，峡谷深达 2879 米，这已不是一个平常的数字，比深达 2133 米的科罗拉多大峡谷还深 746 米，这在世界

① 美国科罗拉多大峡谷长 440 千米、深 2133 米，它位于美国亚利桑那州西北部的科罗拉多河中游、科罗拉多高原的西南部，峡谷两岸北高南低，平均谷深 1600 米，谷底宽度 762 米，它犹如一条桀骜不驯的巨蟒，匍匐于凯巴布高原之上。从谷底至顶部崖壁露出从前寒武纪到新生代各期的系列岩系，水平层次清晰，岩层色调各异，并含有各地质时期代表性的生物化石，故有“活的地质史教科书”之称。1903 年，当时的美国总统罗斯福前往游览时，曾感叹地说：“大峡谷使我充满了敬畏，它无可比拟，无法形容，在这辽阔的世界上，绝无仅有。”科罗拉多大峡谷正是以其超凡脱俗的风景，在当时被世人誉为“世界第一大峡谷”，成为地球上最美的风景之一，每年吸引不少游客前来观光。

江河峡谷中也是罕见的。若不去谈雅鲁藏布大峡谷的长度，就它的深度而言，它至少是世界上最深的峡谷。当历史过去 80 年后，美国亚利桑那州的地理学家费希尔首次通过新闻媒体，称雅鲁藏布大峡谷为世界最深峡谷，并成功申请了吉尼斯世界纪录。若贝利当时还在世的话，也许他会为此而捶胸顿足。若历史可以假设的话，贝利依据自己的考察数据，完全可以向世界宣称雅鲁藏布大峡谷为世界最深峡谷,雅鲁藏布大峡谷的名字将提前 80 年大哗于天下。

贝利沿大峡谷河床瀑布考察后，进入白马狗熊，便见到了今天人们再也见不到的文物印迹，即这里有一座很小的寺庙，里面住着五个喇嘛，当时两个正在坐禅。除了寺庙与喇嘛的住房外，有一间屋里还住着一位妇女及她的丈夫，他们靠养犏牛为生。若这个寺庙还存在的话，真可谓一处人间仙境，可惜这座专供朝圣香客食宿的小寺庙后在 1950 年 8 月 15 日的大地震中损毁。贝利试图借助寺庙中人的帮助，到雅鲁藏布江与帕隆藏布江汇合处的扎曲一带进行考察。当他前进一段距离后，终因摔下山崖造成膝部感染中毒，并波及血管疼痛难忍，不得不放弃了秘密测量，于同年 7 月 31 日返回白马狗熊。

尔后，贝利又沿原路返回，先后考察了林芝、山南的雅鲁藏布江段，然后到达了隆子县珞巴族生活的地域，再从这里进入错那县门达旺地区后返回印度西姆拉。1914 年 6 月 22 日，贝利向英国皇家地理学会详细汇报了他们深入的最远点和确切路线。在一次酒会上，最初对他们的考察成果持怀疑态度的英国皇家地理学会会长托马斯・霍尔迪克，首先向他和摩斯赫德致以深深的歉意，然后热情洋溢地称赞道：“请允许我首先说，欢迎我的老朋友贝利中校——至今仍是苏格兰地理学会秘书长的儿子漫游东方之后，再次回到英国。他已成功地解开了一道地理上的难题，这是一道我们在印度的地理学者多年来以渴望的目光注视着的难题。他以如此之大的才能、决心和毅力——正如我们从这位年轻勇敢的探险者过去的记录中可以看得到的才能、决心和毅力一样——解开了这个难题。”

在结束对贝利的称赞后，霍尔迪克转而又对摩斯赫德表扬道：“我想就贝利上尉勇敢的同事——工程师和测绘员摩斯赫德上尉说上几句。对于在世界上的那块地方冒险勘测，我懂得，不断留神永远笼罩着乌云的山峰的能见度，不断寻找似乎永不出现的星星，以及整夜从这些粗略观测中进行推算会是什么滋味。”

就在这一年，带着考察所绘地图的贝利和摩斯赫德深得麦克马洪的赏识，将他们召集到西姆拉，探讨所谓“中印边界线”的划界问题。就是这样一个蒙蔽藏族人并获得他们帮助的贝利，用自己绘制的地图，在 1914 年中英两国参加的西姆拉会议上，非法割去了我国大片领土，成为一个名副其实的强盗。

1916 年至 1938 年，贝利在英属印度担任政务官，直到 1967 年去世，终年 85 岁。而他的同伴摩斯赫德则去了很多地方，在珠穆朗玛峰探险考察时，他的几根手指因冻疮而失去。第一次世界大战期间，他去缅甸考察时，骑在马上行进到一个山谷时被当地人杀死。

沃德好梦成真

转眼间，西方科学家、探险家在探寻雅鲁藏布江在藏东南喜马拉雅丛林如何“消失”的脚步不知不觉地跨进了 1924 年。当我们谈起这个问题时，不得不谈到一个叫 F .K .沃德（F. K. Ward）的植物学家。

这是贝利都不得不面对的一个现实，正是他在白马狗熊后山考察的“闪失”“成就”了沃德。也就在 1924 年，沃德沿着贝利当年的足迹，成功地到达了扎曲村，也即被西方人称为地理奇观的雅鲁藏布江大拐弯。与此同时，沃德还首次在雅鲁藏布大峡谷大拐弯扎曲至白马狗熊一带，发现了两处新的河床大瀑布，回去后著有《藏布河谷之谜》一书。他将两处瀑布标在地图上，注有海拔高程，写有瀑布相对高度，并拍有远眺的黑白照片。

沃德 1885 年 11 月生于英国曼彻斯特欧文学院一个植物学教授家中。1895 年，他的父亲又被任命为剑桥大学的植物学教授。1904 年，他开始在剑桥基督学院学习并取得了学位。1906 年，他时年 58 岁的父亲去世，他不得不提前结束自己的教育。1907 年，他来到中国，在上海一所公立学校当教师。1911 年，他得到一个机会，加入福德公爵提供资金的中国长江上游动物学探险考察队。在这次旅行中，他发现一个鼠类新亚种和一些植物标本。

1911 年，沃德的第一本著作《在去西藏的路上》在上海出版。1913 年，他深入滇西北和藏东南考察，搜集了 200 多种植物标本，其中有相当一部分是新的发现，有的品种带回英国后经过精心培育，已在那里开花结果了。他通过研究这一带的植物分布规律，得出了一个有意义的结论：澜沧江至怒江分水岭是一列很重要的屏障，它不仅将印度—马来西亚植物群分隔开来，而且是动物学上东方区和古北区的交界处。

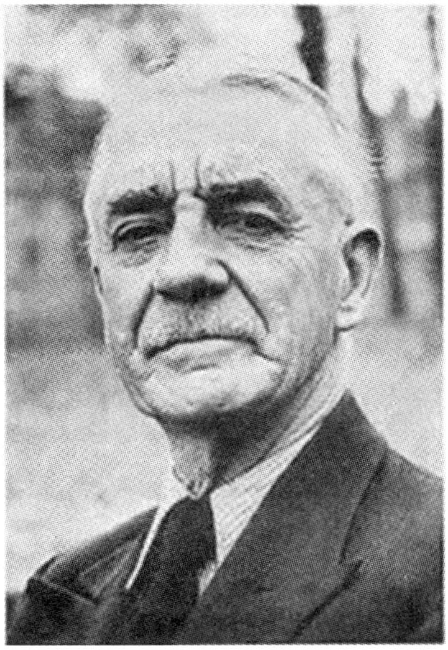

英国植物学家沃德

沃德所著《藏布河谷之谜》

1923 年，沃德将在云南和西藏考察河流的经历汇集成《神秘的滇藏河流》，成为许多中国读者了解滇藏河流的窗口。在这本书中，沃德第一次提出了“三江并流”的说法，这是考察中最让他激动不已的收获。这在当时简陋的测量条件下不算容易。

沃德在《神秘的滇藏河流》中写过这样一段让人神往的话：“想象一旦腾飞起来，就会超越某种可能性，以至旅行者对预期的发现容易怀有一种令人愉快却往往又是莫名其妙的兴奋。当我从山顶到山口，再次扫视那些白雪皑皑的峰顶，想象所有可能隐藏在悬于湄公河峡谷上方陡峭冰川中的植物宝藏时，这种感觉油然而生。”[①]

沃德对于雅鲁藏布大峡谷核心段的考察缘于贝利。他从贝利的文章中了解到，雅鲁藏布江上游水流平缓适合航行，下游位于印度的阿萨姆邦境内，水势也同样平缓。可就在这之间有一段尚无人通过，当时就有 80 千米长的水域地形不明，那里极有可能存在巨大的河床瀑布，这对沃德有巨大的吸引力。

① 沃德：《神秘的滇藏河流》，中国社会科学出版社 2002 年版。

沃德在滇藏高原考察时获得的成果自然引起了英国当局的高度关注。1923 年年底，当他提出到西藏雅鲁藏布大峡谷一带作深入考察时，竟意外地获得了英印政府的允许。他从当地行政长官、已升为中校的贝利那里拿到了进入西藏的通行证。贝利曾在雅鲁藏布大峡谷进行过初步考察，还向他提供了一些有价值的信息。

1924 年 3 月 23 日，沃德在英国世袭贵族考道尔勋爵康沃特的陪同下，从印度大吉岭出发，翻越乃堆拉山口进入西藏的亚东。3 月的西藏，天寒地冻，有着一种朴素而严峻的美。他们历经艰辛，进入日喀则后，沿雅鲁藏布江到达了藏东南林芝，将未来五个月的植物采集基地设在一个绿色的山谷内，周围是长满杉树林和开满杜鹃花的山坡。杜鹃花盛开在光秃秃的岩石上，鲜红的花瓣映照着没有被践踏过的白雪，就像血红的床单铺在饱经风霜的岩石上。

在这个山谷里，沃德还发现了一片完全不同于其他地方的巨柏林，它们平均高 30 米，平均直径 100 厘米，总蓄积量 5400 立方米。其中最大一株高近 50 米，直径达 5.8 米，少说生长了 2000 年以上，要六七人才能合围。岁月的长河已剥掉了树的根部表皮，如同一张老者的脸，布满了沧桑。站在它的面前，只觉得自己是那样的渺小，不由得感叹大自然造物的神奇，怪不得当地藏民称它为“神树”。

这些巨柏靠什么生长得如此高大？在这片山区又为何仅存在于这个山窝里？沃德走到一块近 2 米高的土崖前，无不感叹大自然的神奇造化，可他又始终找不到一个满意答案。他想不到，很久之前，这里是一个高原湖。后来由于地质的变化，湖岸被尼洋河冲开，只剩下山窝里这块遗留的沉积地，变成了巨柏生长的好地方。如果认真从地层里寻找，还可找到螺壳。

沃德进入林芝考察时，已是桃花怒放的季节。雅鲁藏布江两岸布满了野生桃树，千树万树桃花开，田野里、山坡上、小村旁、雪山下，尽是粉红色的桃花，大风一起，桃花如同雪片漫天飞舞、四处飘落。

沃德早在 1911 年之前，就深入滇西北一带考察，那里是森林之乡，生长着许多的桃树。可当他来到这个素有“西藏江南”之称的米林县时，还是为这里遍地盛开的桃花所陶醉，顿感滇西北一带的桃树是“小巫见大巫”了。

沃德之前认为，桃树充其量也就碗口那么粗，可当他来到一个藏族村庄时，村前的一棵老桃树让他吃惊不小：这棵老桃树主干直径竟达 1 米多，高 18 米，开满了灿烂明艳的朵朵桃花。当地村民称这棵树为“神树”，在桃树的四周挂起了一条条洁白的哈达。就在这苍老的大树旁，新生的一棵棵小桃树又茁壮成长起来，在微风中摇曳着柔枝，给人以生生不息的强烈印象。

尤其令沃德疑惑不解的是，这些桃花林多半生长在河岸江畔的农耕地带，越是靠近村庄越是密集，在藏东南形成了一个长达数百千米的桃花带。桃花掩映的村舍处处可见，温馨静谧。更令他称奇的是，在桃花与高山栎林的接界处，往下是怒放的桃花，往上是绿油油的高山栎，绝少错杂相生，界限分明，不是一条直线，就是弯得很好看的弧线，真可谓盛景天成。

沃德作为一名植物学家，在雅鲁藏布大峡谷流域的植物考察，也将大峡谷一带的“贝氏罂粟”引进到英国，沃德也成为当时英国人的“英雄”。“贝氏罂粟”之所以叫此名，还得从贝利考察雅鲁藏布大峡谷说起。1913 年 7 月 10 日，贝利从林芝东久的一座木桥出发，当经过 16.5 英里之后，到达林芝色季拉山下的鲁朗。他在日记中写下这样一段话：“花当中有我之前从未见过的蓝罂粟，以及紫鸢尾和报春花，还有许多乌头属植物。”

对于用鸦片换取大量外国金银财宝的英国，这在当时算得上是一个重大的发现了。贝利为什么没有大书特书呢？贝利在后来的回忆录中写道：“这一显赫的发现，当初在我日记中被如此轻描淡写，不是没有道理。如我所说，我们是在一个未曾被西方勘测过的国土中旅行，每天都有新发现、新风景、新奇迹。我知道我在自然界采集的标本有科学价值，但像我们这样的探险队，没有搜集、处理、运输大量动植物标本的装备。”

1924 年，沃德上尉看过贝利发现蓝罂粟的书后，才在林芝鲁朗考察时带回了蓝罂粟花籽。没过几年，这种花籽之普遍，简直出乎沃德的想象，在英国任何像样的商店里都能成包买到。这种罂粟给英国带来了丰厚的海外利益，在英国种子商的商品目录中被命名为“贝氏罂粟”。

这个“荣誉”的获得，让贝利对沃德充满了感激。用他的话来说：“我发现蓝罂粟的名望，应归功于沃德上尉的事业心。如果他不记下花的式样，并把花籽带回来，而后又推广种植，那么贝氏罂粟就会像蝴蝶，以及我们带回的其他标本一样，仍不引人注目。”

转眼到了秋天，沃德有条不紊地搜集着已发现的植物种子。若有必要的话，还在厚厚的雪地下挖掘种子。他能够非常准确地记得某种植物生长的地方，这样就算过了几个月，他也能回来搜集种子。他们采集到的种子包括大量的喜马拉雅绿绒蒿。这种花由法国人德拉维于 1886 年在云南首次发现。沃德写道：“灌木丛下，小溪岸边……到处生长着那种可爱的绿绒蒿……”

沃德进入雅鲁藏布大峡谷是当年的11月中旬。他自从踏上藏东南这块神秘土地后，令他疑惑不解的东西又何止桃花和巨柏。为什么藏东南地区完全不同于植被稀少的藏南而成为绿色的海洋呢？为什么雅鲁藏布江流到米林县派乡会同时被两座巨大的山峰所遮挡呢？在他的眼里，雅鲁藏布江活像一条倔强的巨龙，遨游在世界最大山系——喜马拉雅山北麓。可当它由西向东奔流到米林县派乡物资转运站时，迎面碰到了东喜马拉雅山的阻挡，宽阔的江面急骤收缩，江水沿着南迦巴瓦峰、加拉白垒峰两山之间的深峡，拐过一弯又一弯流向远方，神秘莫测。

沃德1924年在白马狗熊所摄雅鲁藏布大峡谷

南迦巴瓦峰常年云遮雾绕，人们很难一睹其尊容。在考察期间，沃德听当地人讲：“如果你看到南迦巴瓦峰的真面目，就是个有福之人。”清晨，可以欣赏到高原美轮美奂的日出。太阳一升起，地面升温，云海开始变幻无穷。一股气流由下而上拥挤翻腾，一堆堆云团由谷底飘逸扩散，有的翻过山口，越过山峦，又急骤下落，形如飞流直下的瀑布；有的则似飘带，绕山而转，缠绵徘徊，久久不肯散去。

在雅鲁藏布大峡谷入口派乡考察时，沃德从前来交换物资的门巴人那里还了解到有关雅鲁藏布江在喜马拉雅山丛林地带拐了一个大弯的有趣传说。

从前，天底下的河流很多，有向北流的，有向南淌的，有西去的，有东回的。可在西藏最北端，有座叫“冰山之母”的冈仁波齐神山，他有四个儿女，大哥叫雅鲁藏布江，二哥狮泉河，三哥象泉河，四妹孔雀河。他们听从双鬓白发老母的教诲，到世界各地去见世面。经过商量，他们决定 3 年后到印度洋汇合。大哥雅鲁藏布江劲大如牛，劈开了好多大山，来到雅鲁藏布大峡谷入口处附近的芝白村时，在“冰山之父”南迦巴瓦峰山脚不停地挖，一只黑鹞鸟撒谎说：“你的三个弟妹都已在印度洋相会了，你还在这里磨蹭！”雅鲁藏布江听小鹞鸟这么一说，当时心急如焚，遇到悬崖朝前闯，遇到深谷往下跳，那围绕南迦巴瓦峰的急拐弯，就是大哥雅鲁藏布江急于赶路的结果。生活在这一带的门巴人还说，小鹞鸟因撒谎遭了报应，如今还在被“折磨”。它不敢落到江面上来，一个劲地在半空中鸣叫：“我渴！我渴！”门巴族一些上了年纪的老年人都拿小鹞鸟撒谎的报应来教育小孩从小要对人说实话，不能说假话。

沃德自从踏上藏东南这块土地，就发现了一个非常有趣的现象，许多地理构造的传说并不是空穴来风，而是当地群众依据地理结构进行的一种近乎神话般的创作。门巴人往雅鲁藏布大峡谷一带迁徙时，有一支就是从雅鲁藏布大峡谷入口处米林县派乡沿江而下，到达白马狗熊后发现无路可走，翻越西兴拉山口进入大拐弯一带定居的，他们对这一带的地理情况实在是太熟悉了。这就向沃德发出一个非常有价值的信息，在很早之前，他们就发现雅鲁藏布江流经喜马拉雅山丛林时，拐了一个至今也无法让外人了解的大拐弯，也许雅鲁藏布江的长度远比人们想象的还要长。

12 月 16 日，沃德带着一头羊、两条狗和二十三人组成的考察队，进入到处都是杜鹃和竹子的森林里。地面高低不平，无法搭建帐篷，他们只好把帆布钉挂在树上做成窝棚，砍下成堆的竹子搭成床铺。勉强休息了一夜，沃德依旧不忘本行，一早便来到森林里搜寻杜鹃花，在返回营地的路上，他注意到了一团看上去显得乱糟糟的杜鹃花，花茎离开地面不过 0.3 米，小而厚的叶片，花蕾边缘点缀着像玻璃丝一样的绒毛，他确信自己之前从未见过这种杜鹃花。

当他们一行来到白马狗熊时，这里有一座小的寺庙。越向下走峡谷越险峻，最后几乎已经无路可寻。他们不得不在茂密的矮树林中砍出前行的道路，踩着窄窄的梯子攀登陡峭的悬崖，攀着摇摇晃晃的绳梯横过幽深的峡谷。每次过绳梯前，有恐高症的沃德依旧仔细搜索每一个地方，以期寻找更多的种子，以此来振作精神。气味芳香、开着可爱白花的白喇叭杜鹃就是在这种情形下被发现的。

同贝利一样，沃德对雅鲁藏布大峡谷是否有河床大瀑布也表现出浓厚的兴趣。在他的队伍中，有的门巴族猎人告诉他说，在白马狗熊到扎曲的雅鲁藏布江段上有两处河床瀑布，还向他绘声绘色地描述了这些瀑布的高度。他请这些猎人做向导，穿过原始密林，在大雨中攀爬陡坡峭岩，登上了西兴拉一侧山脊，在能鸟瞰大峡谷的最佳位置上，竟然看到上百米高的水雾汽柱从峡谷底部升腾而起，江水奔涌的涛声也异常响亮。他心中明白，连日来的冒死艰辛没有白费，自己将要看到一处河床瀑布了。但是，这一段峡谷实在太险峻了，两岸净是耸立着的悬崖峭壁，峡谷在短距离内突然急转弯，完全是深嵌入石壁深槽之中。

门巴族猎人在前开路，沃德沿着悬崖之间上上下下，不停地攀爬。经过几天艰辛到达谷底时，举头仰望，天地突然间变小了，峡谷是“门”字形，天空不过是小小的一块四方天井，人在下边真好像坐井观天。瀑布的跌落声震撼山谷，急流完全奔流在基岩石槽中，在峡谷上游急拐弯的端部出现了一处大瀑布。令人叫绝的是，湍急的江水变得像沸腾的牛奶一样洁白，水雾蒙蒙，难以靠近。他只是进行了简单测量和拍照。正当他们准备离开时，在金灿灿阳光的照射下，美丽的彩虹透过水雾时隐时现，沃德便将其取名为“虹霞瀑布”，也即今天被《中国国家地理》杂志评为中国最美的瀑布——巴东瀑布群中的一个稍小的河床瀑布。

沃德一行没有就此止步，他同门巴族猎人一道，又继续沿着雅鲁藏布大峡谷溯江而上，在经历了几处大塌方区后，踏着没膝深的冰雪，冒着时刻都有断粮缺水的危险，朝另一处更大的河床大瀑布而去。令沃德兴奋不已的是，真像猎人说的那样，这里有一处河床大瀑布。沃德站在远处看到，该处江段激流奔涌，扑岸的惊浪和喷激的水雾弥散蒸腾，涛声震耳欲聋。由于缩峡成瀑的河床两侧是陡峭的悬壁，他根本无法靠近瀑布拍摄和测量，只是远远地架起三角测量仪，测量了瀑布的高度和宽度，远远地拍摄了几张照片，将其命名为藏布瀑布，也即今天我国科学家命名的绒扎瀑布。

今天，让我们透过沃德的科学探险考察文章《藏布河谷之谜》，还能看到河床大瀑布的有关数据。1960 年，中国著名地理学家徐近之所著的《青藏自然地理》引用了沃德在《藏布河谷之谜》中的实测资料："离博藏布（注：帕隆藏布江）会口约 16 公里的瀑布，海拔 2163 公尺（米），常有彩虹，可称虹霞瀑布。下面一个瀑布距两河（指雅鲁藏布江和帕隆藏布江）会口仅 6.5 公里，海拔 1753 公尺，较为宏伟，高水位时，瀑布高 13 ~ 14 公尺。这里峡谷宽仅 27.4 公尺，当地的蒙（门）巴人都说它是（雅鲁）藏布江最大的瀑布。"

1998 年 11 月，中国人首次全程徒步穿越雅鲁藏布大峡谷核心段，发现了沃德所描绘的两处河床大瀑布，只是在测绘数据上有些差别而已。在沃德所说的离“博藏布”会口约 16 千米处的瀑布 600 多米远的地方，还有一个更大的河床大瀑布——巴东瀑布，这才是雅鲁藏布大峡谷里最大的河床瀑布，将在后面的章节中予以介绍。

随着考察的进一步深入，沃德一行从一处山谷下到林芝巴玉村，然后又沿江而上到达大拐弯顶端扎曲村，基本上确定了河道的走向，彻底粉碎了大

英国植物学家沃德

峡谷里有巨大瀑布，甚至比尼亚加拉瀑布还大的神话。站在扎曲村居高临下，既可尽情观赏大拐弯一带的壮丽景色，又可欣赏两江汇合的恢宏场面。从海拔 6000 多米的岗日嘎布雪山到高度不足 2 千米的大峡谷谷底尽收眼底。大峡谷在这一带犹如一条巨大的地裂缝，两岸几条瀑布飞流直下，山腰常有团团白云在浓密的原始森林间飘动，真是一幅美不胜收、壮观无比的图画。

面对如此神奇的大拐弯，沃德终于如释重负。沃德对此行非常满意，他不仅采集到了一些令他声名远播的植物，诸如条裂垂花报春和朱砂杜鹃的亚种黄铃杜鹃，而且解开了一个多年来藏在地理学家心中的谜团：原来，雅鲁藏布大峡谷从入口处派村至出口处的巴昔卡，流经林芝扎曲时拐了一个 360 度的大弯，一下使它改变了流向，至少增加了数百千米的长度。可就是这个被无数探险家迷恋的大拐弯，它早已为居住在这里的门巴人所知。

沃德实地测量得出帕隆藏布江与雅鲁藏布大峡谷交汇处的海拔是 5427 英尺。当他将这个数据带回印度时，贝利有些惊异于这个数字。他曾在帕隆藏布江上游考察，发现帕隆藏布江水每英里的落差是 54 英尺，他们通过当地门巴人得知，从楚隆到汇合处大约 23 英里，若没有河床大瀑布，可以推断出它与雅鲁藏布江交汇处的海拔为 5350 英尺，几乎接近沃德测得的海拔数据。从这一点上，我们可以看出当时的测绘还是较精确的。

撩开大峡谷神秘面纱

我国科学家走进雅鲁藏布大峡谷地区，进行地学、生物学方面的初步考察，将20世纪中国最大地震震中修正为墨脱格林，破解了贝利笔下的“彩色瀑布”之谜，提出雅鲁藏布大峡谷所在的河流是适应断裂发育的先成河，提出建设世界超级水电站构想，如今有些已纳入我国重点工程远期规划。

修正世纪大地震震中

20 世纪 70 年代初期，对于青藏高原科学探险考察来说，是值得大书特书的。尽管当时正值“文化大革命”，但在中国科学院副院长、著名科学家竺可桢的积极努力下，中断 5 年之久的中国科学院青藏高原综合科学考察队又恢复了野外考察活动，他们走进西藏东南部地区，进行地学、生物学方面的综合考察，工作范围也由察隅扩展到雅鲁藏布大峡谷所辖的波密、林芝、米林、墨脱等四县。可谁也想不到，中国科学院的专家们走进这块神奇的土地，意外取得的一个重要科研成果，却是为 20 世纪中国最大地震震中更名。

1950 年 8 月 15 日 22 时 09 分 34 秒，世界各地的地震仪同时记录到这一地震的强大震波。刹那间，江河断流，数十万平方千米的地貌一夜之间面目全非。然而，所有地震仪都因为超出了最高限而失灵。就拿唐山大地震来说，震级里氏 7.8 级，可这次大地震所释放的地震波能量是它的 20 多倍。

对于这次大地震震中位置的确认，众说纷纭，有人说是印度阿萨姆，有人说是西藏察隅，还有人甚至说发生在日本。当时，英国植物学家 F. 沃德在察隅考察，1958 年撰写了《阿萨姆地震历险记》[①]，其中有这样的表述：“这时候地震正在起劲进行着，觉得就好像是有一个强力的重锤，在捶击我们身下的地面，如同敲一个击罐鼓那样持续着。我确有这样的一个感觉，以为我们所躺卧在那里的盆地底部的薄地壳正在破裂如同一块浮冰，而我们几个人正在一同沉降下去穿过一个巨大的窟窿落到地球的内部去。”

F. 沃德和妻子当时躺卧在沙地上，感受着震颤力度和次数的逐渐减弱，大约半个小时之后，从天空高处到西北方响起一阵迅急连续且短促、尖锐的爆发声，清楚而且响亮，如同“高射机关炮炮弹的爆炸声”一样。这五六声响过后开始“停火”——震动暂时结束了。空气中的尘土在 2 个小时之内，浓厚到把每一颗星星都遮蔽了起来。剧烈的震动通宵都在继续，虽然帐篷里显

① 参阅《中国科学院科学通报》第二卷第七期，陈一霆译。

得安稳，但沃德和妻子还是忍不住两次跑到外面去。

天亮后，F. 沃德发现，很多建筑物已经坍塌，向东掀倒，仿佛推力来自西边。地面裂缝很多，大部分平行于河岸，这里显然离震中还有一段距离，裂缝很少有超过几英寸[①]宽，深常不及 2 至 4 英尺。在他的描述中，河流中美丽的蓝绿色岩石河床已经变成了咖啡色，上面带着浓厚的白色泡沫，看起来像是加了牛奶的咖啡。水带有难闻的泥浆气味，水位涨高了四英尺。水流中漂浮着松木等崩毁物，显示出河流的上游受到的破坏显然更大些。余震持续不断，天气酷热，岩石崩坍的碎块倾落下来后，大量的飞尘遮蔽了太阳。F. 沃德所在的里玛村无一人遭难死亡，但牛和猪却被倒落下来的木材砸伤或砸死不少，同样不幸的还有河里的鱼。

“当地居民（佛教徒）的那种恬漠态度，或宿命论态度，是很感动人的。在地震的次日他们即去到田地里工作了，就好像不曾有什么事情发生过似的。然而他们中间有许多人似乎推想大地震是会要再来的，而在下一次他们或许会要全部死掉……他们的房子露了天，于是他们就暂时睡在用木板搭成的避难所中，并且在每天傍晚修理他们的屋顶，两星期之后我们这个村子至少看起来又恢复常态了。” F．沃德在《阿萨姆地震历险记》中这样写道。

1950 年 9 月 6 日，F．沃德看到察隅里玛村居民修好了藤索桥，同河流右岸建立了联络，他们在这时离开了这里。由于沃德的详细描述，世界都把此次大地震的震中位置确定在察隅，称它为“察隅大地震”，包括国内的地震界数十年来也一直这样叫它。

1973 年，当考察队专家前往察隅阿扎冰川考察时，“察隅大地震”的震源确定无疑成为考察的重点，这任务落在了地貌学家杨逸畴的肩上。他走访了一村又一村，听取当事人对那场地震的回忆，积累了不少这方面的考察数据和资料，这为后来将大地震的震中确认为墨脱格林提供了充分的证据。

从温婉的江南小村到粗犷的青藏高原，杨逸畴走了一条常人认为不常规的路。他身材高大结实，肤色黝黑，是一个典型的老青藏。自从 1959 年第一次上青藏高原，他就把自己全部的心血浇灌在了这片土地上，在这片世界海拔最高的高原，书写着硕果累累的科学旅程。

1935 年，杨逸畴出生于江苏省常州市武进县（今武进区）鸣凰镇南周乡巷上村。战乱年代颠沛流离的生活，磨砺了他坚毅的性格；一直坚持体育锻

① 1 英寸约合 2.54 厘米。

炼让他拥有了强健的体魄；《徐霞客游记》和《鲁滨孙漂流记》则让少年的他产生对大自然的无限渴望；1953 年跨入南京大学地理系的大门，则将青年杨逸畴带进了他一直梦想的科学殿堂。

4 年之后，杨逸畴来到中国科学院地理所工作，这里是中国地理学界的最高学术机构。也许是因为那一副好身板，杨逸畴被领导派到了地理科学上一片空白的青藏高原，尽管当时条件极度艰苦，年轻的杨逸畴却拥有了展示自己的一个极佳舞台。

杨逸畴先后 20 次上青藏高原，8 次深入雅鲁藏布大峡谷，5 次深入塔克拉玛干沙漠腹地。杨逸畴用他每一步的丈量，对青藏高原湖泊、冰川、喀斯特、风沙等地貌进行初步研究，对区域地貌的形成和演化、高原环境的演变进行了开拓性的探索，填补了青藏高原地貌科学研究的空白。

1973 年 9 月 21 日，考察队大队人马结束察隅的多学科综合考察返回北京，却留下了一支 8 人小分队挺进墨脱，小分队被命名为“雅鲁藏布江水力资源考察组”，主要使命是利用进入墨脱县的短暂开山季节，深入雅鲁藏布大峡谷腹心地带，沿江测量雅鲁藏布江水，获得这一带的各项水力资源数据。自此雅鲁藏布大峡谷科学考察的序幕已徐徐展开。

杨逸畴穿越墨脱藤网桥

早在1924年，F. 沃德在雅鲁藏布江与帕隆藏布江交界处的扎曲考察时就埋下了一个伏笔：他发现雅鲁藏布江在这里拐了一个夸张的U形大拐弯。从此，一个大大的疑问就萦绕在我国科学家的心头：雅鲁藏布江中上游走向异乎寻常的平直，下游缘何出现了一个巨大的拐弯？

正是基于雅鲁藏布江特殊走向的考虑，我国著名地质学家刘东生临行前特地向小分队提示，要关注大拐弯的有关地质状况。这次水利资源考察小组的阵容不同寻常，在6名科考队员的安排上，组长由考察队队长、水利学家何希吾担任，组员包括水资源学家关志华、水文地质学家章铭陶、地质学家郑锡澜、地貌学家杨逸畴、水文学家鲍世恒，还有行政副组长马正发、上海科教电影制片厂摄影师赵尚元。这是一个多学科的综合考察组，这样的人事安排所发挥的作用，很快便在首次大峡谷腹地考察中显现出来。

考察组从米林县派区（现为派镇）出发，当地政府先后调配了30多名门巴族、珞巴族和藏族青壮年民工，让他们背行装、当向导和做翻译。驻军也派出了5名官兵，负责沿途的安全和保卫工作。考察组进墨脱后，考察了马尼翁、月儿工、西让村，没想到1950年大地震留下的遗迹让杨逸畴一行感到触目惊心。专家们走访了19户人家，找到了当年的幸存者，听他们描述灾难降临时一个又一个恐怖的情景。

此次墨脱特大地震，前兆十分明显。在大地震发生前的一年中，曾发生五级以上前震两次，其中一次的震中就在墨脱县的邦辛村。对于地震特别敏感的动物和家畜，则在一年前就表现出异常反应，如老鼠纷纷出洞，死鼠特别多；在大峡谷进口处的格嘎一带，成群的黑熊结伴下山，它们嘶叫打闹，偷袭家畜，有些村的家畜差不多被咬光；那一年公鸡叫得特别凶，有的人干脆把公鸡杀了丢在水中。

在8月15日临震前，更是鸡鸣狗叫，骚动不宁，人们看到高山上闪出巨大的火光和闪电。地光一过，随即发生了强烈地震。顿时大地抖动轰鸣，雪崩、冰崩、地裂山崩，除了耀眼的地光之外，还有四溅的火星火光，那是石头撞石头时迸发的燧火，恐怖的声与光“如毁灭劫数已临”。

这次特大地震更显示了强大的威力：大地开裂，喷水涌沙，雪峰震裂，冰川跃动，顷刻间庙宇、村庄毁灭。大峡谷本就壁陡谷深，危若累卵，如何经得起如此震动，冰川泥石流随之爆发，一片片山峦滚滚而下，好几个村庄或被掩埋，或被席卷而去。雅鲁藏布江边山腰上的耶东村，被地震连房带人一起从江西岸抛到江东岸，毕波村也被整个抛落到雅鲁藏布江江心。

尽管墨脱县人口稀少，但死亡的人数也有上千人，近百户无人幸免，覆灭的村庄有五六个。在地震当天，有许多群众正被西藏三大领主支乌拉差，晚上歇在岩洞里或陡崖下。专家们调查时，墨脱县这些劫后余生的老人们仍心有余悸。

墨脱大地震前的南迦巴瓦峰(沃德 1924 年摄)

数百千米的山路崩塞，连日飞尘蔽日。雅鲁藏布江溃决，水势暴涨，形成 50 米高的浪头，江面由 20 多米一下崩展到 80 多米。有的山峰被“一分为二”，形成箭鞘状。雅鲁藏布江流入印度的布拉马普特河两岸洪水为患，堰渠冲毁，道路切断，桥梁损毁。整个雅鲁藏布江大拐弯地区和米林、察隅等 27 个县及印度阿萨姆邦的部分地区都被卷入这场灾难之中。地震破坏面积约 40 平方千米。有感范围最远距离达 1300 千米。一位当年曾给 F. 沃德当过背夫的西让村老人，地震后曾去过阿萨姆。他看到沿途江水多处被堵断流，后来又冲决堵塞物，大水漫灌了阿萨姆平原，洪灾泛滥。

墨脱县背崩南边的格林村，是距震中最近的一个大村庄。那块 2 平方千米的盆地有良田近千亩，后不仅被夷为平地，而且陷落成为沼泽地，全村 400 多人几乎无一幸免。原格林村遗址成为沼泽草甸地带后有松林生长。此地如今不再叫格林村了，科学家在地图上标上了“格林盆地”字样。

杨逸畴一行还查阅到西藏档案文献，文献对这次大地震也有记载。墨脱县寺庙、佛塔、佛像的破坏也十分严重。扎西绕登寺 29 米高的菩提树心佛塔，从塔台、塔瓶颈部折裂。该寺嘎尼庵 13 层的佛塔从底部倒塌。强嘎林寺 2 层高的泥塑弥勒佛、释迦牟尼佛像也被震断，100 余尊金佛像被震坏。据不完全统计，西藏境内倒塌房屋 9000 多柱（藏式室内宽度标准），死亡人数有 3300 多人，损失牲畜 1.77 万多头。

墨脱大地震遗留的最大隐患，莫过于分布在雅鲁藏布大峡谷两岸的崩塌倒石堆。这些倒石堆像一条干石河，满载着岩屑、碎石和巨砾，斜卧在高高的山体上，有的竟达上千米。一旦发生崩塌、地震、暴雨，就有可能触发沙石滑动，甚至产生连锁反应，演变成一场势不可挡的泥石流溃入河床，将有堵江截流的情况发生。

杨逸畴等一行在墨脱考察时，这里就发生了一起堵江截流的情况。墨脱县背崩村上的一处石崖，因连日暴雨而溃垮，崩落的巨石推动下游沟槽中的泥水石块汇合成一股上万吨的泥石流，冲向雅鲁藏布江，一举截断了径流达每秒上万立方米的江流，持续了一天之久。第二天江水漫堤，冲垮堤坝形成洪峰，险些将下游的解放大吊桥冲走。

就在这次泥石流中，为调查发生崖崩的岩石性状，章铭陶等几名科学家沿倒石堆攀登到危机四伏的崖头。陡峭的倒石堆就是一个溜石坡，坡上的岩屑石块处于重力的临界状态，每走一步都非常困难。有一处宽达 50 多米的倒石堆，从高达上千米的崖头直插江底，石槽中满载着以绢云母石英岩为主的岩屑和巨砾。调查组成员采取散兵阵形前进，不料上面一个人踩滑，蹬下的一串石头从水文专家关志华身旁滚下，其中一块小石砸在了一名科学家的背上。这名科学家因躲避踩动了脚下的岩屑，形成一阵石雨朝章铭陶扑去。章铭陶情急之下躲到了一块大石岩后，幸亏只有一个小石块击中他的肩部。

杨逸畴、章铭陶等科学家根据调查得来的情况，与察隅大地震访问数据相比较，墨脱受损的情况显然更具有毁灭性：震中位于东经 95.2 度、北纬 28.9 度，震级为 8.6 级，烈度为 12 度，在墨脱县背崩村正南方 38 千米处，而察隅距墨脱足有 300 千米。他们将有关情况报请国家地震局专家审核，将这次大地震的名称更改为墨脱大地震。

雅鲁藏布江水力资源考察组考察完墨脱大地震后，再溯雅鲁藏布江而上，经墨脱、德兴、达木、邦辛、加热萨到甘登以后，因山势异常陡峻，沿江考察非常困难，只好翻越果布拉山进入格登，经巴玉到大拐弯顶端扎曲，然后沿帕隆藏布江而上，最终到达川藏公路的通麦村，历时 53 天。

我国科学家们不畏艰难险阻，用双脚完成了雅鲁藏布江大峡谷西让至扎曲段的首次徒步科学探险考察，取得了有关水利资源、地震、地质、地埋和地貌等大量第一手珍贵科学资料，撩开了雅鲁藏布大峡谷神奇壮丽的面纱。然而，因时间和季节原因，考察小组未能考察雅鲁藏布大峡谷起点派区至扎曲江段，这也给来年的科学探险考察埋下伏笔。

消失的“彩色瀑布”

1974 年，由关志华任组长、章铭陶任副组长，杨逸畴、鲍世恒、肖树棠等 5 名科学家和上海科技电影制片厂摄像师赵尚元等组成的雅鲁藏布江水力资源考察组，从米林县派区出发，沿 20 世纪初英国人 F. 贝利、F. 沃德曾经走过的路线，经大渡卡、格嘎、加拉到达白马狗熊，对雅鲁藏布大峡谷这处江段进行了科学考察。

大峡谷谷口两边，分别耸立着两座雪山，一座是南迦巴瓦峰，一座是加拉白垒峰，当地藏民都说这是两位保卫大峡谷的勇士。首先进入科学家们视野的就是那座著名的神山——南迦巴瓦峰，它是藏传佛教中八大神山之一。一说起大峡谷，人们就会提到这座大雪山，雅鲁藏布江正是围着它形成了一个神奇的马蹄形大拐弯，而后奔南而去，浩浩荡荡地流入印度平原。

杨逸畴第一次见到的南迦巴瓦峰，仍是一座未被登顶的处女峰。山峰云雾缭绕，很少有人能看到它的真面目。第一天，他们就在冰川上工作，看看表面的石头是什么性质并采集样品。大家聚精会神工作时，猛听见有人大叫："哎——"杨逸畴抬头一看，心一下就收紧了，倒吸一口冷气，只见一只顶大的棕熊，正慢悠悠地在前面的冰川上走着。"熊瞎子，熊瞎子。"民工大喊大叫，熊的视力不好，但听力却异常敏锐，喊声惊动了它，棕熊立刻加快了步子，朝他们奔来。"啪啪啪"，三声枪声突然响起，大熊几乎就倒在考察队员的脚边。众人头一天进入大峡谷，就体验到了如此惊险的一刻。

傍晚，他们找到一块平坦的地方搭帐篷，打水拾柴。在野外四五个月没吃到肉，这天晚上，要吃熊肉了，肉放在高压锅里炖着，大家各干各的，总结当天的工作，整理白天采来的标本。搞植物的，得用火烤干标本里的水分。杨逸畴有记工作日记的习惯，"当天事，当天毕"，不管多累、环境多差都坚持。手电、蜡烛，趴在帐篷里写，坐在篝火旁记，做一天考察的小结。大家都埋头忙自己的事情，结果忘了那一锅熊肉，打开锅一看，由于炖的时间太长，一锅熊肉烂成肉糊糊了。

进入雅鲁藏布大峡谷的第二天，他们整整走了一天，走到了大峡谷最后一个村子——加拉村。村子建在 20 米高的平台上，离江边很近。村里只有一条土路，路两边是小木屋，路旁种着两排核桃树。核桃树产于温带和亚热带地区，他们估摸着这里的气候也应属此类气候，尽管抬头就能看到雪山。这里像是个世外桃源。村子有 80 来口人，村主任是位 30 多岁的妇女，人挺精干。她接待了考察队，把他们安顿下来。村民第一次见到北京来的人，用酥油茶和糌粑，热情款待这些远方来的客人。

晚上，考察队与老乡开了个座谈会，杨逸畴让村主任把村里最年长的人都请来，向他们了解大峡谷里的情况及当地曾发生过的自然现象，比如有没有发生过地震？冰川是否崩塌？听到这话，一个村民说："我亲眼看到则隆弄冰川会跑，太可怕了。"1968 年藏历七月的一个下午，大家正在太阳底下收荞麦，南迦巴瓦峰上更是晴空万里，平时喧腾不息的雅鲁藏布江水突然变得很安静，一些经历过地震的老人马上明白是怎么回事。果然，则隆弄冰川开动了，它快速下行，雅鲁藏布江水被它拦腰截断，竟然断流到第二天早上。江中叠起的冰坝，直到第二天上午才被完全冲开。回水淹没了一座位于路口、高出江面 50 米的水磨房，水磨房附近到现在还留有一块巨石。

考察队出了加拉村，前面就是无人区了。这次，他们特意带上砍刀、绳索。一直沿着江走，始终能看到雅鲁藏布江，人一会儿爬崖，一会儿下坡，时上时下，原始森林里是茂密的灌丛小树。民工只能手挥大砍刀，生生砍出一条路来。一处峭壁挡住去路，队员们先让一个人爬上峭壁，在悬崖上挂下一条绳索，然后再把人和物资一点点拉上去，不到 100 米的陡坡走了整整一天，行进的速度越走越慢。翻过这道悬崖，到了江边，这时是枯水期，江边露出沙子，还有许多房子般大的石头。石头表面光滑，上边有被激流冲出的小小洞穴，江岸两侧的岩壁，七八米以下都很光滑，表明这是丰水期的水位。大峡谷内，丰水期与枯水期水位落差最大可达 21 米。

河床里激流奔涌，咆哮而去，巨大的浪涛声，使人面对面地说话都听不清。河床里，巨石与巨石在水流的冲击下，相互摩擦，发出“隆——隆——”的响声，震撼人心。他们仍然沿雅鲁藏布江往下走，被一处处支流挡住去路，宽几米至十几米，冰雪融水，水流湍急，河边树多，民工们选上一棵大树将其砍倒，然后把表面的树根修去，砍出一个平面，众人一起将树立起搭到河对岸，独木桥就算搭成了。但是，搭这么一座桥，一天的时间也就搭进去了。

出发前，贝利、沃德对雅鲁藏布大峡谷河床大瀑布的描述始终萦绕在杨逸畴的心里。早在 1878 年开始，英印政府情报机关为搞清楚雅鲁藏布江下游的流向等情况，不断派遣情报人员潜入这一区域，大多失败。然而，英印情报机关派遣的情报人员的仆人基塔普却是一个意外。主人失踪后，他独自根据指令，发现离白马狗熊大约 3 千米远，越过名叫森吉错加的悬崖，雅鲁藏布江从约 150 英尺的高度一泻而下形成瀑布，瀑布下面有个大湖，在那儿总能看到彩虹。贝利考察白马狗熊瀑布后，证实了这处瀑布的存在，还写进回忆录《无护照西藏之行》。

1913 年，贝利自印度阿萨姆偷偷进入雅鲁藏布大峡谷入口米林县派镇，然后沿江而下到达白马狗熊，甚至翻越西兴拉山迷路受伤后返回米林县。贝利回英国后，写下《无护照西藏之行》，书中记载了他在大峡谷中看到的一处美丽的瀑布，太阳一照，瀑布变幻成彩色，因此起名为“彩色瀑布”，还配有一张黑白照片。贝利首次用文字记载了在雅鲁藏布大峡谷内有瀑布存在：

从申格宗到白马岗宗（指白马狗熊）最后一天的路程中，有一段四分之三英里长的路实际上是在森林中穿行。

……

后来我找到一条通往藏布江的小路，路的尽头看得见云雾般的溅散浪花。向下走半英里，坡度降低约四百英尺。我首先跨到一块高出水面约一百英尺的岩石上，江水在约五十码宽的沟壑里奔腾而过。我的左下方咆哮着打旋的急流，右下方江水猛然向下冲过岩石的突出部，在落差约三十英尺处飞溅起层层浪花，形成一朵水汽云雾，高出瀑布顶端约二十英尺。后来，摩斯赫德到那里时，看见一条彩虹。由于西藏人没有“彩虹”这个名称，我们就给这条瀑布起了个诨名叫“彩色瀑布”。

我在岩石上拍了几张照片，然后爬下来，又在瀑布上方的河沿旁边拍了一张。苦力说，冬季香客就是沿着瀑布边缘的一条小路转经的，瀑布过后绕环形路爬上寺庙。夏季的小路被水淹没了，我迫不得已朝原路返回，上行一英里后，又踏上了到白马岗宗的征程。

1924 年，英国植物学家、探险家 F. 沃德在藏族民工的协助下，从派村顺江而下，经大渡卡、加拉、白马狗熊到达大拐弯顶端的扎曲，还到达了大拐

白马狗熊寺僧人用过的石磨（花雕摄）

弯的顶端扎曲，然后顺帕隆藏布江而到达排龙村，比贝利走得更远。在《藏东南考察记》里，沃德同样生动地描绘了大峡谷腹地的奇丽景色，见到了虹霞和藏拉两处河床大瀑布，灿烂的阳光照耀着它们，飞落的瀑布上升起了美丽的彩虹，他将它们称为“虹霞瀑布”。

通往雅鲁藏布大峡谷腹地的道路险阻重重，但是 1 个多世纪以来仍有一些外国人到达过这里。那些外国人身份复杂，目的不同。既有为殖民主义服务的间谍特务，也有献身科学事业的专家学者，还有富有冒险精神的探险旅游者。他们越过积雪的山峰，走到过大峡谷内部的这里那里，更多的只是张望一番而已，没有谁走完过大峡谷全程。他们为大峡谷之行著书立说，描述那儿奇异的山川风光、飞瀑彩虹和神秘传闻。

杨逸畴一行走到了白马狗熊，在大峡谷右侧坡上的一块平地上，被树林包围着一个平台，平台上有一座早已倒塌的寺庙。这里既然是无人区，怎么会有寺庙呢？这引发了考察队的浓厚兴趣。他们来到平台上，进到已经塌掉的房子里，竟然有一棵木瓜树长在里面，还结着一只大大的木瓜。木瓜树是气候温湿的亚热带的作物。当晚，他们住在旧寺里，无意间在地下刨了刨，结果令人甚为意外：地底下埋着几只已腐烂的大木箱，箱子里装满了各种铜制的佛像、法器等。

杨逸畴出发前曾读过贝利的《无护照西藏之行》，书里对这座小寺庙有这样的描写：“小寺庙里有五个和尚，两个正在坐禅。除了寺庙与和尚的住房外，有一间屋里住着一位妇女及其丈夫。他们养着犏牛，即牦牛和普通牛的杂种。”他们沿江考察途中，不时看到河道曾被山石堵塞又被江水冲决而去的痕迹，不时还能看到废弃经年的村庄。民工们总是告诉他们，这些都是这里发生过的一场大地震给摧毁的。

杨逸畴在考察中既没有看到贝利记载的寺庙里念经的情形，也未能见到他笔下的“彩色瀑布”，更没有见到沃德所描述的“虹霞瀑布”。当杨逸畴提起白马狗熊附近的“彩色瀑布”时，年岁大的藏族民工说，早年这里确有大瀑布，就在白马狗熊的下方。瀑布周围有温泉，当地人在此修了一座小寺庙，常来此沐浴、拜佛，往下看是“彩色瀑布”，向上能望见南迦巴瓦的雪峰，很是美丽宜人。但这都是 1950 年之前的事，此后就再也没人能走进去了。

谈起这条瀑布的消失，藏族民工德钦还说，当年那场令人心悸的大地震发生时，江边的房子被高高地弹起，然后又落到江里。山峰的斜坡上，足有 10 多千米长的则隆弄冰川，整个被崩裂成六段，一路向下跃动。一段巨大的冰川跃过了一个叫直白的小村子，竟将这个上百人的村庄夷为平地，全村仅活下了一个叫卓玛青宗的妇女。最后一段冰川跳到江里，形成一道冰坝，硬是把雅鲁藏布江水堵住，江水后来一下冲开冰坝，使下游平原地方莫名其妙暴发大洪水了。

直白村当时有一大片草坪，耕地平坦，种有很多核桃树，村里大概有 100 人，有 2 家比较富裕，其他村民均贫穷。有关直白村幸存的妇女，格嘎村的阿牛说，地震发生后，直白村整个村子都被泥石流冲走了。19 天后，有 5 个外村的人去挖东西，听到一个人的叫声，就吓跑了。后来有个僧人把他们喊过来，挖出了一个女子，她就是卓玛青宗，也是直白村唯一的存活者。杨逸畴后来到这里考察得知，卓玛青宗一直活到 1980 年才去世。

后来杨逸畴回忆说："这次特大地震，还引发南迦巴瓦、加拉白垒两座大雪峰抖落了一处处大雪崩和冰崩。南迦巴瓦峰坡的则隆弄冰川下段冰舌突然崩落，冰体加上雪崩，翻越过一段小丘后掩埋了大峡谷入口处不远的直白村，全村上百人死于非命，只有一位正在水磨房磨糌粑的妇女被推到磨盘下，在冰雪窖中靠融水和糌粑坚持了 19 天，待到冰消雪化，才侥幸生还。1974 年，当我找到她时，她已是 77 岁的老阿妈了。十分凑巧，卓玛青宗曾在 1924 年被当地政府支乌拉差，还给英国植物学家沃德背运过物资进入大峡谷。"

杨逸畴一行走访当地藏族村庄，村民次旺多吉谈起这次灾难，抱着头做出恐怖痛苦状。次旺多吉当年刚满 13 岁，听到来自南迦巴瓦雪山之上的巨响，仿佛放炮一样，他们以为神在山上打仗。记忆中，当时还有奇异的天象，天上 6 颗星星在夜晚的天空上连成了一线。龙白村共有 7 户人家，有 6 户的房子直接倒塌，山上的石头、泥土和冰块混合着冲下来，混乱中有一户房屋引发火灾，烧死了一个小孩。

"声音很大。声音过了，才开始摇动，左右晃，整晚没有停过。"与龙白村相隔不远的打林村，当时才 8 岁的次仁多吉说："达林也是个小村落，并没有太多人，有 5 间房屋倒塌。同在派镇的加拉村，另一位村民在地震中失去了包括父母在内的 7 个亲人。地震引发村边加拉白垒峰雪崩，向村子压过来。我当时在房子里面，天崩地裂，我跑了出来，没被压住。跑出来后看到山体上都有火，第二天天亮后，到处都是烟尘。"

地震引发木房火灾，也令部分人失去了生命。杨逸畴在派镇就听一个村子的老人提起过，地震导致很多人死亡，村里几十户人家，没剩下多少，包括他家也只有他一人幸运脱险。他当时在炉火边，被倒塌的炉火压住烫伤，迄今走路还受影响。该村大部分人死于因地震引发的泥石流和雪崩。老人还领杨逸畴去看了一棵被撕裂成两半的大树，这是大地震发生过的重要物证。

杨逸畴一行还深入派镇诸多村落，搜集有关墨脱地震的信息。“地震发生时，有人有从凳子上跳起来的感觉，耳朵也震得难受，全村哭喊的人都有。有的人家木房没有倒塌，听见外面雪崩的声音以为山神在打架，整个晚上都不敢出来，第二天出来一看，整个村子都面目全非了。”泥石流和雪崩的一个后果是，流经派镇的雅鲁藏布江段形成了堰塞湖。“山上滚下来很多东西，都滚到雅鲁藏布江这边来了，堵住了江水。”龙白村的次旺多吉也说，雅鲁藏布江被截留了两天两夜，堰塞湖最宽处大约 1 千米，派镇有 4 个村庄被淹，村民都跑到山上去了。

杨逸畴对照贝利所描述的河床大瀑布的位置，前去考察后发现这里仅有一处小跌水罢了。同时消失的还有沿途的一些村庄，它们或被崩塌的山体推进江中，或被巨大的冰川泥石流所掩埋。直白村不见了，如今的直白村，是在距原址上百米的地面上建起来的一座新村庄。

探险者在白马狗熊拿着寺庙残存物拍照留念

杨逸畴考察后得出结论，雅鲁藏布大峡谷正处在印度板块和欧亚板块镶嵌交接缝合带的东北端，雄伟的马蹄形大峡谷正是沿着这条缝合带发育而成。印度板块至今仍在持续向北推挤，缝合带附近应力集中，地壳很不稳定，经常引发地震。这些巨大的冰川至今还残存在谷底，这就是为什么则隆弄冰川会下到海拔那么低的森林里，它成了我国首次发现的超长跃动冰川，地震造成的山崩地裂现象仍时有发生。

适应断裂发育的先成河

杨逸畴注目于雅鲁藏布江，首先看到的是它的奇特性，高原面上近 2000 千米东西平直走向。他从源头开始一路考察下来，一个重要地理发现是确认了雅鲁藏布江是适应地质构造而产生的先成河，而非布拉马普特拉河溯源侵蚀的袭夺河。

20 世纪 50 年代，地理学家注意到雅鲁藏布江的另一些奇特现象：雅鲁藏布江的发源地与印度河上源狮泉河的源头相距不远，其间只隔着一条并不高峻的分水岭；中游地区主要支流如年楚河、拉萨河并非相向汇入而是逆向或直角汇入，于是设想雅鲁藏布江在地质历史上相当晚近的时期并非由西而东流入孟加拉湾，而是向西而南沿印度河汇入阿拉伯海的。后来布拉马特普拉河溯源侵蚀，与雅鲁藏布江东源相接而改道，才形成今天的面貌。在本次考察中，杨逸畴一步步揭开了这一科学之谜，否定了袭夺河的说法。

杨逸畴一行到达一个叫大渡卡的村庄时，南迦巴瓦峰非常清晰地出现在面前，大家显得很激动，都欢呼起来。这时，杨逸畴发现南迦巴瓦峰的西坡挂着一条灰白色的冰川，特别想去看看。第二天，他们专门去了距离南迦巴瓦峰更近的格嘎村，带上几个向导爬到冰川上去搞测量。让杨逸畴特别惊奇的是，这条冰川没有连续性，有六段空白区，其末端还飞过直白村落入雅鲁藏布江中。他后来请教冰川学家张文敬，方知这是中国首次发现的跃动冰川。

这次考察中，地质学家郑锡澜最为辛苦，每走到一个地方就要敲敲打打，找石块作标本，装进自己的大背包里。有些队员的包越背越小，郑锡澜的包却是越背越大。有一天上午，杨逸畴正在他旁边观察地貌，偶然听到他小声叫道：“咦，这个石头不一般。”杨逸畴走上前去，凭着青藏高原多年科考经验，辨识出这是超基性岩体，是地壳深处物质一下子裸露到地表形成的。这个发现让他意识到，雅鲁藏布大峡谷是大断裂带，地质构造极为复杂。

科考队员们行进很慢，时常遇到泥石流、雪崩、急流等。大家没想到，路上除了野兽以外，马蜂窝也很多。有次刚到宿营地，鲍世恒急着去草丛中小便，刚钻进去一会儿，就发出一声怪叫，又赶忙从草丛里滚出来，原来是他不小心捅了马蜂窝。据当地老乡讲，3 只马蜂能蜇死 1 匹马，足见这里马蜂的凶猛。鲍队员打着滚儿从草地里出来，头已经肿了，一下大了好几圈。考察队没有队医和解毒药，只有蛇药，便赶快用水化开，黑乎乎地抹了他一头一脸，1 个月后才消肿。惹不起还躲得起，之后队员遇上马蜂窝都绕道走。还有一次，有人为躲马蜂差点儿遇险。虽然路途中树丛里有马蜂窝，但大家实在不愿听老乡的话，为这几十米的马蜂道而改道爬山，绕上半天。于是他们用雨衣包着头，裹住身体，然后低头缩肩一口气冲过去，结果有人只顾低头看脚下的路，跑过了头，一气儿冲过去，滚倒在路边坡下，幸好被树拦住，才没跌进峡谷。

当他们到达白马狗熊时，两边都是悬崖绝壁，中间是江水急流，根本过不去。向导说，他们打猎时走到这里无法沿江下行，除非翻越西兴拉山绕个大圈子，才能走到雅鲁藏布江大拐弯顶端扎曲。他们本来打算绕道考察，可西兴拉早已大雪封山，根本没法走。当时所带的物资也几乎用尽，大家在一起商量，这次探险考察就此打住，从原路返回。虽然这次没能考察白马狗熊至扎曲之间的雅鲁藏布大峡谷河流段，可两次的考察经历却让杨逸畴对大峡谷地貌有了详细了解。

1982 年 3 月，杨逸畴在《地理研究》第 1 卷第 1 期发表了震撼地理界的科考论文《雅鲁藏布江大拐弯峡谷的地貌特征和成因》。有关雅鲁藏布大峡谷的成因，之前曾有过许多种推测，可最主要的论点认为雅鲁藏布江大拐弯的成因是河流袭夺的结果，强调它是喜马拉雅山南坡南北向河流的溯源侵蚀袭夺了北坡东西向河流，奇特的大拐弯也就成了“袭夺弯”。

当时板块理论炒得热火朝天，雅鲁藏布江许多大支流又呈反向汇流的特点，这似乎旁证了“袭夺弯”存在的可能性。由此，科学家们推断雅鲁藏布江上古时期曾经由东向西流，认为雅鲁藏布江最早流向了缅甸的伊洛瓦底江，后因两大板块相互碰撞而改道流向了印度的布拉马普特拉河。可杨逸畴考察后认为，雅鲁藏布江下游的 U 形大拐弯并非一个拐弯，而往下是连续的多个拐弯，它们是适应不同方向断裂构造发育的先成河，而不是河流袭夺作用所形成的袭夺弯，曾经由东向西流的看法没有根据。

雅鲁藏布江扎曲段U形大拐弯（高登义摄）

板块理论是一个什么样的理论，杨逸畴对大拐弯成因的不同看法是否违背了板块理论？这成为科学界关注的问题。20世纪50年代到70年代，对于国际地球科学界来说，那是一个空前伟大的时代。那一时期飞速发展的工程技术带动了古地磁、古生物以及海洋学诸学科的迅猛发展，引发了一场地学革命。大陆漂移说、板块构造说、磁极倒转说，演绎了8000万年以来的气候环境，人们对于历次古生物灭绝及其后的生物大爆炸有了新的认识，深海勘探使得特提斯古海的遗迹——地中海的沧桑史大致为人所知；曾与喜马拉雅同为深海洋底的阿尔卑斯山的每一块石头都被摸遍……而板块学说的建立，被公认为20世纪地球科学的最大突破。

1912年，“大陆漂移”假说提出，一些人称“有道理”，一些人摇头称“怎么可能”，而更多的人存疑，拭目以待，毕竟科学理论需要确凿论据。经典地质理论认为，陆地由地台和地槽所组成，地台相对稳定，地槽可以运动，但绝不是东西南北的水平运动，而只会上上下下地垂直运动——大陆岂能“漂移”？魏格纳注定要为科学献身，他踏上了漫漫求证之路，在北极格陵兰冰盖的冰天雪地里壮烈殉职。

随着提出假说者的离去，这一假说一度沉寂，但是大地并未因此却步，若干年后的人们借助技术革命，忽然发现大陆在移动，并且这种移动从来也没停止过。这一“忽然发现”事件发生在20世纪50年代，当时美国海军为军事目的做海洋调查，惊奇地窥见了一个图像——太平洋洋底的磁性条带呈现规律性分布：从大洋中脊处向两侧展开，直到浅海大陆架，正向与反向的磁条带相间排列，有条不紊；条带宽度从几千米到上百千米不等，长度可达数千千米。太平洋之后，人们又先后发现了全球所有大洋之底无一例外地存在这种条带。

深海洋底呈现规律性分布的，还不限于磁性条带，人们同时注意到大洋中脊处的海洋地壳很薄，年代很新，甚至薄到等于零；距离洋脊越远，洋壳越厚，年代越老；接近浅海大陆架，洋壳与陆壳融为一体；洋壳年龄为两亿年。然而知其然不知其所以然，第一张海底地磁图于50年代末出版时，只提示现象，并未做出解释。一张神奇的海底地磁图引发浮想联翩，有人很快提出了“海底扩张”说，那是归纳了海底运动现象所提出的理论。过了不久，有人忽然联想到搁置多年的魏格纳假说，在“海底扩张”之后补充了一句：海底的扩张，推动了大陆的漂移。他们很自然地将海底扩张说和大陆漂移说结合起来，联系到大陆碰撞，一个激动人心的理论——“板块构造”说脱颖而出。它不仅解释了海洋的形成、陆地的漂移，也解释了大陆碰撞的逻辑理论。这一系列新理论构成70年代国际地学革命的核心，人类对于地球的认识因此大大向前迈进了一步。

从事青藏研究的科学家们由衷地感谢这一场地学革命。他们曾以传统地学经典地槽地台学说解释青藏高原成因，但不免牵强：雅鲁藏布以北是一巨大地台，曾为浅海；喜马拉雅则是深海之下的地槽，有物质在其上不断地堆积，由于受到挤压而形成山脉。至于翻上地表的蛇绿岩，则被认为是地幔中熔融的岩浆沿着地壳的深大裂隙侵入地壳上部冷却而成。然而，中国科学家多年的考察实践难以自圆其说。正是在这一国际地学新旧交替时代，“板块理论”就能很好地解释这些问题。

杨逸畴等首批进入雅鲁藏布大峡谷的科学家，同样得益于板块构造理论、大陆漂移学说的帮助。当地质学家面对从南到北那一条条裸露着深海物质的缝合线，地球物理学家面对古地磁测定的岩石形成于赤道以南的位置，生物学家面对雅鲁藏布江南北迥然有异的古生物区系群落……他们不再感到茫然无措，用板块理论就能解释其成因，许多问题的答案不言自明。

杨逸畴进入米林县派镇时，他还发现了一个奇特的地理现象：由西向东流的雅鲁藏布江，到这儿以后突然转向北东流去，穿切在喜马拉雅山东端的南迦巴瓦峰和加拉白垒峰之间，并环绕南迦巴瓦峰转折南流，形成几百千米长的大拐弯，而且大拐弯中又套叠着一个个直角形的小拐弯。河道蜿蜒曲折，峡谷一个接着一个，最狭窄的地方不过 70 ~ 80 米。峡谷两侧的山岭海拔多数在 4000 米以上，从谷底到岭脊的相对高度都在 2000 米以上，切割深度和密度由下游向上，在大峡谷的顶端部位最大。

让杨逸畴更感到新奇的是，雅鲁藏布大峡谷两侧山地前山靠近峡谷，谷坡坡度介于 30 ~ 50 度之间，山地呈脊岭状向谷地延伸，构成交错的山嘴或起伏的峰面，一般没有冰雪作用。然而，其后山南北侧以南迦巴瓦峰、加拉白垒峰为主的山系，海拔却在 5000 米以上，主峰最高达 7787 米，呈金字塔形角峰高矗，其他山岭大多呈锯齿状，雅鲁藏布江就是从这级地面下切形成的。

面对大自然的鬼斧神工，杨逸畴尤其兴奋异常。雅鲁藏布大峡谷内外侧的南迦巴瓦峰和加拉白垒峰还是冰川发育的中心，山岭白雪皑皑，山坡冰川悬垂，由于南来的湿润气流可通过峡弯下段的谷地深入，高山降水充沛，遇冷后形成大量冰雪积累，冰雪覆盖的山岭上雪崩滑道累累，导致雪崩和冰崩极为频繁。同时，谷坡洼地可以看到受冰雪崩坍补给发育的再生冰川，一些冰川舌可以穿越森林下伸到海拔 3100 米左右的雅鲁藏布江畔，属于我国罕见的季风型海洋性冰川类型。冰川融化后，常形成泥石流堵塞大峡谷江道。

雅鲁藏布大峡谷是如何形成的？先让我们从雅鲁藏布江说起。发源于喜马拉雅北麓杰马央宗冰川的雅鲁藏布江是一条海拔最高的国际性河流，在我国境内全长 2057 千米，由西向东与喜马拉雅平行前进，穿过西藏中南部，绕过南迦巴瓦，一泻千里，进入印度平原后被称为布拉马普特拉河，流经孟加拉国汇入恒河，最终流向印度洋孟加拉湾。雅鲁藏布江在地质科学研究方面意义重大，这一条沿地质构造发育的河流，事实上是连缀欧亚板块和印度板块的缝合带。在遥远的地质年代里，有两块古陆地曾远隔上万里重洋，由于地球内部的运动，印度所在的板块脱离了远在南极附近的母体，向北漂移而来。与欧亚大陆相撞之际，便是古大洋消失之时，而连接的一线便发育成雅鲁藏布江。

独特的地理构造，奇特的地貌环境，给雅鲁藏布大峡谷设下一个个谜。可是，杨逸畴还是借助板块理论，解释了雅鲁藏布大峡谷形成的原因。雅鲁藏布大峡谷地处喜马拉雅山东端，北与念青唐古拉山、东与横断山脉交接。

这里地处印度板块和亚欧板块碰撞的雅鲁藏布江地缝合线的东端，南迦巴瓦峰矗立在大峡谷的内侧，被地质学家们称为喜马拉雅山东端的“地结”。与此遥相对应的是喜马拉雅西端终结处，是一座海拔 8125 米的世界第九高峰——南迦帕尔巴特峰，环绕它的也有一个河流大拐弯。喜马拉雅两端对称形成的一山一水一弯，蔚成自然地理奇观。而这被地质学家们誉为喜马拉雅东西“地结”的两座奇特高山，就像两颗巨大的“钉子”，将印度板块镶嵌在欧亚板块上。

杨逸畴查阅的资料还发现，直到今天，印度板块仍在向北推进，作为最前锋的大峡谷地区孤军深入，将南来陆地深深楔入欧亚板块之中，在青藏高原的强烈隆升中，河流持续深切，形成举世无双的大峡谷。可印度板块朝亚欧大陆推进时，必然会受到对方的抵抗，自然向东西两方寻求应力的释放，必然出现喜马拉雅山脉东西两端的弧形转折，以及近似南北走向的密集断裂和褶皱。如何从雅鲁藏布大峡谷地貌中证实地质学家的推断，就成为他考察的重点。他凭着连续 2 年对大峡谷的考察发现，从大峡谷内部看，这里是一个向北东倾伏的背斜构造，背斜的西北翼出露地层以云母片岩、片麻岩为主，围绕南迦巴瓦峰构成一组密集的弧形断裂面，这一段大峡谷河流的环形曲折正是适应这种地质构造的结果。背斜东南翼出露岩层以各种片岩、片麻岩和千枚岩为主，所显示的构造既有褶皱也有断裂，而以断裂为主，都是规模巨大的压扭性断裂带，地质构造控制流河发育的相互依存关系在大峡谷得到了最充分的体现。

雅鲁藏布大峡谷白马狗熊、岗郎和达波江段构成了最为雄伟险峻的连续大峡谷，从上部到谷底都有交错山嘴、残留谷肩和多级阶地，明显表现为套叠的谷中谷，大峡谷强烈切割发育的形式，还是让杨逸畴异常兴奋。正是因为这样的强烈切割，大峡谷岩石比较破碎、风化强烈，若受到暴雨、地震的触发易产生崩塌和泥石流。有时一次巨大的泥石流，往往堵塞大峡谷江道，为河床提供大量巨大物体，影响河床的水文特性，改变河床的塑造过程。雅鲁藏布大峡谷的河床多急流险滩，礁石星罗棋布，甚至出现小的跌水。

杨逸畴根据水文实测，发现加拉至米亚间 7.8 千米河段，水面下降 350 米、平均坡降竟达 49.9‰。有的河段流速超过 16 米/秒，急流挟带着巨大的推移质，磨蚀着河床前进，发出隆隆的响声。就在他们考察的枯水时期，河床往往出露基岩，基岩上部兀立着巨石。正是在这巨大水流的强烈侵蚀下，河床形成一系列纵向深栖、串珠状的深槽及单个的壶穴、洼坑等，基岩河床上还有许多鱼鳞状叠覆的拍浪侵蚀“滩痕”，局部河床还有基岩耸立的中流砥柱。

雅鲁藏布江上、中游江段发育在东西向深大断裂带上，以断断续续出露的蛇绿岩为标志，地形上表现为宽大平直的贯通谷地，已为众多地理地质学家所公认。可杨逸畴考察派区以下的雅鲁藏布大峡谷时，明显感到雅鲁藏布江下游是顺应地缝合线东端构造的弧形转折造就的一系列密集的断裂和褶皱发育而成的。随着青藏高原强烈隆起，河道适应着断裂构造带这个薄弱部位一步步下切发育，一些局部河段还适应着与主断裂相配套的那些横向断裂而发育，导致大拐弯中叠套着一个个连续的小拐弯。在杨逸畴看来，以南迦巴瓦峰为中心的大峡谷内侧地区是两大板块强烈隆升的上升中心，它的不断间歇性强烈上升，使大峡谷江段一个接着一个、一个套着一个。把大峡谷和整个雅鲁藏布江中上游联系起来看，它无疑是一条适应构造发育的先成河流。

雅鲁藏布江中游谷地断续分布着从中新世到渐新世的杂色砾岩和沙砾，表明雅鲁藏布江的发育历史最早可追溯到中新世。杨逸畴在大峡谷内侧的南迦巴瓦峰周围，同样见到了保存完好的海拔 5000 米左右的夷平面，这就是原始高原面的遗存，从而证实雅鲁藏布大峡谷最早是在这级面上发育并适应断裂构造而下切形成的，只不过现在的这级夷平面随着南迦巴瓦峰的强烈上升而发生了变形。杨逸畴考察雅鲁藏布大峡谷后，发现大峡谷中至少形成了三级阶地，同样反映了构造隆升的阶段性特点。可这样的阶地也因受到山崩、洪积等的影响而变得格外复杂。他由此推断，晚更新世之前老的河系发育，是在较高部位的宽谷地内侧同时进行的侵蚀和下切，而晚更新世以后到现在，则以强烈下切侵蚀为主，导致大峡谷流域同高度一级支流的悬谷瀑布十分普遍，更进一步表明这级阶地以后河谷下切，新构造的抬升是更为加剧的时期。

墨脱大地震导致大峡谷中的村庄地面陷落，谷地河床瀑布消失，整个山河面貌为之改变，这是否成为先成河的证据？杨逸畴借助板块理念解释大地震产生的原因。墨脱大地震再次证明，雅鲁藏布江大拐弯是适应欧亚板块与印度板块碰撞造成的断层带发育而成的大峡谷，南迦巴瓦峰就是印度板块的先锋向欧亚板块俯冲，南迦巴瓦峰对面的加拉白垒雪峰将其抵住，是年轻的喜马拉雅山强烈上升的中心，是地形构造转折最急剧、地应力最集中的地方之一。雅鲁藏布大峡谷是我国大陆最为活跃的地震带之一，山地在强烈上升，河流在强烈下切，以快速抬升为特点的现代构造运动在这里表现得更为明显和强烈，全世界都会给予关注。1950 年的那场大地震，就是一次发生在人们眼皮底下的强烈现代地壳构造运动。

杨逸畴提出雅鲁藏布大峡谷是先成河后，必然会引来坚信“袭夺弯”科学家们的质疑。可在他看来，“袭夺弯”要成为可能，既要弄清雅鲁藏布江大拐弯形成的原因，也要弄清雅鲁藏布江和大支流帕隆藏布江相互袭夺的关系。这中间无论谁袭夺谁，被夺河上是否有倒流河？袭夺弯以东是否有断头河？雅鲁藏布江从上游到下游，坡降的演变符合正常河流塑造的过程，二级高原夷平面的分布情况有着发育的一致性，并没有出现古雅鲁藏布江由东向西流的地势，反证了雅鲁藏布江就是一条适应性的先成河。

杨逸畴同样考察了帕隆藏布江、伊洛瓦底江上游，并未发现两者间有任何古河道的遗迹存在。至于雅鲁藏布江一些大支流反向汇流，他曾分析了大峡谷以上的 16 条大支流，与干流成锐角相交汇入的有 6 条，与干流垂直相交汇入的有 5 条，与干流流向呈钝角相交反向汇注的只有 5 条，如萨迦藏布、年楚河、拉萨河、麦曲、帕隆藏布等，其发育几乎都是适应同方向断裂构造的结果，同样不能作为“袭夺弯”的证据。由此，杨逸畴大胆推断，古雅鲁藏布江不可能通过帕隆藏布汇入伊洛瓦底江入海，雅鲁藏布大峡谷河道是适应两大板块之间巨大密集的高角度弧形断裂带发育而成的。随着南迦巴瓦峰的不断上升、河流不断下切而形成了峡谷。

世界超级水电站构想

正当雅鲁藏布大峡谷连续 2 年的科考，取得了一个个重要地理地貌发现。与此同时，水电专家取得的成果也令人振奋：雅鲁藏布江是我国海拔最高的江河，被称为“西藏的母亲河”，国内段长 2057 千米，干流水能蕴含量只比长江小些，但如果按照单位河长的水能计算，则居全国首位。

1972 年，中国科学院成立了青藏高原综合科学考察队，中科院地理科学与资源研究所研究员关志华担任雅鲁藏布江干流组长。关志华出生于北京，1964 年毕业于清华大学。他最重要的一项任务，就是摸清雅鲁藏布江水能。这是人类历史上第一次全面、系统地考察青藏高原，来自 50 多个专业的 400 余人进行了 4 年野外考察。对雅鲁藏布江干流、支流的科考只是其中一部分，而水能调查组只是其中一个小组。当时，雅鲁藏布江流域许多无人区仅在西藏和平解放前有一些外国人进入过。这是一片空白的领域，谁也不知道雅鲁藏布江到底蕴藏着多大的水能资源，更谈不上规划开发。

这次科考最早可追溯到1956年，毛泽东要求有一个远大规划，努力改变经济、科学文化上的落后状况，赶上世界先进水平。为此，周恩来主抓了“十二年科学规划”。1961年秋，中科院派出袁子功、陈传友等4人，来到米林县派镇，准备沿江而下考察雅鲁藏布江中游的水电情况。袁子功毕业于哈尔滨工业大学，他查阅国外文献得知，从派村到墨脱县背崩，拐了一个大弯，两地海拔落差2000多米，可建一座世界级水电站。陈传友时年26岁，他们沿江下行到加拉后，下面是无人区，无路可走，被迫退回来，翻越多雄拉山到墨脱考察，当时大雪封山，准备来年考察。1962年夏，他们到达成都时，准备沿川藏线进入林芝再翻山进墨脱时，中印关系紧张，战争一触即发，他们只好返回北京。1963年，他们给国家写了一个雅鲁藏布江中游水电调查报告，后来交由中国科学技术出版社出版，里面就谈到了大拐弯水电站。

后来因遇到三年困难时期、“文化大革命”，直至1972年才真正成行。“西藏在军事、政治、经济上均有重大意义，所以国家一直非常重视。”当时综考队主持人、中科院院士孙鸿烈在一篇回忆录里这样说。

20世纪70年代之前，因受各种条件的限制，人们对雅鲁藏布江的认识仍然较少，连发源地也是说法不一。对于雅鲁藏布江的河流形态、水文特征、水资源分布及其特点，了解和研究就更为不足。1973年以后，中国科学院青藏高原综合科学考察队经过多年野外考察和论证，最后确定雅鲁藏布江的正源为杰马央宗曲，源头在喜马拉雅山脉中段北坡的杰马央宗冰川。

雅鲁藏布江可划分为上、中、下游三段。自河源至里孜为上游段，里孜到派乡物资转运站为中游段，派镇物资转运站以下是下游段。雅鲁藏布江下游河道的U形大拐弯，其顶部内侧有7787米的南迦巴瓦峰，外侧有海拔高程7256米的加拉白垒峰。雅鲁藏布江从西部高地款款而来，两千里路云和月，一路阅尽高原春光秋色。其间虽有几番劈山开道之举，将几处峡谷留在了身后，江水因之时疾时徐地流淌，但在水电专家眼里，相比下游的雅鲁藏布大峡谷，真可谓小巫见大巫了。雅鲁藏布江下游段，天然落差竟达2725米。要弄清雅鲁藏布江的水力资源，关键在于下游江段的水能测量。

1973年，青藏高原综合科学考察队抽调6名科学家、1名行政人员、1

关志华 1998 年 11 月在雅鲁藏布大峡谷（高登义供图）

名摄像师组成雅鲁藏布江水力资源考察组，到雅鲁藏布江大拐弯地区进行科学探险考察，由水利专家何希吾率领，水资源学家关志华任组长，主要使命是利用短暂的开山季节，沿江深入雅鲁藏布大峡谷深处，测量并获得江水在大拐弯一带的水力资源各项数据。行前，地质学家刘东生和青藏高原综合科学考察队队长孙鸿烈根据雅鲁藏布江中上游异乎寻常的走向平直而下游剧烈大拐弯的现象，提示小分队特别关注有关地质状况。

9 月 21 日，考察组从米林县派镇出发，翻越多雄拉山进入墨脱县背崩，受到当地政府和部队的热情接待和大力支持。当地部队派出了 5 名解放军官兵负责考察组的安全保卫。当地政府先后调配了 30 多位门巴族、珞巴族和藏族青壮年民工，为考察队背行装、标本，当向导并做简单的生活翻译。

10月1日，何希吾一行狼狈不堪地走到背崩对岸的马尼翁。这里驻扎着解放军的一个独立营，部队用自己种的绿色蔬菜款待考察队。稍作休整后，他们由侦察兵带路，沿雅鲁藏布大峡谷南岸向边境方向考察，经地东村到达西让村。西让村离雅鲁藏布江江面只有200多米，下到江边，路旁长着芭蕉树、竹林，一阵暴雨过后，树叶上挂满了晶亮的水珠子，地上铺着厚厚的枯叶。坡很陡，根本没法走，大家干脆坐在地上一路滑下去，最终在村里住了下来。

西让村是一处较大的门巴族居民点，建在一个20多平方米的平台上，房子都是用粗粗的竹子搭成的，为竹桩式。前面是一排大房子，房子建有阁楼，架着独木梯，阁楼里住人，房内吊口锅，地上是烧明火的灶，竹楼下养牲口。后面还建有一排小房子，用来做储藏室，放些衣服、粮食及杂物。门巴族群众种鸡爪谷，当地人叫“曼加”，一年两季，稍高的山坡则种着一年一季的旱稻。他们在原始林里开荒种地，先是放上一把火，烧出块地儿，然后用木棍捅个洞，点粒老玉米。原始林像被开了天窗一样，秃得东一块西一块，这是典型的刀耕火种，一种原始落后的耕种方式。

这里不分男女老少，都能捧着大碗豪饮，尤其是男人，饭可以不吃，但酒不能不喝。种的大部分粮食都用来酿曼加酒、米酒，家家房里都摆着一排用来盛酒的竹筒，谁家的酒筒多，表明谁家富有。客人来了，女主人拿把大勺，倒上一大碗酒，请客人喝。出远门时要喝壮行酒，回家了还要喝接风酒。杨逸畴本来酒量不大，一大碗酒下了肚，人立马迷迷糊糊起来。听说他要给老乡拍劳动场景的照片，女人们很高兴，忙着穿衣打扮，领着他往曼加地里走。这里有西藏江南的风味，芭蕉林、竹丛、水稻田、小竹楼，风景不错。风一吹，杨逸畴的酒劲儿上来了，人晃晃悠悠的，心里明白但两腿飘忽起来，不听使唤。他听见门巴女人“叽叽喳喳”地笑话他：瞧瞧这个汉人，长得又高又黑，壮壮的，可是才一瓢酒就醉成这样了。

到了地头，她们开始拿着弯刀收割曼加，杨逸畴举起相机开拍，他看着镜头里漂亮衣服在晃动，可是照相机却怎么也拿不稳，头晕得不行，他只好躺在曼加地里，足足睡了两个钟头。头一天进西让村，考察组成员就实实在在地领受了门巴老乡的热情。喝酒误事，幸好同行的人民画报社摄影记者杜泽泉没醉，由他完成了拍摄任务。

这里靠近非法的“麦克马洪线”。20世纪初，英国外交大臣麦克马洪勾结印度统治者，单方面地划定了一条所谓“中印边境线”，西起不丹，向东延伸至中印东段边境地区，将属于中国的9万平方千米领土，划给英国统治下的印度。当时西藏地方政府没有签字，中央政府从未予以承认。在西让村，杨逸畴常用高倍望远镜望向那片领土，每次都让他感慨良多，并激发了他作为中国科学家的责任感：“我们不能忘记，那里还有9万平方千米的神圣国土，我们要为自己的祖国做好科学考察工作，只有经济发达，国力增强，才能维护国家领土完整。”他在心中如此激励自己，对大峡谷的情感也就更深了。

离开西让村，考察队溯江而上，往北走。地质考察要同时在江两岸工作，对比河流的发育和地质构造，这边是什么岩石，那边的石头又是什么样的，能不能对得拢，常常要江两岸跑。江上很少有桥，过江最常用的交通工具就是溜索。对科考队员来说，不冒着生命危险攀溜索，就意味着要放弃许多重要的考察，得不到宝贵的第一手资料。而过溜索的经历，可以说让他们一辈子难忘。

架溜索桥时，老乡们先用箭将细绳射到对岸，然后用细绳引导粗绳再将藤索或钢索拖到对岸，固定在大树或石头上。溜索垂在江心形成弯弯的弧形，靠着惯性，人溜到江心后，另一半路程就要靠自己用手一点点攀过去，通常这样过一次江，考察队就得用一天时间。过溜索那叫一个惊心动魄。队员们每次回忆起在雅鲁藏布大峡谷度过的日子，最先浮现在眼前的总是那斜垂在险陡绝壁之间随风晃动的溜索桥。

过溜索桥时，需钻入藤圈中，将身体的重量放在腰背下的藤圈上，然后借助手脚之力一点点地挪向对岸。有时不用藤圈，而是用一块架在钢索上的树杈，杈上抹上酥油，弯木两端有缺刻，过索桥时，人将绳子从腰背下穿过，两头套在木头缺刻上，用绳套托着身体过桥。先从高处向低处滑，身下是奔腾咆哮的江水，人的生命就系于这一索、一木、一绳、一藤上。强劲的江风，吹得人在空中悠来晃去，每个第一次过江的人，内心都充满了恐惧。

考察组考察西让村后，再从这里沿江而上，经地东、背崩、墨脱、德兴、达木、邦辛、加热萨、甘登、巴玉、扎曲，然后从帕隆藏布江与雅鲁藏布江的汇合处沿帕隆藏布江而上，经帕隆村到达川藏公路的通麦，历时53天，用双脚完成了对雅鲁藏布江大峡谷西让—墨脱—甘登沿江的首次徒步科学探险考察，取得了有关水利资源、地震、地质和地理地貌等大量第一手珍贵科学资料，填补了我国科学研究的空白，揭开了雅鲁藏布江大峡谷蕴藏的科学奥秘和它的真面目，撩开了它神奇壮丽的面纱。

按照中科院水利专家陈传友、关志华的设计方案，雅鲁藏布江下游水电站从多雄拉山打一条长隧道，形成梯级发电（吕玲珑摄）

这一次走的时间很长，从9月直到翌年的元旦，整整4个月。那么长的时间又不可能带足食品，就入乡随俗，吃当地产的稻米、苞谷，还有糌粑。若要改善伙食，就从村里买只鸡。有一回为买一头猪，科学家们大费脑筋：没有大一些的秤，可严谨的科学家非要按斤两付钱。于是，何希吾就参照杠杆原理和曹冲称象典故，用一根木棍，一头放猪，一头在筐中装石头，直到平衡为止，再分别称这筐石头重量，算得这头猪总计有50千克。他们留下四条腿用火熏烤过，打算路上吃。可不幸的是，因为天气炎热，没过两天就变质了。

沿途悬崖峭壁林立，江水日夜轰鸣，湿热的森林里隐藏着毒蛇猛兽，险峻的山道上埋伏着马蜂蚂蟥。凡去过墨脱的人都说，那地方既是天堂，又是炼狱：天堂是就自然美景而言，炼狱特指行路之难。大峡谷的险境和困境，就是科学家们日常的工作和生活环境。可在接近核心河段的墨脱县甘登，又一处河流拐弯处，无路可行，队员们只好攀一根溜索到达对岸，打算继续沿江而行。可民工向导却说，这儿是巴玉，前面再也开不出路了。

20 世纪 70 年代初，中国还处在“文化大革命”特殊历史时期，社会动荡不安，不但交通条件非常困难，而且物资装备非常落后简陋，考察队员们在野外主要靠部队提供的压缩干粮充饥，风餐露宿，跋山涉水，穿越原始森林，攀登悬崖绝壁，几乎每天都要走 1000 ~ 2000 米高差的漫长路程，爬越惊险的横跨雅鲁藏布江的藤或钢的溜索，有时不得不在山野岩洞中围着篝火过夜。不但如此，他们还要同毒蛇、蚂蟥、野蜂搏斗。这是中国自然科学家首次进入大峡谷腹地进行正式的科学考察。

1974 年 9 月，又是青藏高原综合科学考察队大部队野外考察收队回到北京中科院之时，除何希吾未能参加外，还是原班人马再次进入大峡谷腹地，对一年前未能进行的雅鲁藏布大峡谷派村—扎曲江段进行科学探险考察。他们从派区出发，基本沿 20 世纪 20 年代英国人沃德曾走过的路线，经大渡卡、格嘎、加拉、白马狗熊到达扎曲，沿江而下进行考察。当关志华一行进入米林县派村时，雅鲁藏布江开阔的江面在格嘎村附近骤然狭窄，从容流淌的江水也在刹那间奔腾咆哮，发出震耳欲聋的轰鸣声。森林渐渐密蔽，山风吹过，森林不再宁静。林涛、江涛彼此唱和，这一大自然的恢宏交响声声入耳，白天伴着、夜里枕着，追随着小分队大峡谷考察全程。

沿江考察没有道路，许多地方连人烟也不见了，全靠当地藏族民工逢山开道，遇水架桥。丛林挡住了去路，他们用大砍刀披荆斩棘开道；悬崖挡住去路，绕道上山吊一条绳索下来，人们攀缘而上开道；遭遇支沟急流，临时砍一棵大树搭向两端就是桥了。考察组艰难前进的同时，地质学家观察地质剖面，地貌学家不时在地形图上画上几笔，搞水文的则在江边架起经纬仪测量河谷断面，或向水面施放气球，测量流速。在他们看来，每一个线条，每一笔数据，都是对于这个科学空白地区的首次填写。

走到白马狗熊时，正值雨季支流发洪水，考察队未能完成白马狗熊至扎曲江段的考察，全部考察队员只好沿原路返回派区。我国科学家初访雅鲁藏布大峡谷，两番相向进行，可依旧未能实现白马狗熊至甘登之间 90 千米雅鲁藏布江段的沿江考察。大家不免叹息一番，无奈地踏上归程，这为以后雅鲁藏布大峡谷核心段考察埋下伏笔。尽管如此，两次对大峡谷的初步考察，使科学家对其总体面貌有了一个大致了解，对于大峡谷科学资源之丰富有了初步的掌握。经过实地测量，雅鲁藏布大峡谷河段的水力资源数字浮出水面：测量计算出河水平均流量达 4425 立方米/秒，远高于美国科罗拉多大峡谷河流的 67 立方米/秒；最高流速可达 16 米/秒，其水力资源单位长度的蕴藏量位列世界同类大河之首。

雅鲁藏布大峡谷考察结束的几年中，水资源学家关志华继续溯江而上，考察了雅鲁藏布江的中游和上游，直抵源头杰马央宗冰川流下第一泓水的地方。经过对雅鲁藏布江全程的考察，原属空白的各项数据被逐一填满，于是人们知道了雅鲁藏布江在我国河流中的地位：它的多年平均径流量为 1395 亿立方米，占我国河川径流量的 1/20，仅次于长江、珠江，在我国河流中居第三位；天然水能蕴藏量为 1.14 亿千瓦，其中干流 0.79 亿千瓦，相当于全国河流水能蕴藏量的 1/7，仅次于长江，在我国河流中居第二位；而它的单位河长、单位面积的水能蕴藏量极大地超过长江，居全国河流首位。然而，雅鲁藏布江水力资源的 2/3，却集中在雅鲁藏布大峡谷江段。

雅鲁藏布大峡谷 U 形大拐弯是雅鲁藏布江上最壮观的景点，雅鲁藏布江陡然拐弯，形成巨大的马蹄形，被誉为世界河流的奇观。20 世纪 50 年代，有的科学家猜想：既然雅鲁藏布大峡谷拥有这样一个奇特的 U 形大拐弯，在米林县派镇至墨脱县背崩乡之间相距数十千米，落差却高达 2000 多米，蕴藏着巨大的水能，那么是不是可以建一个让世界震惊的江河水电站呢？

水资源专家关志华沿着这样的思路，同水利水电专家何希吾、陈传友等进行了多年论证，提出了在雅鲁藏布江大拐弯处建立世界超级大电站的宏伟构想：在大峡谷地区以最短距离（40 千米）、最高落差（2500 米），建一座世界最大水利枢纽（超过三峡两倍），以便从根本上解决青藏高原能源短缺的现状。“雅鲁藏布江大拐弯地区，可建设理论装机总量不低于 3800 万千瓦的水电站，这相当于两个三峡水电站。1973 年科考时我们有过估计，但还是没有想到会有这么大的水能。”关志华事后回忆说，“连内行人听了都很吃惊，但是雅鲁藏布江有很多冰川，而且汇入河很多，随着海拔提高，河谷里的降水量很惊人。”

1988 年，陈传友就曾在《光明日报》上发表文章《西藏可否建世界上最大的水电站》。陈在方案中提出：在雅鲁藏布江干流上修建水库，抬高水位，然后打一条 16 千米长的隧洞引水至支流多雄河，落差达到 2300 多米，可以开发 3 级电站。为了安全和保护生态环境，水电站可以建入地下。这篇文章发表后，陈传友听到一些异议：“电站太大了，我们在内地都做不完，还去那个地方？”

陈传友曾坦言，若谈论大拐弯电站，可追溯到较远的历史，既有口头流传，也有文字记载，但限于条件，说法和提法都很简单，且矛盾很多。至于开发宏观布局，至今也未见过。为此，他们结合多年来的研究成果，提出了开发利用的整体构思：雅鲁藏布大峡谷处派乡的水面海拔高程约为 2880 米，墨脱县背崩乡处的水面海拔高程约为 630 米，两点之间的雅鲁藏布江干流长 240 千米，直线距离仅 40 千米左右，若截弯取直便可获得 2250 米的落差。裁弯隧洞从派附近进口，若考虑抬高水位，进洞海拔高程为 2900 米左右，沿东南方向穿过多雄拉山，直抵雅鲁藏布江支流多雄河，隧洞全长约 16 千米，其中洞顶层深在 1000 米以下的长约 11 千米，1000 米以上的长约 5 千米。

陈传友认为，隧洞不再通过南迦巴瓦主峰，所以盖层的最大厚度不超过 1500 米，远没有过去传说的那样厚。多雄河由西北向东南流，经小岩洞、汗密，然后急转南下，经马尼翁至背崩附近入雅鲁藏布江，全长 38 千米，平均坡降 8%，属于典型的山区性河流。考虑到多雄河两岸山体陡峻，开挖明渠困难，他们建议水流出隧洞后，直接与长约 20 千米的压力输水管道相接，至布迪再转接高压叉管进入厂房。

从地形条件来看，大拐弯电站可以一级开发，也可多级开发。如果一级开发，大电站设在马尼翁小盆地内；如果两级开发，一级电站设在小岩洞与汗密之间，发电水头约 1000 米；二级电站设在马尼翁附近，水头略大于 1000 米。是否分级应在规划中详细比较。

在国家还不具备全面开发的条件下，墨脱水电站还可逐步实施，分期受益。一期工程主要是引水隧洞，装机容量为 1000 万千瓦。这样一来就避免了许多当前尚难解决的问题，如大机组问题、运输问题、高压输电问题、工程地质问题等，提高了墨脱电站的可操作性。随着科学技术的不断进步和我国经济实力的不断增强，再逐步提高调节径流的程度，扩大保证出力和装机容量，满足国内外对电力日益增长的需求。

就在陈传友提出建雅鲁藏布江大拐弯水电站的第二年（1989 年），日本、美国财团界首脑在东京达成协议，计划在全球联合投资兴修 15 个世界级的公共工程，其中第三项为“喜马拉雅山水力发电，即在喜马拉雅山脉构筑水库，建造一座最大发电能力达 5000 万千瓦的发电站”，解决东南亚电荒问题。

1998 年，我国科学家再次对其进行前期考察。正如原西藏自治区党委宣传部部长肖怀远在西藏著名作家马丽华新著《青藏苍茫》的序言中写的：“1998 年 5 月，我陪同国家科委、中国科学院等单位 12 名科学家沿雅鲁藏布江走了一趟，进行大峡谷电站超前期预察。行至米林县派乡东侧的一个村子，前面没有路了……”

2002年，徐大懋院士、陈传友研究员等在《中国工程科学》杂志第12期上发表了《雅鲁藏布江水能开发》一文。文中阐述了雅鲁藏布江大拐弯处水能开发方案。工程分三期，一期送电东南亚，逐步积累资金，二期、三期实现西电东送。雅鲁藏布江工程单位千瓦投资将少于三峡水利工程，且可实现4个世界之最：世界上容量最大的电厂、单机容量最大的水轮机组、落差最大的高山瀑布、工程兴建在最深的大峡谷内。电站建成后能向发展中国家供电，并对下游国家有调节径流和防洪作用。

雅鲁藏布江丰富的水电资源，当时尚未开发，究其原因是多方面的，其中国际河流如何深层次开发恐怕是很重要的一条。专家们各持己见，使工作难以深入下去。陈传友结合哥伦比亚对国际河流的成功开发模式，提出向国内外集资，发电可输往东南亚地区的设想。然而，这是一个很超前的工作，当时尚未有详细方案。曾参与考察的水电专家何希吾得知后说："国家应该每年拿一部分钱出来，细水长流做科研工作，那里有3800万千瓦的发电量，地质条件复杂，施工困难，可不是闹着玩的。"

正如何希吾所担忧的那样，雅鲁藏布大峡谷地区生态环境相当脆弱，考验着超级水电站的建设。为了评估1950年特大地震对地面的破坏程度，考察未来大峡谷巨大水能资源开发可能带来的影响、开发方式的选择，以及防震措施的制订将是一项非常重要的工作。杨逸畴、章铭陶等科学家还发现，这些崩塌的倒石堆和泥石流，将源源不断地向雅鲁藏布江干支流倾泻大量泥沙、岩屑和巨砾，形成大峡谷异乎寻常的固体径流的温床。它极有可能阻塞水道，填满库容，掩埋水工建筑和电力设施，将严重制约以堤坝方式对大峡谷水能资源的开发。

关志华如今已是我国知名水资源专家，也提出了自己的看法。在雅鲁藏布大峡谷，首要的是保护好森林。森林不仅有利于涵养水分、减少洪峰、增大枯水期流量，而且森林还有减少水土流失、降低河流泥沙量的作用。他认为在做好充分科学论证的前提下，在新技术、新材料、新设备、新工艺的支撑下，可开发雅鲁藏布江干流上的水电富矿，兴建装机容量大于3800万千瓦的超巨型墨脱水电站。有关这个超级水电站，他还就新的大坝位置、引水方式、厂址等提出了新的建议。

2010年11月12日，雅鲁藏布江干流上的藏木水电站正式宣告截流成功，揭开了雅鲁藏布江流域水电开发的神秘面纱，标志着西藏河流开始进入大水电时代。人们有理由相信，到2020年前后，我国规划的除西藏外的大部分水电工程将开发完毕，工作的重点将逐渐向西藏的金沙江、澜沧江、怒江上游和雅鲁藏布江流域转移。曾参与雅鲁藏布江考察、到过大峡谷入口处的中国著名水利专家陈传友说："这是一项长远规划，这个问题迟早要提起的。"

雅鲁藏布江从中游下段派（村）至下游上段背崩，河段长约 240 千米，两点直线距离仅 38 千米，自然落差 2250 米。派（村）附近年平均流量约 1900 米/秒，两点水能资源大约为 4200 万千瓦，是长江三峡水电站装机容量的 2 ~ 3 倍。众所周知，大拐弯段地质构造十分复杂，断裂纵横交织，且地壳还处于不稳定状态，兴修大型电站需十分注意地震问题。

清华大学水利水电工程系考察研究后，提出了 6 点建议：线路尽量西移，水库大坝不要建得太高，做详细地质工作，加强科研与采用新材料结构，先小后大探索经验。陈传友、关志华等专家考察后认为，除了吸取清华大学的意见外，还建议分级开发，即在派（村）下游建低坝，然后开凿长 16 千米的隧洞，穿过多雄拉垭口（海拔 4200 米左右）直抵多雄河上的尔多（海拔 900 ~ 3080 米），然后沿河而下，在海拔 2000 米处汗密附近建一级水电站，在海拔 1000 米左右处建二级，在海拔 630 米附近建三级。这样不仅减少修建的难度、降低风险，便于施工，而且达到探索经验的目的。为了避免地质灾害，还可考虑专家建议修建地下式开发。因为地下开发能较好地减少地面自然灾害，对预防地震破坏也非常有利。

2020 年 11 月，中共中央关于制定国民经济和社会发展第十四个五年规划和 2035 远景目标的建议中，明确提出了"实施雅鲁藏布江下游水电开发"。在 2021 年 3 月的两会"部长通道"采访中，国家发改委主任何立峰透露了"正在谋划推进雅鲁藏布江下游水电开发"。而在地方，西藏自治区政府也多次提到了这一项目，表示要全力加快项目前期工作。科学家们的科考成果和超前思维将给国家经济建设注入活力。

走进亚热带丛林

20世纪80年代初以来，成都军区某测绘大队派出两个测绘队进入墨脱县执行测绘任务，填补国家地图测绘空白；中国科学院的大气物理学家详细论证了雅鲁藏布大峡谷是青藏高原最大水汽通道；冰川学家破解了“会跑”的冰川；地质学家填补了墨脱地质填图……

消灭测图“空白点”

1981年，成都军区某测绘大队派出副大队长刘学超、副参谋长王玉琨带队，率领大队一队、六队两个测绘队来到西藏林芝，执行墨脱县的测绘任务。

其实早在对印自卫反击战的第二年，解决墨脱地区测绘空白的问题就被列入了我国测绘的议事日程。当时考虑到交通太困难，想等公路修通了再进。此时交通条件仍未得到很大改善，而整个西藏高原无图区的任务已经解决了，这个空白点难道还让它继续留下去吗？

对测绘兵来说，“空白”意味着什么呢？是落后，是耻辱啊！早在3000年前，我们的祖先就发明了简易的测绘仪器——指南针，在公元前4世纪我国《尚书》中就有对山川的描述，《左传》中就有关于九州的记叙，《山海经》中也有关于地形的记载。1973年湖南马王堆出土的汉代文物中，有三幅长沙国南部的驻军图，上有方位、比例尺，是迄今发现的世界上最古老的军用地图！

青藏高原的这个测绘上的空白区，一些帝国主义者曾多次跑来插手。19世纪末，英国的一个探险家只远远地估计了一下我们的珠穆朗玛峰的高度，就恬不知耻地给珠峰安上了个“额菲尔士峰”的名字。有个叫普尔热瓦尔斯基的沙皇中尉，带着一伙哥萨克骑兵窜来西藏，盗窃我国的地形资料。一个晚上，这些家伙在一个山洼里扎营，一个哥萨克士兵嘟嘟囔囔地说：“中尉，我真不明白，冰天雪地的，跑到这里有什么意思？”普尔热瓦尔斯基骂道：“猪猡，你懂个屁！我们测量了这里的山水，就能划入我们大俄罗斯的版图！”

测绘大队官兵风雨兼程地进藏后，首先面临着两大难题：一是如何在解冻开山之前把部队拉进去，否则，赶上墨脱的雨季将影响整个任务的进展和按时完成；二是部队进入墨脱后如何解决吃饭问题，因为在开山解冻前，主副食品无论如何是运不进去的。

入藏前，部队就进行了广泛动员。尤其是当大家明确墨脱是风雪高原数十年的最后一处空白时，求战情绪非常高涨，同志们都想亲手把最后一块空白填补上，为青藏高原的测绘大会战画上一个伟大的句号。

经过周密调查和充分准备，测绘指挥部组织了 2 个突击队。西边 14 人由一队队长李国祯带队，东边 7 人由六队队长颜光易带队。2 支突击队计划于 5 月初，分别从多雄拉山口和嘎龙拉山口进山。

5 月 1 日，国际劳动节。这天上午，他们的一支侦察小分队，到通往墨脱的必由之路——多雄拉山口的雪线上侦察。出现在他们面前的无数条银色的巨蟒在蓝天下舞动，这动人的雪景立刻让人想起毛泽东同志的诗句："山舞银蛇，原驰蜡象，欲与天公试比高……"

山，笔陡笔陡的。从西路进墨脱的突击队员们喘着粗气，艰难地向多雄拉山口爬着。常常是后一个人的头碰到前一个人的脚跟，前一个人一滑，后一个人就要用肩膀去扛顶。5 个小时后，突击队到达了雪线，前面的路更难走了。

天色完全亮了起来。"拉开距离，注意安全！"李国祯对后面的同志发出口令。他挥动手中的十字镐，开始在冰坡上凿冰梯。此时，在刀背一般光滑的冰坡上，稍有闪失，就会跌进可怕的深渊。

测绘人员翻越多雄拉山（周浙昆供图）

尽管李队长说了要拉开距离，两名队友还是主动紧护在他身后。这段“之”字形冰梯，被他一镐一镐地写在了冰坡上。随着他越来越急促的喘息声，突击队也不断向冰坡的顶端延伸。

到达多雄拉山口，12 个小时已经过去了，积雪已齐腰深。突击队长李国祯走在这支 14 个人的队伍的最前面。他时而用手刨开前面的积雪，时而用脚探着下面的路，他的腰上拴着一根绳子，以便在他陷进谷里时，同志们能够把他拉出来。

因为缺氧，此时李国祯的嘴也不得不大张着，嘴里哈出的白色热气凝结在胡须和眉毛上，变成了白色的冰霜。雪线上，被炫目的白色刺激得太久了，那些白色的山脊好像银色巨蟒一样舞动起来。

山上，刺骨的寒风吹得人透不过气来。饥饿、疲劳、寒冷要比诗意来得现实得多。这种时候，人的最大幸福，就是不管不顾地躺在柔软的雪地里，休息一下。但这种时候，最危险的也是躺下去。因为一旦躺下，可能永远也起不来了。人能够走到这里还没有倒下，全是靠一股气撑着，那股气一泄，人还有什么力量往前走？

李国祯虽然冻得牙齿打架，浑身发抖，但仍不停地用发颤的声音鼓励身后的队员们：“最难的关口已经过去，上来就是最大的胜利，同志们，你们瞧，我们已经站在了高处，剩下的只是下山的路了。”

等大家都爬上来后，李国祯双手晃着四听罐头又说：“我在前头开路，你们在后面跟着，我每走一个小时，就在路上留下一听罐头，既是路标，也是下山竞赛的加餐奖励。”李国祯说完，就仰面坐在山坡上，像滑滑梯一样顺着冰坡向山下滑去。李队长的身影，就是一面召唤队员前进的火红旗帜，多雄拉山口终于被甩在了身后。

西路突击队出发不久，东路的颜光易也带着 7 名突击队员向嘎龙拉山口开进。通往山口的路，是一条正在修建的简易公路。出发前调查得知，到山口的 25 千米山路中，就有 5 处被雪崩和泥石流堵塞，有的地段巨石、树干横七竖八地堆积成山，有的冰雪厚 10 米以上，根本就找不到路基在何方。为了给后面进山的同志们打开通道，颜光易决定突击队边前进，边疏通道路。

刚好一个筑路的工程队正在施工，听说颜光易打算边进山边修路，有人好心劝说道，现在进山，能活着走进去就不错了，哪还有力气修路？听了这话，颜光易说：“共产党员死都不怕，还怕担这点风险？”

筑路的民工见突击队这么坚定，也被感动了，就主动助他们一臂之力，也参加了抢修公路的激战。他们用炸药炸开了巨石、冰墙，用锯子锯断了树干，再用推土机推走了乱石与泥沙，起早贪黑地大干了7天，那条路终于延伸到了离山口不远的地方。

路推进到这里，往前通行就更难了。近4千米的冰雪陡坡向高处延伸，一直接至马鞍形的嘎龙拉山口。山口上，一堵800多米长、80多米高的雪墙，从鞍部的山脊两端横贯山口。雪墙在阳光的照射下，发出刺眼的反光。

为了摸清雪墙的“脾气”，颜光易中午和傍晚两次摸到雪墙下，用十字镐凿雪墙的硬度，发现雪墙白天松软，晚间较硬，不易发生雪崩。于是颜光易组织大家把仪器器材、生活物资提前运送到山口的雪墙下面，趁着凌晨雪墙最硬的时刻，向山口发起冲击。

黑暗中飘着鹅毛大雪，颜光易带着突击队的同志们来到雪墙下，突击队长颜光易挥动着手中的十字镐，抢先开路。紧跟在颜队长身后的是战士杨永清，他用双手托着颜队长的后背，保护安全。纷飞的大雪不一会儿就把队员们装扮成了一个个雪人。可谁也顾不上拍打身上的积雪，都屏住呼吸，看着颜队长和小杨二人不断升高的背影。

拂晓时分，一条200多米长的“之”形脚坑，从雪墙下开凿到了山口。登上山口的颜队长气都没有顾上喘，就对着雪墙下的队员们大手一挥：“上!”下面的6名队员立即背起40多千克重的东西，一步一步地向上攀登。

山口只有3米多宽。翻过山口，仍是冰雪陡坡，但下去比起上来时就省力多了。在灰蒙蒙的拂晓，背着沉重的东西向下滑，省力是够省力的，却也十分危险，一个战士就差一点撞在了一块陡坡下的大石头上。当太阳升起来的时候，颜光易他们离开山口已经有一段路了。

5月底至6月初，部队沿着东西2个突击队的足迹，全部开进了墨脱。因为仍是大雪封山季节，进入墨脱十分困难，所以部队进墨脱时，把主副食品都精减掉了，只是带了30多座测标的标石标材。可人到了墨脱，对完成测绘任务来说，仅仅是个开头。

安扎拉地区是墨脱的无人区。那里是一片毛竹林和杂木林，不仅没有道路，还有很多悬崖峭壁，林里还有虎、熊等凶猛动物。墨脱本来就是特别困难的地区，这里又是整个墨脱测区里最困难的地方。

“我们不能因为自然环境艰苦，就降低业务质量标准。”李国祯非常坚决地说，“测绘没有了精度，就失去了应有的价值和意义，一切的苦和累也就等于付之东流。”

为了保证测绘质量，测绘指挥部计划在此区域布设一条测绘导线，以加强对该地区的控制。上级业务机关对这个区域的测绘也很重视，总参测绘局派专人审查了作业方案，认为从提高这一地区的测绘精度来说，布设这些控制点是必要的，但测区自然环境特殊，如实在困难，就只能采取其他方法成图了。当然，那样成图的精度就会低一些。

成都军区执行测绘任务的同志们认为，要对军事测绘事业负责，要对未来反侵略战争负责，宁愿自己多吃些苦，也要不惜一切代价地做出控制点，把任务保质保量地完成好。可进入无人区后，就更是难上加难了。

之前，李队长问队员杨龙明这块硬骨头啃不啃得动。杨龙明拍着胸脯说：“放心吧，完不成任务，我这一百多斤就不回来了。”听杨龙明这么一说，李队长冒火了：“老子不是要你去死，是要你活蹦乱跳地带着成果回来。”

印度洋的热风吹到墨脱，遇到了喜马拉雅山的阻挡，在这里形成了温暖而多雨的气候。尤其是进入 6 月后，雨季也来临了，无人区的雨水几乎没断过，人们都把墨脱叫作“雨水县”。

7 月 12 日清晨，杨龙明同班长吴六元、战士付承荡、朱家福一道，从墨脱南侧的山林向安扎拉谷地进发。吴六元，河南人，1979 年入伍，老实肯干，写一手漂亮的记簿字，担任记簿员。付承荡和朱家福都是甘肃人，1981 年入伍，一个聪明肯干，一个踏实肯干。

在这之前，颜光易队长已带领一队人马在前面开路。在密如蛛网的大森林里开路，每前进一步都不容易。有的战友在征途中写下过这样的诗句：步步荆棘排排树/一步一道拦路虎/老林路，在何处/低头看，手中斧/不见人影林中立/只见大斧空中舞！

在这自古无人踏入的神秘的大森林，枯枝烂叶没过队员们的膝盖，一脚下去，霉臭难闻；四下里绿荫笼罩，一片阴森森的。大家时而攀悬崖，时而跨陡壁，有时要在树干上砍出一个个台阶，抱着树干向上攀登；衣服挂烂了，皮肤划破了，手背上留下了一道道的血口子，脚上的鞋也都磨穿了。

湿润的亚热带丛林气候，真是滋生“小生灵”的温床。地面“敌人”还没彻底摆脱，又碰到空中“敌人”的袭击。细心的同志发现，这里的林子里，每天有 5 种蚊子轮番“空袭”：早上是墨蚊，个头虽小，能量却很大，速度快，毒性大，让人防不胜防；中午是不大不小的毒蚊，一口咬下去就是一个小泡，破了就流黄水，没个六七天好不了；晚上是 3 种大蚊子，像“轰炸机群”一样集团作战，轮番俯冲，隔着衣服都能把人叮痛。

墨脱背夫过溜索（墨旅供图）

对付蚊子，队员们行军时是把毛巾吊在帽檐下，手巾不停地晃动，以驱散蚊子。晚上就只能在身上抹大量的清凉油，让蚊子不敢近身。但清凉油抹多了也有很大的副作用，就是自己也熏得睡不着觉。

天上下着大雨。杨龙明和班长吴六元、战士付承荡、朱家福踩着林中的烂树叶子，向安扎拉方向前行。头上是一株株伞一样的大树，把整个天空遮得严严实实，脚下是齐腰深的杂草。树叶和草丛中隐藏着数不清的旱蚂蟥，它们在烂树叶子上是土黄色的，带点白色斑点，在草丛中，则是翠绿色的，让人不易发觉。好像事先就知道队员们要路过那儿一样，那里旱蚂蟥排着队往他们身上爬。

杨龙明掏出小剪刀，对着爬上身的蚂蟥狠狠地剪，上来一个剪一个，走着剪着，越爬越多，到后来剪都剪不过来了……下午三点钟，到了仁钦朋，天哪，大大小小的蚂蟥爬在他们身上，竟有三四千条，密密麻麻……

第二天午后一点左右，他们跨过杭哥河来到俄玛。这地方还有一块约 6 平方米的平地，难得啊！一棵被风吹断的没有树叶的松树，像个风烛残年的老头儿，可怜巴巴地“站”在那儿。旁边有一个用 4 根竹竿支起来的棚架，这是前面颜光易队长走后留下的。

风推着暴风雨，不停地往他们头上身上泼，淋得人人都像落汤鸡一样，直打哆嗦。“弟兄们，捡些柴火来，生火！”杨龙明喊道。一会儿，队员们就各自抱着一大抱，什么干树枝，干树叶、湿树枝、湿树叶、竹叶等，弄了一大堆。4个人围成一堵挡风墙，小傅捡来些树叶树枝，划起火柴，一根又一根，连划了5根，才把火点着。

原始森林里，深草没过了膝盖，脚下的枯枝烂叶踩上去一软一软的，浸出带有霉臭味的酱油色的水。空气潮湿郁闷，四周昏暗阴森。走在前面开路的颜光易队长的衣服，被森林里带刺的荆棘挂得一条一条的，他的脸上、手背上也挂出了一道道血印子。

颜光易背上背着测绘包，左右手各执一把砍刀，像是与这座森林有深仇大恨似的，一边走，一边挥动双臂，狠命地砍倒拦在面前的荆棘藤蔓。走着走着，他觉得脚下不大对劲，就抬起脚看了看，原来脚上的鞋子磨穿了，怪不得脚底板子被扎得难受。

在无人区的原始森林中连续跋涉了四天，离第一个观测点不远了。早饭后，雨仍在下个没完，颜队长对队员们说：“你们在这休息一会，我先到前面探探路。”

虽然带着枪，颜光易走在莽莽大森林里，心里还是有些发毛。县里介绍情况时就说过，森林里有虎、熊和豹子，还有狼。蟒蛇一类的冷血动物，就更多了。

雨衣用来包测绘仪器了，雨水顺着颜光易的脖子往后背淌。走着走着，颜队长一脚踩空，“扑通”一声，掉进了一个洞里。洞可能是冬天门巴人狩猎时挖的，雨季里，里面积了半池子水。颜光易本来就淋湿了身体，这时更成了名副其实的落汤鸡了。

洞子四壁都很滑，水里还有些不明不白的小动物，也不知道是蛤蟆还是别的什么东西。颜光易忙乱之中，手里抓到一只，那种说不清楚的奇怪感觉，立时让他的头发都竖了起来。他几乎像是被烫伤了一样，想也没想，就把那东西甩出了手。

爬了半天，颜光易才从洞里爬出来，上来后发现，掉下去时脚也扭伤了。他坐在地上，按了按痛处，那儿已经肿起来了，但感觉像是没伤着骨头。他从口袋里掏出伤湿止痛膏来，撕下两帖，贴在脚脖子上，然后深吸一口气，猛地站起来，一瘸一拐地继续往林子深处走。

整个7月，队员们差不多都是靠喝稀饭度过的，而菜也只是盐巴水蘸海椒。稀饭既不敢煮稠了，也不能让人人放开吃。上山作业的同志就多吃点，看家的尽量少吃或是不吃。战士朱家福在日记中对缺粮情况做了这样的记载：

7月23日，米不多了，早饭也没吃成，午餐和晚餐总共只煮了不到2两米，今天全天在饥饿中度过。

7月24日，今天我们连续拿下了两个点的观测成果，多么高兴啊！可是晚上8点半下山煮饭时，我发愁了，还有六七两米，全组的人累了一整天，这怎么能够呢？

7月26日，饥饿、劳累，战友们的身体垮了，常常头昏眼花，可是，这里的测绘工作还没有完，还要继续拼命地干呀！

胜利终究属于有信心的人们。7月31日，鲜艳的红白两色测绘旗帜在天空中迎风飘扬。队员们欢呼着，跳跃着。

8月，大家吃了2个月的苦，受了2个月的罪，也取得了累累的成果——整个墨脱的测绘任务都进入了最后的冲刺阶段，青藏高原最后的测图空白也只剩下一点点小尾巴了。

最后的胜利，已是志在必得的事了。测绘指挥部向全体参测人员提出要求，越是在将取得胜利的时候，越是要小心谨慎、注意安全，千万要防止在小河沟里翻船，发生乐极生悲的事。

在一个山顶上度过了3天，颜光易终于拿下最后一个点的成果，却累得一屁股坐在了地上。大太阳下，地面晒得滚烫滚烫的。那灼热的气息，透过裤子涌进他的身体里面，先是肛门，接着是小腹、胃、胸脯、肩胛……

颜光易不仅不觉得难受，反而有种飘然升腾的舒畅感。他闭上眼睛，想象着从进墨脱开始的一幕幕惊险画面、一段段苦难历程，他有些不敢相信，广阔无垠的青藏高原竟然被他们用双脚丈量完了，而最为艰难的一个句号，竟是他亲手画上的。

80年代的第一个春天，在新西兰首都惠灵顿举行的联合国亚洲、太平洋地区制图会议上，一位发达国家的代表向我国参加会议的代表提出："贵国国土博大，青藏高原想必还是测绘上的处女地，如果需要，我们可以提供援助。"我国代表莞尔一笑："谢谢，今天在我国，测绘处女地已经不存在了！"这一消息，令各国与会代表大为惊讶。

1982年7月4日，《解放军报》发布了"八支测绘部队消灭青藏高原测绘空白"的消息，至此，青藏高原测图空白的历史不复存在。消息原文如下：

本报讯 总参、成都、乌鲁木齐、兰州、武汉、昆明、福州、空军等部队的测绘战士们，在完成填补我国青藏高原测图空白的任务中，团结协助，艰苦奋斗，立下了功勋……

青藏高原最大水汽通道

“如果我们把喜马拉雅山炸开一道，甭多了，五十千米宽的口子，世界屋脊还留着，把印度洋的暖风引到我们这里（指大西北）来。”也许细心的观众还记得，这是电影《不见不散》中给人印象最深的一段台词，可它并非编剧凭空想象出来的。

雅鲁藏布大峡谷以代表生命的绿色为基调，热带雨林浓荫蔽日，凤尾竹挺立坡头，杜鹃花争奇斗艳，藤萝植物纵横交错。人们难免会提出这样一个问题：为什么拉萨城四周的群山一片光秃秃的，藏北几近为不毛之地，而拥有雅鲁藏布大峡谷的藏东南却会成为绿色的世界？

前些年，中国科学界曾经流传着这样一个非常大胆的设想：在喜马拉雅山脉炸开一个缺口，引进印度洋的暖湿气流，以此改善中国西部的气候。正是这个后来被证实为笑话的设想，成就了电影《不见不散》的经典台词。但是，在这一大胆假设的背后，其实是有过一个非常严肃的科学话题的：那就是雅鲁藏布江的水汽通道问题。

事实上，我国一位科学家曾认真论证过这一想法的可行性，他就是中国科学院气象学家高登义。高登义是研究大气物理的，这是一门边缘学科，主要搜集第一手资料，高登义踏上科学探险这条路却是个意外。1966 年，26 岁的高登义得到机会，跟着青藏高原科考队开始了他的第一次野外科考。后来，珠峰登山气象组缺少气象预报员，将高登义借调过去当副组长，这也开始了他“兼职”天气预报的生涯。正是在青藏高原的研究，使他获得了我国自然科学一等奖的最高奖项，也是因“文化大革命”中断 12 年后评审的国家自然科学奖，其科学含金量不言而喻。

在世界之巅，高登义发现沿着布拉马普特拉河与雅鲁藏布江河谷，一直到青藏高原东南部，有一条与周围环境截然不同、经常水汽蒸腾的绿色植被通道。他当即怀疑这是一条输送水汽的通道，将印度洋的暖湿气流一直引到青藏高原的内部。可真要论证这条水汽通道的存在，高登义带领自己的团队却走过了3年的科学论证之路。

1982年，高登义迎来了证实自己猜想的机会。这年的南迦巴瓦峰综合科学考察设立了一项新的科学内容——关于雅鲁藏布江水汽通道的考察研究。他怀着探秘的心情，同科学研究人员王维等一道，选择西南季风比较强的6至8月，沿着雅鲁藏布江的2个主要支流和主流河谷建立了3个观测站，施放探空气球和平飘气球，气球下面悬挂有温度、湿度等自动接收仪，把获得的信息数据返回地面观测站。当获得定量数据后，通过计算机处理，并与高原四周气象台站的相同气象要素资料进行认真分析和对比，以确认这条通道是否为一条水汽大通道，以及它能够输送多少水汽等问题，从而提出了水汽通道理论。

高登义做客CCTV-4《大家》栏目，谈雅鲁藏布江下游是青藏高原最大水汽通道的探索和论证过程（高登义供图）

1983年，高登义率组来到大峡谷地区，先后在通道上的然乌、通麦、古乡、易贡、格嘎大桥等地进行大气物理的测试，经过3个月的观测实验，历经风风雨雨、酸甜苦辣，迎来了“苦尽甘来”的硕果，终于弄清印度洋暖湿气流是如何进入雅鲁藏布大峡谷流域的。当暖湿气团在印度洋和孟加拉湾生成后，在强劲的西南季风作用下，向北面的喜马拉雅山推进。然而，高耸的天墙般的喜马拉雅山却成了暖湿气团难以逾越的天然屏障。急于北进的暖湿气团在后面强风的推动下，继续在喜马拉雅山前游动，终于找到了一个劈开大山的豁口——雅鲁藏布大峡谷出口，于是，暖湿气团便以不可阻挡之势，顺着大峡谷猛烈地向北贯通。一个由大裂谷造就的罕见的水汽输送通道就这样形成了，也有人就此把大峡谷形象地称为暖湿水汽由南向北行动的“烟囱”。

雅鲁藏布大峡谷作为印度洋和孟加拉湾暖湿气团北进的通道，完全是看得见的。在阴雨天，科研人员伫立在雅鲁藏布大峡谷的谷坡上，往往可以看到这样的自然奇观：谷底，奔腾不息的雅鲁藏布江发出隆隆巨响，浊浪滚滚，一泻千里；江流的上空，低垂浓重的暖湿云团犹如游龙沿峡谷逆流而上。湿云遇高山顺着山势抬升，与高山冷空气交汇凝结，又降下丰沛的雨水。接着，云团顺主流峡谷或支流峡谷继续西行与北进，扩展到巴松湖、易贡、波密、林芝等地。波密县城边的大山被湿云覆盖，半空中却现出闪着银光的雪峰。然而，再强劲的气流也有减弱的时候。逆雅鲁藏布江而上的暖湿气团，到了一定的区域便成了强弩之末。降水少了，地面植被便发生了明显变化。米林县城以西 30 多千米处，就呈现出植被由茂密逐渐转向稀疏的过渡带，特别是到了米林西部的朗县，地表基本是裸露的。

1983 年 8 月，高登义测得一组组数据。他还把所取得资料的计算结果填入一幅图里，发现了雅鲁藏布江水汽通道是青藏高原周边的最大水汽通道，使得印度洋的暖湿气流能源源不断输送进入高原。这引起了全世界地理学界的关注。大气物理测试表明，布拉马普得拉河—雅鲁藏布江的确是青藏高原四周向高原内部输送水汽的最大通道，以接近 2000 克/厘米^2·秒的水汽输送强度逆江而上，然后再沿雅鲁藏布江下游逆江北上。夏季，从青藏高原四周向高原腹地输送的水汽量以沿布拉马普特拉河—雅鲁藏布江—帕隆藏布江—易贡藏布江一带的输送量为最大，输送强度可达 1000 ~ 5000 克/厘米^2·秒，为青藏高原四周其他地区的 3 ~ 10 倍，相当于夏季从长江流域南岸向北岸输送水汽的强度，再次证实其为青藏高原最大的水汽通道。可当水汽到达大峡谷顶端后，一部分减弱到 500 ~ 750 克/厘米^2·秒，沿着它的支流易贡藏布江向西北方向输送；另一部分减弱到 300 ~ 400 克/厘米^2·秒，沿帕隆藏布江向偏东方向输送。

在此基础上，高登义同地质地理专业的杨逸畴、植物生态专业的李渤生一道，撰写了论文《雅鲁藏布下游河谷水汽通道初探》，发表在 1987 年的《中国科学》杂志上，文章分为三部分：第一部分论述大峡谷的地质地貌基础和水汽通道的形成；第二部分写了大峡谷作为水汽通道的大气物理论证；第三部分综合分析了水汽通道的效应。

“印度洋来的暖湿气流经西南季风吹向布拉马普特拉河流域，迎面遇上印度东北部海拔近 700 米的卡西山地，加上地形的抬升作用，山地南麓乞拉朋齐的多年平均年降水量达到 10 870 毫米，为世界第二大年降水量。”高登义在接受笔者的采访时，回忆起当时的测量数据记忆犹新，“暖湿水汽再沿雅鲁藏布江向北输送，在西藏墨脱一带形成又一大降水带，年降水量 4500 毫米左右。经过雅鲁藏布江大拐弯顶端后，大部分水汽再沿易贡藏布江逆江而上，直抵念青唐古拉山南麓。在这条水汽通道上，年降水量为 500 毫米的等值线可达北纬 32 度附近。”

高登义还发现一个有趣现象，在西藏，喜马拉雅山脉北侧的雨季从 6 月末开始。可在这条水汽通道上，雨季却开始于 5 月初。位于念青唐古拉山南麓的嘉黎以及喜马拉雅山脉北侧的易贡、通麦、林芝等站的雨季也始于 5 月，与孟加拉湾沿岸的雨季同时开始。在北半球，热带气候带的平均北界为北纬 23.5 度。可在这条水汽通道上，热带气候带向北推移了 5 个半纬距。西藏墨脱位于北纬 29 度，是北半球热带的最北界，被称为“热带绿山地”。虽然它比云南西双版纳偏北 5 个纬度，但它却生长着与之相似的热带和南亚热带植物，高大的榕树、诱人的香蕉和野柠檬随处可见。

在高登义看来，雄伟巨大的喜马拉雅山脉是自然地理上一条明显的分界线，山脉南北坡的自然带和景观都有明显的差异。然而，在雅鲁藏布江水汽通道上，山脉南北的差异却并不大。南迦巴瓦峰正好位于这条水汽通道上，其南北坡的垂直气候带和垂直自然分带差异很小。除了南坡在海拔 1100 米以下有独特的准热带季风雨林带外，在海拔 1100 米以上，南北坡分布有相同的 7 个垂直气候带和自然带，只不过分布高度略有差异。

雅鲁藏布大峡谷的植物要是有知，一定会万分感谢大峡谷的。它们的祖先在灾难来临时，就曾受到了大峡谷的庇护。第四纪冰期到来之际，雪花纷飞、天寒地冻，覆灭了数不尽的生物物种。以至在高原其他地区，人们要发现它们的踪迹，只能通过化石的发掘，从石痕上看它们残缺不全的枝干和叶脉，推想它们当年的多姿多彩。但在那个遥远而又极为寒冷的年代里，生长在雅鲁藏布大峡谷的植物，却得益于来自印度洋与孟加拉湾暖湿气流的频频送暖，躲过了第四纪冰期的寒流大扫荡，幸存下来。

在雅鲁藏布江支流帕隆藏布江沿岸探测水汽输送量（高登义供图）

正是受水汽通道的影响，雅鲁藏布大峡谷许多典型的热带生物，诸如香蕉、芭蕉、柠檬、甘蔗等，最北可达北纬 29 度左右，成为北半球热带生物分布的最北界。同样，这里也为生物南北迁移提供了安全的走廊，成为古老生物的良好"避难所"，保存了大量的古老物种。这里还有高等植物中的千里榄仁、蕨类植物活化石桫椤，爬行动物中的蟒蛇、鸟类中的棕颈犀鸟、哺乳动物中的孟加拉虎、昆虫中的端齿蚌鼻白蚁、金印度秃蝗等。

也许是高山的阻挡造就了青藏高原这片雪域大地的高寒干旱荒漠草地景观。青藏高原的北侧、东北侧，即我国广大的西北地区，则因处在雨影区而出现缺水的半干旱、干旱环境。1998 年，中国科学家和新闻工作者圆满完成徒步穿越雅鲁藏布大峡谷的科学探险考察之后，人们日益关注雅鲁藏布大峡谷水汽通道作用对青藏高原东南部气候、环境影响的重要意义。

在徒步穿越雅鲁藏布大峡谷活动中，新闻媒体对于大峡谷巨大水汽通道作用的宣传报道，启发了我国的一些科学家。为了缓解我国西北地区的干旱问题，我国科学界两位泰斗大胆提出，通过改变雅鲁藏布大峡谷及其以北地区的地形，扩大雅鲁藏布大峡谷的空间，让来自印度洋的暖湿水汽能够比较畅通地输送到中国西北地区或青藏高原腹地，增加"三江源"地区降水，然后再通过长江、黄河灌溉祖国大地。这个建议，也就是大家关注的“空中调水”设想。此设想提出后，立即引起我国领导和新闻媒体极大的关注，同时也在学术界引起较大的争议。

“空中调水”是否现实，高登义带领团队根据气候资料和新建立的南亚季风指数，选择历史上最强的季风年，假定水汽在向北输送的过程中，从雅鲁藏布大峡谷到“三江源”地区只有一个比较平缓的迎风坡，不存在西风气流和涡旋运动的情况下进行，通过简便可行的计算方案来推断这个设想在气象学上的可行性。结果表明，假设雅鲁藏布大峡谷南部不受山脉的屏障作用，当地形的倾斜角为 1/200 时，那曲的水汽含量和输送量分别增加了 45%和 17%。但是，当进一步改变地形坡度时，即地形的倾斜角从 1/200 变为 1/150，那曲地区的水汽含量和输送量只增加了 9%和 3%，变化不大。

高登义在论文《“空中调水”设想的可行性研究》中得出以下结论：在制约雅鲁藏布大峡谷水汽通道继续向北输送水汽的因素中，地形的阻碍固然很重要，但大尺度环流所起的作用更大。而要改变大尺度环流比改变局部地形更为困难。这就是说，从气象学的条件来看，即使按照理想假设条件改变了雅鲁藏布大峡谷及其以北地区的地形，也很难实现“空中调水”的目的。

高登义的这篇论文发表并转给这两位科学界泰斗阅读后，关于经过雅鲁藏布大峡谷“空中调水”的设想就此告一段落。

破解“会跑”的冰川

1982 年，张文敬作为中国登山科学考察队冰川组负责人，参加了由中国著名地理学家杨逸畴教授任执行队长的南迦巴瓦峰登山科学考察，发现了雅鲁藏布江大拐弯入口处附近的则隆弄巴[①]，发育着一条被村民说成“会跑”的跃动冰川。他当即意识到，这是国内首次发现的一条具有跃动形迹的超长运动冰川，将其取名为则隆弄冰川。

① 藏语中意为“沟谷”。

早在 1974 年，考察队员们就发现了这条大冰川，他们感到特别奇怪，冰川竟会离雅鲁藏布江那么近，仅有几百米。这里的雪线海拔 4800 米，林线海拔 4200 米，可是这冰川居然跑到了 2800 米处的森林里。走到跟前一看，冰川不是像人们想象的乳白色，而是灰黑灰黑的，上边堆积着大大小小的石块，冰裂缝像嘴一样张开着，能看到里边的冰，这就是闻名全球的则隆弄冰川。

冰川学家张文敬（左）在雅鲁藏布大峡谷时留影（高登义供图）

张文敬能得出这样的结论，与他从事多年的冰川考察不无相关。张文敬 1970 年毕业于兰州大学地理系，早在 1975 年，他就跟随青藏高原冰川考察队，历时 4 个多月，行程 1 万千米，考察了枪勇冰川、若果冰川以及西藏最大冰川——卡青冰川。这以后，他曾多次入藏，又去了珠穆朗玛绒布冰川、长江之源格拉丹冬雪山和西昆仑山，如今已是中国科学院成都山地灾害与环境研究所教授、贡嘎山生态观测站站长。

在成都山地灾害与环境研究所里，笔者见到了张文敬教授。他谈起我国冰川上首条跃动冰川的发现，依旧历历在目。1982 年，他们从派村沿江而下，离开格嘎村深入大拐弯，第一站便来到一个叫直白曲登的小村，两者之间隔着一条叫则隆弄的小河。他们行走在沟口巨石累累的泥石流扇形地上，沿沟向上望，可以看到三角形的南迦巴瓦峰在云雾中时隐时现。由南迦巴瓦峰西坡挂下的一条冰川，沿沟直冲而来，从沟口往上不远的地方，看到的冰川的末端像一堵城墙一样封在谷底，其海拔高度只有 2950 米，表明这是条海洋性冰川。

张文敬看到，则隆弄冰川穿过针阔混交林带，一直到雅鲁藏布江边，简直是自然界难得的奇观了。冰川末端冰体中夹杂不少杂质而呈乳灰色，内部裂隙纵横，其中以一组水平的弧形裂隙最发育，交叉着呈放射状的纵向裂隙。沿着裂隙崩落下不少巨大的冰块，沿着冰面又有不少泥沙和砾石崩塌滑落下来，说明冰川处于强烈的消融状态。冰体底部有一间房屋大小的冰洞，犹如窑洞一般，一股浑浊的水流从冰洞中涌出；末端冰体表部有近 1 米厚的泥沙砾石覆盖。

为了看清这条冰川的全貌，张文敬从冰舌的谷缘攀登上去，看到谷缘基岩上有平行的众多新鲜的冰川擦痕，证明了冰川依然在运动。他们足足爬了近 100 米，才到达顶部，它表示了冰川末端冰体的大致厚度。从冰川末端表部往上游看，似乎看不到一点冰体的痕迹，原来冰川表部都覆盖着累累棱角鲜明的巨大砾石，这层厚厚的冰川表碛，保护了冰川的存在。他们还能看到众多巨大的冰裂隙，尤其是那横向的张裂隙，将冰面切割成巨大的裂口和陡阶。

张文敬在走访村民时发现，则隆弄冰川长约 10 千米，冰川消融区平均宽度 150 米。正是这条冰川，在短短 18 年里，曾先后发生过 2 次大的跃动。第一次发生在 1950 年藏历七月初二傍晚，冰川末端在几小时之内，从海拔 3500 米的高度降至 2800 米处雅鲁藏布江河谷，水平位移达 3.5 千米。跃动冰体在主谷中形成一道高 100 多米的冰坝，使雅鲁藏布江水断流一整夜。

当地村民们还告诉张文敬，1950 年这里发生过一场大地震。地震发生时，山峰的斜坡上，则隆弄冰川整个被崩裂成 6 段，一路向下跃动，一段巨大的冰川跃过了一个叫直白的小村子，竟将这个百十人的村庄夷为平地。最后一段冰川跳到江里，形成一道冰坝，硬是把雅鲁藏布江水堵塞断流，后来江水一下冲开冰坝，使下游平原地方暴发洪水。

在当地村民看来，则隆弄冰川“会跑”。1968 年藏历七月的一天下午，则隆弄沟附近格嘎村的社员们正在抢收荞麦。那天，雅鲁藏布江大拐弯上空万里无云，突然，平时喧嚣不已的江水变得十分安静，好像被凝固了似的。原来，则隆弄冰川再次快速前进，在主谷中形成了高 100 多米的冰坝，江水也被断流，直到第二天早上才冲开。因为受地形条件的影响，冰川跃动时各部分应力释放不尽相同，跃动后的则隆弄冰川已被分成若干段，好像被斩断的死蛇一般，静卧在则隆弄沟谷之中。因跃动后的冰体下伸位置比较低，所以当张文敬来到这里时，看到冰川表碛上已生长了密集的树丛，要是单从表面看，怎么也不会把它们看作是在负温条件下才能生成的现代冰川。

海洋性冰川向森林延伸（高登义供图）

张文敬教授通过查阅资料得知，在世界许多冰川作用区都有跃动冰川的踪迹，但跃动冰川所占比例很少。20 世纪 70 年代，我国通过对卫星照片的判读，发现发源于世界第二高峰乔戈里峰东南坡的克勒青河上游，70 年代末期突然出现了一个堰塞湖，在历史上，这里还出现过类似情况。专家们也只能推测，这可能是附近支谷上源现代冰川发生的跃动所致。

张文敬通过多年冰川考察发现，中国目前仅发现了两条跃动冰川，均分布发育在雅鲁藏布大峡谷地区：一条是则隆弄冰川，一条则是发育在帕隆藏布江流域的米堆冰川，在 1988 年发生过一次超长运动，诱发冰碛湖洪水和泥石流，吞没了沿途的森林和耕地，洪水冲进帕隆藏布江，暴涨的洪水将近 30 千米的川藏公路段冲毁，造成当地交通运输中断竟达半年之久。

“所谓跃动冰川，就是指在几小时、几天或者几个星期内突然快速前进几米、几十米甚至几千米的冰川。冰川跃动时，可以在很短时间内，将沿途的森林、道路和村庄冲毁，给人类生命、财产和经济建设带来意想不到的损失。”张文敬接受采访时说：“这类冰川跃动的周期具有一定的规律性，可能是跃动期间冰的总位移与平静期的净平衡率的复杂函数，可目前，诱发冰川跃动的因素仍然是个谜。我们相信，随着冰川研究工作的深入，冰川跃动的秘密定将被揭示开来。那时，这种令人生畏的自然灾害是可以预报和避免的。”

在 1982 年的考察中，张文敬发现在冰川上游段（3900 米以上）有冰流雍高超覆的现象，而这恰恰是冰川跃动前普遍出现的征候。他提请当地政府和居民注意观察，并在当年发表的论文中估计下一个周期将在 1986 年前后到来。1989 年，张文敬再次来到南迦巴瓦峰考察时得知，则隆弄冰川在 1984 年春发生过块体的快速滑动。他还观察到，则隆弄冰川第六段末端已经由 1968 年的海拔 2750 米后退缩至 2950 米，后退距离约 2 千米。

张文敬说，跃动冰川的超长运动具有一定的时间周期性，研究它们的运动规律，可为大峡谷地区防灾提供科学依据。据国际目前仍盛行的冰川跃动周期理论，再就是 1950 年以来冰川超长运动的时间间隔，则隆弄冰川跃动周期为 20 年左右。1998 年 10 月，他再次进入谷地后发现，果不出他所料，这条跳动的冰川又动了，已完全恢复到 1968 年跃动前的空间位置，断裂冰体第四至六段已全部消失，而上游部分的 3 段冰川体很明显连为一体。时至今日，则隆弄冰川还有一部分残留下来，成为中国首例因地震诱发冰川跃动的证据。

一天中午，张文敬刚翻过南迦巴瓦峰下一处 3040 米的山口，来到一座大石壁旁，民工们停下来休息、烧水和做饭。就在这时，张文敬拉着大气物理学家高登义，指着对面的则隆弄冰川说：“那是一条海洋性冰川，我刚才仔细远看了一下，这条海洋性冰川长约 10 千米，冰川伸向森林的末端约为海拔 2800 米，我是第一次在加拉白垒下看到海洋性冰川。”高登义忙问：“你怎么确定是海洋性呢？”张文敬解释说：“这儿的水汽均来源于雅鲁藏布大峡谷水汽输送。”

说到这儿，高登义心里明白，这仅是张文敬的推测。张文敬进一步解释说，因为雅鲁藏布大峡谷输送水汽的来源是印度洋，水汽中所含钠离子和氯离子浓度很大，这是海洋性冰川的重要特点。谈到这条冰川的物质平衡状态，张文敬还说：“这条冰川可能处于前进状态，因为看不到退缩的痕迹，至少处于平衡状态。”说着，张文敬笑了：“这还不是你的水汽通道的功劳？”张文敬后来回到成都，用卫星资料进行比较性研究，证实了海洋性冰川的存在。

填补墨脱地质填图

1999年，中国地质调查局完成青藏高原1∶250 000区域地质填图，在第一批公布的图幅中，却没有雅鲁藏布大峡谷所在的墨脱地区。成都地质矿产所所长潘桂棠是研究青藏高原的专家，曾28次走上青藏高原，当他看到第一轮项目没有墨脱幅，便抓起电话直接拨到中国地质调查局局长叶天竺办公室。潘桂棠说："叶局长，青藏高原第一批填图项目，为什么没有雅鲁藏布江大拐弯所在的墨脱幅呢？"

叶天竺解释说，他们最初立项时有墨脱幅，后来进行专家论证时，大家都认为那里切割太深，高差太大，植被与冰雪覆盖面较多，交通极为不便，条件太艰苦了，所以就被拿下来了。潘桂棠深知美国、英国、日本、印度的学者都往那儿跑，而雅鲁藏布江大拐弯东构造结研究程度还很低，不能再往后拖了。他说，他们所的人员在大峡谷里干过，如果局长相信的话，请把墨脱幅交给他们所来做。

潘桂棠连续多年派人员考察大峡谷，深知雅鲁藏布江水力资源丰富，其发电量相当于当时欧洲核电站发电总量。现在必须着手进行中比例尺区域地质调查，为未来水电站的坝基选址提供可靠的地质资料。当时，墨脱县是全国唯一不通公路的县，地质构造活动非常强烈，崩塌、泥石流不断发生。必须在构造活动带中寻找"安全岛"，为公路选线提供工程地质背景资料。开展雅鲁藏布大峡谷中比例尺区域地质调查已刻不容缓。

潘桂棠带着雅鲁藏布大峡谷的资料和工作设想到北京汇报。他带来的大量资料和切实可行的工作设想，征服了专家组和中国地质调查局的领导。潘桂棠汇报结束后，当天晚上就坐火车返回成都，第二天就抽出一批青藏高原专家动手搞墨脱幅的设计。他们于1999年7月完成设计申请立项。9月中旬，中国地质调查局批准立项并下达了任务书：成立"墨脱幅项目组"，对雅鲁藏布大峡谷开展地质调查。图幅面积为165 222平方千米，基本覆盖了雅鲁藏布江大拐弯地区。工作年限为1999年10月至2002年12月。

墨脱梦幻般的原始森林（柳如烟供图）

潘桂棠首先想到了郑来林博士，便任命他为墨脱幅项目的总负责人。郑来林1984年毕业于成都地质学院，1986年在该院攻读硕士，1989年毕业分配到成都地矿所，此时正在攻读中国地质大学国内外知名的流变学、深部构造学专家金振民教授的在职博士，潘桂棠是他的副博导。

回到自己的办公室后，站在硕大的西藏地质图前，郑来林手持放大镜，在一个个地名上掠过。波密—兴凯—格当—崩崩拉—贡堆神山—清拉—仁钦棚，最后到达雅鲁藏布大峡谷之地的墨脱。这注定是一场充满艰辛、苦痛、危险的战斗，必须组建一个过得硬的团队。

郑来林接到任务后便开始招兵买马。他首先想到了所里的副研究员耿全如，其业务能力和野外独立作业的经验都非常丰富，他曾6次进入雅鲁藏布大峡谷，对里面的道路、向导、翻译、背夫以及许多村的干部都非常熟悉。耿全如来到大峡谷，多次死里逃生，经历了迷路、断粮和塌方、泥石流，遭遇了猛兽和蚂蟥，至今仍心有余悸。可面对点将，思来想去，耿全如决定第七次闯大峡谷。

纵观古今，事业的成功与否，关键在人才。项目组迅速成立，不仅有副研究员付恒、孙志明、李生和沉积岩专家楼雄英，还有素称“大侠”的老研究员廖光宇，以及高级工程师董瀚。面对这样的人才结构，郑来林顿生如鱼得水、如虎添翼之感。

1999年初夏，耿全如率队沿雅鲁藏布江北上来到加热萨乡的当昂村，发现许多门巴族、珞巴族和藏族的同胞都围着一座不太大的寺庙转经。他们好奇地走进寺院，神殿前香烟袅袅，香火旺盛。当他们走进神殿时，却惊讶不已，神殿里没有一尊佛像，佛龛上供奉的是几块色彩绚丽的巨石，神殿四周也都是色彩与形状奇异的石头。善男信女虔诚地向着神石顶礼膜拜。

耿全如与队员观察到不少神石都是形状不同的片麻岩，他们惊喜地发现神石中有新石器时代的石斧，还有一些认不出的石器。当他们想拿起细细查看时，信徒们不约而同地围上前，呼喊起来："不许动神石！这些都是些法力无比的神石，可以消灾祛病，保佑平安。"

队员们找到了寺庙的管理者，拿出证件说明来意，想借走或买下一些奇石和石器。因为这些奇石标本对于了解该地区的岩石及地层非常重要。特别是奇石中新石器时代的石器，这些古人类生存的遗迹，对了解和研究青藏高原的人类起源与发展史也是很有意义的。管理者既不让借走，也不愿售卖。耿全如陪着队员们来到神殿，经允许后，队员们观看拍照，又小心翼翼地放回原处。

1999年，第四组组长董瀚带领全组人马沿着雅鲁藏布江支流向东沿地质路线行进。翻越蚂蟥山后的第五天遇到格当乡的一个村庄。队员们在村外不远的地方发现很大一片泥石流冲积扇和坍塌点，村里的玉米地都坍掉了，塌方快到村边上了。大规模的塌陷虽然已经停止，但偶然还有石头滚落。于是董瀚带领几名队员到这个地质灾害点观测、取样。村里男女老少都跑来围观，村民们认为这是山神发怒导致的，田地冲毁了，羊群都给埋到了地下。

工作结束后，董瀚向村支书索朗曲杰做了汇报，那片山地正处在断裂构造带上，活动频繁，是地质灾害的多发区，不宜种田、放牧，以免被泥石流冲毁。索朗曲杰支书把地质学家的考察结果向寺庙的拉玛活佛做了通报。拉玛活佛知识面很宽，他说，这些地质学家讲得很有道理，今后就按照他们说的办吧，并告诉村民不要再到那片山地去种田、放牧了。队员临别前，拉玛活佛在家里与董瀚等5名考察队员及随队的藏族民工会面。

第二年7月15日，董瀚率队来到波密，从这里翻越嘎隆拉山，预计历时40天，完成墨脱县格当乡260千米的地质路线考察，这条地质路线是图幅里一条比较重要的路线。

他们即将进入孟加拉虎的故乡兴凯了，队伍里的背夫却首先“谈虎色变”。队员们发现了几对非常清晰的老虎蹄印，背夫个个惊恐万状，不敢再向前走了。经过董瀚的一番劝说，背夫们才跟随队员们走到K80，购买了一些补给品，继续向兴凯方向挺进了。

走到墨弄沟时，他们碰到一位门巴族老汉背着3个血淋淋的牛头从沟里走出。他家放养在山上的犏牛刚刚被老虎吃掉3头，他劝说大家不要再往前走了，队员们顿时都惊呆了。几个背夫惶恐不安地说：“这几天的工钱不要了，我们可不再往前走了！”说着便把背包丢下，跟随门巴族老汉一同回K80去了。

队员们不约而同地把目光投到董瀚的身上。董瀚是项目组里最年轻的高工。他出生在大西北，嗓音洪亮，性格直率，技术全面，是个实干家。他1993年从中国地质大学毕业后被分配到甘肃省区调区队从事区调工作，他先后参加并主持了祁连山、秦岭等多项地质调查，有4项课题成果荣获地矿部科技进步二、三等奖。董瀚与队员们商量，大家都表示绝不后退，继续向前，于是大家扛起背夫丢下的背包，到前边的村庄去寻找背夫。沿途的村民，听说是去兴凯都连连摇头，给多少钱也不愿意去。董瀚一行只好自己前往，经过9天的长途跋涉，带领队员们终于来到了兴凯。

兴凯村是个珞巴族寨子，寨子后面是一座无名的雪山。村里有20余户人家，一座座吊脚楼散布在绿色的峡谷里。寨子里举目可见飘动的经幡，古朴、超然，遗世独立，仿佛在守望一片古老的时空。寨子里的人把孟加拉虎称为兴凯虎，村主任自豪地说：“孟加拉虎是从我们兴凯走向世界的！”

20世纪90年代，兴凯村老虎成灾，不分白天黑夜肆无忌惮地横行乡里，捕食牲畜。人们束手无策，只好向乡里报告。孟加拉虎是国家一级保护动物，乡里也不敢自作主张，便向县里报告。这样逐级上报，上级下文允许猎杀一只孟加拉虎，以警示成灾的虎群。村主任接到上级的命令后，进退维谷，猎杀老虎违背祖训，不杀寨子又难得安宁，于是变通地执行了国务院的命令，选派几名全寨最好的猎手将一只公虎打伤，从此老虎再也不敢到寨子里了。

第二天，村主任派了几名强悍的猎手陪着队员们进山，每个猎手都手持强弓，身背箭筒，腰挎长刀，头戴熊皮帽，威武非凡。当队员们走进山里时，不时见到老虎的蹄印和动物的骨架，令人毛骨悚然。倘若没有珞巴猎人陪同，真不敢偏向虎山行。猎手不时地吹起口哨、敲打树干，他们说这叫拍山震虎，听到这些响声，野兽就会自动走远。当队员们爬上山顶，一大片基岩显露，正准备取样时，发现山坡的树丛里蹲着一只马熊，它突然站起，比人还高，吓得队员们惊恐万状。猎人急忙打手势让大家不要动："别怕！抽支烟工夫，它就会自己走掉。"果然，不一会儿马熊便顺着山坡向下走去。

队员们在兴凯工作了 3 天，顺利地完成了野外考察任务。当大家离开兴凯时，心中都期望各级政府能够早日将珞巴寨子迁到更适合他们生存发展的地方，让兴凯成为真正的动物世界，使生物链尽快地恢复起来，让孟加拉虎不再受到人类的干扰，无忧无虑地在这里繁衍生息。

2000 年仲春，郑来林、耿全如带着一支地质技术、计算机、遥感、制图人员以及司机、炊事员等组成的队伍，挥师进入大峡谷。耿全如所带领的第三小组从派乡出发走了 5 天，沿雅鲁藏布江而下进入无人区，既看不到村庄，也见不到人迹。黄昏时来到雅鲁藏布江边，江面宽 200 多米，江水奔腾咆哮，两岸陡立的石壁如刀切似的。几个藏族背夫突然惊呼起来，纷纷双手合十诵经，接着便伏在地上向对岸的石壁磕起长头。

队员们不解地拿出望远镜观望，发现对岸经幡飘拂，石壁上有座寺院，其规模与山西浑源的悬空寺相似，朱红色的山门与长廊色彩依旧，佛殿有的已经坍塌，寺院里荒无人烟。石壁上下均无路可寻，不知僧人与香客是怎样进入寺院的。

老背夫介绍说，这是神鹰寺，这个寺非常灵验，凡是进大峡谷里的猎人、采药人都来这里朝拜，就能得到菩萨保佑平安无事。在西藏，到处都能看到经幡、玛尼堆、佛塔和寺庙，这是一个佛的世界。

地质工程师欧春生拿着望远镜，不停地朝对岸观望，他 16 岁就参加地质工作，从工人到技术员又晋升为工程师，有丰富的野外工作经验，做事非常沉稳细致。突然他惊呼有韧性剪切带。队员们抢过望远镜细看，果然在寺院旁边的石壁上有一条 30 多米宽的黑色剪切带，江岸这边相对的位置也有剪切带。于是耿全如带领队员，身上系着绳索下到石壁上记录素描、采集定向标本。

大峡谷最令人铭心刻骨的是那些惨烈的毁灭性灾难，这是大自然制造的悲剧。大峡谷是地震活动十分频繁的地区，被称为"颤动的陆地"。他们心里清楚，雅鲁藏布缝合线上是地质灾害的多发区，队员们对这些地质灾害点与所处的地层及其地质构造进行研究，要在"颤动的陆地"上寻找出"安全岛"，为雅鲁藏布大峡谷的开发与建设提出可靠的地质基础资料。

耿全如与队员走进雅鲁藏布江南岸的白马狗熊，发现一座寺庙的废墟，废墟里处处可见石锅、铜盅、法器及人的头骨，这是 1950 年大地震的遗迹。据墨脱县志记载，1890 年时，大峡谷中也曾发生过一次类似规模的大地震。

队员们站在白马狗熊寺庙的废墟前，心情异常沉重地拿起数码相机和录像机开始拍照录像。

当耿全如带领队员翻越西兴拉山进入墨脱县的鲁古，再从鲁古走了 3 天，到达雅鲁藏布江大拐弯顶部的巴玉村。这是一个只有十几户人家的门巴寨子。村边一片旗子似的经幡在风中飘扬，十几座吊脚楼散布在雅鲁藏布江畔的阶地上，山坡上一群犏牛在悠闲地吃草，轻纱般的岚雾在山腰的原始森林间飘荡，成群的猴子在树林里追逐嬉戏。这古朴宁静的村寨，如诗如画，犹如仙境一般。

站在巴玉村头，从 6000 多米高的岗日嘎布雪山到海拔不足 2000 米的大峡谷谷底，尽收眼底。这一带大峡谷犹如一条巨大的裂缝，江水像一条黄龙，仿佛从地下钻出，江流湍急，涛声隆隆。帕隆藏布江从这里直入大拐弯处，雅鲁藏布江主河道连续出现五道宽大跌水瀑布，吼声震天，飞流直下，蔚为壮观。

巴玉村虽然很小，但名气很大。凡是走进雅鲁藏布大峡谷的中外考察队，都要云集这里。中国科学院在这里立下考察大峡谷的纪念碑。还有一位日本青年探险队员漂流雅鲁藏布江时在此遇难，他年迈的父亲经常不远万里来这里凭吊日夜思念的爱子。

耿全如带领队员们到巴玉村的当天晚上，一顶野外露营用的迷彩帐篷不见了。这时，一个门巴族小伙子闯进来，说了半天也没人知道他在讲什么。于是他抓起一个背包就往外走，然后把背包用绳子捆到吊脚楼门前的树干上。一群人簇拥着村主任走进屋，对耿全如说："你们的东西，我不能让这个背，不让那个背。一家出一个人，把你们的东西平均分一下，背一天一斤五元钱。"村主任的话音刚落，还没等耿全如表态，村民们就一拥而上，将背包分光了。这里有个不成文的规矩，给科考队背运物品时，大家都需参与，挣得的钱平分。

第二天早晨出发前，那个门巴族小伙子带他姐姐白玛秋来到树前，解开捆绑的绳子，将背包放到他姐姐的身上。队员们的目光顿时聚焦在这个门巴族女孩的身上，她只有十八九岁，身材修长，楚楚可人，周身散发着青春气息，这是在内地都很少见到的靓丽女孩。一个年轻队员兴奋地说："这个姑娘太漂亮了，不用她背东西，陪着我们走一路就行。"

测图人员滑溜索过江是必修课（周浙昆供图）

白玛秋活泼开朗，边走路边唱起门巴族民歌，吸引着众人的脚步。近些年来，巴玉村外来的人不断增多，白玛秋不仅懂得汉语，还能讲几句英语。白玛秋一路上最喜欢跟青年地质工程师王小伟讲话。王小伟只有 26 岁，是项目组里最年轻的队员，身材很高大，长得却文质彬彬。有一天，白玛秋跟随他一起走在队伍的前面。白玛秋突然问他有没有女朋友，王小伟的头顿时嗡的一声，急忙说结婚了。王小伟与白玛秋的接触开始变得小心谨慎了，可后来慢慢发现白玛秋是个纯真善良的女孩。

从巴玉到扎曲的途中，夜晚住在山坡上一个猎人的棚子里，山上一滴水也没有。地图上标名山下有个湖，当大家来到湖边时，湖水干涸了，挖了半天也没有挖出水来。大家回到棚子里，喝不到水，也做不成饭，只好熬到天亮下山。白玛秋把自己剩下的一些曼加酒都拿出来送给队员们喝。曼加酒是用鸡爪谷酿造的甜酒，门巴人从来不喝茶，一年四季男女老少都把曼加酒当作饮料。队员们望着白玛秋送上来的曼加酒面面相觑，谁也不敢接过来喝。白玛秋自己将曼加酒倒在手心上喝掉。欧春生是位走南闯北的老地质，他最懂山村百姓的纯朴，接过曼加酒喝了几口，队员们便也轮流地接过曼加酒喝起来。

当项目组来到扎曲村时，背夫又开始换班了，村主任带着巴玉村的背夫要按原路返回了。白玛秋和几个门巴少女说要去八一镇的亲戚家串门，于是又跟随队伍继续向前走。白玛秋还是边走边唱，一路上还抢着帮助队员们背东西。她那甜美的歌声，使队员们忘却了疲劳。门巴少女们用欢歌笑语，将队员送出大峡谷。耿全如觉得白玛秋帮助大家背了许多东西，便决定付她工钱，可白玛秋说什么也不收。

2001 年，郑来林带领队员气喘吁吁、两腿酸软地爬上山口，山上寒风刺骨，浑身大汗顿时被冷风吹干，冻得瑟瑟发抖。站在多雄拉山口向南眺望，天地仿佛消失了，只有一片无边的云海，几处峻拔的悬崖耸立在云海之中，像大海里的一座座孤岛。悬崖上的几道瀑布，如同一条条白练飘落云雾之中。他们在山口一带发现了一条伸展型的韧性剪切带，并做了详细地质记录，采集了样品。大家不敢久留，跟随着耿全如向山下走去。

地质路线考察是边走边干的工作。背夫每人要背着 50 多千克重的粮食、食品、帐篷等物品步行。队员每个人也要背着二三十千克重的记录本、标本、照相机、摄像机、罗盘、放大镜、地质锤和卫星定位系统等野外考察必备的工具，一会儿爬到山顶，一会儿又要跑到谷底，去观察基岩露头，采集岩石、化石标本。队员每天的劳动强度并不亚于背夫。

工作区里遍布高山沼泽，人一不小心陷进去，很快就没到腰部。山上的丛林里不但有蚂蟥，还有一种毒竹，若用手抓毒竹，轻者浑身浮肿，重者死亡。他们要翻越 5 座雪山，其中贡堆颇章峰最为有名。这座山其实并不高，海拔只有 4800 米，可是这山形态优美，山峰恰似莲花的花蕊，在藏传佛教中，莲花被认为是圣洁之物。在山腰或山口附近还有许多美丽的高山湖泊，被称为圣湖。这里雪山、湖泊、森林，山光水色，十分灵秀。故此，这座隐秘的山峰被视为神山。

经过 2 个多月的艰苦跋涉，考察队采集了 400 多块孢粉、古微生物及腕足类等各种化石和岩石标本；在岩浆岩体里发现沉积岩包裹体，并且发现了 3 条韧性剪切带，填补了这片空白区。

2001 年 8 月，专家组来检查验收项目组的野外工作。专家们都是年过六旬的老人，无法走进山高谷深的大拐弯。8 月 31 日清晨，队员们将野外原始资料、图件及标本装到车上，从波密安全运到林芝县八一镇（今巴宜区）。专家们看到摆在面前的一摞摞野外原始记录本、一卷卷图件、一块块岩石、化石标本，又抬头看向疲惫不堪的队员们，情不自禁地涌出热泪，被这些年轻地质人的敬业精神感动。

潘桂棠来项目组检查工作时曾指出:“南迦巴瓦变质岩群是怎么解体的?这幅图必须回答这个问题。还必须准确地搞清二块(印度板块、欧亚板块)一带(结合带)地质体的物质组成及大地构造属性。”为了找到这些设问的准确答案,2001 年 4 月 30 日,耿全如带着队员们又一次从派乡出发了。

这是一次几经生死的极地穿越。从派乡开始,耿全如和队员沿雅鲁藏布江北上,经格嘎、加拉,再沿江向东,从大龙离开雅鲁藏布江,翻西兴拉雪山,再穿越雅鲁藏布江到甘登回波密。线路全程 200 多千米,绝大部分是地形险峻的无人区。

一个多月时间,16 名地质队员一边与死亡做着殊死的搏斗,一边寻找记录着一个个地质现象。当他们背着山一样的岩石标本走出峡谷,看到了接应的车辆,看到了熟悉的脸庞,一声“我们活着出来了”,道出了大家死而复生的欣喜。

世界植物“基因库”

20 世纪 70 年代以来，我国植物学家进入雅鲁藏布大峡谷，这里作为南北植物区系分界、汇合与植物的分化中心，是研究世界植物连续分布和间断分布的理想地区，故我国著名植物学家吴征镒先生说：“全世界的植物学家，眼睛都盯着这里。”我国科学家经过数十年研究，证实了大峡谷生物的多样性，这里是“世界植物百科全书”“真菌王国”。墨脱植物区系完整，森林资源异常，是世界植物“基因库”。

植物“百科全书”

我国科学家首次进入雅鲁藏布大峡谷腹地墨脱县，地质、地理、水电、昆虫等领域专家都取得了丰硕成果，紧随其后的便是与“绿色”打交道的李文华、武素功、韩裕丰、陈伟烈、张新时等植物学家。

现为中国工程院院士的生态学家李文华，当时是专门从事暗针叶林（云杉和冷杉）研究的专家，他带领森林组兴冲冲地赶来了。其实他的参与是出于偶然和机缘。

李文华本是北京林业大学的讲师、暗针叶林专家，曾有过留学苏联深造、考察西伯利亚泰加林带的经历。李文华从林业大学下放到云南丽江，这里图书馆的藏书也就堆放在昆明的运输站里。李文华作为留守人员驻站，当伙食采买之余，就趴在书堆上翻书，阅读了大量的英、俄文业务书籍，还在昆明一带采集了大量标本，从乔木到灌木到草本植物，就近请教昆明植物所世界级大植物学家吴征镒。那时，吴老先生正处在被批斗、被强迫劳动后的寂寞时期，格外有闲也有心去指导他。

青藏队的成立，为李文华提供了当时别无选择的机遇。他想，暗中修炼多年，该出山啦。出山的契机，还得益于他与队长孙鸿烈多年的相知和友谊。植物学家第一次进入墨脱的时间是在 1974 年夏季。他们选取的进入墨脱的路线，就是从派乡物资转运站出发，翻越多雄拉，经拉格、汗密到墨脱的传统“大”道，这也是进入墨脱最为便捷的道路。从派到背崩之路，垂直落差大，3 天中无异于走过自北极到海南岛植物王国的全程。这座罕见的绿色宝库、植物类型的天然博物馆，向不畏艰辛的植物学家敞开了胸怀。

墨脱处于热带，植物种类最多。植物专家从上一年走过大峡谷的中国科学院青藏高原综合科学考察队队友们那里听到了自己专业的相关信息，全都渴望有所发现。考察队领导当即决定，搞植物的单独组建一个组，既没与自然地理组同行，也没与考察队领导孙鸿烈在一起。

7 月中旬，多雄拉山的杜鹃花还在开，红艳艳的。他们跟着支前马帮一起过去。植物组一行从雅鲁藏布江海拔 2000 多米的地方爬上来，然后再翻过

4221米的多雄拉山口，那种累自不待说。沿途根本没有路，就是跟着支前马帮的马屁股走，在泥水和粪水里头走。也没有雨具，有也没有用，因为出的汗已将里面的衣服湿透了。外面大下，里面小下。每年开山以后，每一个县建立起支前马帮，把粮食等用品运过去，有一个兽医跟着。

多雄拉冰封雪裹，只在每年的6—10月才是开山季节。每到开山季节，到达山口的时间也不得晚于下午2时，否则行人便会被困于弥漫风雪中。李文华一行正是在过午2时到达山口的，此时浓重的雾霭已漫山遍野。多雄拉山口海拔并不很高，只有4221米，但以气候严寒恶劣著称。多雄拉积雪的山坡还有生命力顽强的松树生长，不过形态有所改变：由于寒流风雪长期固定的风向吹扬，树冠只在一侧生长，就像一面面迎风飘扬的旗帜，所以人们叫它们“旗树”——“多雄拉山的旗树”，可见自然界生命力之顽强。

多雄拉山是阻隔墨脱与外部世界交流的一道天然屏障，冰封雪裹，每年只有难得几个月的开山时节。从派村徒步攀上多雄拉山口，已是过午2时。想要居高临下地饱览一番喜马拉雅南坡风光的愿望落了空：山顶雾霭浓重，间有湿风漫卷雨雪而来。在山顶不敢久留，大家匆匆下了山。

多雄拉山下丛林中的杜鹃花

当天空重又变得湛蓝，植物学家们惊喜地发现了最初出现的高山植物，是那类生存在最恶劣的环境中、被列入“低等”类的生命。首先是五彩斑斓地覆盖在裸岩上的地衣和苔藓，作为植物世界的先驱，它们在任何“高等”类植物无以存身之处，顽强地守土有责，用它们分泌出的地衣酸，溶解和腐蚀着岩石表面，使顽石粉碎为原始土壤，并以自己的死亡之躯为其他植物的生长铺平道路。

李文华俯下身来察看，岩石间积累了细细的土质，数一数，共有几十种植物生长其上，坐垫状植物、绿绒蒿、雪莲花……风雪中它们绽开了五颜六色的花朵，小小的，娇嫩的，顽强的。他们再往下走，便是高山草甸地带。点地梅、银莲花、报春、龙胆，开得正热烈，为多雄拉山顶戴上一圈美丽花环。雅鲁藏布大峡谷地区拥有我国四大名花中龙胆、报春、杜鹃、绿绒蒿这些品种，它们都是世界园艺植物中的珍品。

再往下走，灌丛出现了，以杜鹃为主。起先它们匍匐在地，越往前走越见它向上伸展，高可及人。人们说西藏是杜鹃花的故乡，果然名不虚传。它们虽终生寂寞山野，仍姹紫嫣红地开得自我沉醉。全世界杜鹃花共有 800 多种，青藏高原东南部就占 600 多种，其中大多集中在墨脱。从前有外国人从藏东南采回杜鹃，把它培植成了欧洲的庭院名花。杜鹃之外，还有伏地柳、金露梅、红景天等木本植物。这一层植被中含有名贵药用成分，具有相当高的经济价值。

在灌木与乔木的交接边缘地带拉格站，植物组度过了进入大峡谷腹地的第一夜。拉格是个兵站，那天晚上去的人多，主要是民工，有几间供住宿的房子已经住满了。植物组的专家们只好把帐篷搭在外面，就是部队的那个帐篷，外面下大雨，里边下小雨。因为累得不行，晚上搭起帐篷就睡了。半夜，很多人睡不着，半个身子都在水里头，被子什么都湿了。他们在墨脱县工作了一个多月，鞋一直是湿的。在野外做森林考察，没得关节炎的很少。

此次出行，对于李文华来说是一次特别痛苦的经历：他的膝关节出了问题，每落下一步都是刺骨之痛，这种尖锐而敏感的痛，是暴露的牙神经猝遇刺激时的那种最不堪忍受之痛。李文华咬紧牙关强挺着，不愿说出来。他知道说出来无益，反而令大家担心。他也不能停止前进，返回休息。作为一位生态学家，能来雅鲁藏布大峡谷一走，今生夫复何求！

察隅考察已使植物学家们赞叹不已，相较大峡谷而言，那可真是小巫与大巫之别。第二天，李文华进入本专业——暗针叶林世界。海拔 4000 米处，

墨脱原始丛林（卢海林摄）

桦树和落叶松之后，冷杉大森林迎面而来。此地冷杉奇大，胸径超过 1 米，其高一般达 50 米，最高的足有 70 米。林下资源之丰富，也为北方暗针叶林所难比拟。

若说植物的世界之最，在藏东南墨脱比比皆是。李文华身为暗针叶林专家，早年就考察过从大小兴安岭、长白山到欧亚大陆绵延数千千米、跨越十几个纬度带的泰加林带，对世界暗针叶林区掌握得很多。西藏是北半球暗针叶林分布区的最南端，且海拔最高，云杉、冷杉建群种数量最多。越往北，海拔越低，云、冷杉林中所保存的植物就越贫瘠单调。可在大峡谷墨脱，李文华惊异不已地发现，此地的云杉、冷杉不仅高大粗壮，生长状态良好，单位蓄积量极高，林下资源之丰富程度，也为北方暗针叶林所难比拟。这让李文华不由得联想到，那只不过是南方种冰后期向北方迁移过程中的衍生物。

李文华一路走来，面对多雄拉山下植物的丰富多彩，他想起了达尔文曾经说过的——“在任何区域里，植物终是自然界中最主要的装饰品。”跨越北半球三四十个纬度带广泛分布的暗针叶林，使李文华联想到冰期中植物的南北迁移。正是反复交替的冰期间冰期，促使了物种的传播和演化，造就了这里植被分布的多彩格局。而且大峡谷地区作为生物避难所的特殊地理环境，越往下走越显而易见。冷杉之下是铁杉，气候变得温暖，杜鹃已成大树，植物叶片也由针叶而阔叶。

植物组专家们经历了昨天的寒带与温带，第二夜住在汗密时已是亚热带环境了。亚热带常绿阔叶林中的物种更加丰富，景观更加多彩，不仅拥有名贵的优良木材，比如樟、桂、栲、楠一类耐朽防虫、香味馥郁的树种，植物学家更注意到一些珍稀的“活化石”物种：树蕨、桫椤、双扇蕨，那些生命史长达7000万年至上亿年的古老树种，在地球环境越来越冷的渐变与突变中，它们的同类已在别处消亡殆尽，它们却在大峡谷内幸存至今。大峡谷成为名副其实的“植物避难所”、古老物种的保护神。

汗流浃背的第三天，由亚热带进入山地热带，往墨脱县背崩村行进。正当植物组进入马尼翁时，林芝的马帮还没有到齐，兽医就急着想出山。当时带队的林芝军分区参谋长劝他不要走，等他们的马帮来后再走，可他却坚持要走。马尼翁在一个小山包上，出来以后要顺着一条沟走。那天，植物组差不多和他一块儿出来的，这位兽医就跟在他们后边。到一个拐弯的地方，植物组专家钻到森林里头去采集标本，这时山上一块石头滚落下来，把兽医砸死了。此地下雨后，塌方、泥石流很平常，这次被这位兽医不幸碰上。

从马尼翁往下走，是大峡谷的下方，海拔1000米以下的河谷低地，已是热带常绿雨林，被科学家们称为“西藏的西双版纳”。通常认为，热带植被延续到北纬23度37分为止，但在大峡谷，它却突破了这一防线，向北延了将近6个纬度，五六百千米，而且森林中的生物竟是如此丰富发达，从灌木的数十种属类到木质草本的蕨类家族，到地衣苔藓、真菌蘑菇，真是千姿百态，异彩纷呈，组成一个欣欣向荣的植物世界，一部植物世界的百科全书，一座植物类型的天然博物馆。

李文华1974年考察归来，宏观审视过北半球暗针叶林地理分布之后，首次用定量的计算制定了北半球暗针叶林分布的经、纬度与海拔高度的数学模型。面对这个以线条表现的模型，连制作者本人也不禁吃惊于它如此简洁，如此规整，如此秩序与和谐。它所体现的自然规律则在更深层次上揭示了自然的奥秘：从表象看来，暗针叶林分布从南至北海拔逐渐降低，南缘的青藏高原在海拔4000米上下，华北在2000米左右，俄罗斯的泰加林带恰在平地上了。

从青藏高原向东，海拔也是逐渐降低。为什么？因为青藏高原的热岛效应。青藏高原的热岛效应在暗针叶林宏观分布研究中又一次得以证实。这一效应使得青藏高原较同纬度、同海拔高度地区温度偏高，形同产生热源的热岛。而热量分布规律与植被分布规律两个数学模型正好吻合，李文华猛然意识到，西藏以此给出了解释自然之谜的一组或多组方程。

大峡谷是北半球暗针叶林分布区的最南端，而南来热带地区的生物物种又在此向北延伸了五六百千米。这真是一条绿色的生命交流通道。确实，从亚洲地形图来看，这条通道正是以绿色来表示的。是什么力量造就了雅鲁藏布大峡谷这条通道，是谁使得大峡谷郁郁葱葱、万物竞荣？那是一条巨大的水汽通道，一条沿布拉马普特拉河—雅鲁藏布江蜿蜒北上，并携带着印度洋暖湿气流同时到达墨脱的水汽通道。

森林无言，沉默如树。在李文华的心目中，云冷杉们虽然未必具有人类的思维与灵魂，未必具有人类那样的组织和行为，但它们在长期的进化过程中，在与环境的相互作用下，所显现的组织和适应是如此严密和奇妙，尤其在地质年代中随环境变化而进行的运动和迁移，更加令人赞叹不已。于是李文华就得知了这一物种在漫长的年代里的整体迁徙历程——

在 300 多万年前的第三纪末期，随着冰期与间冰期交替，冰川进退，物种在南北方之间时疾时徐地移动着脚步，缓慢地，但从不停顿。盛冰期来临了，北方的大地冰封，南方的高山雪裹，凛冽寒风劲吹，云杉冷杉全身冰针披挂，奇寒难耐。于是，向着温暖的地方，北方生物举家南迁，南部山地生物也纷纷下行。渐渐地，两支队伍相遇了，一个既相互融合又激烈竞争的自然界的“春秋战国”时代开始了。

当严寒过去，间冰期的温暖降临，大地复苏，南北方生物各自打道回府，阵容却有所改变——返回北方的一支关山重重，一路适应，一路精简，只有精锐的少数物种返回，返回到最初出发的地方，所以暗针叶林和林下生物单调贫瘠；而南方和藏东南一带却受惠于青藏高原的强烈隆升，强烈隆升的高山封锁了北来寒流，悉数接纳南来季风，生态条件从此改善。

在改善了的生态环境的庇护下，新的物种诞生，此地成为新的分化中心，并成为古老物种的避难所——来自欧亚大陆的暗针叶林一族的铁杉林，由于北方的温、湿度不再相宜，索性不思回归，就在南方和西南方得其所哉，作为地质第三纪孑遗物种“活化石”，被欣赏，被珍爱。铁杉之外，同属第三纪遗存的还有穗花杉、云南红豆杉、三尖杉、百日青等针叶树种，木兰科、水青树科、樟科、五味子科等许多阔叶植物以及具有高大木质茎干的树蕨等，它们都有着数以千万年计的悠久家族史，但在世界其他地方，它们的同类不幸灭绝于第四纪大冰期，只有在藏东南墨脱县等地暖湿的山褶间，它们才得以以古老和原始的面貌存活至今。

追本溯源，青藏高原本是南北方冈瓦纳古陆和劳亚古陆会合碰撞的产物，以雅鲁藏布江为界，交汇了两大古陆植物区系，并由此大大丰富了我国西南、华南和东南的植物区系和植被，使得长江以南广大亚热带常绿阔叶林得以形成，还使得现在地中海区系植物在东亚的植物区系中留有蛛丝马迹。喜马拉雅山脉作为南北植物区系分界、汇合与植物的分化中心，是研究世界植物连续分布和间断分布的理想地区，所以吴征镒先生才说，“全世界的植物学家，眼睛都盯着这里”。

就植物专业来说，墨脱县的植物学考察取得了重大成果。他们采集了数千号标本，再加上其他地方的标本，总共 10 来万份。从 1977 年开始，他们就动员全国的植物分类学家编著《西藏植物志》。到 1979 年，这套书才算完成，直到 1983 年出版。全套书五卷本，一共记录植物 5766 种，在墨脱县发现的均有记载，其中有很多种是过去没有记录过的。墨脱县发现的这些植物，对于环境保护、自然资源利用等，都是最基本的参考材料。

大峡谷生物多样性

雅鲁藏布大峡谷是个欣欣向荣的绿色世界、生物王国。各种生物资源不胜枚举，各种地质第三纪孑遗物种“活化石”不胜枚举；各种动植物新种、珍稀物种不胜枚举。3 天路程 40 千米的垂直距离中，浓缩了从北极到热带几乎整个北半球的地理和植被景观。1974 年的植物考察，只能算是印象式。全面深入地进行，尚待 8 年后的南迦巴瓦峰登山科考中，中国科学院植物研究所的李渤生带领越冬小组到达墨脱县所进行的 15 个月的考察。

1982 年秋季，大部队在南迦巴瓦峰北坡的野外考察结束，返回北京，越冬考察小分队却是背道而驰，举步向南，走向大峡谷腹地墨脱县。仅在春秋旱季里进行植物考察，不足以观察到植物群落生长的全貌，在这个充满了奇迹的峡谷里，谁知道冬季里还隐藏着怎样的植物秘密。让历史记住植物学界5位壮士的名字：李渤生、程树志、苏永革、韩寅恒和林再。

1982年春，中国科学院为了配合国家体委组织的攀登南迦巴瓦峰的登山活动，成立了中国科学院南迦巴瓦峰登山科学考察队。南迦巴瓦峰地区地形险恶，科学考察的内容极其丰富与复杂，加之需在高海拔地区作业，所以中科院专门从下属各研究所和大学等单位抽调了涵盖26个专业、有丰富经验的科研人员、科教电影摄制人员与人民画报社记者等，组成了30余人的登山综合科学考察队，并于1982—1984年对南迦巴瓦峰地区进行了深入的登山综合科学考察活动。李渤生作为科学考察队生物组的组长，承担着“南迦巴瓦峰地区动植物区系的形成、演变及迁徙规律”这一课题。

李渤生1946年6月生于江西永新，1970年毕业于北京大学地质地理系，1974年调入中国科学院植物研究所，1975年参加中国科学院青藏高原综合科学考察队，曾参与中国科学院登山科学考察队、珠穆朗玛峰自然保护区建设、穿越雅鲁藏布大峡谷考察、西藏旅游总体规划研制等项工作，对西藏、横断山区、喀喇昆仑山区进行了深入考察。

李渤生考察雅鲁藏布大峡谷时在大拐弯顶端留影

此时的李渤生，已完成了云南横断山区梅里雪山、高黎贡山和白马雪山的科学考察，又投入南迦巴瓦峰地区的科学考察中。墨脱县的几个山口大雪封山早、开山晚，野外科学考察工作时间短，难以获得大量植物研究的第一手资料。考察队特地组织了生物组越冬小分队，在大峡谷莽莽苍苍的原始密林中连续考察了15个月。此次雅鲁藏布大峡谷植物考察既是空前的，也是迄今为止唯一的一次。

李渤生所在的生物组越冬小分队采集植物标本8000多号，发现了2个新属、30余个新种，新分布科4个、新分布属31个、新分布种270余个，添加了中国植物物种宝库的一个个纪录。在植被考察中，李渤生首次发现了一个新的植被类型——半常绿阔叶林，其意义在于找到了植物从常绿到落叶演化过程的中间环节。正是这次考察，使李渤生与雅鲁藏布大峡谷结下了不解之缘。

在这与世隔绝的深山峡谷中，在这北延的热带丛林中，并不存在概念上的冬季。冬天是一样的湿热，一样的大雨，一样的蚊叮虫咬，一样的艰难困苦。正因越冬进入，李渤生所在小分队有更充裕的时间，走过峡谷腹地的每一条山沟、每一片原始森林、森林中几乎每一种乔木灌木。他们走过每一个村庄，认识几乎每一位墨脱人，发生了许多动人的故事。

由北而南，对下端热带雨林的考察是此次越冬考察的最后项目，也是最危险、最艰难的。每天的翻山越岭已是家常便饭，面对那些蚂蟥、草鳖子、跳蚤、蚊虫的叮咬都习以为常了。对于李渤生团队来说，最危险的依然是过溜索。溜索距江面通常一两百米，悬在半空看奔腾江水，将生命系于一绳，那感觉没有谁会觉得怡然自得。

当年11月，为了查清雅鲁藏布大峡谷顶端植被的分布情况与采集该科研空白区的植物标本（维管束与苔藓植物），李渤生和中科院昆明植物研究所的苏永革在加热萨与越冬组的其他队员分开，于11月21日翻越3000多米的果布拉山口，来到了排龙门巴民族乡的巴玉地界。

他们翻越过山口不久，便来到一条巨大的泥石流石坡。由于其形成于近期，1米至数米直径的巨大石块乱插在一起，构成一片倾泻而下的石流，斜挂在陡峭的山坡上。石流上几乎没有任何植物，他们只能在大石上跳跃而行，如不小心踩到一块活动的石块，或踏进石间的空隙，腿脚非伤即残。

为此，他们小心翼翼地从一块石头跳到另一块石头，脚掌被硌得生疼不说，而且由于不断被鞋揉搓，脚掌很快就被磨出了几个大泡，一脚踏下去痛得直钻心。就这样，他们整整花了 2 个小时，才从乱石坡下到平坦的小道。由于精神高度紧张再加上天热，李渤生浑身大汗淋漓，口渴万分。

他们沿小道下行，进入一条幽静的山谷，两边是茂林修竹。此时，大家也顾不得采集标本和观赏风景，飞快地沿山谷下行，希望能尽快找到水源。前行不久，便听到潺潺的流水声，李渤生三步并作两步地跑了过去，只见一股清泉从地面涌出，并汇成一条小溪沿山谷缓缓流去。

李渤生急不可耐，捧起水就喝，然而手一触到水就缩了回来，原来泉水滚烫，是一口温度极高的温泉。他再仔细往四周一看，周边有人工挖就的小水塘，显然周边的老百姓常到此洗浴。这时民工也已赶到，大家高兴地哼着小调，放下背篓，取出毛巾跑到水塘边洗漱一番。

李渤生口渴难忍，迫不及待地从背包中取出水杯，在泉眼处舀了杯滚烫的温泉水，又放了些茶叶。也许是水温近 90°C，茶叶很快就泡开了。他一边吹一边喝，一口茶水下肚，感觉妙极了。喝下一杯茶后，口中燥火全消，顿觉得浑身舒服了许多。随即，他脱了衣服和鞋，在泉边大洗一通。半小时后全队人马像换了个样，英姿勃发，精神抖擞地重新上路了。下午 5 点，他们赶到了巴玉的阿兹登，就宿于一所小学校中。

这天晚上，李渤生整理好标本，早早就入睡了。谁想到了半夜，他的胃突然难受起来，胃里的东西一个劲儿地向上翻，直想吐。他想可能是太累了，没想到不久浑身就发起热来，口舌干得直冒烟。他赶紧爬起，来到水桶边，抄起水舀子灌了一肚子凉水，一直折腾到下半夜才入睡。

第二天早饭时，李渤生喝了一碗稀饭，刚想喝第二碗时，就感到胃里翻涌。他强压着，赶快跑到屋外的场院边，此时胃里像沸腾的油锅，还未容他低下头，“哇”的一下，刚喝下的稀饭全从口中喷射而出，达 2 米之远，胃一个劲地翻滚，将头天晚上喝下去的水也吐了出来，竟然还吐出了一条半尺多长的蛔虫。

半小时后，他的胃才稍好一些，但肚子又翻滚起来，泻的还是水。因时间紧迫，他们必须尽快赶到大峡谷顶端，完成在那里的考察，以便在大雪封山前返回墨脱。于是，他不顾大家的劝告，挣扎着上路了。

经过这样一番折腾，李渤生已十分疲劳，感到浑身酥软。上坡时，每走几步，就要停下来歇一歇。后来实在不行，干脆走一段路便倒在地上休息一会儿。他们好不容易翻过了山口，钻出了密林，怎么也没想到，向往已久的雅鲁藏布大拐弯峡谷就这样突然横列于眼前。江北岸壁立的加拉白垒雪峰高高耸入云端，两个尖尖的峰顶发出耀眼的寒光。茂密的森林从山顶银白色的雪被向下一直延伸到数千米深的谷底。

李渤生站在山坡上，被大峡谷动人心魄的气势所震撼，胃似乎也舒服些了。夕阳从大峡谷切下的凹口处徐徐落下，他深一脚浅一脚跌跌撞撞地向山下走去。下坡时，他的腿脚软软的，几乎难以支持下行的身体，只好一步一挪，直到傍晚才赶到江边，准备从这里渡江到对面的扎曲村宿营。朦胧的暮色中，一条长长的钢索垂挂在雅鲁藏布江上。

李渤生已一天没有进食，胃里空空的，但还在翻滚。他咬着牙爬上溜索，珞巴人决明帮他系好滑架上的绳索，然后先行向对面滑去。此时天色已暗下来，他向后垂下头，可以见到江对岸的扎曲村依稀有几点微弱的亮光。他开始向下滑行，不久便滑到了江中心钢索下垂的最低处。

这条钢索很低很长，在钢索上可以清楚地听到江水汹涌的轰鸣，江中巨浪似乎就要打到身上。到江中心以后，滑架死死地停在钢索上，再也不动了。李渤生知道最关键的时刻到来了，于是咬紧牙关，用双手紧紧抓住钢索，拼命地一把一把将自己向上拉，一点点地向上移动。他使劲地咬着嘴唇，一股咸味流入口中，显然嘴唇破了。他的双臂已经麻木，仍机械重复地做同一个动作。

不知过了多久，李渤生忽然感觉到钢索在不断颤动，原来决明到达对岸放下物品后，又返回来接他。决明将一根绳索系在他的木架上，拉着他奋力向岸边爬去，两人终于爬到了对岸。当李渤生滚下溜索时，眼前一黑，当即晕倒，好一阵才恢复过来。这时天已全然黑了，他们还要爬上 500 米高的陡岸才能到达扎曲。

2 个小时后，李渤生终于爬上了陡岸，来到扎曲村村主任的家里。此时，他浑身酸痛得几乎动弹不得，村主任给他端来一碗酥油茶。他端过来一口气灌下去，又喝了村主任母亲做的一碗鸡蛋汤。之后，他打开行李钻入鸭绒被，迷迷糊糊地进入了梦乡，夜里竟然没有再吐。

第二天早上，李渤生又泻了两回，但身体已舒服多了。这次误饮有毒的温泉水，使他获得了一次永远难忘的经历，经受了一次人体耐受极限的考验。之后他又经历过许多艰险，但与此相比，都觉得没有什么味道。1985 年，当他再次来到扎曲时，还特地去看望村主任母亲，并给她带去了许多罐头。

翌年 3 月 20 日下午，李渤生和考察队员苏永革及民工在门巴族向导的带领下，从地东村出发，准备横渡雅鲁藏布江，考察江东岸的一片原始热带季风雨林。这里的溜索桥正好架设在距江边百多米高、向江心突出的陡崖上。

因江面较宽，钢索长度足有 200 多米，向下垂成一道弧形。

正当他们向江边进发时，一位门巴族老乡气喘吁吁地跑来告诉他们说，桥头石崖下最近来了一群毒蜂，过江十分危险，叫他们最好回去。听到有毒蜂，大家都紧张起来，因为谁都知道毒蜂是惹不得的。前不久他们队的老夏不小心惹恼了路边的毒蜂，被叮得当场昏死过去。这事情要发生在过溜索途中，后果更不堪设想。

李渤生异常谨慎，先下到桥头做了一番侦察，果然见几只毒蜂在空中嗡嗡地上下飞舞。他见毒蜂不多，也没有主动进攻的迹象，便想回去讨论一下是否可以过江。谁知刚刚爬到坡上，就见苏永革抱头坐在路边。他抬起头来，吓了李渤生一跳。只见他半边脸肿得面目全非，一只眼睛只剩下一条缝。

原来，苏永革刚下行几步，就被一只毒蜂叮了眼睛。门巴族向导布尔巴告诉他们，在这种情况下，要过雅鲁藏布江只有在大雨天或夜间，那时毒蜂才不会出窝来叮人。大家闻言，倒吸了一口冷气。夜渡雅鲁藏布江溜索，即使是当地门巴人，也很少有这个胆量。李渤生陷入了沉思，反复考虑着是否要放弃这次考察，但是这一尚未被任何考察者涉足的原始森林，如磁石般吸引着他。他想，科学就是要付出代价，哪怕龙潭虎穴也要闯。他最终决定，当夜攀渡雅鲁藏布江。

夜幕降临，天淅淅沥沥地下起了雨点。他们打着火把，深一脚浅一脚地来到桥头。在昏暗的火光下，他们仔细察看了过桥用具，见那破旧不堪的弯木上面已出现了几道裂纹，在钢索长期的磨蚀下，顶端的槽子已深深嵌入木头之中，似乎稍一用力就要折断一样。经常过桥的门巴向导已发现了危险，便把另一块旧的弯木和它并捆在一起。

一个门巴族民工小心翼翼地扣好绳索，首先过桥，渐渐消失在漆黑的夜色中。随后，李渤生将身体用绳索套好，镇定了一下情绪，两脚分开，开始借助重力下滑。可刚滑了十几米，就听“咔叭”一声，身体突然倾向右边。他顿时惊出一身冷汗，若再倾斜下去，绳套就会脱落。

李渤生赶快停下来，用双腿扣住钢索，用一只手拉住钢索，腾出一只手细细检查弯木。糟糕，原来是那块破旧不堪的木头已裂断，钢索恰好挂在与它并捆的另一块弯木的外侧。他用腿和手的全部力量将身体支起，再用一只手把弯木的槽嵌入钢索，又仔细检查一下木头两端的绳套，才继续下滑。这时，他的心再也平静不下，脑子就像身下的江水一样翻腾。

李渤生默默地乞求这块弯木能承受住他 50 多千克的重量。“刷、刷、刷……”他一把又一把、一米接一米地挪到江心。这时雨越下越大，风愈刮愈烈，李渤生就像汹涌波涛中的一只小船一样，在半空中晃动。他极力使身体保持平衡，防止倾斜，并用尽双臂的力量一把把地把身体向上拖。

他浑身被大雨浇透，可身上很热，额头上渗出豆大的汗珠，和着雨水流入眼帘，把眼睛蜇得生疼。眼镜几乎要滑脱下来，手臂也已麻木。这时，他停下来喘了口气，透过沾满雨水的镜片，隐约看到山坡上一闪一闪的火光。他知道那是民工的家人站在山坡上，盼望他们平安过江。他用尽最后的力量向前攀着，突然一只大手抓住了他的肩膀——那是上帝、是佛祖、是造物主的慈航之手，把他拖到了对岸。当他双脚再次落地时，仿佛从阴间又重新回到了人世。

江那边没有辜负甘冒死亡之险诚心前来造访它的人。晨雾茫茫中，一行人走进了原始的丛林——它确实原始，几乎从未有人前来惊扰。一株株高过30米的巨树，双臂都难以环抱；挺拔的树干在10米往上才开始分枝，高高的树冠如巨伞般遮天蔽日。它们是只生长在西双版纳那样地方的热带树种千果榄仁，在中、东喜马拉雅南翼低海拔地区也时有分布。

千果榄仁的伴生树种是树身高过它的小果紫薇，它通直修长的树干越过千果榄仁的树冠直上云霄，将自己的冠顶覆盖其上，足有40米高。门巴人称其为“猴子哭”，意为连猴子也难爬上去的树。

在一层乔木之下，二层乔木也均为热带种的多脂橄榄、小果榕、斯里兰卡天料木、长棒柄花和马蛋果之类，它们的繁枝密叶、密密匝匝地充填了森林的中部空间。争夺空间之战使许多大树采取了从光裸的树干上开花的战术，以便于昆虫传授花粉，是为热带雨林中常见的“老茎生花”。

到秋天时，树干上将挂满累累硕果。阴湿的林下灌木丛生，灌木之下是草丛，再往下，紧贴地表的是苔藓，而数层群落间，凡有空隙处，都被各种藤类兰草类填塞得满满当当。

与考察队员们一道进入森林的还有一个成员——小猕猴“南迦”。几个月前，它随母亲去农田偷吃玉米，被人轰赶，其母亲仓皇逃离，把它给丢下了。苏永革收养了它，朝夕相处一路带着它，彼此间建立了感情。当回到大森林，正好碰到一群猴子招呼它，不想小南迦竟害怕起来，躲进了苏永革怀里。

沿雅鲁藏布江东岸继续南行，攀悬崖，走绝壁，前往一个叫“蒙古”的地方。蒙古曾是一个村庄，正是被1950年那场大地震给摧毁的。向导民工随时砍下藤条，帮助大家攀缘；遇小河，就临时搭一座独木桥。

墨脱铁杉林

他们继续前行，穿过常绿阔叶林，在距德阳拉 1800 米的地方，雪流遍布，一步一滑。好不容易爬上雪流坝顶，向下一望，眼前突现奇怪景致：苍郁的铁杉林下方，一大片红褐色林带，枝干上一无绿叶，只有红嫩新芽冒出。李渤生心想，不会吧，山地热带怎么会有落叶树林呢？他一口气冲下山，俯身捡起落叶和果实，再砍下一块树皮观察——树皮内部显现粉红。李渤生跳起来，大声宣布在半常绿阔叶林中竟然发现了一个新的植被类型。

这片半常绿阔叶林是以喜马拉雅特有树种薄片青冈和西藏青冈为主组成，以往学界总把它们当作常绿林来看待，那是因为考察不连续，以夏季野外工作为主，秋季也看到它一身绿装，其实它们只在春季才集中换叶，若不是越冬考察，恐怕很难发现这个秘密。于植物学家来说，这无异于发现了一座金矿。对它的研究，对于探讨落叶阔叶林如何从常绿阔叶林演进而来，有极其重要的科学价值。

德阳拉之后，众人踏上返程。其时已弹尽粮绝，体力也到了极限。他们请一名跑得最快的民工先行返回，拿粮食来接济。大部队一直走到第五天，中途遇到送粮人，那是一群民工家属，背来一筒筒酒。大家开怀痛饮——说不尽的艰难困苦，说不尽的别后经历，都在一醉方休中。结果第二天，原定 4 天的路，一天就走完了。全村男女老少都迎出村外，抢过所有人大大小小的包，每一家都发出了邀请，村民为先到谁家争执不休。每一家都是敬一瓢酒，不喝完跟你没完，而下一家就等在门口……

岗日嘎布拉山脉南坡的雅鲁藏布江大峡谷，便是墨脱县所在地。从该县南部的巴昔卡，一直到海拔 7787 米的南迦巴瓦峰，水平距离不足 200 千米，可相对高差竟达 7000 多米，从低山热带雨林植被到高山冰缘植被，是我国最为完整的山地植被垂直带谱。站在多雄拉山口，李渤生回望墨脱县，再次感叹大自然的神奇造化，更惊叹这里是“植被类型的天然博物馆”“山地生物资源的基因库”。

直到时隔近 40 年的今天，李渤生依旧感慨地说：“我只要一闭眼，雅鲁藏布大峡谷地区那地球上罕见的纯朴、安谧的原始森林，曾与我们共同工作生活过的热情好客的门巴族、珞巴族与藏族同胞，以及我所经历的种种令人难以置信的艰难险阻，立即就会鲜活地展现在我眼前，使我觉得似乎昨天还跋涉在雅鲁藏布大峡谷的密林中。”

“森林女神”徐凤翔

1983 年的多雄拉尚未开山，李渤生返程途中，大雨如注，道路难行。在汗密，李渤生冲进一间破木房，想取回上一年采的土样。刚推开门，他就进退不得地站住了。他看到了一个女人，正穿着短裤背心在烘烤衣服。

李渤生和徐凤翔，两位植物学家的第一次见面就是这样的场面。徐凤翔觉得如此衣冠不整有失教授风度；李渤生撞见别人的不雅，也自感狼狈。两人一个坐在火旁，一个站在门口。这尴尬场面只持续了片刻，随即就被共同话题冲了个烟消云散。

两位教授滔滔不绝地谈起墨脱县的森林和生态，谈起他们共同为之献身的事业。李渤生谈起此次的越冬考察，走过哪些地方，见到了什么；徐凤翔则谈到了墨脱之行的沿途经历，将要去哪些地方，去做什么。然后两人又一起赞美和感叹雅鲁藏布大峡谷。

1978 年，南京林学院教师徐凤翔 47 岁，在进藏汉族干部调回内地之时，她却自愿而强烈地要求进藏工作，承担西藏农牧学院生态学教学任务。仿佛冥冥中的安排，徐凤翔成为西藏大自然的发言人。从事教学工作的同时，她为西藏森林及生物资源的调查做了最基础的工作，为灌输生态环境保护、合理开发利用意识传授相关知识，她以著名的“小木屋”为起点，创建了“高原生态研究所”，旨在揭示西藏高原生态优势，合理开发西藏高原生物资源。

徐凤翔凭着几年的考察，发现墨脱县一山之隔的波密县岗乡以云杉和冷杉为主，部分密林下还生长着密集的箭竹，森林拥有量罕见，个别地段每公顷的蓄积量超过 2400 立方米，约为我国东北林区的 3 倍，是迄今所知世界上生长量最高的暗针叶林。徐凤翔发现这片针叶林宝库后，将科研考察成果上报有关部门，得到了学术界和社会的广泛肯定，成为珍惜西藏高原生态优势、保护高原生物资源的重要开端，此项课题也获得了西藏自治区科技进步一等奖。

徐凤翔 7 次进出岗乡，有几次正是在泥石流、塌方多发期，山溪多次涨水，要通过各式的险桥：有跪式过独木桥的，有跨式过独木桥的。正是多年热心于岗乡云杉林的考察，当地村民给徐凤翔起了个藏名“辛娜卓嘎”，藏语意为“森林女神”。

徐凤翔教授拥有众多弟子，属于参与大峡谷科学考察的西藏“地方军”。她远行藏北、阿里，六渡“三江”（金沙江、澜沧江、怒江），几乎考察过西藏全部典型的植被地区。她从专业范围的本底调查，到对珍稀濒危植物的保护建议，并且凭借生态保护、科学开发利用资源的传授者形象，获得了“森林女神”的美誉。

在徐凤翔看来，在林芝、米林和波密一带的多次考察出动都不算数，唯有进入墨脱才算是进入了大峡谷。她在藏东南林区往返跋涉，对一些典型的森林类型探索得可算深入之后，内心深处便产生了一股“越是艰险越向前”

的拧劲，推动着她向西藏南缘神秘的墨脱林区去探幽访奇。从此，她 3 次探访墨脱，10 年里九死一生，终于走进了森林专业工作者心中的“圣殿”。

在青藏高原上考察的徐凤翔（徐凤翔供图）

墨脱县深藏于雅鲁藏布江下游的幽谷中。高原大河经过大拐弯后奔腾而下，经墨脱密林南流出境，又将印度洋暖湿气流北向引入高原深处。处于下游谷口的墨脱林区，高温高湿，局部地段年降水量可达 4000 毫米以上，是山地热带雨林分布的最北缘（北纬 29 度 30 分左右）。境内山体从海拔几百米的峡谷，到海拔 4000 多米的雪线，高下相差数千米。高海拔山地分布着湿润的高山灌丛、亚高山针叶（冷杉）林。下游半封闭的谷地中生长着茂密的山地亚热带、低山热带森林，有众多的印度—马来区系成分和当地特有种类。林内高草密茂、奇花繁多，墨脱（“花朵”）之名由此而来，当之无愧。

徐凤翔第一次对墨脱的探访，主要是考察其森林类型、组分和独特的生态环境。1983 年，经过仔细酝酿，她与 3 名学生进入墨脱考察。由于不通公路，他们需从米林县出发，步行翻越多雄拉山。多雄拉山口海拔虽然不高，仅 4200 米左右，但由于南来的暖湿气流在中午时将笼罩山口地带，会给识别方向和行路造成极大的困难。所以，必须在中午 11 时之前翻越山口。

徐凤翔清楚地记得，当时已是 6 月下旬，平原地区可以说已进入仲夏，而这里还是冰雪世界。地面起伏的坚冰像一顶硕大的不规则形冰帽，覆盖着多雄拉山顶。通过这个“冰帽区”，大约要走四五百米的距离，对于 52 岁的她来说，的确是艰难的。幸好有部队安排战士保驾，由他们扶着，一步一滑地走过。同时，他们还听说就在 1 年前，为了协助科考人员进山，抢救仪器设备，在这里有 5 名年轻战士滑下冰斗不幸遇难。

在这既险又美的地段，只见各色杜鹃花迎冰傲雪地绽放，糙皮桦丛林匍匐多姿地生长。林线处的苍山冷杉呈典型的旗形树冠，挺立在蓝天雪峰下，极为壮观。

徐凤翔沿坡而下，边行进边考察，过急流险滩，穿“老虎嘴”天险。这里绝不是一只“老虎”，而是形同数十只“老虎”成群并排地匍匐于既险又窄的山道旁。而周围暖温带山地生长着优异的铁杉林，胸径 2 米以上、树高 40 米以上的大树也属常见。在海拔 2300 米处，她见到了下延的冰舌，这是她有生以来所见的最低冰舌了。冰上还托着一块巨大的漂砾，长 3 米，宽 2 米，高 1 米有余。冰舌末端融化为奔流的溪水。

在背崩、格林两处的林区，徐凤翔对山地亚热带保存较完好的常绿阔叶林进行了调查。以薄片青冈、西藏石栎为主的林分树冠起伏相连。林内有温湿组分的树种，如山龙眼、西南榕、藤竹、紫金牛等，充满了亚热带—山地热带风光。他们还在格林调查了山地暖温带乔松林，它们生长于沼泽化地段。

在海拔 1800 米以下，森林以山地热带的壳斗科、樟科、山茶科树种为主。而墨脱县城周围（海拔 1100 米）已是热带季节雨林地带了，小果紫薇、尼泊尔野桐等热带树种普遍分布。这里“刀耕火种”的耕作方式也很明显，砍掉原生阔叶林后栽种玉米，但 2 至 3 年后，当地人就因土瘠低产而弃荒。弃荒地上开始了高禾草—野生芭蕉丛林—次生阔叶林的植被演替系列。

徐凤翔还考察了山地亚热带林中的湖泊——布琼湖周围的森林。这里常绿阔叶林分保存得极好，粗 30 厘米左右的绵长的藤本植物由冠及地，林缘野芭蕉丛生。他们郑重地建议把这片山地热带—亚热带交汇处的阔叶林作为墨脱自然保护区的一个重点。

回忆起对布琼湖的调查，一切依旧历历在目。他们一行 4 人，另请了 5 名民工，共带了 11 条狗，“浩浩荡荡”地下谷攀坡，到达了湖区。湖滨的地下水位很高，夜晚扎营放帐篷都找不到一块干爽的地方。只有先用芭蕉叶铺垫隔水，帐篷支在其上。但因为湖区高湿多蚊虫，草虱子钻入帐篷内。他们就这样度过了一个又一个不眠之夜。

徐凤翔擅长使用数字，“炼狱”之行中居然还有心思计算附身蚂蟥的数量。创下了纪录的一天，计有400条之多。加上蚊子飞虫一路叮咬，叮咬处红肿发炎，到达墨脱时我们的女科学家已是面目全非。徐凤翔从不抱怨，她用富有诗意和文采的一句古诗来调侃自己的形象：“斑竹一枝千滴泪，新啼痕间旧啼痕。”

在墨脱的山体上，徐凤翔考察了一处基带由山地热带向上至亚热带—暖温带的林区。这里各带既有典型的物种，又有带间的交汇，很有科研和标本采集价值。但是，当她进入林中时，恶性疟疾的病原体已经潜伏在体内。她自感全身不适，仿佛每个关节都在发痛，举步维艰。后来他们又在丛生的竹林中迷了路，这时她意识中还是一定要把这支小小的考察队带出丛林，便指挥着年轻人爬上乔松树冠探路。他们最终走出迷途，到了一座小庙小憩。

徐凤翔坚持下山后，病情发作，高烧昏迷。等到醒来时，发现自己躺在一间简陋的病房里。徐凤翔不幸恶性疟疾发作，高烧昏迷了3天。这个闭塞的小县城缺医少药，队员们一筹莫展。徐凤翔最终顽强地活过来了。医生告诉他，边防部队把仅剩的治疗疟疾的药都给用上了，她是墨脱地区患恶性疟疾得以生还的第一人。她常笑说，若从事业角度看来，纵使天堂伊甸园也难比墨脱这地方；但若论行路之难，通往墨脱之路则无异于炼狱。

徐凤翔大病初愈，自审此次考察任务尚未完成，便暗下决心：一定要再来墨脱。由多雄拉返程，当越过山口，看到雅鲁藏布江河谷及村镇公路时，她不禁感慨万千：第一次的墨脱之行，总算大自然保佑，从死亡线上返回到多彩的人间。于是赋小诗一首：“九死一生，墨脱庆还。雅鲁江畔，傍水面山。云朋松友，深情召唤。一息尚存，不落征帆！”

1985年，徐凤翔教授创建了西藏高原生态研究所，这标志着以特定地域为对象的高原生态研究领域大诞生。1986年，徐凤翔搭乘林芝军分区的直升机，第二次进入墨脱。路线是从多雄拉进入，从大拐弯峡谷上空飞出。起飞那天，天气晴好，气流稳定。她凭窗俯视，看到连绵起伏的东喜马拉雅山脉和黛色的亚高山林海，心情异常激动。她试着打开一点窗，想拍一张清晰的多雄河与雅鲁藏布江汇合的照片，但相机“呼”的一下就飞向窗外。幸而相机挂在脖子上，才没有凌空掉落。飞机在5000米左右的上空飞行，越过了昔日熟悉的梯田、竹林、村落和密林，她又一次踏上了墨脱的土地。

汗密热带原始密林（税小洁摄）

这是第一次用直升机运货物到墨脱，当地居民以极大的热情修建了临时机场——一块平整的红土地。村民汇集，欢迎飞机的到来。在热闹的人群中，徐凤翔认出了一位对她有恩的门巴族妇女，她的女儿毕业于农牧学院。徐凤翔第一次在墨脱生病时，得到了这位母亲的照顾。她也认出了徐凤翔，像见到亲人一样和她热情拥抱，对她说：“徐老师，我知道你一定会再来的。”

在墨脱，徐凤翔继续进行上次未能完成的林分调查和标本采集工作，对墨脱的植被垂直带也有了更确切的认识。墨脱县城所在地海拔 1100 米，恰好是热带、亚热带的分界线，向上为常绿阔叶混交林，向下为季节雨林。而山地亚热带常绿阔叶林又分为明显的两个亚带：1100 ~ 1800 米，分布着较喜暖的类型，以栲树、石栎等为标志种，木质藤本植物发达；1800 ~ 2400 米左右为喜湿和稍耐温凉的青冈林。这里的生态特点是常年多雾，湿度颇高，林内藤本、苔藓植物层发达。

他们调查时曾在一片高 2 米左右的蕨“林”下行走，这让人不禁想起了童话“小人国”中的人进入草地“大森林”的场景。更有一带山地暖温带的优质铁杉纯林，高 40 多米，胸径 1 米以上，郁郁葱葱，仿佛高大宫殿的立柱。他们还调查到了胸径 2.7 米、高 45 米的大立木。附近的山岩上飞流而下的瀑布，落差在百米以上，把高大庄严的林木笼罩在薄雾水帘之中。

返程时，直升机沿大拐弯峡谷上空飞行，窗外南迦巴瓦雪峰缓缓向后移去，这也是她最近距离地、在空中以基本相仿的高度见到南迦巴瓦峰的真面貌。雅鲁藏布江在机身下曲流拐弯，滔滔而去，一些冰川漂砾矗立江心，激起了汹涌的浪花。徐凤翔贪婪地欣赏着这曲弯急流、密林青山，内心涌动着对林海高原的一份豪情，也极为珍视平生难得的这次经历。同时，她内心更确定了深入考察雅鲁藏布大拐弯地区的计划。

1992 年，徐凤翔发起对雅鲁藏布大峡谷珍稀濒危植物资源及其保护措施的深入考察，又组织了第三次墨脱之行。她自称“花甲之年，深山探宝，珍稀瑰丽，墨脱三召”。其时她刚做完胆（结石）切除手术，可时不我待，“无胆英雄”也就“胆大妄为”了。

这次由波密嘎隆拉一线进山。虽然已是夏季（7 月下旬），但海拔 4300 米的嘎隆拉山口厚厚的冰川并未消融，须等待养路队来炸冰开道，当晚只有在山口处帐篷中过夜。他们中不少人有明显的高山反应，徐凤翔也是彻夜难眠。但多种喜冷湿的高山植物在冰雪中姹紫嫣红，构成了奇异、清新的景观。花色鲜红、花瓣肉质的平卧杜鹃匍匐在岩面、雪坡上，粉报春、全缘叶绿绒蒿等把寂静的嘎隆拉渲染得生机勃勃。

徐凤翔一行不顾高山反应，调查、拍摄，不停地忙乎着。可是，他们又不能过多地停留在山口观景看花，也等不及养路队清雪通路，便决定冒险“放”车下坡。全体人员用原始的方式（手拉、绳控）刹车，成功地绕过了冰川，又用人力推车通过 4 ~ 5 米高的“冰胡同”，真是“逢冰开道、遇沟修桥”地向墨脱林区蜿蜒而下。

徐凤翔对山地垂直带各森林类型进行了补充调查，将重点放在对珍稀濒危植物的考察上。她顿时感到，对珍稀濒危植物应从价值、作用、分布、数量消长等方面，做好全面而科学的区分与定位。据此，墨脱的珍稀植物可列为 261 种和变种，其中约 50%是墨脱特有种，而它们有三分之二以上分布在海拔 2400 米以下的山地亚热带、热带地区。

在山地热带范围，珍贵的小果紫薇林生长在雅鲁藏布江边海拔 900 米左右的地带，大树高 50 ~ 60 米，胸径达 1 米以上，也有高 63 米、胸径 1.7 米的蕈树（阿丁枫）。他们还在横跨雅鲁藏布江、长 150 米的藤网桥两岸，调查到热带针叶树百日青、珍奇的花卉老虎须。后者是我国为数不多的单科单属单种植物，花序下有长 50 ~ 60 厘米的“老虎须”。

热带雨林中高大的树
（高登义供图）

徐凤翔还调查到多种兰科植物（如金色的束花石斛），以及藤本植物藤子等，把热带季节性雨林装点得绮丽纷繁。在山地亚热带，除多种高大珍稀的常绿阔叶树形成茂密的林分外，林边村旁常见各类特有物种，如丛生竹墨脱就有 10 余种，主体高达 20 米，丛株达 80 ~ 90 根；还有属于“活化石”植物的树蕨，墨脱有 3 种。他们调查到高达 16 米、巨伞状的树蕨，成丛挺立于沟边岩旁。至于野生芭蕉则成片成“林”，他们经常行进在“芭林”小道中。

1 个多月的考察，说不尽的艰险，还险遭泥石流袭击。面对“老虎嘴”岩洞，徐凤翔戏称为过“虎门关”。出山时，因暴雨塌方，“老虎嘴”的峭壁已经荡然无存，只有爬“老虎尾”而过了。途中还多次遇蛇。一次，他们听到山坡上树丛中簌簌作响，一条碗口粗的蟒蛇“啪”的一声掉了下来，落在徐凤翔的马和一个民工中间，在1米多的空隙间横穿而过。第三次墨脱之行，她的“无胆”状况也给身体带来一些反应：大雨淋得全身透湿、受寒冻往往引发肠胃不适。

考察也有浪漫，有一晚野地宿营时，一人睡一张大芭蕉叶；也有喜悦，不仅是专业收获方面的，他们曾用压缩干粮从当地老乡那儿换来一根烤玉米果腹……考察归来，徐凤翔对墨脱珍稀濒危植物资源及其保护措施的研究取得了切实的成果，写出了关于墨脱珍稀濒危植物的调查报告，并就此提出了一系列建议。徐凤翔认为，对“珍稀濒危”的含义应予准确界定。所谓“珍”，是指某物种在价值和作用上珍贵，而“稀”与“濒危”则是量的概念，原本稀少或近代数量趋于减少，以致濒临消亡。某些物种属于既珍又稀，如海南粗榧、红花木莲等；而有些物种虽不稀，但却珍，如尼泊尔桤木，具有显著的护坡保土作用，不应忽视。这一课题在考察、理念与保护措施方面的成果得到了国内同行的充分肯定，也获得了原林业部颁发的科技成果奖。

1994年春季，徐凤翔继续率队在雅鲁藏布大峡谷顶端的最大峡谷北曲河段考察。由于艰苦劳累和营养缺乏，她的面部和手脚都已浮肿，只是诗情依然，回首历次大峡谷之行，不禁以诗言志，以诗抒情：“……渡隘关，历炼狱，雨汗交融，大艰辛赢来大享受、大陶醉！曲江、湍流、苍林、峻岭奔来眼底，震撼心胸，一访恋恋，再访依依，三访尚意犹未尽。叹造物天工，幻变无穷，常探常新……”

植物蕨类活化石——树蕨（高登义摄）

徐凤翔是雅鲁藏布大峡谷腹地墨脱县科学考察中唯一的女科学家，她的坚毅执着和亲切，给门巴族、藏族乡亲们留下了深刻的印象。每次她重返大峡谷，门巴族妇女都热情地拥抱她，必定会说，“我们知道你会再来的”。徐凤翔大半生从事生态学的教学和研究工作，考察过祖国南方和北方的森林区，也走出国门，见识过世界。但她对墨脱情有独钟。她觉得地球上再没有比雅鲁藏布大峡谷墨脱县物种更多样、生态类型更丰富的地区。她亲手拍摄并出版了一本《中国西藏山川植被》大型画册，致力于研究和探讨西藏珍稀植物的资源与保护，积极主张自然保护区的建立与有效管理，并在合理开发利用方面有着深具科学背景的见解。

徐凤翔以翔实的第一手资料说明：藏东南地区是全国乃至全世界范围内独特的生态优势区。徐凤翔教授退休后，下了高原，又上北京灵山，在首都近郊建立了北京灵山西藏博物园。当人们称徐凤翔为“辛娜卓嘎”时，她常对别人说：“我只是个藏东南森林虔诚的朝圣者，不是森林女神；我只是个自然之子，是自然界小小组分中一个渺不可见的单元。当走马打着响鼻，马蹄踏在经年落叶铺就的松软林地，阳光透过林冠间隙，斑斑斓斓倾洒在充满暖湿气味的林间，那么此刻的意境和感觉，应当怎样来措辞呢？是回归与融入。”

“真菌王国”探秘

南迦巴瓦峰地区峡谷纵横，重峦叠嶂，群峰林立，相对高差极悬殊，谷底与峰顶高差达5000~7000米。垂直带谱明显，包括了从热带、亚热带、温带至高山寒带全部气候及植被带。海拔4700米以下的植被相当发育，类型变化多样，原始森林密布，自然资源丰富，可谓“绿色的宝库”，与巍峨的雪山和壮丽的冰川相映衬。20世纪80年代，中科院青藏考察队生物组真菌专家走进大峡谷腹地墨脱县。目前已知该区的菌物中，大型真菌有680种。在这680种真菌的背后，凝结着一名菌物学家的贡献，他叫卯晓岚，1939年生于甘肃武都，1964年毕业于兰州大学生物系，被分配到中科院锈菌组工作，长期从事大型真菌分类及物种资源考察、地理分布及生态区系的研究。

在80年代的地球科学界，板块构造说、大陆漂移说早已深入人心。卯晓岚在墨脱连续考察了2年，惊喜地发现了真菌区系的多元成分：它们与热带亚洲、热带非洲和南亚古陆都有久远的联系，甚至偶尔还有热带美洲的种类。卯晓岚每当看见来自热带的菌种，就会自言自语地说："它们是乘坐着印度大船，从赤道那边漂来的啊！"

枯朽树下白蚁窝上珍贵的鸡坳菌被发现了。鸡坳菌拉丁学名本意为"蛋白质"，是一种营养价值极高的食用菌，它从来与白蚁共生。白蚁是菌孢的传播中介，它带回了孢子，并以白蚁窝为菌孢成长提供温床。然而这一高贵食品只是蚁王、蚁后和幼蚁们的"御用品"，辛勤的工蚁则无权享用。当卯晓岚后来看见鸡坳菌生长在白蚁穴上，这一赤道附近生存之物居然出现在北纬29度处，只有惊喜而再无惊诧了。他再次自信地说："它们的祖先，连同它们的家园，是乘坐着印度大船从南方来的。剩下的问题，只是解释它们何以能够继续生存在大峡谷之中罢了。"

卯晓岚观察菇类生长情况（高登义供图）

卯晓岚的《真菌王国奇趣游》记录了雅鲁藏布大峡谷腹地墨脱真菌的考察笔记，配以彩图数十幅，还讲述真菌专家们的考察经历、收获和见闻等。这是一本很好的科普读物，通过对墨脱妙趣丛生又险象环生的野外丛林的描述，展示了生物组执着的探索精神、细微的观察力和科学的分析方法。考察充满了艰辛，卯晓岚却能苦中作乐。

1982 年，青藏科考队生物组第一次深入雅鲁藏布大峡谷地区考察。按照科学考察计划，从波密的古乡渡帕隆藏布江，再翻越随拉进入雅鲁藏布大峡谷东侧的墨脱县加热萨。这是一条比较理想的考察路线。在他们行动之前，就听藏族同胞讲“上随拉难，下随拉险”，后来的考察也证明确实如此。

8 月 20 日下午，生物组部分人员渡过帕隆藏布江，趁着天色还早，便开始沿着随拉谷坡行进。忽大忽小的雨下个不停，老天爷好像故意同人作对，令本来少有人走的青苔小路更加湿滑。快黄昏时，他们才到达海拔 2800 米处的冷杉林中，赶在天黑前选好营地搭起了帐篷。卯晓岚很快在附近找到些可食用的蘑菇，一顿“蘑菇方便面”让大家称赞味道好极了。

第二天清晨，卯晓岚早早地起身，又到附近采了些真菌标本，接着收拾行装继续前进，到海拔 4000 米处的林地扎营。由于采集的标本多，他不得不生起篝火烘烤。一边烘烤，又一边整理标本。

晚上 10 来点钟，一号绣球菌尚待整理，一种动物的声音忽然打破了山林的寂静。声音越来越近，卯晓岚不由得害怕起来，如果要跑进帐篷去，至少还有 20 米，而且还有灌木丛，怎么办？他忽地想起动物害怕火，便把火烧旺，还找了一根粗棍准备“战斗”。为给自己壮胆，他大声地唱起歌，好在是一场虚惊。他的标本也烘烤干了。

第三天大约 8 时，他们沿着一条似路非路的山道攀登并考察，翻越海拔 4000 多米的随拉山，山势极为陡险。每年 10 月至来年 7 月，这里都大雪封山，只有 7 月至 9 月冰雪消融时期才能通行。墨脱县的门巴族和珞巴族居民，才能背着木耳、辣椒、毛皮、竹器等土特产品，翻越此山口到波密一带进行一年一度的交易，换回足够他们用一年的茶叶、盐巴、布匹等物品。

从海拔 3600 米开始，山势越来越陡，树木逐渐稀少，灌丛和草甸零星分布。虽然已有明显寒意，却还有不少高山植物仍然花色迷人，展示着顽强的生命力。由于山的坡度很大，加之常年风吹日晒，雨雪浸淋，岩石风化十分严重，不少地段形成碎石滑动的“乱石坡”。有时从几乎悬空的巨石下经过，有时在巨石上爬行，每前进一步都存在危险，大家提心吊胆，精神十分紧张。

在这样的环境里，稍不注意，人就会随着碎石滑下去。卯晓岚只想别踩动石块，能够安全登上随拉就行，也无心去找标本。当上到海拔3800～3900米时，出现了一片草甸。他走过去察看，结果意外地发现了个体比较大的疣柄牛肝菌、丝膜菌，还有鹅膏菌。

让卯晓岚十分惊喜又非常奇怪的是，这些典型的森林树木外生菌根菌，怎么会出现在这高山草甸上呢？实为罕见，又确实是个谜。因此，他的全部注意力都集中到这些大型真菌的生态环境上。他蹲下来仔细观察，结果在这找不到一棵高大树木的地方发现了一些匍匐地面、高度仅有3～5厘米的垫状柳。原来这生态环境并非草甸，而是灌丛。很显然，与这些大型真菌形成菌根的就是垫状柳了。不过，这种菌体大，而柳树呈草本状，或者说牛肝菌、丝膜菌和鹅膏菌与这样小的柳属植物形成了菌根的奇特现象，这是极罕见的。

卯晓岚认为，在喜马拉雅山脉隆起和气候逐渐变化的漫长历史演变过程中，有的树木因不能适应而不复存在，像柳这样的树木逐渐由高变矮适应了高寒，而作为菌根关系的大型真菌则生态习性未变，所以在此地的垫状柳中依然生长着这些真菌。它们唇齿相依、搭帮结伙，不离不弃。不管外部环境发生了怎样的改变，随着高原的剧烈隆升，海拔由低到高，气候由热带到寒带，身为乔木的柳树也越变越矮，最后只能伏地而生。但是，这些菌类依然忠实地伴随着老搭档，生死相依，直到未来。

之后，他又在随拉山口发现了光柄菇、丝盖伞这类林生大型真菌。高山上连草都没有多少，更找不到一棵树，这些真菌是如何生长的呢？卯晓岚带着疑问继续前进，来到海拔3900～4000米时，眼前突然平坦起来。有些地方出现了一片片积雪，走在上面很滑。雪的反光刺得两眼阵阵发黑。四周除了裸露的岩石，就是灰褐色的冰碛砾。低洼处积满了雪水，有的积雪下形成洞穴或水道，偶尔见石缝间生长出几棵报春花。这里可以说是一个寒酷凄凉的世界。从随拉山北口到南口，大约行走了2个小时，突然天气骤变，山风呼啸，乌云笼罩，银箭般的雨点斜射下来。在这空旷的山口，他们无处躲避，只好几个人背着风挤在一起站着。他们正诅咒这坏天气，没想到这场暴风骤雨很快就过去了。每个人脸色发青，冷得直打哆嗦，上牙敲打下牙，格格作响。大家你看我，我看你，全是一副狼狈相，不由得苦笑起来。

风雨过后，天气豁然晴朗，高处不胜寒。他们又累又饿，需要马上离开这里。刚走出不远，前方就是万丈悬崖，查看地形，他们已来到随拉山南端出口。从这海拔 4000 多米的高处向峡谷望去，就像从飞机上看地面一样。只见那森林如海，峡谷中河流如线，草地上的牛羊隐约可见。他们急需找路下山，可是路在何处？他们真没想到“路”就在脚下的悬崖上，而且是一条连羊肠小道都不如的几乎是直上直下的“天梯”！他们见这般情景，只好重新整理一下行装，鼓足勇气，小心谨慎下山。

他们一开始就将身体匍匐在岩壁上，两手紧紧抠住岩缝，脚尖试探着踩稳石窝，紧闭着嘴连话都不敢说，大气都不敢出，更不敢往下看。就这样像爬行动物一样慢慢移动了大约 1 个小时的工夫，才从这“天梯”上爬了下来，大伙紧张的心情也一下子放松，斜躺在山坡上大喘粗气。他们实在已疲劳不堪了，话也不愿多讲。当回望那刚刚爬过的“天梯”时，它已被浓雾掩住了。

卯晓岚正要起身，没想到扫到草丛时眼前一亮，凭直觉断定是菌类标本，不觉精神陡增。他探身过去，只见在黄色的金钱菌上竟然生长出了金耳样的东西，如获珍宝。后来回到北京查阅了资料，才知道这是我国从未记载过的一种菌生金耳。不过从其习性来看，这种菌不应该出现在这空旷高寒的草甸上，所以这对他来说如今仍然是个谜。

翻越随拉后的第三天晚上，他们到达林中没人住的木屋夜宿。经过一天的行程，大家精疲力竭，不觉已到午夜 12 点，明天还得赶早出发。令卯晓岚着急的是，沿途考察采集的菌类，只有几号最珍稀的标本受到重点保护，其余还没来得及烤干，就眼看着大部分已被压碎或腐烂。他们带的考察设备太差，他费了很大劲，才将个体很大的绣球菌烤干。

第四天天气十分晴朗，向着加热萨方向望去，远山灰蓝，近山叠翠。沟谷两边的群山碧青，半腰白云成带，恰似一条洁白的哈达。他们一直沿河谷而下，穿行在密密层层的原始森林里。溪水潺潺，急流奔腾，他们多次走过倒木纵横的独木桥。让卯晓岚异常高兴的是，在这些倒腐木上有不少大型真菌，第一次看到金钱菌，竟然生长在灰绿色的地衣中间，许许多多的鸡油菌生长成蘑菇圈，圆孢地花、巨大多孔菌、灰树花则成群成丛生长。多种珊瑚菌丛生，还有鹿角菌、轮层炭团菌、盘菌、马鞍菌等随处可见，其中最多的是木生种类。

他们一路采集标本，毫无防范地走进了蚂蟥区。伴随着一片惊恐的大呼小叫，这群专与毒蛇猛兽打交道、从不知恐惧为何物的人，居然魂飞魄散，逃命飞奔，一口气冲过埋伏区，第一件事就是各自清理全身，然后互相清理，再一起跑到江边清洗。蚂蟥咬伤处，鲜血仍在汩汩地流着，江水一片一片地给染红了。许多年过去，卯晓岚讲起这段往事，都还心有余悸、惊魂未定的样子，并且浑身起鸡皮疙瘩。

经过一番清理，他们又向着去雅鲁藏布大峡谷的方向前进。当到了最后一座山梁顺斜坡望去，发现有 20 来间房屋，大家叫喊着："加热萨到啦！加热萨到啦！"他们住宿在距江边不到 100 米高的地方，可以沿江考察。若顺江岸下行，就可以到达墨脱；若沿江边而上，可到达大峡谷顶部的岗郎。

加热萨海拔 1100 米，他们在时，正好那几天中午晴朗，烈日炎炎，与海拔 4000 多米地区的气温相比，就像进入了"火焰山"。从地图上看，这里虽处于北纬 30 度，却有许多热带、亚热带树林出现。这里属干热河谷，仙人掌科植物长得比房屋还高。就在他们居住的地方，竟然采到了一种夜晚发出银白色荧光的簇生小管菌。

这种罕见的菇类大型真菌，在我国还是首次发现。这种真菌在世界上主要分布于非洲东部的马达加斯加、大洋洲及亚洲热带，属于亚热带区系的真菌。一天，他们下到雅鲁藏布江边，又在腐木桩上看到了许多环柄香菇，之前仅有海南（包括西沙）广东、广西南部及云南西双版纳有分布，属于典型的热带真菌。没想到在墨脱峡谷一带，这种热带真菌分布竟十分广泛。他们还在这雅鲁藏布江靠下游谷地发现了褐黄木耳，它一般分布于南美洲、马达加斯加、澳大利亚、马来西亚等热带地区；褐盖微皮伞分布于南美洲圭亚那、特立尼达；扁针孔菌分布于委内瑞拉，马氏花耳、爪哇粉抱牛肝菌分布于爪哇、苏门答腊；粗腿拔孔菌、针叶层菌分布于南亚等地；黄顶枝瑚菌分布于印度等地。以上菌类在这大峡谷中竟都有发现。

经过几处考察，卯晓岚不得不考虑这深深切入青藏高原东南边陲的雅鲁藏布大峡谷在真菌分布上所起的作用了。这些热带区系成分的真菌，使他在认识物种的迁移方面开阔了眼界，开始探索大峡谷与一些真菌在区系地理上的奥秘。事实证明这里的真菌区系成分是多元的，为进一步研究西藏真菌的起源、演化以及我国真菌的种类多样性提供了宝贵的资料。

1982 年在大峡谷腹地墨脱县的考察，因为有繁复丰盛的研究对象，故每一学科都收获了累累硕果。卯晓岚更是不虚此行，在峡谷边缘采集了大型真菌蘑菇近 800 号，接连不断的发现令他振奋。

墨脱植物

次年，青藏科考队将再次进入大峡谷，这更让他心神俱往，更加急不可耐地翘盼第二年赶快到来。可回京例行体检时，不意竟发现他的转氨酶过高。考虑到当时中年科学家多有英年早逝的情况，中科院领导坚决不准他再出野外，打算让其他人来替代他。

卯晓岚一下傻了，思来想去，一不做二不休，索性啥也不做，除了吃饭就是睡觉。一个月后到医院复查时，如同等待法庭的宣判，卯晓岚紧张得透不过气来。他把化验单拿在手上却不敢看，从医院一口气跑到公共车站，终于鼓足勇气猛一下打开，结果让他手舞足蹈——"正常"。卯晓岚长舒了一大口气，满心都是感激欣慰之情。他左顾右盼，眼前的首都大街上人来车往，卯晓岚直想握住哪一个人的手，表示谢意。

1983 年 8 月，卯晓岚担任生物组的组长。他们一行数人又从雅鲁藏布江南侧的米林县派区出发，再次深入大峡谷中进行生物考察。山道崎岖，实为难行。当到达一个名叫直白的林地时，天色已近黄昏，便就地撑起帐篷夜宿。夜色中的大峡谷十分宁静，除了雅鲁藏布江的涛声，便是每个帐篷里低低的鼾声。

他们来到南迦巴瓦峰海拔 4000 米以上的森林上线，在高山灌丛和草甸上考察 2 天。第三天就上到雪线附近考察，虽然收获的标本不多，却十分重要，同时基本了解到南迦巴瓦峰高海拔区的生态环境及生物概况。令卯晓岚高兴的是大型真菌较多，还有数种十分稀有的真菌。

一天，他们精力充沛地四处寻找完标本后，就在一个冰碛湖边休息，一边体会南迦巴瓦峰神奇的意境，一边往肚子里填补点食物，在那高处放眼望去，万水千山尽收眼底；近处是百花烂漫和万紫千红的高山杜鹃，真叫人心旷神怡，流连忘返。可惜高处不胜寒，待到天色渐晚不宜久留时，才选择路线返回扎营地。

然而，生物组面对的却不是一般的山，而是人迹罕至、长满灌丛和草甸的高山，是当时等待登山健儿征服的一座神女峰——南迦巴瓦峰。不多久，他们就下到密密层层花似海洋的杜鹃灌丛。他们行进时，那丛生的树枝层层阻拦，似乎有意纠缠，不许他们穿过。脚下是厚厚的苔藓地衣和草丛及砾石，踩下去不知深浅，难以迈步。这杜鹃花的灌丛仿佛陷阱，他们使劲挣扎，实在有些力不从心。

此次考察，青藏科考队特地派出一位藏族战士欧珠，为生物组做翻译，同时也可照顾卯晓岚。让卯晓岚没想到的是，自己身边突然一声枪响，大家都被这巨大的枪声吓呆了。靠近卯晓岚的欧珠也吓坏了，他精神十分紧张，一时连会说的几句汉语都说不清楚了。待大家冷静后，才知道欧珠的枪走火了。经检查，原来他的枪栓没有卡好，被树枝挂住扳机后击发了。子弹从卯晓岚的腰部和右上肢间穿过，连衣服都震动了，没受伤实属幸运。这次枪走火虽然是一次失误，返回大本营地后，考察队还是决定将欧珠的枪送回部队。

卯晓岚意外地发现，在大峡谷腹地墨脱县海拔 3000 米以上的高山区，竟然有 300 多种大型真菌，这在世界上也是极少见的。其中，绝大多数是褐色、棕色或黑褐色种类，很可能这类暗色有利于吸收热量、防寒保暖，是适应高寒生长环境的主要特征。其次，黄色种类较多，如胶鹿角菌、黄豆芽菌、金黄蜡伞、鸡油菌和橙盖鹅膏菌。这些具有艳丽黄色的种类与在高寒生长环境里、在高山紫外线辐射下产生大量胡萝卜素有关，从而起到保护作用。白色种类排第三位，很显然白色不利于吸热，却能反射强光所造成的伤害，所以生长在此地高山栎上的猴头菌或玉髯、白毒鹅膏菌、大白菇都像低山区所生长的那样白。不过分布在高山上的白色菌类，在长期适应的同时，有些又不同程度地带有黄褐色或灰褐色色调。

从雅鲁藏布江大拐弯峡谷的西端沿南迦巴瓦峰两侧山麓而上，是登山科学考察的一条理想路线。他们考察期间，正是山花烂漫、万紫千红的时节。这里蘑菇等大型真菌种类很多，令人应接不暇。当他们离开江边向上爬了大约 600 米时，在靠近林缘处出现了一片金黄色的金莲花。在阳光照射下，花色是那样耀眼引人，好像走进了春天的油菜田，粉蝶飞舞、花气袭人。令卯晓岚高兴的是，竟意外在此地发现了一种在我国从未记载过的环纹杯革菌，其棕褐色的外侧又具有无数环纹，内侧平滑，十分有趣。

他们一路上行，高处不胜寒。就在这靠近森林的分布上线，卯晓岚发现了羊肚菌，赶快取出相机拍下来。前进几步，又在草丛中看到鹿花菌。在这样高海拔的地方采到这种大型子囊菌还是第一次。他一边观察一边想，这羊肚菌可是西欧人很喜欢食用的真菌，其价格仅次于块菌。有趣的是刚刚发现的鹿花菌的形态特征同它十分相近。若误食鹿花菌，会产生急性溶血病症，严重时甚至可能导致死亡。

他们继续往上走，来到了高山草甸，生态环境变了，高山植物和真菌种类也变了。为了考察这高山上的真菌生长环境，卯晓岚对这里的植物自然也产生了兴趣。当转移到登南迦巴瓦峰的方向时，却看到那植株还不如一般草丛高的伏枝柳，其柔荑花序呈现出紫红色的色彩，十分珍奇。他们在南迦巴瓦峰海拔 4300 米处撑起了帐篷,继续在这百花盛开的南迦巴瓦峰考察 3 天后，又沿途返回设在雅鲁藏布江边的大本营。

卯晓岚基本摸清了雅鲁藏布大峡谷里的真菌种类，也采集了不少蘑菇品种。每年的 6 至 9 月，是野生菇生长最好的季节。蘑菇多得使人赞叹，令人称奇。其中可食用者估计多达 200 ~ 300 种，可供药用的至少 80 种，误食后引起中毒的有 20 多种，数目虽少，却有数种是致命的毒菌。

到 9 月中旬他们离开这里时，大山谷中野果已经成熟，这酸甜的野果常把他们引入考察的回味之中。卯晓岚扛回了一把漂亮的“小伞”，这是多年生的红缘多孔菌，表面褐红，背面有如木质，且如树木年轮那样一年一圈生长线。这把小伞的年龄接近而立之年，它生长在杉树上，近旁有杜鹃灌丛，一根杜鹃枝条不知在哪一年穿透了它，在扇面上招摇，生叶开花，两个本不相干的生命体就这样共生共荣。卯晓岚觉得挺可爱，就一并采集了，其实也难以分开。多年生菌类还有灵芝，藏东南分布有广泛的树舌灵芝，长寿的达七十“高龄”。

在雅鲁藏布大峡谷，卯晓岚可算得上满载而归。他采集到蘑菇等真菌之类标本 1600 多号，计 500 余种，加上之前有人考察过的共 680 多种，仅科与属来说，足足占去全国的 50%以上，其中属于国家新纪录的 100 多种，属于西藏新发现的 200 多种。

1983年回京后，卯晓岚参与编写和出版了《南迦巴瓦峰地区的生物》《西藏真菌》《西藏大型经济真菌》《神奇的雅鲁藏布大峡谷》等,《西藏真菌》获得国家级一等奖和中科院特等奖,《西藏大型经济真菌》获北京优秀科技图书一等奖。2000年，卯晓岚主编《中国大型真菌》，记录菌物1700多种，填补了我国大型真菌彩色图谱的空白，被公认是“中国第一部可以媲美于世界上任何国家同类出版物之真菌巨著”。该书2003年获中国图书奖，是菌物学首次获此大奖的著作。他曾担任中国菌物学会常务副理事长及秘书长，现任中国食用菌协会副会长。

深峡里的“动物王国”

20 世纪 70 年代以来，我国生物学家进入雅鲁藏布大峡谷。大峡谷地区被认为是从事生物多样性研究的天然实验室，是山地生物物种的基因库。昆虫学家发现墨脱缺翅虫证实板块理论，生物学家经过大量考察，证实这里是山地生物物种基因库、珍稀野生动物天堂，发现了眼镜王蛇，绘制出野生动物分布图。

缺翅虫之于板块理论

雅鲁藏布大峡谷是一个地质上极不稳定的地区，岩石错位，地幔物质翻上地壳，沉积岩不复存在，古生物化石荡然无存，江岸上峰危若累卵，具有极高的地质科学研究价值。开始时，科考队员没有经验，面对受震动的岩石形成的自天而降的石雨，吓得东躲西藏。他们自有一套对付毒蛇毒虫的办法。比如草虱子很讨厌，叮在皮肤上不松口，开始大家把它掐下来，不想它的头部残留在沟里，感染化脓，只能靠手术取出。后来只好拿烟头烫，拿酒精刺激，草虱子脑袋一缩就整个儿地掉下来了。

70年代的考察情形，在记忆中如同一组黑白照片，单纯而耐人寻味。中国科学院动物所从事昆虫分类学研究的黄复生珍爱地抚摸着一张张发黄的黑白照片，不时地重温当年对于大峡谷最初的感动和激情，从心里感谢20世纪50—70年代以来国际地球科学所带来的变革。

黄复生1932年生于福建省福州市，24岁时毕业于北京大学生物系，30岁硕士研究生毕业后进入中国科学院动物所工作。40岁正是精力非常旺盛的年龄，此时的他已在昆虫研究领域积累了丰富的经验，正赶上青藏高原科考的大好机遇。

1972年，黄复生到邻近雅鲁藏布大峡谷的察隅县考察。动身进藏前，昆虫界的老前辈们叮嘱，生活在雪线附近林区，要注意是否有蛩蠊目。于是，黄复生做了充分的准备，阅读了有关这个目的全部资料，查看了来自加拿大的标本，蛩蠊目的形象已经烂熟于心，但日复一日走遍察隅却不得见。终有一天，在察隅的林地间行走巡视，黄复生忽见一虫在枯叶上行走如飞，不待大脑反应过来，那只训练有素的手已将酒精泼了过去。捡起一看，是从未见过的昆虫，这就是缺翅虫。后来，他又捕获了3只。

这种缺翅虫个头很小，雄成虫体长只有3~4毫米，深褐色。从正面看，头部近似三角形，额面稀布刚毛；触角呈念珠状，共有9节，每节都生刚毛；口器为咀嚼式，上颚短，有3~4个尖齿，下颚呈鸟嘴状；胸部发达；3对足都有毛，后足较粗壮；腹部末端两侧有一对乳头状尾须，不分节，有稀疏刚

黄复生 1974 年在墨脱寻找缺翅虫（黄复生供图）

毛。此虫没有翅，处于渐变态。这种缺翅虫栖息于枝叶茂盛、阴暗潮湿的原始常绿阔叶林内的风折木、死树等的树皮下，单个或群集生活。可别小看这种缺翅虫，这一新种的发现创造了中国一个“目”的新纪录，它最后被命名为“中华缺翅虫”。

缺翅虫属缺翅目，1913 年首次被西方人所报道。由于最初被发现的种类为缺翅型，因此被命名为缺翅虫。不久，昆虫学家又发现有翅的个体，缺翅虫便有了两种类型，即缺翅型与有翅型。缺翅目昆虫主要分布在南北回归线之间的热带雨林及季风雨林内，中美洲和南美洲的种类最多。其次分布于南亚的一些岛国。非洲地区除加纳和刚果，马达加斯加和毛里求斯也有分布。大洋洲的萨摩亚和斐济以及太平洋上的夏威夷也有其分布记录。由此可见，缺翅虫在岛上分布占相当比例，这也许是这些岛屿属于典型的海洋性气候，温暖潮湿，生活条件更加适宜的缘故。

第二年，黄复生随中国科学院科考队进入雅鲁藏布大峡谷腹心墨脱县汗密。他们进去的季节尚早，仅采集到 2 只它的姐妹种——缺翅虫的幼体。

1975 年，黄复生特意晚来一些日子，想来此时的幼虫已是成虫了。在不影响整个计划的情况下，黄复生决定再度闯入墨脱。之前，大家工作时分成小组，然后统一活动。那个时候，他主要采集昆虫。当他头一年采回缺翅虫，带回来一看，发现这种缺翅虫很是特殊。有的缺翅虫是有翅膀的，可他采的缺翅虫翅膀却脱落了，需要第二年再到墨脱采获带有完整翅膀的缺翅虫。

在黄复生看来，墨脱县海拔高差大，地理环境阴湿，适宜蜚蠊目昆虫生长，若从中采获带回有完整翅膀的缺翅虫，那将是更大的收获。他将这些情况、想法、安排以及面临的困难等，向动物所的领导们进行了汇报。此时的青藏科考队正在喜马拉雅中部一带考察，黄复生一直念念不忘墨脱的缺翅虫，待全队考察基本结束，他坚持只身前往大峡谷，这的确让领导很为难。经过一番的努力，这个计划终于得到了批准。

到达拉萨后，黄复生简单整理了行装，并把前期在野外采集到的标本和有关的资料包好留下，便出发了。从拉萨到林芝一般为两天的路程，中途在工布江达休息了一宿，第二天再赶到林芝，可他一天就要赶到。

当天下雨地滑，路况又不好，尽是坑坑洼洼。为了赶路，车开得很快。突然间遇上一个大坑，来不及减速，车子跳起来，跳得很高很高。黄复生正好又坐在最后一排，整个人被腾空颠了起来，头猛撞在车厢的后顶盖上，接着车又突然下沉。整个车厢就像一根大的木头，由上方突如其来地直落下来，劈头而至，他的头顶又挨了重重的一下，头好像被撞裂开了。同时，人又猛地下沉，脸部和下巴砸在前排靠背的扶手上。上下夹击，黄复生顿时昏了过去，大有翻车的感觉，仿佛汽车坠落山崖。当他醒来时，才发现自己的下巴被划破了一个口子，脸上青一块紫一块的，还有一些肿块，感到很疼痛。他稍稍镇定后，改为双手抱头，随着飞驰的客车颠簸前进。这段经历，给他留下极其深刻的印象，似乎让他领略到生与死的临界状态。

汽车依旧奔驰着，雨还在下，天已经完全黑了。当客车驶进林芝地界的时候，雨停了，天更黑了。为了争取时间，他必须当天晚上就赶到考察队地震小组的驻地。地震小组的驻地不在八一镇，而是设在林芝附近一座山头的部队医院里，那个地方离八一镇还有较长的一段路程。

当时天已经黑了，路也不好走。全车的旅客和司机都劝黄复生先到八一镇住一晚，第二天再上山。可是，他当时急于进墨脱，不愿意拖延时间。当汽车行驶到八一镇的前一站时他要求停下，一个人上山了。山上虽然有路，可是两侧的灌木丛很密，天又太黑了，只能凭感觉分辨出前方有一条模模糊糊的灰白色的影子，那就是路了。

山上的能见度很低，伸手不见五指，黄复生只好深一脚浅一脚地摸索前进，走得很慢，又不敢发出声音。那时，他已没有退路，只能一直向前走了。时间过得似乎特别慢，路又没有尽头。他正艰难地走着，前方突然隐隐约约出现了一条白色的宽道，他以为那就是正路了，便缓缓地走近，用手一抹，可不是什么路，而是一堵墙。有了围墙，那么离那家医院就应该不会远了。

黄复生返回到原来的路上，又走了很久，上了一个平台。突然间，远处出现一个亮点，原来医院到了。考察队员们看到他晚上一个人爬上山来，很是惊讶。大家一面责备他不注意安全，一面又嘘寒问暖，为他的面部伤口敷药，他好好地休息了一晚，第二天就出发了。

经过几天的步行，黄复生来到了头一年发现缺翅虫的地方。9 月末的大峡谷地区，仍然笼罩在雨季的苍茫水汽中。间或也有晴好的天气，但空气也还是湿漉漉的。这时候，黄复生走出汗密的一处被人废弃的破木房，走进密密丛林，在枯木朽株、枯枝败叶间寻寻觅觅，终于找到了墨脱缺翅虫的成虫。

中国科学院动物所的人知道，大型动物的品种毕竟有限，且知名度也很高，早就闻名于世，想要发现一个新的品种，其难度可想而知。故黄复生发现察隅的中华缺翅虫令他声名大振。

正应了“有意栽花花不发，无心插柳柳成荫”那句老话，黄复生与缺翅目不期而遇，而在墨脱县终究没能发现蛩蠊目。黄复生根据蛩蠊目昆虫的生活习性，判断它有可能在我国北方吉林一带出现。果然，在 80 年代，他的中科院动物所同行在长白山发现了它——又一个中国昆虫新目记录。

缺翅虫是生活在热带地区的一个古老物种，长相有些像白蚁。全世界只在赤道附近和东南亚某些地区分布，连印度也未见有报道。当藏东南发现缺翅虫的信息经由黄复生的论文传播出去，在国际昆虫界引起了不小的反响，因为这一稀有目是只在赤道分布的古老种，而今它却出现在北纬 30 度高地上，不免令人奇怪，尤其是它竟然在印度也未见记录。许多国外同行纷纷来函索要资料，这一新的信息也被收进国外多种生物学辞典。缺翅虫的发现，令日本登山队尤其感兴趣，他们在攀登南迦巴瓦峰时不失时机地赶去采集。不过，20 多年后的 1996 年，当黄复生陪同台湾大学同行再度到来时，也许是因为生物环境的破坏，居然空手而归。

大峡谷里令人不可思议的现象真是太多了。上一年黄复生第一次踏进大峡谷，随时随处的发现简直令他应接不暇。怎么就有那么多的古老类群呢？

除了古老物种，还有大量的特有种。本来大峡谷地区生物来源就挺复杂，加之青藏高原强烈隆起，环境变化剧烈，为生物演化提供了唯此地独有的活动舞台，物种走出了一条独特的演化之路。所以青藏科考队里最被羡慕的就是昆虫学家。其他学科的专家形容说，搞昆虫的“伸手一抓就是一个新种”。我们国家不太习惯以发现者的名字命名新种，但以黄复生名字命名的至少有一种树蜂，叫“复生树蜂”；还有一种昆虫象，叫“黄氏喜马象”。

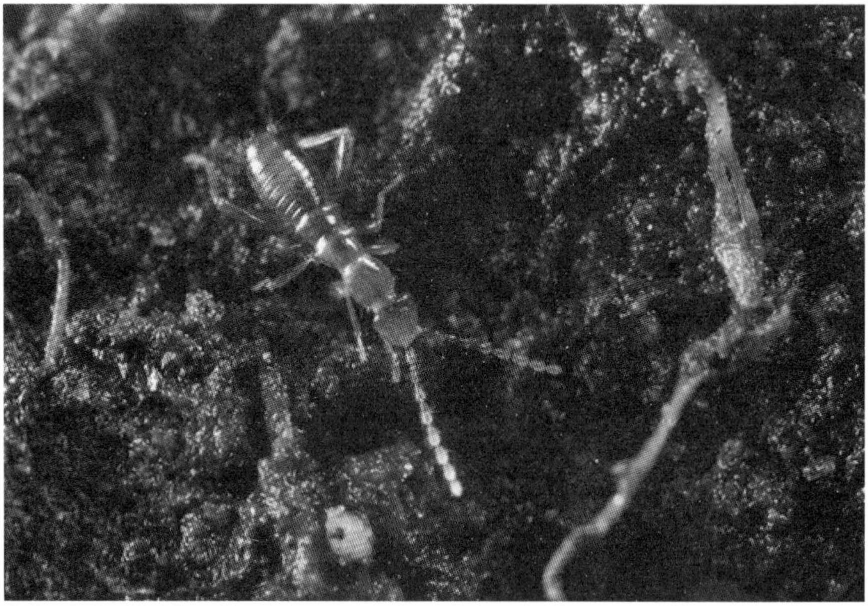

墨脱缺翅虫（王巍巍摄）

至于墨脱稀有的昆虫，后来有更多被发现。就生物种类的丰富度而言，5万多平方千米的大峡谷集中了250万平方千米的青藏高原60%以上的生物资源。所以黄复生说大峡谷典型地体现了昆虫的多样性，在“最狭窄的空间里体现了最丰富程度”。

在汗密阔叶林间的寻觅，使黄复生如愿以偿：此时幼虫果然长成了成虫；不仅找到了无翅的，还找到了有翅的，总共几十只。满载而归的黄复生把它们带回北京，研究结果出来了，它们与一山之隔的察隅同类走了不同的演化道路，形成了不同的种。察隅的被命名为“中华缺翅虫”，大峡谷的被命名为“墨脱缺翅虫”。这些昆虫实物标本，后来被分发给许多高校生物系编入教材，改变了此前只看国外实物标本图片的惯例。

1980年，在北京召开的青藏高原国际学术讨论会上，黄复生提交了《缺翅目昆虫和它的地理分布》等3篇论文，这是在中国首次运用大陆漂移学说探讨昆虫区系的起源文章。黄复生认为，随着印度板块的向北漂移，非洲的区系成分被带到北方，并侵入新生的西藏陆地；欧亚成分也逐渐伸入，共同组成西藏多源性的昆虫区系雏形；随着高原的不断抬升隆起，区系雏形又产生巨大变化，最后形成了独特的高原区系。这一理论直接丰富了昆虫地理学的新内容。

20世纪八九十年代继续考察的结果，使人们对于大峡谷地区的昆虫世界又有了进一步的认识，看来东洋区成分远多于古北区成分，这与此地的籍贯与古地理有关；并且由于地貌复杂，小环境彼此隔离，新种和特有种丰富；原始种类众多，虽历经若干次冰期，但沟谷地带在印度洋暖湿气流的保护下，古老种群安然无恙。因此大峡谷地区被认为是物种的起源和分化中心，是物种资源宝库，是从事生物多样性研究的天然实验室，是山地生物物种的基因库。

昆虫的来源和特点在其他物种例如植物、动物、菌类身上也有所反映。植物是生产系统，动物是消费系统，菌类是分解系统。生物圈中的这三大门类共同构成了地球表面欣欣向荣的有机世界，共同完成了一个生物循环过程。

当时间进入1998年12月3日，中科院动物所工程师、昆虫学家姚健在穿越墨脱县加热萨至林芝县扎曲，逆江而上考察甘登丛林时，那天本来休整，他却一头扎入附近的一片原始森林，采集多种昆虫标本，腰间的宽皮带上排插着玻璃小管，外加匕首和相机，手持捕虫网兜，一路挥舞着。兜到昆虫，用镊子一夹，放入小瓶之中。进入原始密林，他的眼光更多地落在地下的横生倒木上。

他从当天中午11点找到下午4点多，鞋子和裤腿都湿透了，除找到不少生活在树皮下的昆虫外，没有什么特殊的收获。同行搞植物的小王提醒他说该往回走了，他却不甘心，似乎有预感似的，看到前面几十米外一棵倒木透着神秘和吸引，心想无论如何也要上前看看。

姚健来到跟前，拔出匕首撬开一块树皮，猛地看到一只虫子一闪，钻到树皮缝下，只露出半个身子，他赶紧用镊子夹起来放到酒精瓶中，用放大镜一看，猛然激动起来：这是一种世界上最古老、原始的缺翅虫，昆虫中的“活化石”。他几乎忘了一切，把附近能掀动的树皮都撬开，竟一下逮到了30多只缺翅虫。此地海拔1900米，采集地点处在一片针阔叶混交林，属于喜马拉雅山的北坡，这不能不说是又一新的地理分布纪录。

缺翅目昆虫种类很少，个头很小，全世界大约只有27种。缺翅目昆虫飞翔能力很差，它一生大部分时间都过着隐蔽的生活。该类群对生态环境的要求是十分苛刻的，而这种生存环境又十分脆弱，一旦遭到破坏就无法恢复，这一物种就很可能因此灭绝。我国产的中华缺翅虫和墨脱缺翅虫，其分布区狭窄，数量稀少，已被列为国家二级保护动物。

山地生物物种基因库

1982年秋，南迦巴瓦登山科考队大队人马走进大峡谷地区，一直工作到10月份。他们走进大峡谷，完全感受不到青藏高原的干冷，整个峡谷是一片生机盎然的绿色，成了高原上的“绿洲”，这是水汽通道作用的结果。作为一条水汽大通道，大峡谷成了生命交流的大通道。

他们走进大峡谷的原始林，里面不时蹿出长尾猴、赤麂；栖息着小熊猫、豹猫、苏门羚等哺乳类动物和多种鸟类；这里是峡谷中最大动物羚羊的越冬处；高山动物有马麝、旱獭、灰尾兔等。大峡谷被称为“天然的植物博物馆、山地生物物种的基因库”，这里有哺乳动物近60多种，约占西藏总数的一半；昆虫1500种；鸟类232种，占西藏鸟类总种数的49%。

南迦巴瓦峰脚下的莽莽森林和灌丛，是鸟类栖息的天然乐园。1982年7月初，当南迦巴瓦登山科考队生物组沿着雅鲁藏布江再次进入大拐弯中的直白、加拉考察时，那各色各样的鸟在树林中、花丛间穿梭起落、徘徊蹦跳，互相追逐，尽情嬉戏和歌唱。

每天早上6点，青山还笼罩在晨雾中，早起的鸟儿们就站在枝头，用它们银铃般的歌喉，上演起悦耳动听的大合唱。虽然是众鸟齐鸣，但却不杂乱，就像一曲动人的交响乐，层次分明，又有节奏韵律。这是一些长期在此生息的留鸟和候鸟，在漫长的生活中，尤其在这晨曲中，谁先叫，谁后叫，都有一定的习惯和规律，也只有这样，才能使每种鸟都有显露歌喉的机会。大家听着悦耳的“晨曲”，真是愉快和陶醉。

科考队在大雪封山前收队，返回北京做总结和室内研究工作。大部队在南迦巴瓦峰北坡野外考察结束后返回北京，越冬考察小分队却背道而驰，举步向南，走向大峡谷腹地墨脱县。他们将在与世隔绝的大峡谷腹地墨脱县度过漫长的封山季节，全过程地考察大峡谷地区的生态，一直坚守到来年与大队人马再次会合。

这支小分队由 5 名植物学家组成，分别是李渤生、程树志、苏永革、韩寅恒和林再。带队的李渤生年纪最大，也不过 35 岁，却已是青藏科考队的老队员了。他们在探索大峡谷植物种类时，也顺便对这里的动物进行了记载。小分队本有 5 人，可大家习惯于认为由 6 人组成。那第六名成员是谁？它就是小猕猴南迦。小南迦不仅是成员之一，而且是重要成员，是小分队明星。它一开始就加入了队列，一直陪伴着队员们越冬考察的全过程。说起小南迦的来历，还有一段故事。

生物学家整理动物标本

（高登义供图）

1982年10月初，小分队正在大峡谷顶端一带考察。大雪即将封山，李渤生决定翻过德兴拉山口前往波密县城，随行的人员有苏永革和6位民工。在甘登乡附近那孜登的小村庄里，苏永革意外地发现了小猕猴，被它乖巧调皮的神态迷住了。他从收留小猕猴主人的藏族老师处得知，秋天的时候，小猕猴随妈妈到玉米地里偷玉米，被看守玉米地的人发现了。仓皇逃走的路上，小猕猴与母亲失散了。小猕猴栖栖惶惶找不到回家的路，那位藏族老师见它很可怜，就收养了它。看到苏永革爱不释手，那位老师就慷慨相送。因小猕猴生活在南迦巴瓦峰下的山林里，苏永革就给它取名“小南迦”。

小南迦参加了科学家队伍，趴在苏永革的肩上，随苏永革攀过了甘登到巴玉间江面上的溜索。望着下面奔腾的江水，小南迦一脸惊恐，要知道，这是它有生以来第一次经历过溜索的惊险场面。不过，后来它多次经历这样的场面，也就习以为常不再害怕了。要翻德兴拉雪山了，生活在温暖地带的小南迦能不能适应严寒气候？李渤生犹豫了，但苏永革可不舍得把小南迦寄放在任何地方，小南迦在苏永革的鸭绒衣里感到最安全最温暖，就这样翻过山口到达了波密，这是小南迦第一次走出大峡谷。

返回的路异常艰苦，当时即将封山。大雪突然降临，山野一片苍茫，本来就依稀难辨的山道完全消失了。原计划2天返程，故只带了2天的食物，一行人被困在大岩洞里，大雪却没有消停的意思。又冷又饿，民工们哭起来，他们觉得回不了家，困在这里不是冻死就是饿死。李渤生一面鼓励大家，一面思考怎样突围。与其坐守山洞等死，不如冒雪前进。这是十分冒险的行为，通往大峡谷的任何一条路都是壁陡谷深，大好的天气里稍不留神都会常常失足，发生危险，更何况这样的大雪天。积雪填平了一切沟壑，而下山还要经过一个极陡的流石坡。就这样摸索着走，用了整整一天的时间才下得山来，沿途发生过许多险情，没出现一人伤亡。大家再看看小南迦，还在苏永革的怀里呼呼大睡。

越冬考察正式开始了。在与世隔绝的深山峡谷中，并不存在通常概念上的冬季。一样的湿热，一样的大雨，一样的蚊叮虫咬，一样的艰难困苦。1983年3月，他们在地东村的丛林中考察，一群猴子出现了。它们在人类中间发现了一个同类，不由得好奇地招呼起来。小南迦正在考察队员们身边蹦跳玩耍，一见自己的同类，不仅没有友好表示，反而很害怕的样子，一下子钻进苏永革的怀里躲起来。大家忍不住大笑，说小南迦被人类同化了，再也不愿回归山林认祖归宗了。

小分队从雅鲁藏布江开阔的谷地拐入白马希仁河谷，顿时觉得步入了另一个神奇的世界。河谷西岸是笔陡的岩壁，岩壁上的流水从几百米的壁顶跌落下来，形成无数条扑朔迷离的飞瀑，有的纤细秀雅，丝丝细流拍击着岩壁，飞散成飘缈的云雾，又化作缕缕银丝悬垂于天际；有的雄奇壮伟，如九天之银河，坠落人间，天水击地，山摇地动，腾起层层云雾，斜阳西射，水雾中悬起一道彩虹。然而这种奇景只有极少数人才能看到，这真是大自然给予的最高奖赏。

令人激动的序幕徐徐关闭，第二天乌云就从雅鲁藏布江谷地上空涌来，瓢泼大雨随之倾下，小分队开始了艰难的行军。瀑布谷是无路谷，他们沿着河岸陡壁上的藤蔓攀行，脚下是长满青苔的青石，石上流水飞溅，下面就是令人目眩心惊的白马希里河。他们小心翼翼地走着，遇到湍急的水流就砍树架桥，遇到难攀的陡壁就削木为梯。就这样走走停停，每天前进不了 15 千米。8 天过去了，离目的地还有 2 天的路程，但粮食已快吃光了。

下午猎手们冒着大雨出发了。傍晚时分，远处传来狗叫声，他们都跑出芭蕉篷，在雨中焦急地等候。猎手们兴冲冲地跑回来，猎到一头老年雄羚牛，李渤生悬着的心这才放下来。羚牛又称“扭角羚”，以犄角下弯后扭而得名。羚牛雌雄都有角，其相貌颇有些不扬，鼻梁隆起，鼻孔较大，身躯粗壮而四肢粗短。生活在东喜马拉雅地区的羚牛体色棕黑，而生活在川西地区的体色棕黄。

羚牛是青藏高原东南边缘山地特有的动物，它随季节的不同栖息在不同的海拔高度。冬天羚牛一只或几只一起向低山迁徙，最低一般可到 1500 米左右的常绿阔叶林带，但绝大多数时间是在中山半常绿阔叶林带和亚高山铁杉林带活动，喜食亚高山针叶林下和林间空地的竹丛以及铁杉和冷杉的树皮，而且特别喜欢到含有各种盐类的泉口去痛饮。到了春天，它们逐渐向高山转移，及至夏天，则全部来到高山灌丛草甸带并聚成上百只的大群。羚牛最主要的天敌是豺狗，尤其是小牛和离群的老牛常常被成群的豺狗所伤害。

小分队沿雅鲁藏布江东岸继续南行，攀悬崖，走绝壁，前往蒙古。蒙古原是一座村庄，在 1950 年那场大地震中被毁弃了。

第二天清晨，小分队带上部分羚牛肉干，再将剩余的肉干就地放在一个现搭起来的高架上，准备返回时食用。队伍踏着晨露出发，前一日的战绩使几条猎狗精神倍增，一早就跑了出去。林中并没有路，他们踏着一条兽路，穿过一条小河向谷坡爬去。最好的猎手桑杰多吉在前面开路，李渤生一边做记录，一边采标本，落在了最后。队伍已快爬到坡顶，突然传来一声惨叫，桑杰多吉被野猪扑倒在地。

雅鲁藏布大峡谷里的猕猴和红豆杉（李渤生供图）

李渤生赶快跑上去，这时苏永革和民工已经跑上前把桑杰多吉扶起来。多吉额头上流着鲜血，小分队赶快拿出云南白药给他敷上，又给他喝了几口水定神。他这才说，原来猎狗撵到赤鹿，见主人没来接应，便返回寻找大家，谁想半途又撵出头野猪来。这是头老母猪，见狗在后面追，便沿着兽路向坡下冲来。此时多吉正上坡，毫无准备，听见狗叫，他登上坡坎，正好和野猪碰了个对面。那野猪见前面有人挡路，急红了眼，后腿一蹬，便向多吉扑来。多吉本能地举起枪，顶住了野猪的胸膛并扣动扳机，没料到扳机上着保险。野猪见他抵挡，就张开大口，将多吉的额头和用来拦挡的右手咬伤，接着又向坡下的人群冲去。后面的人一看野猪冲来，慌忙趴倒在地，野猪见状便蹿入密林跑了。

大家惊骇之余，庆幸这是头母野猪，若是公野猪，多吉的天灵盖早就被它的獠牙挑开了。实际上野猪是一种最危险的动物，它高不足 1 米，在草丛遮蔽下很难被发现。民工们还说，公野猪有两颗半尺来长的大獠牙，经常在石上磨牙的内侧，牙尖像刀子一般锋利，一旦伤人，非亡即残。当地人给猛兽排名次，第一是野猪，第二是狗熊，第三才是老虎，看来这是很有道理的。

1983 年 4 月，山高路险，小南迦永远走出了它的家乡。1 年多来，小南迦忠实地陪伴着考察队员们，走过了那么遥远的路，度过了那么多艰苦的日子，它的娇憨顽皮，给单调的考察生活带来了欢笑。小南迦是大家可爱的孩子，考察队一个小小的成员，小小的明星。考察任务结束后，大家也不忍舍弃它，便将它带到了拉萨，苏永革想把小南迦带回昆明植物所的家。飞机上本来不允许携带活的动物，但机长听罢小南迦的经历，居然网开一面，特许小南迦登机。这一次，小南迦真正是远走高飞了。

珍稀野生动物天堂

1982 年 8 月，南迦巴瓦峰登山科考队派出生物组 6 名成员，从波密县境内的古乡出发，翻越随拉山进入墨脱县的加热萨。队里除真菌、锈菌研究者外，还有脊椎、两栖、爬行动物研究者，另有逮鸟捕蛇捉昆虫的专业人员，日常的野外生活非常热闹。

8 月 27 日，他们来到古乡，历史上有名的古乡泥石流就发生在这里，杂乱无章的巨石从山谷一直堆积到帕隆藏布江边。由于当时泥石流堵塞河道，致使这段河流形成了一个湖湾，湖中被淹的树木，如今都变成一根根木桩，从木桩的范围可知，这里曾经是一片原始森林。

去墨脱县加热萨乡必须从这里渡江。科考队员和当地民工 20 余人，上了一只由两根直径 1 米、长 10 多米，中间被凿空的大圆木组成的简易大木船。船刚划出不久就搁浅了，大家跳到冰冷的河水中去推，费了九牛二虎之力，才把船推到深水处。当船划到水深十几米的江心时，漩涡一个接一个地卷过来，一根根木桩擦船而过，险情迭起，大家的心都提到了嗓子眼上。在船工的努力下，帕隆藏布江总算渡过来了。

晚上，生物组成员在山坡的原始密林中宿营。第二天一早就开始翻随拉山口，到了山顶，云雾弥漫，细雨蒙蒙，身上都湿透了。从海拔 4100 米的山口下到 2700 米的南坡，仅有一条羊肠小道，地势十分险要。大家一路工作，忘却了时间的概念，在通过一条巨大的山谷冰川之后，天色已晚，大家只好就地在一片沼泽草地上搭起了帐篷。

从傍晚开始，大雨下个不停，第三天大家只好继续冒雨边工作边前进。到达雅鲁藏布江边的加热萨时，天气已经好转，阳光又分外灼人。大家高兴极了，因为身上的衣服可以很快烤干。这时正是两栖爬行动物等出来活动的好时机。大家抓紧时机，顶着烈日直下雅鲁藏布江谷底工作。

这里丰富多彩的植物类型和特有的动物使科学工作者们着了迷，大家每天起早贪黑地采集真菌、锈菌、动物、植物样品，晚上回来后，天天制作标本直到深夜。白天一整天翻山越岭采标本，晚上营地里也是灯火通明，每个人都在整理标本，写工作记录。

第四天一大早，大家又出发了。每次出发，为避免惊动那些会飞的会跑的，从来都是从事鸟类研究的人先走一步，其次才是研究脊椎动物的王天武

西藏墨脱的野生老虎（吕植摄）

和杨惠心以及民工行动，从事真菌研究的卯晓岚、小李和小谢则最后出发。刚上路不久，便要通过一片林间草地。前方堆积着几块巨大的岩石，中间是一条小道。

当快到一巨石附近时，忽然发现狭窄的小道上有人双膝跪地，弯腰抱头，身子差不多紧贴着地面。卯晓岚马上问：“怎么了？”话音未落，只听见那人从地面发出急促的声音：“快回去！不要过来！有马蜂窝！”原来是王天武。说时迟，那时快，马蜂“嗡嗡”地把他们包围了。他们一边挥打，一边后退，同时大声告诉王天武：“不要怕！我们马上给你送衣服来！”直到退到林中，马蜂才放弃了追赶。

王天武头顶上头发稀少，大家还要设法解救。于是，卯晓岚脱下外套，急着送去给王天武包头，结果发现他已经走了。他们决定绕道而行，穿过高处的灌丛林后，找到那条山间小道继续行走。躲开马蜂后，他们又为王天武担忧。走了不多远就赶上了王天武，看到他头部被蜇了许多大包，整个头皮都红肿起来。这位平时沉着、稳重而言语不多的老先生却风趣地讲：“如果我有杨惠心那样多的头发，就好多了。”

这次马蜂蜇人的事，不知是前边哪人捅了马蜂窝才惹出来的，而王天武却不怪别人，更不怪马蜂。有人建议王天武返回时，用他的猎枪把那窝马蜂给毙了。他却说：“我们人怎么和那小小的昆虫过不去哩？实质是我们人侵犯了它们的正常生活。”大家听了他的这番话深觉颇有教益，显示了一位生物学家的胸怀和气度，真是令人佩服。

1983 年 8 月的一天，生物组一行数人又从雅鲁藏布江南侧的派区出发，再次深入大峡谷中进行生物考察。山道崎岖，实为难行。当到达一个名叫直白的林地时，天色已近黄昏，便就地撑起帐篷夜宿。

第二天早晨大约 6 点时，卯晓岚被这里的鸟鸣声唤醒。刚出帐篷就看到王天武站在附近并举起一只胳臂，不知在看什么，见他出来，忙转过身来喊他：“快帮我捉草虱子！咬了我一整夜，怕是把头断在肉里了，就一直没敢动它！”卯晓岚知道草虱子的头若断在肉里出不来，可能会毒性发作，需动手术才能取出。他立即走过去，庄剑云也走出帐篷，戴好眼镜，像看他的锈菌标本一样认真，最终在王天武腋窝部位发现一个芝麻粒大小的突出物。当庄剑云用手试探性捉拿时，才知道那是与皮肤紧密相连的肉质突起物。

卯晓岚对草虱子有种好奇心理，不想轻易放过，还想再仔细看一遍，最后证实它就是一个凸起的小黑痣。大家没找到草虱子，便戏谑道：“请放心吧！

这个草虱子已经咬了您几十年了，没事儿。”

生物组结束大峡谷西端的动植物考察后，又沿雅鲁藏布江返回派区。一路越走地势越高，沿途瀑布、叠水、山泉也越来越少，树木也减少了许多。有天深夜，大家听见帐外有人走动，原来是王天武像夜游症患者那样走来走去，嘴里还念念叨叨：“我的羊头哪里去了呢，一定是让你们的狗给叼走了，”王天武又接着说，“连塑料桶都一起叼走了。”

墨脱河谷地带的热带亚热带常绿阔叶林是野生珍稀动物的主要栖息地

听完王天武的话，大家莫名其妙。卯晓岚断定他说的羊头标本丢了。近日来，他们每到一个地点，王天武总要对一个像山羊的头骨，不是小心地刮肉，便是反复地蒸煮，后来加工成白白净净的头骨标本，费尽了心血，视若珍宝，如今丢了，他怎么能不着急呢？

王天武深更半夜找标本，大家非常理解他的心情，可在这沟谷纵横、黑洞洞、夜茫茫的山林中，到哪里去找呢？卯晓岚只好对他说：“您不要太着急、等天亮了咱们一起寻找。那头骨洗得干干净净，连一丝肉都没有，狗把它叼走了，也不一定咬坏，很可能还是完整的哩!”王天武听后，在外站了一会儿，就进帐篷休息了。第二天一大早，王天武把他的“羊头”找了回来，大家都为他高兴。原来王天武的“羊”就是斑羚。

斑羚是我国二级保护动物，是活动在海拔3000米多岩阳坡的偶蹄类动物，被国际贸易公约列为第一级严禁交易的动物。它属于牛科，但体形较小，似山羊，一般体重30千克左右，体长90至110厘米，尾长13至17厘米，四肢短。雌雄兽都有一对短而直的角，斜向后方，二角基部很靠近。全身灰棕褐色，底绒灰色，额、下颌及喉部均呈棕色，喉后部有一块白色大斑，尾基部近于灰棕色，末端黑色。斑羚的外表颜色是很好的保护色，与岩石和周围环境融合在一起时很难辨认。

夏天，斑羚多住在岩洞或垂岩下，站着或躺下休息。若有蚊虫叮咬，则到通风的石崖上休息。斑羚的活动地点较固定，冬天到来后，海拔高处较冷，它们就由山顶下至森林里活动，但总不远离栖息地，通常结成4~8只的小群生活，个别老年雄羚多喜欢独栖，易被其他天敌伤害。斑羚行动敏捷，善于攀登跳跃，从静止的姿态能一跳1~2米高，平时叫声和普通羊一样，遇到险情时会发出尖锐的哨声。为了躲避天敌的伤害，它们在清晨和傍晚时最活跃。春、夏、秋季主要吃草本植物、野果和草籽，冬季以苔藓、地衣、乔木、灌木的嫩枝叶为食。早晨觅食后便到溪边饮水，然后在秋末冬初交配，怀孕期6个月，次年5至6月产仔，一般每胎一仔，少有二仔。

在考察野生动物时，队员们无意间拍摄到了我国喜马拉雅地区特有动物小熊猫，在尼泊尔、缅甸等国也有分布。小熊猫是第三纪的遗留种。它外表乖巧可爱，是一种稀有珍贵的观赏动物，是国家二级保护动物。小熊猫体重15~20千克，体长50~60厘米，尾长40多厘米。

小熊猫多生活在海拔3600米以下的高山丛林或箭竹林中，很少在更高的地区活动。它既怕酷热，又畏严寒。夏季到有荫蔽条件的河谷，冬季则转向阳坡河谷，常在高岩处或树端晒太阳。小熊性怯懦、善良，能攀缘，常几只或小群活动，一遇敌情，立即爬到树上躲避。取食多在茂密箭竹中和针阔叶混交林地区，以及气温变化不十分明显的林下，以竹叶、阔叶树叶、野果为食，有时也捕食小鸟、取鸟蛋充饥。

捕捉眼镜王蛇

1983年6月，科考队的另一支生物组又从帕隆到岗郎，再次深入大峡谷。在大峡谷进行生物考察时，大家经常处于兴奋状态，因为不时会发现一些珍稀古老的活化石生物物种和新纪录种。

1983年6月一天，杨逸畴率考察分队一行6人从帕隆藏布江进入大峡谷顶端考察时，在一路的岩壁上，看到许多体大肥壮的蛤蚧在晒太阳，这是一种名贵的中药材。弃船登岸走进密密的草丛中，经常能遇到蛇。

谁也不敢走在前头，连当地的向导也是。专门从事两栖、爬行动物研究的小李义不容辞地走在前头，他手里拿了根棍子，边走边打草惊蛇。走走打打，打打走走，却意外地有了一个大收获。

在帕隆藏布江汇入大峡谷的扎曲，刚走了100多米的一段路，就逮到了5条蛇，其中3条还是毒蛇，这在高原地区实在罕见。在江边的一棵大树上，竟缠绕着一条碗口粗的大蟒蛇，足有3米长。被人惊动的大蟒蛇从高处直接摔到江中，“轰”的一声，水花溅得老高。

好不容易走到大峡谷顶端一块较平坦的叫岗郎的台地时，突然有人大叫“蛇！蛇！”。原来从帐篷边上又爬上一条蛇。小李闻声跑来，眼疾手快地用钳子迅速将蛇提起来装入口袋，围观的老乡都看呆了。这条蛇棕里带绿，长142厘米，经鉴定是我国首次发现的锦蛇属的一个新品种，考察队专门给它起了个名叫“南峰锦蛇”。这条蛇现放在中科院成都生物研究所的标本馆。南迦巴瓦峰锦蛇原来只见于印度东北、西北部，如今竟在南迦巴瓦峰北坡发现，这是一个新的地理分布，对于这里自然环境的研究有重要意义。

西藏是否有眼镜王蛇，这是学术界长期争论而未解决的问题。7月24日，考察队来到大峡谷下游墨脱县西让村，这里一派亚热带风光。坡上的西让村是个有百来人的门巴族村庄，海拔900米。经过几天考察，生物组在这里捕获到当地作为药用的蛇蜥和有趣的小树蛙，但一直没有见到眼镜王蛇。

科考队完成预定的任务后，在即将离开西让的那天，全村门巴人都赶来送行。这时，一位门巴老乡气喘吁吁地跑来说：“大的补西纳（门巴语蛇）有！”小李听说有蛇就来了劲头，迫不及待地问在哪里。哪知门巴老乡汉语讲得不好，连比带画说不清楚，于是连忙找来翻译。原来，他昨天在森林里发现了一条碗口粗的大蛇，把他吓得一宿没有睡着。科考队请他带路去抓，他摇着头说：“不去，太可怕了！”门巴族把蛇一类的爬行动物视为神物，认为它咬伤人就是神对自己的惩罚。经大家再三讲明科学道理，他才勉强同意带路。

他们沿着一条山路往坡下走去，不一会儿就走进了挨着雅鲁藏布江的森林里。这里已根本没有路了，藤蔓交织，荆藤飞舞，枯枝烂叶没过脚面，带路的老乡用砍刀开路。大家顾不上蚂蟥叮咬和坡路陡滑，连滚带爬地急行。当他们快到江边时，老乡突然站住了，用颤抖的声音说：“快到了。”顿时，空气紧张起来。他们放慢了脚步，摸摸索索地又走了5分钟，门巴老乡又压低声音说：“就是这里！”

人们停下脚，开始在草丛中搜寻。果真有一条大蛇，黑乎乎地盘踞在一个草堆上，它待的地方很难靠近。开始大家还以为是条蟒蛇，小李准备去抓，刚走几步，转念一想：“万一不是蟒蛇可就麻烦了！”于是，他退后了几步，先扔了几块小石子，结果蛇一动不动，他又就近砍了一根2米多长的树杈，想把蛇头叉住，然后再捉。就在树枝靠近蛇头的一瞬间，蛇“嗖”地扬起头并向他发起进攻，吓得小李惊叫一声，同伴小杨应声开枪。

西让茂密的原始丛林为蟒蛇生存提供良好条件（李成供图）

大蛇受伤了，但仍活着，它愤怒地扬起脖子，向四周喷着蛇液，并挣扎着再度进攻。小李迅速向它叉去，第二次才叉住它的脖子。他让门巴老乡帮他压住树杈，喊了好几次，老乡才用发抖的手压住，小李刚要伸手捉蛇，谁知那门巴老乡吓得把树杈一扔，往后就跑，蛇从树杈中解脱出来，立刻扬起头。小李只好不顾一切地冲上去，死死卡住蛇的七寸。蛇用身体将他缠住，他直晃了几下，眼看就要摔倒。这时，小杨也不顾一切抢上去，和小李一起按住蛇头，相持了五六分钟，才把这个大家伙装进布袋里去。两人身上都是一身冷汗。蛇被捕获后，小李用钳子把草堆翻开，草堆下面竟全是蛇卵，和鸡蛋一般大小，分几层埋在草窝里。原来，这是正在孵卵的眼镜王蛇，难怪它不愿逃跑。小李把蛇卵拾起来数了一下，共有 25 枚，看来小蛇都快孵出来了。小李忙用布袋把蛇卵全部装了回去。

回宿营地后，经详细鉴定，这条蛇确系眼镜蛇科的眼镜王蛇，2 米多长，4 千克重。这种蛇是毒蛇中最大、最凶猛的一种，有主动进攻的习性。在青藏高原的大峡谷发现它的踪迹，一方面澄清了学术界长期不定的争议，另一方面再次说明大峡谷特殊的地理气候造成了此地生物物种分布的特殊性，对研究大峡谷的地理气候及动物分布规律都有重要意义。

小李成天和蛇打交道，见到蛇便大喜过望，如获至宝，将其装到布口袋里去。每到晚上，一口袋活蛇挂在帐篷上，总是让考察队员们提心吊胆，甚至彻夜难眠。考察结束返回内地时，由于飞机上不能带活蛇，小李不得不拿出药物，将辛苦捉来的几十条活蛇处死。他伤心地要哭了，而其他曾一起共患难、同吃苦的同志们心里也挺不是滋味，这恐怕是与蛇有了一些感情的缘故。

考察回来后，有人专门拜访了成都生物所两栖爬行动物研究室主任赵尔宓教授。赵教授说："西藏墨脱地区是否有眼镜蛇，一直是个疑案。1962 年对印自卫反击战中，我边防部队曾在墨脱西让以下印控区的一个军事医院内俘获到一条眼镜蛇标本，但也不敢肯定是否就是当地产。这次登山科考队捕到了眼镜王蛇，此案就清楚无疑了。历史上只知道 20 世纪初，西方有一对旅行者夫妇报道见过做了正在做窝的眼镜蛇，以后一直都是对眼镜蛇进行人工饲养的报道，这次我们能看到天然情况下正在孵卵的王蛇，属西藏新纪录，若能当时对王蛇进行几天生态特点的自然现场观赏，那将获得震惊世界的宝贵资料和报道。正是学海无涯，这对我们又是多大的启发啊！"

登上“云中天堂”

1982 年至 1992 年，我国登山队和后来进入的日本登山队，开展了攀登雅鲁藏布大峡谷里的南迦巴瓦峰行动。他们建立了南迦巴瓦峰大本营，登上南迦巴瓦峰的侧峰乃彭峰，日本登山家大西宏遇难，中日登山队偏向峰顶行，最终成功登顶南迦巴瓦峰。

南迦巴瓦峰大本营

大山是人类的乐园，是人类赖以繁衍、生活的居所。亚洲是地球上最高的区域，几大主要的山脉纵横其间，地球上总共14座海拔超过8000米的高山全部耸立在这里。中国是多山的国度，自豪地拥有喜马拉雅、喀喇昆仑两条著名山脉，拥有9座8000米以上的高峰。而西藏，则更是名副其实的“高山之巅”。

20世纪80年代初，历时4年的大规模青藏高原野外综合考察任务基本结束后，工作重心开始向横断山脉转移。在青藏高原与横断山的接合部，山系交结，历来被地学界看成研究青藏高原的锁孔，南迦巴瓦峰就耸立在这个地段。

南迦巴瓦峰不是世界上最高的山，但它的魅力在于，它是20世纪80年代初世界上7700米以上的山峰中唯一未被征服过的“处女峰”。它以它傲若天仙般的风度，引起世人的强烈关注。

1982年，国家和西藏登山队决定联合对南迦巴瓦峰开展侦察攀登活动。为配合登山队，中国科学院决定组建登山科考队，队长由中科院国际第四纪研究联合会主席刘东生院士担任；杨逸畴曾在1973年至1974年考察过南迦巴瓦峰的地质地貌，担任登山科考队副队长。刘东生后因年届六十，没能随队上高原，杨逸畴成为实际负责人。登山科考队数次深入南迦巴瓦峰一带的高山和峡谷，对“神山”和“奇水”开展了多学科的综合考察。

中国8000米以上的高峰绝大部分在青藏高原上，而生活在高原上的藏民族具有与生俱来的登山天赋。令人遗憾的是，这些登山运动员大部分文化水平较低，他们历经千辛万苦登顶后，却因留不下有价值记录“两手空空”地下山了。中国当时的登山运动虽走在了世界前列，科学含量却不高。

在国外，许多优秀登山运动员本身就是科学家、研究者，他们不只是克服常人难以克服的困难成功登顶，更重要的是对所攀登的山峰进行环境资源等的考察，拿回有价值的第一手资料。登山运动与科学考察相结合，这是现代登山运动的潮流和趋势。新中国建立后，国家组织过几次重大的登山项目，都开始有科学家参与，这是勇气与智慧的美妙结合。科学家们的参与可为运

考察队向南迦巴瓦峰大本营前进（高登义供图）

动员提供诸如天气预报、地形分析、登山线路的探测等信息，给登山运动提供安全保障。

杨逸畴紧急筹备和组织人员，人员主要来自中科院地学和生物学科的研究所，另外包括南京大学、长春地质学院、西安地质学院等高校，新疆地理所、云南昆明植物所等研究单位。他们多是身强力壮，年轻有为的科研人员。这支精干的队伍一共有 40 多人，涉及 24 个专业。

杨逸畴心里清楚，现代探险应是科学的和理性的，而不是不计后果、逞匹夫之勇的蛮干和冒险。基于多年的实践，杨逸畴是这样理解的：科学探险就是去别人没去过、去不了的地方，并有科学上的发现。上天是最公平的，越是险恶难去的地方，越是空白的地方，你只要走到了，越会有所发现，有所收获，也越能拿到别人没拿到的第一手资料。他认为真正意义上的科学探险，既要有明确的科学目的，也要有科学知识和方法做保证，最终还要拿到科学成果，并在科学上有所发现。

登山运动员的目标就是登顶，任务单纯，而科学家们考察活动的范围更广。此次活动就是要对整个南迦巴瓦峰高海拔地区的环境资源进行全面考察。登山最好的季节是秋末冬初，要避开雨季，而选择气候干旱、稳定的环境。科考的好季节正好相反，必须在春夏两季，气候温暖湿润，花开了，鸟叫了，动物都出来了，生命处于最旺盛的时节，否则啥也看不到，就没法考察了。为配合登山，1983—1984 年春季，登山科考队两次到南迦巴瓦峰。杨逸畴春季先带上七八人的小分队配合登山。5 月，登山结束得赶回北京，再拉上大队人马返回南迦巴瓦峰脚下，开展大规模的综合考察，赶在10月大雪封山前撤离。

攀登南迦巴瓦峰离不开准确的天气预报，否则事关生命。1982年12月，中国登山队政委王富洲约大气物理学家高登义相见，讨论攀登南迦巴瓦峰的气象预报事宜。他们曾在1966年、1975年和1980年攀登珠穆朗玛峰的过程中非常友好地合作过。高登义想通过做攀登南迦巴瓦峰的气象预报，进一步完善《攀登珠穆朗玛峰气象条件和预报》这篇论文，于是愉快地答应了王富洲的邀请。他们很快取得一致意见：在中国登山队攀登南迦巴瓦峰期间，高登义作为中国科学院登山科学考察队的一员，义务为中国登山队提供攀登南迦巴瓦峰的气象预报。

1983年，登山队员从拉萨出发，经林芝来到南迦巴瓦峰下的米林县派区格嘎村时，登山大本营就设在这里。大本营坐落在该村草木繁茂略微高起的一处山丘上，海拔3520米。在收完庄稼的田地里，4户人家饲养的家禽家畜成群地玩耍。每天黎明时，小鸟叽叽喳喳地叫着。踏着沾满露水湿润的草地，队员们简直无法想象这样的大本营会出现在喜马拉雅山区。

但是，登山队员们向旁边望去，浪花飞溅的雅鲁藏布江在眼下剧烈翻腾，眼前耸立着锋利倾斜的南迦巴瓦山顶。在他们看来，这的确是气势、风格均无可挑剔的喜马拉雅东段的头号高峰。杨逸畴曾多次到雅鲁藏布大峡谷，早已目睹过南迦巴瓦峰的尊容，但当看到当年队员在大本营拍摄的峰顶照片时，还是为它那宏大的气势所震撼。很快，登山队员们便领略了南迦巴瓦峰凶险的一面。

在南迦巴瓦雪峰下，有一大片极美的原始森林，这森林对着世界著名的雅鲁藏布大峡谷。印度洋的暖湿气流逆雅鲁藏布江而上，使这里的地理、气候、自然环境呈现若干奇特之处。令人大为震惊的是，南迦巴瓦峰下这片原始森林有一绝世景观，所有高过林顶面的大树全被劈断了，齐刷刷像被什么巨掌一挥劈断的。整个森林中便耸立着一根又一根、一片又一片高高的、光秃秃的粗木桩。

这些树，不管生长得多么茂盛，多么信心十足，都逃不脱这瞬间的死亡。自然孕育了生命，又如此无情地戕害了生命。至于原因，有人说是山火，也有人猜测是雷击。不对，杨逸畴在原始丛林中转了一大圈，细看这一个又一个“受害者”，看不到一丝火烧过的痕迹。而地下躺倒的上半截躯干与树冠，连干枯的树梢都完好如初。这是神秘的大自然留给人类的一个谜。

南迦巴瓦峰地处喜马拉雅山脉东端尾闾，也是喜马拉雅山脉东段的最高峰，海拔 6000 米以上的地带，群山接天，终年银装素裹；海拔 4000 米左右的地带，一片森林，好像进入温带；往山下走，四季鲜花常开，珍奇动植物遍布其间。

在当地传说中，南迦巴瓦峰是“冰山之父”，冈仁波齐峰是“冰山之母”。据珞巴人讲，这两座山峰本是一对心地善良的恩爱夫妻，从不杀生害命，在它们的怀抱里依偎着香獐、白鹿、野羚牛等，可狠心的罗刹王看中这片净土后，派遣差使下凡，并加持魔力，将“冰山之父”南迦巴瓦峰强行搬到东端，使得这对夫妻各居一端而不能团圆。每次震耳欲聋的雪崩泥石流是他们在发怒，“银河落千丈”的瀑布是他们在流泪。至今，他们还没消气，仍在咒骂罗刹王。在珞巴人的心目中，南迦巴峰是一座神山，葬身于它的怀抱被视为幸福。他们常讲：“南迦巴瓦雪山是圣山，是不能侵犯和攀登的，谁要攀登，冰山之父就要惩罚他。”

1983 年 3 月 5 日，中国大气物理学家高登义第一次来到登山大本营，这里的海拔高度是 3520 米。他曾在珠穆朗玛峰北坡大本营观测天气，这个季节可以经常看见珠穆朗玛峰。然而，当他在 3 月 5 日至 16 日的 11 天中，却很少见南迦巴瓦这座“羞女峰”露出真容。在这 11 天中，竟有 9 天下雪，能见到南迦巴瓦峰的机会仅有 3 次，每次见面的时间也极短。次年 3 月 16 日至 4 月 16 日，高登义每天于 8 时、14 时和 20 时，观测南迦巴瓦峰山体被云遮蔽的情况。96 次观测，能够看见南迦巴瓦峰的次数仅为 25 次。若是在雨季，则更是很难见到南迦巴瓦峰的真容。正因为这座神峰很难见到，所以每当它偶尔露出真容，他总是快速取出相机将其留住。

在高登义看来，云遮雾罩难识南迦巴瓦峰的真容，有两层含意。其一，由于南迦巴瓦峰和加拉白垒峰位于雅鲁藏布江流向折转的大拐弯处，来自印度洋的暖湿气流源源不断地向这里输送暖湿水汽，其水汽输送强度与夏天从长江南岸向北岸输送的水汽强度相近。如此强大的水汽输送在受到强烈的地形抬升作用影响下，往往在这里形成茫茫云海，带来很大的降水。因此，南迦巴瓦峰和加拉白垒峰经常云遮雾罩，很难目睹真容。其二，特殊的地形条件和特殊的水汽输送状况使得两座山的天气气候条件较为复杂，要认识其变化规律并做出准确的天气预报也很难，即认识其“庐山真面目”很难。

从南迦巴瓦雪山看，攀登有一定的难度，明暗冰雪裂缝丛生，但在同级别的高山中，南迦巴瓦雪山的地形特点和难度并不是最突出和最难的。在登山者看来，南迦巴瓦雪山的攀登最大的难点是变化莫测的天气。由于雨雪补给充沛，南迦巴瓦雪山的数条冰川是世界上罕见的季风海洋性现代冰川，流动速度快，破碎且稳定性差，如同“豆腐渣”。在雨季期间，冰崩雪崩极为频繁，给登山者带来的是无法预料的危险。

突击队长宋志义（右）与队长王志华（左）在大本营（高登义供图）

中国登山和科考队建的大本营是一块平坦的草地，附近有小居民点，住着几户藏民，马匹可以走上来，后勤供应挺方便。从大本营出来，沿一条沟往上走。一路上，山的阴坡里森林非常茂密，长着高大的冷杉和铁杉，树上挂着一种草绿色的附生植物松萝，像胡须一样随风飞舞，走在这样的原始密林里，就如同走在夜晚。太阳出来时，阳光透过树的间隙射进来，一束束阳光只留下金色的光斑。林子里非常潮湿，空气像是能捏出水来，地上仍有积雪，大家深一脚浅一脚地走着，身上的羽绒服穿不住了，个个大汗淋漓，但只要停下来，不出两分钟，一身的汗水，马上就能结冰结霜。到了海拔 4500 米，走出原始林，视野一下开阔了，世界变得亮堂堂的，脚下是高山草甸，生长着矮小的灌木和草，他们在一处平台上扎下 1 号营地，存放物资。

第三天继续向上，爬上海拔 5000 米处，到了冰川的源头，这里是万年积雪的“粒雪盆”，四周是皑皑的雪山，稍近处是雪崩形成的雪崩锥，他们的帐篷就扎在冰雪上，一住就是1个多月。本来是多棱的雪花，自空中飘落，但由于太高太冷的缘故，雪花在下落后重结晶变成了粒雪。在盆地中，它们日积月累，年复一年，终年不化，一层层越积越厚，在重力的作用下，积压的冰雪开始往低处滑动，形成了冰川。

大峡谷地区由于独特的气候条件和山高谷深的地形特点，受温暖湿润气候的影响大，雨雪丰沛，所发育的冰川为海洋性冰川。它们融化快，流动性大。雪崩，是海洋性冰川发育的主要补给方式，雪崩维持着冰川的生命，在大峡谷积雪皑皑的山坡，频繁而强烈的雪崩成了必然的自然现象。而雪崩，被登山运动员称为“白色死神”，是攀登路上的头号天敌。杨逸畴他们必须记录雪崩发生的次数，摸清雪崩的规律和特点，好让运动员有效地避开它的伤害。

一天，正值午后，登山科考队正待在野外，对面高山上空是白茫茫刺眼的积雪，雪线下是黛色森林，冰舌末端经常延伸到森林间，这也是大峡谷特有的景致：“菜花金黄映雪出，葱茏林海舞银蛇。”阳光强烈灼热，天气晴好，蓝天白云，厚厚的羽绒服穿不住了，众人都光着膀子，任由高原强烈紫外线的照射，到了四五时，大雪崩突然发生了。

雪崩发生在对面山上，而且不止一处，连锁反应引起了周围高山多处雪崩同时发生。一时间，山谷回荡着“轰隆隆”的回响，让人生出一种马上就要被淹没的恐怖感。土黄色的崩雪，像决堤的黄河水一样漫溢大地，崩雪沿着山坡沟谷滑落，直落谷底森林间。沿途水桶粗的大树，硬是被拦腰折断。

这场大雪崩，就是大峡谷地区典型的“融水性雪崩”，晚上下的新雪与原来的老雪间不整合，留下一道冰雪的缝隙，白天在阳光长时间的照射下，融化了的雪水，如下渗的润滑剂一样，导致积雪不稳而滑动，产生雪崩。这种雪崩大多发生在下午四五时。可到了夜里，雪崩还会发生，这种雪崩叫“重力性雪崩”，伴有大雪，发生时不是大规模大面积的，而是零零碎碎的。雪下得太多太厚，山头上的积雪便要向下滑落。这座山头刚滑落，那个山包又开始，这样不间断地周而复始，此起彼伏，雪崩的声音发闷。夜里睡在帐篷里，头顶上的尼龙帐篷顶上雪堆得太厚时，就会“哗”地滑下来。再过一阵子，又“哗”地滑下来。一开始睡在里面会很不习惯，觉得恐惧，睡不踏实，有种危机感，害怕不知何时雪崩就会崩到自己头上。

帐篷就搭在冰雪上，搭帐篷时，先把地表积雪扫扫，铲平，铺上狗皮褥子或防潮的高密度塑料，人实际上就躺在冰窝窝里，睡着睡着就被冻醒了。在那种情景下，人从来不能一觉睡到天亮。到了早上，浑身骨头疼，人的体温会把屁股底下的冰融凹下去一大块，他们要用雪垫上、铺平，晚上接着再睡。

张文敬与杨逸畴一起工作，有天回来晚了，摸黑搭帐篷，夜里睡着睡着就被冻醒了。奇怪的是，还听见“哗啦啦”的流水声，等早起一看，众人皆大惊失色，他竟然把帐篷搭在了冰裂缝上，他的体温已将身下的冰化成了V字形，冰缝张开了大嘴巴，好像要等着吞掉他，“哗啦啦”的声音正是冰川下融水流动的声音，这要掉下去，根本没法救。曾经有名日本女登山运动员在攀登喀喇昆仑山时，不小心掉进冰缝里，落在下面20多米处。冰川本身是移动的，开始还能听见她的呼救声，大家却没法救她，慢慢地再也听不到她的喊叫声了。

海拔5000多米的地方没有森林，不能生火，他们自带高山汽油炉，但大家舍不得老用，每次只烧点开水，就着糌粑或压缩饼干、罐头，凑合一顿饭。强烈的紫外线，加之刺骨的寒风，1个月下来，人就不成样子了。杨逸畴说脸上起码脱了三层皮，脸上皴裂，皮肤翻卷，露出红红的肉。由于雪光反射刺眼，弄不好会雪盲，所以天天要戴墨镜。后来摘下墨镜一看，脸上全是黑黑的，两只眼圈是白的。

登山运动员每天都要做适应性训练，选攀登路线，在冰上钉钉子，挂安全绳，行话叫“修路”。杨逸畴他们则在四周转悠工作，在5200~5400米高海拔地区挖雪坑，测不同雪层的温度，采不同雪层的雪样及岩石标本。每天要对大大小小的雪崩进行记录，最多时一天内雪崩达几百次。

有一天，科考队员正在做记录时，南迦巴瓦峰的尾峰乃彭峰发生了大雪崩。这场大雪崩惊心动魄，崩落的雪尘沿着沟谷，像一条条巨大的雪龙漫山舞动。在沟谷转弯处，横冲直撞的雪龙腾空而起，升起冲天雪雾，仿佛原子弹爆炸时的蘑菇云，蔚为壮观。所向披靡的雪龙一直向前冲，直落到山坡底下，形成一座座庞大的雪崩锥。突然，大家看到雪尘中有黑包物体，那是些被裹挟的石头。他们站在500米外的地方，但巨大的雪崩带来的气流仍扑面而来，冰凉冰凉的，飞溅的雪尘重重地拍到帐篷上，有几厘米厚。大家赶紧趴到地上，害怕崩雪和石头砸过来。

南迦巴瓦主峰是三角形的，高耸险峻，直插云霄，它近于南北走向的两翼，峰峦起伏绵延10多千米，山脊上的冰雪闪烁着冷清的亮光，似银蛇飞舞。其中西北翼山脊有好几个7000米以上的高峰峥嵘突兀，西南翼中间隔着凹下去的南坳与7043米的乃彭峰平台相连。乃彭峰平台有七八千米，向南西倾斜，其上覆盖着百多米厚的冰雪，是攀登南迦巴瓦峰必须依托的地方。平台西南几经起伏，中间有海拔4000～5500米之间的那木拉、多雄拉、德阳拉山口，构成贯通喜马拉雅山南北人类活动的主要通道。南迦巴瓦峰的西坡，山体是一系列刀切似的峭壁岩，8条冰川宛如瀑布飞泻而下，雪崩冰岩的滑道像刀刻般清晰可见，阳光下反射出道道寒光。

登山科考队员冒着冰雪严寒，攀悬崖上陡壁，不停地用锤子敲敲打打；用罗盘测量着地层的现状，取样记录，识别出组成南迦巴瓦峰的岩石竟是一套变质岩系，其中包括片岩、片麻岩、角闪岩、变粒岩、大理岩、石英岩等，是一处中深程度的变质岩系，绝无沉积岩发现。它们在南迦巴瓦峰从上到下层砌叠阶，就西坡裸岩陡崖所见，就像不同色调的千层糕一样叠嶂面前，灰色的、灰绿色的、黑色的、白色的、随着地层褶皱变化，构成各种弯曲的图形，大自然构造运动留下的造化一目了然。乃彭峰平台明显就是一个宽缓的向斜构造，它与南迦巴瓦峰的地层完全不连续，凹下去的南坳明显是一条大的断裂带。

南迦巴瓦峰地区脱离海水成陆的时间很早，后来又经过一系列构造运动，岩层多次变质，南迦巴瓦峰本身就是在新构造时期的板块作用中由强烈断块隆起的山体。正是因为南迦巴瓦峰复杂的地质构造，登山科考队选择来年再战，择机攀登南迦巴瓦峰。

登上乃彭峰

1984年春天，中国登山队由队长王振华、政委王富洲带队，决定首次攀登南迦巴瓦峰。中国科学院登山科学考察队由杨逸畴和高登义带队，组织10余名科学家到南迦巴瓦峰进行科学考察。

3月9日是一个大好的晴天，登山科考队考察队员和登山队员穿过海拔3600～4200米的林海雪原向主峰挺进。沿途灌丛密集，积雪埋没双膝，他们不断砍灌丛才能前进。雪灌进鞋袜化成水又结成冰，身上冒起阵阵热汗，真是冷热夹攻，给科考和登山行动造成很大困难。

登山科考队来到海拔4200米时，算是走出了森林带，向阳的山坡出现高山草甸灌丛，积雪斑斑点点。对面阴坡盖着厚厚的积雪，阳光下白晃晃的真刺眼。中午灼热的阳光下羽绒服已经穿不住了。下午 5 点突然雪崩，但见周围山头雪尘滚滚而下，山谷中充满了隆隆的轰响。

雪崩过后，大量崩雪从陡崖跌落，形成雪的飞瀑，极为壮观。冰雪在强烈的阳光照射下融化，从而引起“融水性雪崩”。因为阳光晒化积雪使融水下渗，像润滑剂一样导致积雪不稳定而发生崩落。这类雪崩大多属大中型，破坏性很强，对登山活动危害最大。

3 月 12 日晚下起了大雪，漫天迷蒙。在那万籁俱寂的雪夜，只听到雪粒落到帐篷上的刷刷声和积雪时不时从帐篷上滑塌下来的声音。在海拔 4400 米营地，他们的帐篷很快被雪埋起来了。就在这大雪之夜，四周山头还雪崩不断，此起彼伏，使人感到危机四伏，难以成眠。

3 月 28 日，海拔 5000 米的冰雪营地终于迎来一个大好晴天。登山科考队赶快架起高倍望远镜，看到登山健儿们分成两组向乃彭峰挺进。他们必须赶在中午之前通过陡坡上的喇叭口，这样遭遇雪崩的概率就会小些。他们先沿喇叭口的左侧山梁攀登，登上基岩山梁一个缺口的地方，并用岩锥牢牢固定比手指还粗的尼龙绳索。队员小宋一马当先，迅速下到喇叭口底部。那里已经结冰，又硬又滑，他还是拉着绳索以最快的速度通过谷地直上对面的山坡，而对面山坡已竟被崩雪打得锃亮光滑。

这是雪崩槽区，通过时容不得丝毫犹豫和彷徨，严格地说，是在和“白色死神”雪崩抢时间，比速度。即使这样，他们还是往返了几次，因为这期间几次雪崩下来，手指粗的尼龙绳竟被砸成一截一截的。待到全组 6 人安全到达对面山坡时，已是 14 时 15 分，通过这条雪崩槽竟花了 3 个小时。也就是这时，一次大的雪崩暴发了，只听一声巨响，大块的冰雪夹着石块呼啸而下，飞溅起漫天的雪尘烟雾。大家惊呆了，登山队 6 名队员的生命安危牵动着营地上每个人的心。

登山队长王振华手中的报话机突然响了起来：“雪崩好大！但我们安然无恙，请放心。”小宋的话使大家提着的心放了下来，但是，下午连续发生了大小雪崩、溜雪 50 余次，驻地所有人一直处于高度紧张之中。

雪崩发生的规律很不好掌握和预报，登山科考队只好采用笨办法，每天坐等雪崩发生，记录雪崩的时间、地点、地形条件、强度大小、频率、间隔时间，摸索出它的类型和活动规律，寻找雪崩的间隙攀登，避开雪崩频发的时间段，避开雪崩易发的山头和沟谷地形等，布设攀登路线，这样安全性便增强了。

1984年3至4月，高登义的主要工作是搞好登山时的天气预报。他同登山队员董建斌合作，分别在南迦巴瓦峰大本营和2号营地（海拔高度4950米）统计雪崩与降水的关系。从登山大本营到乃彭峰之间共设立了5个营地，2号营地西北侧的喇叭口是雪崩的多发地，2号营地是观测喇叭口雪崩的最佳位置。

3月26日晚至27日晚，大本营降雪11.1毫米。一天后，大本营观测到4次大的雪崩。在2号营地，28日观测到4次较大的雪崩。29日的雪崩更为频繁，共发生45次，其中有10余次较大。3月30日至4月4日，大本营降雪不停，2号营地每天都能观测到雪崩。4月4日，在喇叭口一带有9次特大雪崩，其中最大的一次发生于19时，雪流量达25万立方米以上。高登义发现了一个规律：大本营下大雪后1天至3天之间，南迦巴瓦峰山区更易出现雪崩，一般发生在大雪后晴天的12时至17时，登山者特别需要警惕喇叭口的大雪崩。

大气物理学家高登义作气象观测（高登义供图）

在选择登山路线时，登山科考队面临一大难题：就南迦巴瓦峰所处地理位置和地形部位看，攀登只能先从西坡开始，西坡山麓的雅鲁藏布江边海拔不过 2800 米左右，它距离南迦巴瓦峰峰顶水平距离不足 10 千米，两者高差竟达 5000 米，而南迦巴瓦峰的东南坡更甚，两者水平距离不足 40 千米，相对于南迦巴瓦峰顶高差达 7000 米。无论选择哪面坡，比起珠穆朗玛峰的攀登条件，难度系数都要大得多。高峰的地形陡，相对切割度大，攀登距离长，地形崎岖，从下往上运送物资全靠民工体力搬运，十分困难。

杨逸畴看到，5000 米以上的山体高耸，上面还有近 3000 米高程的距离，全是裸岩陡壁、冰川和积雪，民工无法翻越，运输物资全靠登山运动员自己背负，加大了他们的体力消耗，延长了攀登时间。如沿则隆弄沟到其源头，沟谷谷底海拔 4500 多米，往上两坡尽是受断层切割的裸岩陡壁，由此直插南坳。全凭冒险的岩石攀登作业，这对我国比较习惯于冰雪操作的运动员来说，无论攀登还是运送物资，都将是一道直上直下的难关。

假如从路口处河的源头冰雪盆地向上攀乃彭峰，就要从乃彭峰平台西南尾端陡崖直上，数千米直上直下的距离意味着要遭遇频繁雪崩的风险。攀上乃彭峰平台，在厚厚的冰雪层中，冒着大风走在巨大冰裂缝和一些暗裂缝中时，通行难度更大，有的地方不得不架桥。到达乃彭峰顶后，虽说南迦巴瓦峰已近在咫尺，但也要先下南坳，而从乃彭峰下到南坳，是直上直下的裸壁近 300 米，下到南坳底也是一处极大的难关。所以，无论走哪条路，最终都要经过南坳。更难的是，从南坳再上南迦巴瓦峰峰顶，是段高差 1100 米的陡直坡地，它坡面平均在 50 度以上，急斜直上，没有一处可以落脚设营的地方，相对攀登距离就拉长了。这一溜冰雪坡就是南迦巴瓦峰东南几条主要冰川的源头，坡上雪檐张牙舞爪，冰崩雪崩十分频繁。

至于南迦巴瓦峰的东坡，则面对着雅鲁藏布江西侧的原始森林带，沟谷切割纵横，杳无人烟，登攀距离长，通行十分困难。南迦巴瓦峰的北坡、西北坡则斜向延伸着一系列 7000 米以上的多个高峰的刃状山脊，理想的攀登路线也很难找到。由此看来，南迦巴瓦峰的攀登难度大，外加长距离的岩石操作攀登和冰雪作业攀登俱全，天气变化多端，冰崩雪崩的危机四伏，登顶时始终要面临十二万分的危险，更要加倍谨慎和努力。

中国登山队要想顺利登顶南迦巴瓦峰，必须配合科学的天气预报，抓住有利时机，既要步步为营，又要敢于冒险突击，争取一举成功。高登义曾两次为中国登山队做过攀登珠穆朗玛峰的天气预报，均由一个气象组来完成，包括 4 ~ 5 位气象预报员，2 ~ 3 位天气图的资料接收员、填图员和 5 ~ 6 位气象观察员。此次天气预报则由高登义 1 人来承担，他身兼气象观察员、资料填图员和天气预报员多职。不过，他每天所需要的天气图和卫星云图资料由西藏气象局预报员薛智通过电话提供，这是登山天气预报的基础。

高登义进入登山大本营后，首先建立了一个简易的气象观测站，包括一个气象百叶箱和雨量筒，每天定时观测气温、气压和降水量，制作了 1984 年南迦巴瓦峰地区雨季开始的短期气候预测，向中国登山队预告“1984 年南迦巴瓦峰地区的雨季开始时间不早于 5 月上旬”。他依据连日来 500 百帕欧亚天气图的环流形势变化，参考相应范围的卫星云图资料，制作 3 ~ 5 天的中期登山天气预报。

4 月 3 日，高登义预报“4 月 15 日前后有 3 天以上的一等好天气”。第四天，中国登山队的宋志义、仁青平措等 10 名队员到达了海拔 6400 米的 4 号营地，等待好天气。4 月 10 日 17 时左右，他分析 4 月 9 日至 10 日 8 时的 500 百帕欧亚天气形势图上的环流变化情况，发现伊朗高原上空有一大片升温区域，24 小时气温升高 6 ~ 8 °C，非常有利于西风带上的高压区域发展并向东移动，当即预报“4 月 13 日开始有 3 天以上的一等好天”，同中央气象台的预报完全不同。

高登义每天深夜 2 时观测气象，收听薛智从卫星电话中传来的高空天气图资料，分析出当天的 500 百帕欧亚天气形势图。王富洲听后非常高兴，希望他能够和中央气象台、西藏气象局讨论。有一天，高登义首先拨通了中央气象台的电话，对方的预报意见与他的完全相反，认为 4 月 15 日前后没有登顶的好天气。他将这两种不同的预报意见立即与西藏气象局讨论，并说明了他的预报依据，薛智希望半个小时后再讨论。他和王富洲守候在电话机旁，薛智半小时后终于来了电话，告诉说：“根据你说的 24 小时变温情况，我们也同样做了分析，结果和你的一样，同意你的预报意见。”登山队长王振华把这个预报意见，通过对讲机告诉了在 4 号营地的宋志义。

4 月 10—11 日，大本营的地面气压逐渐上升，天空的云量由 9 ~ 10 成减小为 6 ~ 7 成，预示着西风带上的高压区域在逐渐向南迦巴瓦峰移来。高登义和大本营的队友们都很高兴，5 号营地乃彭峰的登山队员们待机登顶。4 月 12 日，天气突然发生了变化，南迦巴瓦峰地区及其西北侧上空被一片云区笼罩，地面气压下降，不利于登顶，登山队员只好继续在 5 号营地等待。面对突然的天气变化，高登义感到非常困惑。他把自己关在帐篷内，把近几天的 500

百帕欧亚天气形势图都展开来仔细地看，慢慢地分析研究。

高登义仔细地对比几天来高空环流形势的变化，特别是西太平洋副热带高压的变化，发现了前因后果。原来，在4月9—11日，由于西太平洋副热带高压迅速向西推进，那条表示副热带高压范围的“588等高线”逐渐由东经100度向西移到东经95度，正好推进到与南迦巴瓦峰相同的经度上，从而使得大本营的地面气压逐渐升高，天空云量减小。4月11—12日，大本营地面气压降低，正说明西太平洋副热带高压向东撤退，南迦巴瓦峰西侧的低气压移过本地上空，其后面的伊朗高原上空的高气压会随之而向东移动，未来天气会好转。眼下的关键是等待卫星云图上的那片云区移过本地，地面气压再次回升，好天气就会来临。他当即估计，从4月12日8时开始，14~16个小时以后，卫星云图上的那片云区会移过本地，地面气压会开始回升。

南迦巴瓦峰的卫峰——乃彭峰（高登义供图）

高登义立刻钻出帐篷，把上述情况告诉王富洲。当天晚饭后，他们关注着大本营上空的云和地面气压的变化，等待地面气压回升。王富洲把床垫搬到帐篷外面，两人坐在床垫上，不时地仰望天空。4月13日1时10分，他们终于等到大本营上空露出了星星，盼到了地面气压开始回升。他们又等了将近半个小时，王富洲才把高登义的预报意见通知了4号营地的宋志义：“明天天气好转，4点出发，攀登顶峰。”

4 月 13 日，晴天，小风。在 4 号营地等了 5 天的宋志义、仁青平措等登山队员于 12 点之前全部顺利地到达海拔高度 7000 米的 5 号营地乃彭峰。乃彭峰是南迦巴瓦峰的卫峰，位于南迦巴瓦峰西侧，是中国登山队选定的登顶路线上一个关键营地。其时，蓝蓝的天空中飘着朵朵白云，“雪电如火燃烧的神峰”张开双臂，热烈欢迎登山队员。

在大本营，高登义用望远镜清楚地看见登山队员们站在乃彭峰顶上向着顶峰张望，似乎不敢投入它的环抱。“大本营，我们找不到通往顶峰的路线，请指示！”13 点后，宋志义报告。“继续侦察，尽快找到攀登顶峰的路线！”队长王振华指示。又过了 1 个小时，攀登队员仍然没有找到比较容易攀登顶峰的路线。大本营的王富洲、王振华等非常着急，命令宋志义详细报告攀登路线的困难。

“大本营，经过我们仔细观察，主要的困难是，在南迦巴瓦峰顶峰下面有 100 多米长的冰崩区，时不时地在向下崩塌，从乃彭峰出发去攀登顶峰，必须经过这个冰崩区的下部，受这个冰崩区影响的路线至少有 200 米，很难通过。”宋志义向大本营报告。听了宋志义的报告后，王富洲让王振华听取山上每一个队员的意见。仁青平措发表了不同的意见：“冰崩危险有一点，但还是可以想办法通过。如果大家认为通不过，我一个人过。”

仁青平措是中国登山界有名的“小愚公”，他的看法显然与大部分队员的不同，大本营的领导们为难了。王富洲立即召集“碰头会”，王富洲要高登义发表意见，高登义说：“从天气条件看，登顶没有问题，就看能否找到登顶路线了。”老登山家们认为，通过 200 米长的受冰崩影响的区域很不安全，必须选择新的攀登路线，山上队员们的意见一时很难统一。大本营的心情很是矛盾：一方面，这么好的天气不登顶实在可惜；另一方面，登山家的安全也很重要，也不能够让队员们去冒险。经过 1 个多小时的观察，登山队员们仍然没有找到新的攀登路线，大本营最后下达了“全部下撤”的命令。

命令下达后，登山队员们在山上忙碌，把糌粑向天空抛撒，把洁白的哈达献给南迦巴瓦峰，虔诚地向神峰跪拜。登山队员们下山了，“雪电如火燃烧的神峰”似乎在默默地向登山队员们告别；朵朵白云缓缓地移动，似乎在为我们的队员送行。登山好天气一直持续到 4 月 16 日，放弃登顶实在可惜。高登义事后写道：“攀登者是否具备了攀登的条件，除了身体、技术条件外，还应该包括对于山地的地形条件的了解和熟悉程度啊！”

队友按照高登义提供的预报出发（高登义供图）

在这 40 天中，科学考察队的队员大部分时间都不在大本营，他们或者到海拔高度更高的冰川区域去观测，或者到海拔高度更低的地区去进行生物考察唯有高登义在一个双人帐篷中生活和工作，不到一半的地方是他的“卧室”，其余空间便是“办公室”。小罐头箱当凳子，在两个大罐头箱上放一块特制的长方形木版，便是他的“办公桌”。

高登义根据云的变化制作 3 小时以内的预报，特别是观测积雨云移动情况，预报 3 小时以内的降水和大风，对登山队员帮助很大。登山活动结束后，中国登山队党委致函中国科学院大气物理研究所党委，感谢高登义在这次登山天气预报中对中国登山队的大力帮助，信中写道：“高登义同志被我国登山队队员们誉为‘青藏高原气象的眼睛’‘登山天气预报的诸葛亮’……”1984 年 10 月，《科学报》摘录刊登了这封表扬信。

大西宏遇难

中日联合攀登南迦巴瓦峰，是两国高层人士促成的。1990 年 4 月 12 日和 28 日，日中友协全国本部会长宇都宫德玛先生分别致函中国国家副主席王震和国家体委主任伍绍祖，建议组成联合登山队共同攀登南迦巴瓦峰。这一倡议，很快得到了国家体委、西藏自治区等有关部门的同意，并于同年 7 月得到国务院的正式批准。

经过周密的协商，中日两国决定组成“中国日本南迦巴瓦峰联合登山队”，于 1991 年秋季正式攀登当时世界未登顶的南迦巴瓦峰。这次活动因两国高级官员的直接关心和支持，立刻引起国际登山界、新闻界的特别关注。

在国际登山探险家眼里，攀登南迦巴瓦峰的难度大过珠穆朗玛峰。中国登山队曾几度试图单独攀登但未能如愿，包括意大利梅斯纳尔在内的不少世界著名登山家也曾跃跃欲试，但因南迦巴瓦峰地区没有对外开放而无缘涉足。

1991 年 9 月 28 日下午，当日方登山队到达大本营时，中方登山队已搭起了几顶白色大型中国制造的帐篷。当时中国的总队长是洛桑达瓦，登山队长为桑珠，攀登队长为陈建军，队员为加布、次仁多吉、边巴扎西、罗新、罗则。而日本的总队长为山田二郎，登山队长为重广恒夫，攀登队长为高见和成，队员为木本哲、山本笃、大西宏、广濑学。

双方在大本营用 3 天时间整理并分配装备，10 月 1 日中国国庆节，中日联合登山队员在大本营举行了开营仪式，中日两国的国旗在南迦巴瓦峰顶的映衬下迎风飘扬。

前一年，登山侦察队在短时间内到达乃彭峰路线的 5 号营地（7000 米）。这次也为了采用南山路线，确定了各营地的位置。剩下的是距顶峰的 1000 米高差，如何攻下被称作岩石带的岩壁地带是最大课题。

这支联合登山队伍不使用协作人员，可以说是比较精干的队伍。当然，若包括日本广播协会、《读卖新闻》的报道人员，人数就相当多了。

此次虽说是联合登山，可因日本是出资方，战术是依据日方重广恒夫个人的理论制定的。重广恒夫从申请登山许可到前期考察，倾注了很多热情，他以全体队员登顶为目标，并根据以往丰富的经验，制定了较为完善的登山计划。

2日开始，中日登山队员依次从大本营出发。在日本登山队员看来，1号营地的景象如同日本秋季山景。2号营地海拔4800米，近似阿尔卑斯山，这个营地正是之前大本营的高度。

1992年中日联合攀登南迦巴瓦峰

8日向3号营地修路，其中需攀登前一年侦察过的冰雪壁，大西宏和攀登岩壁的专家木本哲两人走在前面。根据前一年侦察队的报告，大家本担心通过喇叭口狭窄地带时出现雪崩危险。然而，此次来看，或许雪较重，但斜坡、积雪似乎比较稳定。只是其上部有可怕的冰塔林，它的崩溃也许会诱发雪崩，这是队员们很难预料的。

山上的队员正向南迦巴瓦峰不屈地挺进。喇叭口终于被打通了，但付出的代价是惊人的。陈建军、次仁多吉、高山协作人员嘎亚腿部均被滚石砸伤。而这又是上山的必经之路，通过这片随时处于滚石和雪崩威胁下的险区是无可回避的。此处高差近300米，难度是巨大的。再向上，岩石冰雪槽、冰崩区、明暗裂缝、断层……险情历数不尽。山上又频频飞下滚石和流雪。

越往上，山体被切割得越厉害，冰雪壁的坡度在50度以上。日本队员大西宏、木本哲一边选择岩石裸露的地方，一边迅速修路。翻上雪壁后由中方打头阵，他们固定 14 根主绳到达 3 号营地。在 5600 米处，自进入大本营以来还未见到的顶峰就出现在眼前，四面是巍峨起伏的山峦。

2 号、3 号营地一个又一个地挺立在了风雪之中，还有 4 号、5 号、6 号营地。6 号营地即为突击营地，将建在海拔 6700 米处。它是冲顶最关键的、也是最后一个营地。13 日建立 3 号营地。打通道路，建立 4 号、5 号营地。日方队员显得更为急切，顶峰看上去已经如此接近。

中日联合登山队员们开始登山以来，天公作美，队员之间心意相通，气氛和睦。进展顺利的登山活动却因 14、15 日持续降雪而被迫停止 2 天。16 日天气终于转好，没想到竟成为最痛心的一天。

10 月 16 日，南迦巴瓦峰在几个连阴的雪天之后，终于放晴。A 组 3 名日本队员高见和成、大西宏、木本哲，以及 3 名中国队员陈建军、边巴扎西、罗则早已按捺不住。8 时许，开始了从海拔 5640 米的 3 号营地出发，向 4 号营地预定地点挺进。他们要在前一年侦察时的老营地营址上，建起新的 4 号营地。因前一天的降雪，队员在深雪中驱雪前进，除中国攀登队长陈建军外，中日 5 人会合，10 时左右交替开路。

1990 年秋试登时，中日登山队员曾到达 4 号营地下的一块平台，当时日本攀登队长高见和成手中的高度计指示为 6150 米。这时大家来到这里，讨论能否在平台上建立 4 号营地，并通过报话机向从 1 号营地往 2 号营地移动中的重广恒夫队长报告。此时重广恒夫已接近 2 号营地，时间大约是 13 时 10 分。高见和成当时是轻装驱雪开路，所以又向下返回 50 米左右取回自己的背包。

大西宏背上物资，走在了队伍的最前面。13 时 15 分左右，大西宏队员与重广恒夫通话，并报告要侦察上方情况。当高见和成返回原来地点时，大西宏说了声去侦察就出发了。从该处至前一年的 4 号营地附近的斜坡约 40 度，大西宏快速向上攀登，木本哲紧随其后，立即向左横切，高见和成在物资堆放处吃饭。大西宏清楚，从 3 号到 4 号营地这一段路坡度不算太大，比喇叭口好走，是相对比较安全的。他过于相信自己的实力和登山经验，一出发就走得很快。

大西宏出生于京都，明治大学文学部毕业。大学时参加了山岳部，1985 年登顶可可赛及门克（6100 米）峰；1987 年登顶拉卡波什东峰（7101 米）；1988 年 2 月参加日本、中国、尼泊尔三国组成的珠穆朗玛峰联合登山队；7 月登顶南美安第斯山脉的阿空加（6959 米）第 5 座山峰；1989 年作为国际探险队“冰上行走”的队员步行到达北极点；之后，又登顶世界最高峰珠穆朗玛

（8848 米）和马卡鲁峰（8463 米）。这使他一下子成为日本一流登山家。他曾计划 1992 年向南极点挑战，加上北极和珠穆朗玛峰，实现徒步征服“三极”。

10 时 45 分，陈建军就因腿伤走在队伍后边，通过对讲机向大本营报告：“我们正在走向 C4 的途中，新雪很松，不少地方踩下去没过膝盖达十厘米。行走很难，走十几步就要歇一下。”大本营随即回复：“山上雪厚，注意，千万小心！请所有队员注意！”

山上会有这么深的雪，是人们料想不到的。12 时 50 分，陈建军的声音又出现了，报话机里都能听到他在呼呼地喘着粗气：“现在我们正在继续行军，离去年侦察时的 C4 营地还有 90 米。”大本营马上回话：“请报一下高度。”陈建军立即汇报：“6150 米。”

4 号营地很快就要到了。到了营地，就意味着当天上午的行军顺利结束。大本营里，人们绷紧的心开始稍稍缓和。而此时走在陈建军前面的边巴扎西拐上一个坡弯后，突然吃惊地发现一直走在前面的大西宏骤然消失了！他急促地向大本营报告：“大西（宏）不见了！前面的大西突然不见了！”

“流雪！上面发生了大面积的流雪！”流雪不是雪崩，是高处的积雪向山下滑动。只要有人横切破坏了雪面，便极易发生。可怕的还不在这里，更在于流雪会带来雪崩。大本营里，总队长洛桑达瓦几乎要把报话机握碎了，下令道：“不要惊慌！注意观察，注意观察！防止雪崩，设法营救！”

陈建军此时也上来了，流雪还在继续下移。这里坡度为 70 度，流雪区高达 70 米，宽近 300 米。上方仍有大量积雪，随时有向下塌方形成雪崩的危险。大西宏呢？所有的队员都在着急地四处寻找大西宏。他们在茫茫的雪中，这里扒一下，那里扒一下，依然没有找到他。

“大西！大西！”没有人回答。3 分钟，5 分钟，7 分钟……人被埋在雪中的极限是 7 分钟。11 分钟过去了，A 组队员终于找到了大西的一只手。他的那一只手露在雪堆外。大西被急速地从 1 米多深的雪中扒出。大本营里，日方队医小岛指挥山上的队员做人工呼吸等紧急抢救。13 时 51 分，边巴扎西绝望地带着哭腔喊道：“他死了！大西死了！”

大西宏作为这次的主力队员，也参加了 1990 年攀登南迦巴瓦峰的试登侦察。可他犯了一个大忌，一般情况下，雪后是万不可行军的，因为新雪太软，与山体没有固合，雪崩和流雪最易发生。即使地形较好，要走的话，也应格外小心。他没有在意这一点，就是感到地形较好。大本营也再三强调，千万注意安全，要求所有队员攀登时都必须打开对话机，他实在是太大意了。

日本登山队员高见和成是这次山难的亲历者，他同大西宏、木本哲等走在队伍的前面，猛然抬头看不见大西宏的踪影，当即意识到出事了。木本哲虽也被雪冲出 20 米左右，但凭借着自己的力量总算逃脱了。之后，日本攀登队队长高见回忆说：“我顺着脚印走了 20 米发现一个雪包，才知道发生了雪崩，时间大约在 13 时 35 分前后。”

大本营不相信，谁都不相信。“没有！他没死！抢救！再抢救！”可抢救已无效。脉搏没有了！摸颈动脉没有了！看瞳孔散了！队员们再用手指按一按瞳孔，已没有反应了……小岛手中的报话机无力地滑落到地上。14 时 15 分，日方代理总队长重广恒夫和医生小岛确认大西宏遇难。29 岁的大西宏真的去了，带着他童年的梦，带着他登上南迦巴瓦峰顶的愿望，带着他明年还准备去南极探险的愿望……

再向峰顶行

大西宏遇难后，中日双方共同决定：迅速撤离流雪危险区，下撤到安全地带，攀登不得不暂时终止。

第二天，大家将大西宏遗体下撤至 3 号营地下方的喇叭口收容，再安放于 2 号营地。

8 天后，大西宏的父母亲和姐姐赶到了大本营。大西俊章是一位诗人，也是一位坚强的父亲。他见到所有的登山队员后，并没有提出马上要见儿子，而是流着泪说：“我的儿子走了，他跟大家一起登山的日子里，承蒙大家的许多关照。他遇难后，大家冒着生命危险尽全力抢救他……谢谢了，谢谢大家。他走了，可登山还应当继续下去。希望大家继续努力，这也会是大西的遗愿。拜托大家了，完成他的愿望……”大西的母亲和姐姐忍着悲痛，也向大家深深致谢。

10 月 26 日，中日联合登山队为大西宏举行了遗体告别和火葬仪式。这是一个独特的葬礼。南迦巴瓦峰脚下肃静的原始森林和哗哗而泻的溪流，更增添了中日登山队员和大西宏亲属的悲思。告别遗体时，大西宏年迈的父母，久久深情地抚摸着儿子那熟悉的面庞，抑制不住悲痛的心情，再次失声痛哭。在场的人也无不痛心垂泪。

在葬礼仪式上，中日南迦巴瓦峰联合登山队中方总队长洛桑达瓦代表中方全体队员，把一条洁白的哈达献在大西宏的遗体上。这时天空中飘起了片片白雪。边巴扎西说，葬礼上见到白雪，按照藏族的说法，对于死者是最为吉祥的。队员们看到，大西宏的遗容带着往常一样的微笑，仿佛他在安详地做着一个梦——登上南迦巴瓦峰峰顶。对于他的中日队友来说，需要做的正是去实现大西宏的这个梦。

10 月 27 日，大西宏火化的第二天，登山队员们重新开始登山活动，返回到 2 号营地。登山活动中断了 10 天，山里更加寒冷。水源也干涸了，化作一片雪原。这样的雪在来年夏天之前大概不会融化。2 号营地附近的大树根，还得在冻土中忍耐半年以上。

10 月 29 日，久违的 3 号营地帐篷被雪压塌，重新搭起来很费力。而且登山队员将与寒冷、狂风斗争。他们决定把 4 号营地建在 6200 米平台，并在此集中物资。4 号营地位于雪崩事故现场的正下方，风很大，并非良好的营址。

11 月 2 日，队员们去建 4 号营地。早晨风较弱，午后变强。这一天没到达平台前就狂风大作，身背睡垫等体积较大的物资的队员，每当强风袭来就趴在雪上匍匐忍耐。搭帐篷也是 6 人一起压着防止被风吹跑，费尽全力总算搭好一顶。接着又迅速返回 3 号营地。搭帐篷时一捆睡垫被吹跑，像断了线的风筝转眼之间就不见了。之后，风雪就再未停止，进入 4 号营地需要等待时机。

11 月 7 日，第一突击队 6 人顶着狂风到达 5 号营地，通往坳部的下降路线让人担忧。时间不多，3 根绳子接起来从坳部放下去基本上到达下方的雪面。当初的判断要下降 300 米，因此这是高兴的误算。8 日向 5 号营地运送完物资返回 2 号营地。9 日第二突击队运送完物资也下撤至 2 号营地，进入突击前的休整阶段。

11 月 11 日，重广队长宣布突击队员名单。按照以往的顺序，分为第一、二突击队，旨在全体登顶。每天上一个营地，计划 17 日第一突击队突击顶峰。12 日，2 号营地以上狂风呼啸，无法按计划行动，等待时机的时候变多，15 日建立 5 号营地，然后继续等待时机。19 日，在乃彭峰与主峰的坳部（6700 米）之间建立 6 号营地，同时在通往顶峰的陡峭雪壁上开始修路。因为强风 5 号至 6 号营地之间的南山脊上已变成硬雪，此外，也许是处于风的下侧，从 6 号营地前往雪壁根部的横切很费力，要在深雪中驱雪前进。

登山队员越过一个小裂缝接近雪壁后，形成刚好可容纳鞋尖的理想地形。于是加快攀登速度，将松软的雪挖下来，把雪堆横着埋进去以作支点。几乎垂直固定 11 根绳子后，路线逐渐朝右斜上方延伸，直指从上部下垂的岩壁。此处很陡峭，雪挂不住，露出少许的冰，这是进山后第一次遇到冰。

进入喇叭口，接第 13 根绳子。他们先让加布向上攀登，其余 4 人在下边的支点等待。临近黄昏时，又拉了一根绳子，并用登攀工具作为支点，然后下撤至 6 号营地，这一天的行动可以说还算不错。

11 月 20 日早晨 5 时，队员们从 6 号营地出发。此时不像往日那样刺骨的寒冷，云雾朦胧望不见星斗，总还可以追寻前一天的脚印前进。云雾笼罩中，不知不觉地天亮了，早晨来临了。视线不清，周围什么也看不见，大家只是默默地顺着绳子攀登。在中途的物资存放处取出 2 根绳子，在前一天到达的地点带好攀登用具。

为了有利于后面的突击，队员们开始修路。正上方的第二根绳子处，日本队员山本一夫吃力地驱雪前进，中方队员加布追了上来。忽隐忽现于右边的岩石带也开始出现流雪。第三根绳子处，稍稍裸露出岩石的混合冰雪壁尤其严重。队员们吃力挣扎，攀登 50 米花费了半个多小时。然后要横切岩石带的路线，这是在 50 度斜坡上深至胸部的雪中横切，随时都有雪崩的危险，但有时也必须行动。

山本一夫横下一条心，请加布进行保护，在流雪中躲闪着攀登。边削平斜坡边挖壕沟似的横切，攀登了 50 米后到达岩石带的左端。绳子没有了，只好又返回横切的地点。向 5 号营地的重广队长说明了这一情况，并告诉重广今天的行动结束。用 3 根雪锥加固支点后让加布先往下走。流雪也屡向此处袭来，但也只是似流雪，因此还不要紧。其他队员也陆续到达，他们将攀登工具挂在支点上迅速下降。山本一夫最后离开此地大约是到达这里 2 小时之后。其间大概发生了 10 次流雪。这一天虽然只固定了 4 根绳子，但是到达了之前认为心中没底的岩石带，无疑为下次突击增强了信心。

11 月 22 日 4 点，按预定计划，山本一夫先从帐篷里爬出来。外面皓月当空，不需要照明。没有一丝风，气温急剧下降，似乎是最佳的突击天气。然而，这里缓坡上的积雪较深，迫使他们艰难地驱雪前进。不知不觉中国 3 名队员赶上来了。以往他们习惯不急于早出发，但此刻突击的欲望却相当强烈。

前一天的脚印完全消失，冰塔林有些变化，仍有雪崩的危险，需要留心选定路线。登山队员们好不容易接近固定主绳后，新雪并不多，可继续顺利攀登。登到 7000 米附近时，出现了两道电光。山本一夫想，明明是星空，怎么会出现这种现象？原来是走在前面的中国队员在黑暗中用闪光灯拍照。

1992 年攀登南迦巴瓦峰

山本一夫用了 2 个小时顺固定主绳攀登，这时圆月已隐没在北山脊，同时东侧的山峦染上一片暗红色。

9 时，登山队员带好攀登工具，横切后到达被看作最后难关的岩石带，侦察器材全被新雪覆盖，路线显得较容易。山本一夫后面是次仁多吉，现已成长为中国队主力，有他的保护让人放心。他们曾在 1980 年攀登珠峰时首次相遇，次仁多吉当时才 20 岁。到 1988 年攀登珠峰时，次仁多吉已成为横跨珠峰的队员，一跃成为明星。

山本一夫经常与重广队长通话请求指示路线，他正在乃彭峰 5 号营地用摄像机追踪他们的行动，回头一看，中山本、木本也追了上来，5 名日本队员凑在一起。为了横切过去，他们固定了 3 根主绳，从右端岩壁较短处攀登至正方上的雪平台，挖掉雪将冰锥打进冰里。这里周围被浓雾笼罩，却无风，上部雪平台的能见度较好，至顶峰剩下的高差约 300 米，前面多少有些驱雪前进的地形。当时不到 12 点，离日落还有 8 小时的充裕时间。

这时，次仁多吉上来了，他打头阵。这次登山，一直是日方固定主绳，中方队员负责修路，由日方打头阵攀登雪壁。从这里到顶峰，让体力超群的中方队员打头阵也许更好。边巴扎西带着绳子上来后，次仁多吉快速驱雪前进，迅猛向上攀登。然而，只前进约 20 米，就有第一次流雪袭来。雪量较少人还不至于被冲走，但对这种骤变感到吃惊。不一会儿，流雪的次数、流量逐渐增多。他们将身体靠在固定支点上，次仁多吉紧紧抓住流雪中的一支冰镐，无法动弹。处在风口下的这一带刮起风，已非流雪，而是近似于雪崩。走在第五位的山本一夫在岩石带中防风镜被吹跑，人被流雪打得东倒西歪。

12 时 20 分，山本一夫与重广队长通话，决定暂停突击，下撤到岩壁底的安全地点。当传达停止攀登的决定时，边巴扎西脸上的笑容消失了，面部痉挛，明显不满。他倾注于南迦巴瓦峰的热情很高，在接连下撤的中国队员中，只有他自始至终从不交替，一直顽强奋战。次仁多吉也趁流雪的间歇下撤了。停止这一行动，大家都是不情愿的，但突击登顶是不可能的。这一天的行动进一步接近了顶峰，可以期待下次突击万无一失。大家只好安慰希望坚持登顶的边巴扎西，同时也安慰自己，开始向 6 号营地下撤。

23 日天气还算不错，但从前一天的状况来看，仍有流雪的危险，于是原地休整等待时机。前一日突击时，山本一夫的手指尖冻伤，但经过按摩又恢复了，好歹不影响行动。登山队员们眼看食品不多了，很明显第二天就是最后的突击时刻，大本营指挥部也心怀期待。

24日凌晨2时，队员们起床整理行装。4时，山本一夫还未穿好另一只鞋，指挥部就传来通话声音，从流雪及队员体力消耗等因素来看，原定的突击需要进一步商讨，后来决定停止出发。下午，大本营指挥部传来停止的命令。次日，登山队员从6号营地撤营时，山本一夫与同伴山本一起，将本来应一起登顶的大西宏的骨灰、遗物埋藏在可以看见大本营的地方，并用准备登顶时使用的小国旗、日本山岳会会旗做成简单的祭坛，合掌礼拜。随后，他们顶着强风向大本营下撤。

28日，全体人员集结于大本营，立即整理装备并将其寄存在4户老百姓家中，以备来年使用。下山后大家并没有休息，有的人制作清单，有的人忙着拥抱。2天后，中日登山队员怀着悲喜交集的心情，离开度过了62个日夜的大本营。进山时缀满枝头的野桃也不见了，结起了霜柱，周围已披上冬天的装束。咆哮的雅鲁藏布江水也清澈见底，不久将迎来严酷的冬天。

那天晚上，大本营里人们正在闲聊，原本闹哄哄的帐篷突然变得寂静。队员们都盘腿坐在自己的防潮垫上，低着头，一阵似乎刚刚好从唇齿间发出的声音慢慢响了起来。坐在帐篷正中间的是一个西藏登山队的司机，他正在嚅嚅地念着什么。山本一夫有些困惑，回过头去看了一眼身后的藏族记者，他把食指放在唇间，做了一个噤声的运作，然后悄悄地说："他们在念经祈祷。"

许多天来，一到晚上，这顶帐篷里总是人声嘈杂，烟雾缭绕，弥漫着青稞酒和藏白酒的香气。但这天帐篷里却只有昏黄的灯光、低沉的诵经声、肃穆的节奏，偶尔掺杂着几串念珠的轻微碰撞，似乎就连空气都变得庄严洁净了。这是一种非常隆重而虔诚的仪式，祈祷神灵保佑登山队员们安全返回。

登上南迦巴瓦峰

1992年9月，中日两国建交20周年，两国再次发起联合攀登南迦巴瓦峰的活动。这也是中日联合登山中规模最大的一次。9月9日，联合登山队40余人，浩浩荡荡从林芝前往南迦巴瓦峰大本营。

9月14日，多云见晴，南迦巴瓦峰从神云迷雾中露出真容。就在这一天，中日联合登山队成员纷纷走出帐篷来到旗杆下，两国国旗徐徐升空，中方总队长洛桑达瓦宣布：“登山大本营正式开通。”此次中日双方聚其精华，使出最强的本领，势在一拼。

中方派出的6名藏族登顶队员中，4名国际级运动健将、1名国家级健将、1名后起之秀，可谓当时中国登山运动中的顶尖人物，此外还包括12名实力颇强的高山协作队员。

日本方面也做了很大的调整，仅留下登山队长重广恒夫和队员山本笃，新调入青田浩、三谷统一郎和佐藤正伦。登山除了要靠自身的努力之外，还要借助科学的力量。他们专门请来气象专家范肇，带来无人气象站先进设备，而中方登山队也集中了西藏自治区气象局多名专家。

此次登山，恰逢秋季。山林中色彩斑斓，赤橙黄绿青蓝紫，应有尽有。

中日联合登山队员们从大本营出发，经过2天的行军，穿越了五颜六色的密林，走过了陡峭的草甸，登上了复杂的碎石，登山运动健将们从海拔3520米的登山大本营来到2号营地，在这里稍事休整。在中日联合登山队总队长洛桑达瓦的主持下，队员们祭拜了前一年遇难的大西宏，随后宣布登顶队员名单，进行战前总动员。

2号营地有10多顶橙色的高山帐篷，每个帐篷为一“户”，3名队员一组自立炉灶。每当吃饭时，各处饭菜飘香。来到2号营地，着实让人们吃惊。时隔一年，营地下方到喇叭口底部变得难以辨认。前一年还有上千米亮晶晶的冰川，这时却仅遗留下残迹，并露出一堆杂乱不堪的碎石。队员们深知通过碎石的危险，可洛桑达瓦还是小心翼翼地走了过去。

从乱石缝隙中看到，积石下面仍是冰体，且溪流淙淙。已是第六次到此登山的桑珠惊叹：“南迦巴瓦峰地区的自然变化之大，实属罕见。特别是今年冰川严重退化，山上新生的裂缝纵横交错，简直难以置信。”

9月18日14时，A组3名中方队员之一的桑珠报告大本营：“修路已进行到距喇叭口顶部15个主绳的位置，这里正在下雪，云雾不断涌上来。”后经过一天的苦战，A组6名中日队员终于打通了喇叭口。喇叭口是2至3号营地间的必经通道、南迦巴瓦峰的第一道险关。

就在一天前，桑珠、加布等到喇叭口观察，一眼就看出了这里的变化：一面坡上裸露出更多的笔直粗豪、刀削斧劈般的岩石；另一面陡坡上的终岩积石较前一年更加厚了。那隆隆的滚石和雪崩声，震撼着前来探险者的心脏。

在这段潜伏着千般险情的南迦巴瓦峰通道上，仁青平措带领12名高山协作人员，凭着机智、毅力和无畏精神，一次次通过喇叭口险关，将3号营地所需的1500千克物资源源不断地运上去，再将山上的垃圾运下来。仁青平措时年50岁，双手仅剩下4根健全的指头。可在双手因冻伤致残后，他仍以顽强的毅力登上了珠穆朗玛、卓奥友、希夏邦马等3座8000米以上的高峰。可在此次中日联合登山队中，他却不在登顶队员的名单之列，扮演的却是高山协作这一角色。

1992年10月30日12时9分，中日联合登山队A组队员胜利登上南迦巴瓦峰

高山协作者，说白了是高山运输工，是联合登山队的铺路石。但对于仁青平措来说，此次充当高山协作者，完全是出于他自身的热情。若换一个人，到了半百年龄，怎么也有充足的理由不去。可在仁青平措眼里，这是中国的登山行为，集体的荣誉高于一切。

9月29日11时40分，桑珠报告："今天住3号营地的10名队员和6名高山协作人员均已抵达目的地。至此，登山第二阶段正式开始。"这一天对于中日两国人民来说是个不平凡的日子，中日两国建交20周年。因此，此次联合登山活动具有更深刻的意义。

10月6日中午，在4号营地上方海拔6280米处，正在下山的中方队员边巴扎西、大齐米和高山协作人员拉巴突遭雪崩，尽管他们想到了平时训练时的保护动作，却无济于事。因为雪又松又厚，他们被打下 50 米左右，庆幸的是，湿沉的雪终于停住了，人也停住了。等回过神来，他们发现离万丈悬崖仅差 10 米。桑珠事后回忆说："走在前面的边巴扎西突然听到身后的声音不对，还没等他回头，就见大齐米同拉巴从身边滚下去。一直滚出了 40 多米，他们才停下来。他们发现，三人离一个很深的裂缝只有不到 4 米了！边巴扎西从雪里滚出来，一瞬间似乎看到了刚满周岁的小儿子。"

就是这个地方，在 1991 年的登山运动中，热情、强悍的日方队员大西宏同样因雪崩失去了年轻的生命。当时，边巴扎西目睹了这一切，并且奋不顾身地去抢救。历过险后，登山勇士显出对生命的倍加珍惜，但却并不因此而退缩不前。边巴扎西说，今年是他登山 8 年来最为惊心动魄的一年。年初他去珠穆朗玛峰登山，当胜利在望时，一个雪崩下来，他和几名队友摔下去，幸亏有保护绳，但本能地保护生命的双手，却被划出道道裂痕。

边巴扎西是西藏登山队一名年轻队员，也是一名实力很强的队员。罗则队长说他体力、技术好，尤其胆量过人。只是阴差阳错，边巴扎西和过去几次重大的攀登珠穆朗玛峰活动无缘。因此，在健将云集的西藏登山队，他是少数几个非健将队员之一。大难不死的边巴扎西面对这雪崩感慨颇多："大西宏在护佑我们，看来有后福。"后来，边巴扎西第二个登上了南迦巴瓦峰顶，并跨入了国家健将行列，真是大难不死有后福。

10 月 11 日，队员们到达了 6900 米的 5 号营地。到 10 月 19 日时，山上队员已在大雪天气中困守了 8 天，登山行动毫无进展，食品、燃料却消耗很大。登山协作人员违反登山常规，大雪过后不到 3 天就冒险冲过喇叭口，将 2 号营地的食品运到 3 号营地。这时，中方登山队长桑珠叫他们不要轻易行动，可倔强的协作人员说："我们知道喇叭口冰雪崩塌越来越频繁，危险性大，但是我们独此一条路。我们能做，就是机灵一点，能躲就躲。"他们一人开路，后面人背东西，在没漆的雪中把食品送上 3 号营地。

"次仁多吉闯过了 7460 米。"报话机里传来振奋人心的消息。攀登路线上海拔 7460 米处，是个上宽下窄的流雪槽，下方则是 50 米高的岩石峭壁，中日联合登山队前一年在此因遇水泻般的流雪而败北，登山队将此外视为征服南迦巴瓦峰的最大险关。次仁多吉在前面修路，不想天公发怒，狂风大作，席卷着坚硬的雪粒。突然，雪槽内流雪下来，打在他身上。后面的 5 名队友接到大本营的命令后，缓慢地从岩石上下撤。为保护队友安全，次仁多吉站着不能动，流雪不时从他肩上涌过。整整 1 小时，他挺住了，当全体队员安全回到 6 号营地时，次仁多吉走路时脚也已经习惯性地有点瘸了。

次仁多吉是此次主力队员中年龄最大的一位，所有队员都喜欢和好脾气的他开玩笑，不管小他几岁，大家都叫他“阿古”（叔叔）。但他心里清楚，这个“阿古”不是白当的。次仁多吉从 1979 年开始参加登山，头顶无数光环：横跨珠峰第一人、第一位被外国聘为技术顾问的中国人……他跨入了无数登山家眼中天堂般的“14 座俱乐部”，成功登上 14 座海拔超过 8000 米的山峰。上一年秋，在攀登南迦巴瓦峰时，次仁多吉和他的队伍在行进至海拔 7400 米时遭遇流雪，面对危险，次仁多吉毫无惧意。他一面站在原地不动，一面指挥后面的队员下撤，等队员们全下撤到安全地带时，次仁多吉已在齐腰深的雪地里待了 1 个多小时。到了大本营，当次仁多吉脱下鞋子时，两个脚趾早已被冻得坏死，不得已做了切除手术。谈到身体伤残的影响，次仁多吉又是憨憨地一笑：“也没太大的影响，就是下山的时候磨得有点疼。”有点疼，看似轻描淡写的一句话，透着他内心的坚强和对登山运动的无比热爱。

就在这天晚上，日方负责气象的饭田队员称，20 日天气将晴朗无风。上午 7 点出发。到达前一天固定了 3 根 50 米长的主绳，并到达岩石带的下面。日方青田队员在前面顺着前一年留置的主绳攀登而上，重新固定了一根主绳，下午 3 点越过岩石带，终于到达前一年的最高点 7460 米。这时天气变坏，飘起了雪花。

再往上的 320 米，那才是真正意义上的未知领域。走了 3 根绳子长的距离来到了一个白色小冰塔的正下方，本想顺冰塔向在上方迂回再爬到预定的东北东山脊，但在深至膝盖以上的雪中驱雪前进，本能地意识到有雪崩的危险，于是左上方改走冰壁路线向上攀登，不一会儿上部就出现相当大的冰塔。

日本队员山本笃确信在其根部必定有露营地点就继续攀登，这时从下方传来青田队员的声音。“山本君，请尽快找到露营地，天快黑了”。“放心吧”，青田浩这样说着，继续向上攀登，在距离根部还有 25 米的地方，用完了准备好的 23 根主绳。为避开雪崩的危险，路程比预料还长出很多。但青田浩手里还有一根 50 米长、直径 6 毫米的辅助绳，于是将其双折使用，总算到达海拔 7600 米的露营地。用头灯照明削雪平整地基，确保 3 人将够能伸脚的空地，把背包放在雪地上，人坐在上面将身体探出去，再盖上简易帐篷转入露营状态，时间是 7 时 45 分。

中国队员在日本队员的正下方搭起简易帐篷，3 份小吃、1 包方便面。用完“豪华”晚餐，大家和衣钻进睡袋套，迷迷糊糊地睡着了，没想到几分钟就被冻醒一次，这一宿就是这样度过的。气温在-30°C 以下，大家真有点儿吃不消。可因山上连降大雪，10 月 21 日又撤回到 4850 米的 2 号营地。10 月 24 日，联合登山队再次向上攀登，由于天气突变，攀登者只好就地宿营。

10 月 26 日，第一突击队 6 人，即中国队员加布、次仁多吉、边巴扎西和日本队员山本一夫、青田浩、山本笃，中午过后再次到达乃彭峰正下方 6900 米处的 5 号营地。隔了 11 天又来到此地，然而此处已化作一片雪原，找不到任何营地痕迹。山本一夫立即向日方总队长重广恒夫报告：“没发现帐篷。”队长答复说：“也许被雪埋住了。今天之内若挖不出来，你们就要撤到 3 号营地”。因为第二突击队已进入 4 号营地。

攀登南迦巴瓦峰营地

能否摆出接近顶峰的阵势，关键在于是否能重建 5 号营地。为了应付雪崩，第一突击队员们在行动中常携带小型铁锹。他们仅靠带的这一把铁锹拼命挖掘坚硬的雪层，在焦虑与不安中挖了 30 分钟，山本笃队员挖到了用作路标的 2 米长的竹竿顶端，说明帐篷还在 2 米深的雪中。大家在稀薄的空气中喘气交替挖掘，到 16 时半，终于露出帐篷的一部分。再继续挖，则发现了日本队员使用的帐篷和堆积的登山物资，但中国队员却没有挖出自己使用的帐篷。日本队钻进挖出的帐篷，在雪上面把报道队堆放物资的备用帐篷搭起来，让中国队员使用。17 时多，就这样勉勉强强重建了 5 号营地。

10 月 27 日清晨，2 号营地的饭田队员用报话机传送过来贝多芬的《浪漫曲》，以此为队员们出发送行。队员们开始了向 6 号营地的修路工作。从乃彭峰的肩部到与南迦巴瓦峰连接的鞍部约 200 米，固定了 5 根绳子下降，到达 6 号营地预定地后，又回到 5 号营地运输帐篷、食品、攀登用具等。当时风很大，到了鞍部等了 2 个小时风力才减弱，17 时左右好不容易搭起 2 顶帐篷。

然而，登山中的险情随时发生。10 月 28 日 13 时，大本营工作人员刚端起饭碗，想寻找一个背风的地方吃饭，就被电台的一阵急呼搅得心惊肉跳。遇惊不变的次仁多吉向中方总队长洛桑达瓦报告，前一晚的风雪改变了 5 号营地的面貌，原来搭起的 3 顶彩色帐篷已不见踪影，他们一行 6 人进退维谷。指挥部当即指示：一定要找出帐篷。次仁多吉和一名日本队员挖帐篷，其他队员继续进行。他俩用一把铁锹，挖了长宽各 4 米、深 3 米的雪坑才找到日方一顶高山帐篷。找到了帐篷，就保住了性命。傍晚，大本营听到了他们的回话，一颗颗悬着的心才放了下来。

人在缺氧的高原，越是往上攀登，就是以越小的力量应付越大的困难。在山上搭帐篷，队员们对此都深有体会。在坑凹背风处易遭雪崩的灭顶之灾；在高台处搭帐篷，人和风就要展开“拉锯战”。搭好一顶帐篷要费九牛二虎之力。如果天气不好，在一顶帐篷里受困几天，身下的雪坑就会越来越深，最后只好重搭帐篷。

29 日天气晴朗无风，8 时半，6 名突击登顶队员从 6 号营地出发。这一天对修路来说是绝好的天气，但由于连日来密集的行动，身体已感到精疲力竭。大家准备了 18 根主绳，每根 50 米长，直径为 8～9 毫米，由 6 人分担。从 6 号营地驱雪前进了约 30 分钟，横穿南壁下，从看到岩石带的位置开始直线攀登，并固定主绳。前一半由日本队员、后一半则由中国队员在前面修路，固定了 14 根主绳，完成了当天的计划，于 18 时半返回 6 号营地。

30 日天气不错，第一突击队队员原定于 4 时从 6 号营地突击顶峰。可后来推迟出发，等到天大亮之后。在齐腰深的雪中驱雪前进，雪壁好像马上要发生雪崩似的，一条长 30 米的辅助绳是唯一的依靠。走了 2 根绳子的距离上到山脊，中方队员次仁多吉打头阵，后边依次是边巴扎西、加布、山本笃、青田浩、山本一夫结组向上攀登。山脊上的积雪深至膝盖，途中还有三四处裂缝。这时，以山脊为界，南侧飘起了雪花，北侧却晴朗，眼前，加拉白垒峰展现出美丽的身姿。向下望去，雅鲁藏布江大转弯激流不断。

第二突击队快速越过岩石带，逼近露营地点。只有日本重广恒夫队长一人速度较慢。这时监听到三谷队员与重广队的通话。三谷队员问：“露营地点再往上能否不带绳子攀登？”重广队长回答：“考虑到安全，最好有绳子。”三谷队员又问：“回收 2 根固定主绳，再向上攀登是否可以呢？”重广队长说：“可以。”重广队长考虑到日本队员的安全，断了自己攀登的路。

南迦巴瓦的顶峰近在眼前。山脊的两侧非常陡峭，向右边绕过去到达一个宽阔平台，正是山顶。有点出乎意料，山顶很宽阔，长 15 米，宽 5 米。12 时 19 分，加布攀登队长用报话机激动地向大本营报告：“我们到顶了！我们到顶了！” 在宽阔的顶峰上，日本队员寻找略高一些的地方打进雪椎以作纪念。在到达顶峰 10 分钟后，也向大本营报告了登顶的消息。

中国队员感谢山神保佑登顶平安，日本队员也参加了祈祷仪式。不一会儿，大家小心谨慎地开始下山。继第一突击队之后，14 时半，第二突击队的三谷、佐藤、桑珠、达琼、大齐米等队员也踏上了山顶。

登顶的呼叫声传来，时刻心系着山上的大本营顿时沸腾了。中日记者们忙得不亦乐乎，而皓首老翁、日方总队长山田二郎则眼含热泪，抓起一瓶啤酒与中方洛桑达瓦总队长碰起来。山田二郎说，他在少年时代就看过南迦巴瓦峰的照片，他被画面上神奇的高峰深深地吸引住了，立下了要攀登此峰的夙愿，直到他年过七旬时，这一梦想才变为现实。后来，他忘情地写下：“中日首登南迦巴瓦万岁！中日友好万岁！”

1991 年中日攀登南迦巴瓦峰失败后，意大利著名登山家梅斯纳尔表示这山要由他来登。中日同行并不服输，联合攀登南迦巴瓦峰活动历时 2 个月，最后以完美的结局画上了句号。登山勇士们依然是那些质朴、谦逊得毫不起眼的群体。希望人们记下他们的名字：桑珠、加布、次仁多吉、边巴扎西、达琼、大齐米、山本一夫、青田浩、山本笃、三谷统一郎、佐藤正伦。

日本登山家大西宏曾说过，“登上南迦巴瓦是我美丽的梦。”登山和探险，是去体会活着的意义和价值，是去向自己挑战，是去向自己的活法挑战。到山河中去，换一种活法，体验一种真正的英雄主义精神。登山，是为了更好地展示生命之光，是为了更好地活着。

“世界之最”发现始末

1993 年，日本峡谷漂流探险家武井义隆之死、美国峡谷地貌学家费希尔宣传“南迦巴瓦峡谷为全球最深峡谷”，拉开了 20 世纪重大地理发现的序幕。第二年，以中国科学院地貌专家杨逸畴、大气物理学家高登义、植物学家李渤生，新华社记者张继民等为代表的各界专家，重点论证雅鲁藏布大峡谷为世界最深、最长的大峡谷。2000 年在北京落成的“中华世纪坛”记录下了中国科学家的这项地理大发现。

武井义隆之死

1993年，日本峡谷漂流探险家武井义隆葬身雅鲁藏布大峡谷，美国峡谷地貌学家费希尔在美联社、美国《国家地理》杂志、《今日中国》英文版等媒体大力宣传“南迦巴瓦峡谷为全球最深峡谷”，拉开了20世纪重大地理发现的序幕。1994年，中国科学院地貌专家杨逸畴、大气物理学家高登义、植物学家李渤生，新华社记者张继民等，重点论证雅鲁藏布大峡谷为世界最深、最长的大峡谷，由此而引发了谁第一个发现雅鲁藏布大峡谷为世界之最的中美之争。

中日联合登山队成功登上南迦巴瓦峰，让日本的探险工作者们备受鼓舞。他们再次同中国科学院的专家们合作，成立了中日雅鲁藏布江考察队，其中一支队伍向雅鲁藏布大峡谷支流帕隆藏布江奔去。

日本登山家大西宏魂归此地后，又一名日本峡谷漂流探险家武井义隆在此走上了不归路。武井义隆走到他人生的终点是1993年 9月10日16时多，时年仅24岁，地点在帕隆藏布大峡谷。帕隆藏布大峡谷如今已被中国科学家证实为世界第三大峡谷，它的凶险绝不亚于金沙江虎跳峡。

野外考察中，最怕遇到这种不幸的事。它往往如五雷轰顶，让队员们陷入颓伤，进而葬送雄心勃勃的考察计划。毫不例外，武井义隆之死所带来的负效应，也为这次探险考察工作涂上了浓浓的悲剧色彩。

1993年，中日雅鲁藏布江考察队在西藏首府拉萨集结后，3月1日从这里出发，坐车到了林芝地区行政公署所在地八一镇。2日，他们分成两个小分队。一个队由考察队副队长、中国科学探险协会秘书长温景春率领，在雅鲁藏布江两段考察；另一个队由中方队长何希吾、日方队长北村皆雄率领，前往帕隆藏布江下游的排龙乡，并以此为大本营，为下一步雅鲁藏布江大拐弯考察做准备。考察队的到来，使得地处崇山峻岭、因人烟稀少而冷清的帕隆变得热闹起来。

小分队大本营就设在乡政府的院子里，经过队员们的布设，初具规模。一辆性能良好日产蓝色丰田越野车停在房前，备作急用。沟通信息的通信设施一向被考察队员看重，因为这与考察队员的生命安全息息相关。这次小分队有了双重保险，人人都感到放心多了。中方带来了一部电台，为保证运行，还专门在林芝地区邮电局请来了一位女话务员，管理这部在日本人看来有些落后的电台。

云雾缭绕的雅鲁藏布大峡谷（张江华摄）

就通信能力而言，日本队员刚开始完全可以引以为傲，他们带来的是一部最新式的电话设备，能够通过位于印度上空的海事卫星，与全球对话。让日本朋友汗颜的是，这部融汇了世界一流通信技术的装备，一开始就很不灵光。拉直天线后，通过调频，虽然与北京和东京通了话，但那是忍着刺耳的噪音、时断时续和连拍带打完成的。日本队员此时才知道，这是一堆“现代废铁”，狠狠踹了它两脚，再不理它了。

按预定计划，小分队 3 日在帕隆休整一天。但实际上，这个“休息”的权利只属于日方的 11 名队员，中方从队长到队员忙得不可开交。他们要同乡政府领导谈后勤，谈民工。队伍下一步要攀悬崖、走峭壁、溜江索，不要说牛车马车无法跟随，就连最善于在西藏山区负重的牦牛也派不上用场。必不可少的食品、器材和帐篷等辎重，只能靠民工手提肩扛。

4 日，一支扩容的队伍出发了。小分队由原来的日方 11 人、中方 5 人，扩展到100人。单是民工，他们就请了82人，每人负重25千克，一天劳务费每千克付钱1元。帕隆乡政府对这支考察队给予了积极的支持，为协调和管理好这众多的民工，乡里派出了乡党委副书记嘎玛桑登和公安特派员嘎玛扎西带队。留守大本营的是56岁的中方队长何希吾、患有腰病的中方副队长冯雪华，以及报务员等3人。

倘若没有身体强壮、习惯在山地奔走的当地门巴族、藏族等民工协助，考察队简直寸步难行，这在4日出发当天便突显出来。队伍从帕隆乡政府所在地出发2个多小时后，帕隆藏布江就横阻在他们面前。谷底，江水奔腾下泻，发出震耳的咆哮声。一条细如拇指粗的100多米长的钢质溜索，是队员们到达对岸的唯一交通工具。民工们显然已经习惯使用这吓人的溜索，他们攀上后，坐在吊篮里，然后向后伸开双臂，不慌不忙地倒手向前，轻捷地到了对岸。队员们可没有这个本事，面对狂奔的大江，凌空横扯的钢索，能够眼不晕、心不跳地坐到吊篮里就是好样的。队员们过溜索，全靠民工在对岸牵拉。

队伍从9时开始过江，一直到19时，所有队员和民工才到达对岸，其中包括随队的唯一女子，47岁的日本队员明石绫子，她是考察队中绝不可少的人物。明石绫子会藏语，同民工打交道，主要由她来翻译。

队伍沿着帕隆藏布江走在临江的半山腰间。真够吓人的，有些地方右边一侧多是五六百米深的陡崖，探头往下一望，头晕目眩，江水宛如一条银线流淌。脚下和左边是绿树与杂草丛生的山坡，这里本没有路，勉强能够行走的小径是前行的民工踩出来的。经反复踩踏，小径由硬变软，最后成了一行向前排列的深窝窝。不过这也好，脚窝窝成了队员们安全的寄托，他们绷紧神经，小心谨慎地一步步地瞄着它们，不敢错位，谁都知道，任何大意都可能坠身深谷，命归黄泉。

这里的景观真是美极了。千米左右长的大峡谷，如同被开山巨斧劈开一般，向南做不尽的延伸。雄奇险峻的山势，到处披着绿装。植被的种类随着山势的高低而有所不同。山底部覆盖着灌木丛和阔叶林，山上是挺拔的针叶林。物竞天择，针叶林敢于拒寒，阔叶林喜欢温湿。这里没有高原上常见的贫瘠、空旷和荒凉，有的是大自然的勃勃生机，以及江南山区常见的缭绕晨雾。

不过，队员们谁也不敢忘情地欣赏这让人心醉的风光，他们的心思全部集中在自身的安全上。中方队员陈远生说得好，考虑到行路的危险，他每天早上从帐篷里爬出后第一件事就是活动自己的双脚，看看是否灵活、正常。还有上路前把鞋带系牢。这都关涉到能否准确地把脚迈到前行者踩出的泥窝窝里。

在武井义隆墓前，考察队员敬献白酒（高登义供图）

即便如此，日本队员中村晋还是摔了个鼻青脸肿。中村晋并非等闲之辈，他是日本著名的登山家，巍巍的珠穆朗玛峰、南迦巴瓦峰均留下过他矫健的身影。中村晋遇险的地方是个下坡，细雨中，路滑滑的，他走着走着突然跌倒了，好在下面两三米深的地方有土坎接着。待队友们跳到他的身旁，只见他左脸骨摔坏，鼻口流着鲜血。然后是左脸红肿，肿得同右脸失去对称，形成了难看的高低差。此时队友们所担心的倒不是他的肌肤之痛，而是怕他头部受到严重震荡，影响了他的平衡能力。险峻难行的路上，失去平衡能力，就失去了安全保障，无法有效地把握自己，极易坠身深渊。长期从事登山，中村晋的体能显然强于一般队员，几天后，尽管他的鼻子仍然偶有流血，但他还是坚持同队友们一道前进。只不过到 9 月 25 日，他还是带着伤痛，提前回日本治疗去了。

10 月 6 日，队伍到了雅鲁藏布江大拐弯顶端一个叫扎曲的地方扎营，此处是帕隆藏布江的末端，即帕隆藏布江和雅鲁藏布江的汇合处。几天行进的疲累，加上中村晋的伤情，考察队不得不在 7 日休息一天。

尽管队伍远没有到达预定的大规模实施考察的雅鲁藏布江，但性急的日本队员有些按捺不住了。他们想利用飞行器摄影，还想试一试在帕隆藏布江能否漂流。只是他们没有想到会由此铸成无可挽回的大错。

为实施飞行摄影和试漂流，8日，日本队员有的上山寻觅适宜飞行的山坡，有的下到谷底探视帕隆藏布江的水势。实际上，他们没有必要改变原来的计划，即将漂流点放在水势较缓、水面宽阔的雅鲁藏布江上游加热萨至邦辛一段。

9日是足以让日本队员欣慰的一天。民工们在日方队员选定的山坡上，铲出了一条可以带着飞行器助跑的路，日本队员果然借此顺利腾飞。飞行器宛如一只大鸟，不紧不慢地在空中盘旋、升高。上面的日方队员俯视地面，深深地为其陶醉了。只见莽莽的森林、下泻的江水、陡峭的石壁、叠嶂的山势，构成了一幅美妙的山水画。他们手握相机、摄影机，争分夺秒地拍摄着。20多分钟的飞行，满足了他们此次的所有愿望，待飞行器回落到跑道附近的树枝上，飞行员毫不在意枝条的刺伤，乐哈哈回到地面后，还在声声叫绝。

飞行的成功更加坚定了日方队员试漂的决心。中方队员赵青、何远生等看了水情后，觉得水流太急，向日方提出了不宜在此冒险漂流的建议。对此，日方北村皆雄队长说，武井义隆等日方漂流队员只是下水试一试，如果他们认为可以漂就漂，否则就不漂，因为他们是专家，这不是队长所能决定的。

中方队员劝阻日方队员不要在帕隆藏布江玩命的忠告，不仅限于对眼前水情的直观分析，还出于中方地理学家们多年对雅鲁藏布江的考察，当然也包括对集最大支流——帕隆藏布江的了解。这种了解是全方位的，包括了地貌、地质、气象、植被、动物等诸多方面。

现在，有必要了解一下真实的帕隆藏布江。其流域地处冈底斯—念青唐古拉地区构造带的东端。帕隆藏布江发源于阿札贡拉冰川，源头海拔4900米，流经安贡错、然乌错至麦通汇入西来支流易贡藏布江。从此，河道急转南下，在扎曲附近注入雅鲁藏布江干流。全长266千米的帕隆藏布江，落差3380米，平均河道坡降12.79%，真可谓滔滔江水天上来。

自信的日本人不会想到，从培龙贡支江口到帕隆藏布江河口，共有13条支流汇入，它们就像13个助推器，使得帕隆藏布江江水越来越大，水流越来越急，到了帕隆藏布江末端的钢朗附近的溜索下，水面已宽达109米、深15米，最大流速10.2米/秒。这样的水情，狂暴得近乎脱缰的野马。

从扎曲营地出发，中方派了6名身强体壮的民工扛着漂流装备，跟随日本队员向帕隆藏布江边走去。他们从营地启程的时间是10日9时30分左右，到达了事先检查过的水势较缓的地方，此处距雅鲁藏布江交汇处较近。

武井义隆等3名漂流队员做下水前的准备，活动筋骨，检查所带的装备的可靠性。救护队员也相应地做了紧急救护的投网练习。来到这里的10位日本队员的分工是：桨手3人、救护2人、记录5人，各司其职。试漂先由武井义隆和直野靖实施。

为防止意外，漂流队员应随身携带对讲机，直野靖接受了，将其别在腰间，而武井义隆则拒绝了。这位刚刚从早稻田大学毕业的深谙水性的桨手，实在看不起这200米的试漂距离，认为下水后只要在水中荡几次桨，略为调整一下小艇的方向就上岸了，要对讲机有何用。

直野靖第一个下水了，身不由己。他操桨还未划动几下，身下的小艇就被湍急的江水冲翻。随水漂动的小艇，在直野靖的努力下终于复原，但此时已远离预定的缓水区漂流路线，被卷入主流。跟在直野靖后面，几乎是同时下水的武井义隆，不知是水流太急难以控制住小艇，还是看见队友遇险想去救急，也随即漂入主流。

两名负责救护的队员，被眼前的场面惊呆了，急得在岸上直跺脚。他们不能理解这是怎么搞的，漂流队员好像事先商量好了似的，一下水就向江中心奔去，似乎根本不想借助岸上队友的帮助。

两位网手扔下手中的网，无可奈何地引颈看着队友顺流而下，一会儿，直野靖和武井义隆便双双消失在江流的转弯处。此时，岸上的日本队员方长梦初醒，领教了帕隆藏布江水的厉害，祈祷漂流者安全回返。

科学探险历来容不得大意，谁违背客观规律，谁就受到大自然的惩罚。反之，则受益无穷。两位桨手被江流卷走了七八分钟后，对讲机里传来了直野靖的声音，说他已登上岸来，安然无恙，地点在雅鲁藏布江的南岸。据估测，直野靖距漂流启程点为1750米。他还得到指示——原地不动，等待援救。实际上直野靖也没有别的选择。别看他登岸的地方距启程点不过近2000米，但江边是刀削一般的峭壁，他是攀不上来的。退一步说，就算他有猿猴般的本领，能够登上峭壁，但面对峰峰相连的披着林丛的大山，他也找不到回扎曲营地的路径。

武井义隆怎么样了呢？未带对讲机的他，就是幸运地被江水冲到浅滩上，也没人知道他身在何处。还有一个队友们最不愿想到的可能，他已饮恨帕隆藏布江，命归黄泉。

当晚，小分队中方负责人赵军通过电台，联系上排龙大本营，把漂流人员出现的险情，向队长何希吾、副队长冯雪华做了报告。人命关天，何希吾思考着他应尽快采取的措施：要向北京报告；考察队和民工的人力有限，搜寻范围有限，要赶快求助林芝地区政府和林芝驻军，请他们沿江设几个点，寻找武井义隆，哪怕漂浮的尸体。他扫了一眼那堆日本“废铁”，知道这些事在帕隆乡是办不成的，第二天一早，他必须和冯雪华一道去八一镇。

入夜，大峡谷中奔腾江水发出的轰鸣响声，更是让寻找武井义隆的考察队员心中震颤。他们进一步感到，落入这可怕的江中，直野靖能活着登上岸来真是天大的幸运，他们多么希望，这幸运也给武井义隆一次。

队友们捧起双手成喇叭状，声声呼唤他的名字，但得不到应答。手电筒射出一道道光束穿开夜幕晃来晃去，意在告诉武井，只要你还活着，就要坚持下来，至少在明天，队友就会走到你的身边。

11 日。前方发生的事，让何希吾和冯雪华心中焦灼，一夜未睡好。他们睁开发涩的眼睛，早早就起床了。吃罢早饭，坐车上路。从帕隆到八一镇需要 4 个多小时的时间，路途坎坷，且有多处塌方。

林芝驻军领导机关收到何希吾的求助，立即下令所属部队沿雅鲁藏布江设点，巡查江上的漂浮物，一旦发现目标，立即采取打捞措施，不得有误。

这天，搜寻武井义隆和援救直野靖在同步行动。几名民工带着长长的绳索，翻山越岭花了近一天的时间，才将直野靖接回。他的模样真是惨到了家，满脸布着灰暗的疲惫之色，满身是被旱蚂蟥叮咬的创口。队员们都知道，此处最烦人的动物是旱蚂蟥。平时，这种两三厘米长的血吸虫伏在草叶子上，一听见有人走动，就伸直了腰，试图沾附在人身上。它的吸盘只要沾到人的身上，等不到被叮咬者感觉出来，就已将血吸出。更为可恨的是，这贪婪的家伙不经着力拍打或用烟头烧是不会松口的。因此，时时提防旱蚂蟥的叮咬成了队员们最关心的事，就是夜间上厕所，也要系紧衣裤。头、臂、脚全都裸着的直野靖，夜宿江边等于给旱蚂蟥送来一盘美餐。他说，一个人独处陡崖下的惊恐，众蚂蟥轮番叮咬的痛苦，把他折磨得恨不得跳到江中死去。

直野靖是最后一个看到武井义隆的人，他看到了什么呢？他回顾道：“小艇卷入主流后，在波涛中又连续几次翻滚，当时我感到十分危险，便弃艇了，游了大约 500 米上了岸。此后，我见到了武井扣翻的艇和他使用的桨从我不远的地方漂过，但未见到武井义隆。”

寻找武井义隆的队伍最为庞大，考察队又发动了 50 名民工，沿着帕隆藏布江以及与雅鲁藏布江的交汇处进行彻底的搜索。他们在距两江交汇点 2000 多米的地方捡到了武井义隆的一支桨。

武井有没有存活的希望呢？既然他在帕隆藏布江中失踪，然后很快被卷入两江的汇合处，我们有必要看看两江汇合前的水势，以及汇会后的水情。先说帕隆藏布江。它的下游汇入雅鲁藏布江，此处的帕隆藏布江河道左岸有40米宽的阶地，高出水面20米。水面宽120米，水深4-5米，流速4.5米/秒。

雅鲁藏布江大拐弯西段河谷狭窄，河宽不足百米。其中白马狗熊到帕隆藏布江汇入口之间流程仅仅37千米，落差就有 885米。水的流速在8~16米/秒之间变化。江水到了帕隆藏布江的汇入口，才加宽到162米。汇入后的雅鲁藏布江更是气势磅礴。从帕隆藏布江至墨脱背崩的120千米流程，落差960米。河谷呈V字形，许多地方直立的江岸峭壁高达千米，有些地方呈90度。水面宽150~200米，流速4米/秒左右。

雅鲁藏布江多年的平均流量达4425立方米/秒,这个数字仅次于长江和珠江，在我国各江河中居第三位。雅鲁藏布江的河底有阶地，因此势必形成跌水。两侧发生山崩后，小的石块被激流卷走了，大的石块则牢牢地卧在江中，成了漂浮物的撞击体。还有大大小小的漩涡，以及长达10米左右回流，会反复折腾着漂浮物。这跌水、巨石、回流，对于血肉之躯的武井来说，每一个地方都是威胁着他生命的死地。

帕隆藏布江主要由两条二级支流汇合而成，最后在门仲村和扎曲河之间流入雅鲁藏布大峡谷。此流域是中国三大原始林区之一，是藏东南林区的重要分布区，也是中国最大的季风海洋性冰川分布区。若从古乡冰川泥石流堵塞湖出口算起，帕隆藏布大峡谷全长76千米。

出于对武井义隆亡灵的安慰，还有对他亲属的交代，人们渴望找到他的遗体。考察队员、沿江部队和民工一起，先后组织了3次为期1个月的沿江搜索，仍然未果。他的父亲武井平八也专程飞到西藏拉萨，他想去雅鲁藏布江大峡谷找他唯一的儿子。但众人劝他去不得，那是个山高路险的地方，没有野外探险经验的人绝难涉足。当他听说因为他儿子的死，当地政府、驻军竭力营救时，他一次次顿首表达谢意。

武井义隆出事一周年，武井平八带着夫人及女儿来到北京，他们要求前去雅鲁藏布大峡谷再次寻找武井义隆，哪怕是找到遗物对他们也是安慰。从出事地点门仲到扎曲到巴玉，能够找的地方都找了，能够打听的人都问了，但他们只看到雄伟的雅鲁藏布马蹄形大拐弯峡谷，只听到波涛湍急的雅鲁藏布江的涛声。

在扎曲最高的岩石上，他们请当地的民工，把从日本带来的黑色大理石墓碑镶在岩石上，又把武井义隆生前最喜欢的、自己家院子里的花籽种在了墓碑前。

费希尔的“吉尼斯纪录”

2000年，“中华世纪坛”在北京建成。在世纪坛的正面，有一段阶梯形的青铜甬道，甬道全长262米，用18万字刻录了中国历史上的大事记。在“公元1994年，甲戌”栏目中，刻录了11件大事，其中一件大事是：“经中国科学家认定雅鲁藏布江大峡谷为世界第一大峡谷”。那么，雅鲁藏布大峡谷是如何被中国科学家认定为世界第一大峡谷的？

雅鲁藏布大峡谷为世界最雄伟壮观的大峡谷，为地理学、生物学研究提供了得天独厚的重要天然场所，这是1973年中国科学院探险考察最重要的认识和发现之一。水利专家何希吾、章铭陶、关志华，地理专家杨逸畴，地质专家郑锡澜，水文专家鲍世恒等，在其后发表的《青藏高原科学考察丛书》、各类学术刊物、专业学术会议论文集和各类科学著作中均有记录和描述。

1981年，在中国科学院青藏高原综合科学考察队编辑出版的青藏高原科考丛书《西藏水利》一书中，关志华、鲍世恒第二章“雅鲁藏布江”中写道：“雅鲁藏布江下游河道呈U形大拐弯。在大拐弯顶部的左侧有海拔7151米的加拉白垒峰，右侧有海拔7756米的南迦巴瓦峰紧紧地拱卫在峡谷的两侧。从峰顶到大拐弯末端的江面，其水平距离仅40千米，可是垂直高差竟达7100多米，成为世界上切割最深的峡谷段。”从这点看出，是关志华、鲍世恒两位科学家率先提出雅鲁藏布大峡谷为世界切割最深的峡谷的。

1983年，郑锡澜编著的《世界屋脊的崛起》[①]称雅鲁藏布大峡谷是“世界上闻名的大峡谷”；1987年，杨逸畴、高登义、李渤生撰写的《雅鲁藏布江下游河谷水汽通道初探》[②]一文的引言中就指出：“青藏高原上的大河雅鲁藏布江由西向东流，河道逐渐变为北东流向，并几经转折，穿切过喜马拉雅山东端的山地屏障，猛折成呈南北向直泻印度恒河平原，形成几百千米长，围绕南迦巴瓦峰的深峻大拐弯峡谷。峡谷平均切割深度在五千米以上……”平均

① 郑锡澜编著：《世界屋脊的崛起》，西藏人民出版社1983年版。
② 杨逸畴、高登义、李渤生：《雅鲁藏布江下游河谷水汽通道初探》，《中国科学》1987年第8期。

切割深度在五千米以上，隐藏着世界最深峡谷的数据，只可惜他们没有与国际其他峡谷进行对比；1991 年，章铭陶在主编的《中国大地》[①]大型图册中，第一次明确提出雅鲁藏布大峡谷是“天下第一大峡谷”。

中国科学家将世界第一大峡谷写进学术期刊和论著里，但真正将雅鲁藏布大峡谷论证为世界最深峡谷，并通过媒体报道出来，却是美国的峡谷地貌学家费希尔。也许人们不会想到，武井义隆的死，震动了远在美国的费希尔，他 1992 年 9 月至 1993 年 10 月，曾两次进入大峡谷考察，拿出之前国际上公开的南迦巴瓦峰海拔数据，进行了“南迦巴瓦峡谷为全球之最”的推算工作。1993 年 10 月，费希尔在美联社发表了一条震惊世界地理界的重大消息：南迦巴瓦峡谷以其最深处 5912 米，成为全球已知的最深峡谷。正是这条消息的刊发，将雅鲁藏布大峡谷推到了世界级峡谷的最前台。

1992 年年初，中国地质矿产部成都地质矿产研究所旅行社取得了允许外国人进入南迦巴瓦地区进行科学旅游探险考察的“许可证”。9 月，美国亚利桑那大学捷足先登，首次派出 4 名从事地质、地貌的科学家来到雅鲁藏布大峡谷。当美国人第一次进入大峡谷入口处米林县派乡时，便被它绝美的景色所吸引。

9 月的派乡，雪山上层林尽染，落叶松、白桦林金黄一片，田野中的梨树显得火红耀眼，沉睡的小村庄被浓郁的秋色包围。清晨炊烟袅袅，牛羊隐隐约约在四周出现；傍晚夕阳将南迦巴瓦雪峰照得通红，远远传来的牧歌捺人心魄。走在乡间的小路上，热心的藏民会将你请入家中做客，青稞酒、酥油茶、核桃等任君品尝。大自然的神来之笔，如梦如幻的人文景观，将他们带入一个童话世界。

雅鲁藏布江流经派乡后，两岸高达六七千米的山峰，直直地插入江心，那被逼得狭窄的江水，就像从地底下突然冒出的一条蛟龙，吞云吐雾，如一缕长烟载沉载浮。它怒吼的涛声盈溢于整个山谷，随着阴森森的冷气冲了上来，即便在高高的山腰，高分贝的音量也让人震耳欲聋。雅鲁藏布大峡谷的神奇，震撼着美国探险家一行。

在这 4 名美国探险家中，我们得提起一个在世界地理界颇有争议的人物，他就是峡谷地貌学家理查德.费希尔（Richard Fisher）。费希尔个头不高，看上去没什么特别之处。可在考察中，他显得异常活跃，谈起世界上的峡谷，更是滔滔不绝。费希尔站在派乡，目睹时隐时现的南迦巴瓦峰，便被它的雄奇

① 章铭陶主编：《中国大地》，香港商务印书馆 1991 年版。

震撼。他试图沿雅鲁藏布江而下考察，可终因加拉之后的道路太艰险，最终放弃了这条路。

当年陪费希尔考察雅鲁藏布大峡谷的耿全如研究员曾讲起了当时的惊险历程。1992 年初夏，早晨还下着小雨，他和当地的民工、向导陪着 4 名美国探险家，向着大峡谷一座叫歇坚拉的大雪山进发。中午爬到山顶，山上与山下完全是两个季节。四处白茫茫一片，狂风夹着暴雪，冻得人人瑟瑟发抖。向导带领大家东走西奔迷失了方向，连民工都支撑不住了，4 位美国人带的面包、罐头都已经吃光了，饿得把花生酱瓶子也舔得光光的。

一个美国人气喘吁吁，绝望地喊道：“我休息一下，我休息一下，我们可能走不出去了！”耿全如上前拉着他，劝说道：“千万不能在这休息，会冻死在山上的。”于是，他掏出罗盘测量方向，带领大家来到一个近乎直立的陡坡前，他首先带头滑了下去。几位美国人站在陡坡往下一看，坡下像是万丈深渊，太可怕了，谁也不敢往前一步。耿全如站在陡坡下向上吼着：“你们不下也得下，只有下才能找到出路。”4 位美国人在民工的帮助下，闭上眼睛滑到坡下。

“听！狗叫声！”耿全如突然喊起来。众人惊喜若狂。耿全如循着狗叫声找到 3 名珞巴族猎人，跟着他们走出了死亡之地。几位美国人掩饰不住内心的激动，抱住耿全如连连说道：“耿，你是世界上最了不起的探险家，我们谢谢你！”

1993 年 5 月，费希尔回到美国不到半年，再次找到成都地矿所。其时，耿全如已是成都地矿所研究员，获得了博士学位，担任了四川省矿物岩石地球化学学会岩石矿物专业委员会秘书长、四川省地质学会岩石矿专业委员会副秘书长。

在耿全如的回忆里，费希尔再次同他的 4 个美国朋友一道，改变了之前的考察行程，从林芝八一镇出发，到达排龙门巴民族乡，在 12 个当地民工的带领下，沿帕隆藏布江而下，到达雅鲁藏布江大拐弯顶端扎曲村，历时 24 天走完全程。站在大拐弯顶端，费希尔被雅鲁藏布江流经南迦巴瓦峰和加拉白垒峰之间的峡谷震撼。费希尔一生中到过世界上无数的大峡谷，诸如美国的科罗拉多大峡谷、秘鲁的科尔卡大峡谷，但都无法同他脚下的大峡谷相比。

1993 年 10 月，回到美国的费希尔得知日本探险家武井义隆漂流大峡谷死亡的消息后，更是对这条大峡谷充满了敬畏。在两次野外考察中，费希尔逐渐认识到南迦巴瓦大峡谷在世界峡谷中的特殊地位，于是率先通过有全球影响力的新闻媒体——美联社公布了一条让世人震惊的爆炸性消息：南迦巴瓦峡谷为世界最深峡谷。

美国地理学家费希尔

1993 年 11 月 20 日，中国《参考消息》周末版上刊登了费希尔论证南迦巴瓦峡谷为世界最深峡谷的文章，并附有大峡谷位置示意图。

在交通、通信乃至卫星技术空前发达的今天，我们小小的地球上似乎不再有重大的隐秘可言。为时数百年的地理大发现时代，也似乎在 1910 年岁末以挪威人阿蒙森的双脚踏上南极点的那一刻宣告终结。这一重大的地理发现若得到世界各国的承认，意味着《中国大百科全书》《辞海》中的有关条目将做新的更正，世界各国的地理教科书将做新的改动。

费希尔的“重大发现”带来的影响无疑是巨大的。可透过费希尔发布的“南迦巴瓦峡谷为全球之最”消息，还是能看出一些漏洞，诸如南迦巴瓦峰是雅鲁藏布江内侧的一座山峰，用山峰命名峡谷不符合常规。早在 10 年前，中国的科学家就称它为雅鲁藏布江大峡谷，显得更为准确些。经过现代精密仪器测量，南迦巴瓦峰海拔是 7787 米，而非费希尔所说的 7910 米。至于他所说的忍川岗日峰，到底指的是雅鲁藏布江外侧哪座高峰，人们不得而知，它的海拔高度也值得考究。从这一点来看，费希尔的峡谷极值令人质疑。

中国科学院成都土地灾害与环境研究所客座研究员、“长漂”队主力队员、世界著名探险家杨勇曾在 2000 年 4 月同费希尔有过一次合作，尽管他称费希尔为"美国著名峡谷专家"，但对于费希尔的"重大发现"，杨勇有些不以为然："早在费希尔宣布它为世界最深峡谷前，中国科学家就明确地指出，雅鲁藏布江大峡谷是世界上最深邃、最雄伟的大峡谷了，只是没有一个人率先通过新闻媒体宣传报道而已，而是将它隐藏在自己的论文中。费希尔的最大贡献，莫过于借助全球非常有影响的新闻媒体报道而已。"

耿全如在1996年8月编写的《西藏雅鲁藏布江南迦巴瓦大峡谷国土旅游资源评价项目》资料中，对费希尔的考察成果是这样表述的："1992年，成都地矿所旅行社首次组织美国亚利桑那大学探险家Richard Fisher（费希尔）先生进入大峡谷地区。之后又成功组织了一系列国外专家、探险者深入南迦巴瓦峰地区。自1992年至今，我所旅行社组织美国、瑞士、法国等国考察队，几乎走遍了南迦巴瓦地区的每一条线路，在国内外引起了强烈反响。1994年该峡谷被申请吉尼斯世界纪录，成为世界上最深的峡谷，使这一地区扩大了知名度。"

关于费希尔在接受中国媒体采访时声称他曾在1993年沿着派乡，经白马狗熊至大拐弯顶端扎曲一带考察，耿全如认为他说的不是事实，事实是费希尔在1992年到过派乡考察,1993年从林芝县的排龙沿帕隆藏布江到达大拐弯顶端扎曲。耿全如说："费希尔曾游历过世界许多知名的大峡谷，以他对大峡谷的特殊敏感，率先通过世界有影响的美联社报道他的新发现，这无疑是有贡献的。但他到达大拐弯顶端扎曲后，只是对南迦巴瓦峰等进行了一些粗略的估测，抄了一些前人测量的数据，回去后又没有认真论证，就匆忙对外公布，这是极不严谨的。"

我们不得不承认，费希尔通过美联社宣传报道他的"重大发现"后，扩大了他在世界地理学界的知名度，可美国地理学界并不买账，首先引发了对他成果的争议。然而，费希尔没有就此止步，1994年1月7日，他向世界吉尼斯世界纪录中心申报："南迦巴瓦大峡谷"的深度，远远超过了曾先后以"世界第一大峡谷"自居的美国"科罗拉多大峡谷"和秘鲁"科尔卡大峡谷"，是"全球最深的峡谷"。

吉尼斯世界纪录中心接到费希尔的申报函后，对他所申报的数据迅速做出反应。吉尼斯世界纪录管理中心尽管委婉地纠正了他所犯的常识性错误，即以山峰来命名峡谷，对他的数据也进行了修正，但是仍有意将其列入吉尼斯世界纪录大全条目。

雅鲁藏布大峡谷藏布巴东大瀑布段河床深切（税小洁摄）

成都地质矿产研究所耿全如办公室里有这条吉尼斯世界纪录中心编辑的条目，是 1994 年 1 月 31 日费希尔传真给耿全如的，其内容为："最深的峡谷在雅鲁藏布峡谷，是 5075 米，16 650 英尺，这个最深的地方在藏东喜马拉雅山区，在这个河之后就变成布拉马普特拉河，南迦巴瓦峰的高度是 7753 米，25 436 英尺，加拉白垒峰的高度是 7282 米，23 891 英尺，这两座山峰的距离是 21 千米，相当于 18 英里，雅鲁藏布江的海拔在这两座山峰之间是 2440 米，8000 英尺。”

在该条目左边，还附有吉尼斯世界纪录管理中心尼古拉斯先生 1994 年 1 月 27 日电传给费希尔的一封回信。在成都阳光飞扬英语学校张沁老师的翻译下，现将回信内容全文摘录如下：

正如我们在 1 月 11 日那封信中提到的，我社已给一直在山谷和峡谷排行方面给我社提供协助的专业人士去了信。

他坚信你和你的团队研究的这个峡谷应该取代我社刚发布的 Kali Gandaki（喀利根德格）峡谷世界第一的位置，但是基于他的其他研究和我社曾用的一些标准，我们将不使用 19 386 英尺（Nychen Kangri）数据，而使用 Jala Peri（加拉白垒）的数据。这是因为两峰相距 25 英里的距离，意味着平均坡度仅 31%，而我社的这位专业人士认为把它定义为山谷并不合适。科尔卡峡谷两峰间距离为 15 英里，加拉白垒两峰间距离为 13 英里，这是迄今为止我们掌握的有效数据。随函附寄的是我社为你及你的团队发现的峡谷所写的文章，我社将以那条江来命名这个峡谷，而非像你提到的那样，称它为南迦巴瓦大峡谷，因为这样更符合常规。也许你会对 16 650 英尺的深度提出质疑，我社的计算方法是：将 25 436 英尺、23 891 英尺相比，然后取平均值再减去该江的海拔高度。这样算的结果是 16 663.5 英尺，考虑到该江海拔的估计值，我们采用了四舍五入的办法，得出了 16 650 英尺。

不知你是否有探险期间拍摄的照片，并能让我们看一看。看其是否有希望让该峡谷载入吉尼斯世界纪录，有彩色幻灯片就更好了。因为它被复制仍能保持很好的效果。这就是我社十分希望你提供的协助。如果你能提供有摄影者署名的图片，这对我社都是帮助的，特别是在写图片注解时。关于这件事，我也给 Geoffrion 先生去了信。

最后，我非常感谢你对这个问题的关注，并给我社提供详细信息。

费希尔因雅鲁藏布大峡谷而出名，回到美国后，撰写了大量介绍南迦巴瓦峡谷的文章，还出版了一本这方面的专著。可因缺乏深入细致的考察，费希尔在他的论文中不可避免地抄袭了中国科学家考察的数据，引用了他们不少考察成果。也许人们有理由怀疑，费希尔的这项“重大发现”，正是受到了中国科学家论文的启迪。

台湾考察的意外收获

1994 年 1 月，关于武井义隆的死，新华社记者张继民有过深入的采访，对于那段历史有过深刻的分析。张继民毕业于北京大学历史系，1982 年开始从事记者工作，闯南极，走南沙，穿行塔克拉玛干大沙漠，做科学探险采访报道。正是武井义隆的死，让他有机会采访雅鲁藏布大峡谷的科学家们，去体会他们的酸甜苦辣，去品尝他们的成功失败，去发现他们看不到的科学亮点。

张继民不愧是一位敏锐的新闻记者，将杨逸畴、高登义和李渤生 3 位科学家合写的一篇论文拿去，那是 1987 年《中国科学》刊物发表的《雅鲁藏布江下游水汽通道初探》。文中有关大峡谷长度和深度的表述还是让他看出了端倪：“青藏高原上的大河雅鲁藏布江由西向东流，到了米林县进入下游，河道逐渐变为被北东流向，并几经转折，穿切过喜马拉雅山东端的山地屏障，猛折成近南北向，直泻印度河平原，形成了几百千米长，围绕南迦巴瓦峰的深峻大拐弯峡谷，峡谷平均深切度在 5000 米上。”

当张继民读到“形成了几百千米长”“峡谷平均深切度在 5000 米以上”等字句时，猛地一惊，觉得这是一条十分重大的科技新闻，深埋于科学家的论文中。在他的记忆里，被称为世界第一大峡谷的美国科罗拉多大峡谷，好像才深两三千米。雅鲁藏布江大峡谷平均 5000 米的深度，即使它不是世界上最深的峡谷，也是中国最深的峡谷，颇有报道价值。继而，他敏锐、强烈地感到，搞不好这是一个重大的地理发现！

张继民显得异常兴奋，当即给高登义打电话：“拜读了你们的雅鲁藏布江大峡谷的文章，非常兴奋！这条水汽通道深度 5000 多米，长几百千米，会不会是世界第一？”高登义开玩笑说：“又发现什么新闻了？”张继民认真地说：“你和老杨认真考证一下，比较一下美国的科罗拉多峡谷，拿个结果好吗？”

说完，他又加重语气说：“如果是世界第一，我们一定不要放过它！它可是中国的财富啊！”令人可惜的是，张继民的提醒和催促，杨逸畴因准备到台湾考察而搁置。

当年 3 月，杨逸畴和李渤生作为大陆首批地理学家、植物学家，应台湾相关组织邀请到台湾进行学术交流。正是台湾之行，促使杨逸畴和他的同行把不为外界所知的雅鲁藏布大峡谷推到了世人面前。他经过周密的论证和计算，正式确认了世界第一大峡谷的地位。

杨逸畴做客央视《大家》栏目（杨逸畴供图）

杨逸畴在台湾做学术交流期间，说得最多的是青藏高原，是雅鲁藏布大峡谷，还有他们的考察报告，没有机会去那里的台湾科学家、出版商、记者对此非常感兴趣。同时，台湾同行告诉他一个重要信息：美国科学家在前往西藏旅游时，偷偷到雅鲁藏布大峡谷进口拍了几张照片，通过分析，初步认为这个大峡谷可能不逊于美国的科罗拉大峡谷，但苦于没有实地考察的证据。

杨逸畴说，他已去过 6 次大峡谷。对方急切地问：“你们的结论呢？”杨逸畴老老实实承认：“早就感觉到了，在有关的论文中也都提到，但就是没有花功夫去做科学论证，也没往那上面想。”台湾同行的追问和提醒，使他心中再次感到阵阵内疚，如此重大的科研考察，不能仅将研究成果写成论文。进一步科学论证并对外公布，没有什么事比这更重要了。

回到北京后，杨逸畴同几个老朋友聚会，参加的人员有高登义、张继民、人民画报社高级摄影记者杜泽泉。杨逸畴自然谈到了雅鲁藏布大峡谷，在台湾所受到的触动和感受。张继民当即说，科学上发现这类事，不是个人的事，是代表国家和民族的利益的，是要争的，是当仁不让的事。张继民还说："你只要科学论证了，我就能为你们发表出去，要越快越好！"

3 月下旬，杨逸畴戴着老花镜，翻箱倒柜，找出之前 6 次进出大峡谷的原始资料，以及美国科罗拉多峡谷和秘鲁科尔卡峡谷的资料，找来大峡谷地区的 1∶50 000、1∶100 000 地形图、卫星影像图等为基准，把自己关在斗室内，进行量测、统计、分析、对比和研究，进行综合规模性的科学论证和比较，包括论证大峡谷的长度、深度、宽度、流速、流量等。

在杨逸畴看来，要确立雅鲁藏布大峡谷世界第一的地位，首先要确定峡谷就是两侧高地中间低下去的地方，一般指河流切割而成，呈现 V 字形，且峡字还多用于地名，它的深度要远远超过它河床宽度，要强调它的 V 字形峡谷坡面的连续性和纵向上的连贯性。其次要确定峡谷的边界条件，以谷地两侧靠得最近的分水山脊作为边界，计算它到下方谷底河床水面线之间的相对高差作为峡谷深度，它们的南侧是以南迦巴瓦峰（7787 米）为首的东喜马拉雅山的分水岭，北侧就是以加拉白垒峰（7257 米）为首的念青唐古拉东段分水岭，东侧就是以里勒峰（6050 米）为首的冈日嘎布山分水岭。

在具体量测计算上，杨逸畴利用 1∶50 000 地形图，在其上勾画出上面所说的大拐弯峡谷周侧的山地分水线；从地形图上查阅和量测大拐弯峡谷河床的海拔高程，特别是查出多次深入峡谷一步一个脚印丈量和用气压高度计实地测量得到的高程数据，按一定的密度（间距）和考察得知的地理特征河段（点），垂直河道方向作（切）横剖面，得到一个个 V 字形的峡谷河谷剖面，计算它们的相对高度，并进行平均数字的统计和特征极值的统计，得到峡谷最深和平均深度和连续 V 形峡谷的长度数值。

杨逸畴在计算和论证时，首先选择大峡谷内侧的南迦巴瓦峰作为基点，向北偏西方向河对岸对峙的加拉白垒峰作为剖面，恰好剖面线基本是垂直峡谷河道的，切出了一个完整的 V 形峡谷剖面，然后以南迦巴瓦峰为中心，作南北向和东西向剖面，得出如下结论：峡谷在南迦巴瓦峰与加拉白垒峰之间最深达到5382米；从进口派到出口巴昔卡的长度为496.3千米，其中从派到西让250千米峡谷河段为实际踏勘河段；峡谷从进口经白马狗熊、西兴拉、扎曲到甘登、加热萨，墨脱间为核心河段，平均深度也都在5000米左右；峡谷最深处V形剖面上方南迦巴瓦峰到加峰之间直线距离为25千米，峡谷河床宽为200米；峡谷枯水期河床最狭处在拐弯的扎曲为78米；实测流速最大达16米/秒。

4月5日，张继民又给杨逸畴打电话。他说：“从已掌握的材料来看，雅鲁藏布江大峡谷是世界第一大峡谷基本可以成立，请您在已有的基础上再认真核算一下。还有，把世界第一大峡谷作为新闻发出，单单拥有5000米深度的数据是不够的，未免有些单调，需要扩展内容。”接着，张继民请杨逸畴思考以下问题：日后做符号，即峡谷有多长？峡谷最窄的地方是多少米？其地貌如何？它是怎样形成的？较精确的深度是多少？实地勘测者的感受是什么？

4月11日，杨逸畴给张继民打电话说，关于雅鲁藏布江大峡谷的测算基本结束，计算结果表明：切开喜马拉雅山的雅鲁藏布大峡谷，平场深度在5000米以上，最深达5382米，大峡谷由派区到边境线上的巴昔卡，长496千米。他将雅鲁藏布大峡谷的地理极值与美国科罗拉多峡谷和最深的秘鲁科尔卡峡谷等做了认真的对比分析。

经过30多天的反复计算和论证，杨逸畴终于得出结论：中国的雅鲁藏布大峡谷，无论在长度、深度上都远远超过世上已知的几条大峡谷，为世界之最。它作为世界第一大峡谷是没有问题的。张继民出于发表新闻的需要，希望给读者以简洁明快的印象，打电话给杨逸畴，请他画一张大峡谷的剖面示意图。杨逸畴说这是相当费事的，必须在海拔高度上做比较准确的绘制。尽管如此，他还是答应了。

16日9时许，张继民去了他家，看他戴着老花镜，伏在案头以1∶50 000南迦巴瓦峰地形图为基准，从雅鲁藏布江大峡谷海拔2400米的高度往上算，可谓一丝不苟，精益求精。接着，高登义、杨逸畴和张继民，以及新华社摄影记者王呈选等相约，共同来到中国科学院院士、曾6次赴青藏高原考察的刘东生教授家中，就他们对雅鲁藏布江大峡谷的计算结果及新闻报道的设想向他做了汇报。在进一步共同论证的同时，刘东生还审定了张继民写的消息稿。刘东生指出，我国学者首次发现和确认雅鲁藏布江大峡谷是世界第一大峡谷，是国际地理学界的巨大贡献，再一次向世人表明祖国江山如此多娇。

杨逸畴、高登义同中国科学院院士刘东生一起确认雅鲁藏布大峡谷为世界第一大峡谷（高登义供图）

1994年4月17日，也即美联社宣传报道“南迦巴瓦峡谷为世界之最”半年后，中国新华通讯社向全世界发布了一条重大地理消息：我国科学家首次确认，雅鲁藏布江大峡谷为世界第一大峡谷。壮美的祖国山河又被我国科学家首次确认一项新的世界之最，深达5382米的雅鲁藏布江大峡谷是地球上最深的峡谷……这个结论最后经过刘东生院士再次论证和审定，由新华社向全世界发布，国内外近百家媒体转载了这条消息，引发了社会的强烈关注。

“若不是台湾同行的提醒，雅鲁藏布大峡谷‘世界第一’，这个被认为是20世纪末地理学上的重大发现，险些同中国人擦肩而过，”杨逸畴反省，“中国科学家只知踏实做学问，不事张扬。我们在野外考察回来后，就是埋头写论文专著，不善于将科研成果向公众传播，大都羞于写科普文章，更羞于谈科学发现。”

“科学的发现和创新，不是单纯的谁争个先的事情，科学发现有个优先权的问题。我们的创造发明，我们的科学发现，标志着一个国家的科学发展水平，代表着一个国家的利益和尊严，切不可像我们那一代科学家羞于启齿，应该当仁不让，该宣传就得宣传。”杨逸畴还极其认真地说：“科学没有国界，而科学家却有自己的祖国。”

大峡谷命名始末

1997年2月中旬，中国科学探险协会召开第二届会员代表大会，探讨雅鲁藏布江大拐弯处的综合开发与保护，大会重点以深达5382米的地球上最深的峡谷—雅鲁藏布江大拐弯峡谷为中心，举办了学术讲座。武振华作为国家测绘局地名研究所研究员，应邀出席会议。会议决定组织徒步穿越雅鲁藏布江大拐弯峡谷的科学探险活动，首先要解决大峡谷的名称问题。

武振华手头上搜集到有关大峡谷和雅鲁藏布江下游段名称的说法计有20余种之多。据武振华所查，汉语文字图书中最早对大峡谷和对雅鲁藏布江下游段的写法有:《青藏自然地理资料》[①]一书中的"底项大峡谷"，在该书的插图中把雅鲁藏布江大拐弯后的下游段被注记为"底项";《辞海》[②]有"迪杭峡"词条;《无护照西藏之行》[③]一书中把雅鲁藏布江下游段写为"德享河"；36开本《中国地图册》[④]中标注"迪杭峡";《中华人民共和国分省地图集》[⑤]内也注记为"迪杭峡";《中华人民共和国地图集》[⑥]中把大峡谷介绍为"大拐弯峡谷"；16开本《中华人民共和国分省地图集》[⑦]内仍注明为"迪杭峡"……

1997年4月2日,《北京青年报》在题为《壮士四月要远行》报道中，有加引号的"雅鲁藏布江峡谷"一名。至于民间口头上的说法就更多了，如林芝大峡谷、墨脱大峡谷、藏布大峡谷、藏东大峡谷、西藏大峡谷、马蹄形大峡谷、雅鲁藏布江大弯峡等。

武振华查阅外文史籍，在西班牙文版的《阿吉拉尔大图集》第二册第201页上，把雅鲁藏布江下游段用蓝体字母注记为"Dihang"。在英文版的《哥伦比亚地名大辞典》第513页上作为"Dihang River"字条入选。同时，该词典

① 徐近之编:《青藏自然地理资料》，科学出版社1960年版。
②《辞海》，上海辞书出版社1979年版。
③ F. M. 贝利:《无护照西藏之行》，西藏社会科学院资料情报研究所编印，1983年。
④《中国地图册》，地图出版社1983年版。
⑤《中华人民共和国分省地图集》，中国地图出版社1984年版。
⑥《中华人民共和国地图集》，中国地图出版社1984年版。
⑦《中华人民共和国分省地图集》，中国地图出版社1990年版。

如雷电燃烧的南迦巴瓦峰（羽芊摄）

又在第 260 页“Brahmaputra River”条的词目释文中作“Dihang section Ist explored in 1913”的注解。

武振华根据这两部外文资料中所提供的“Dihang”拼写字样，可以推定，前述《辞海》《中国地图册》《中华人民共和国分省地图集》中提到的“迪杭”、《青藏自然地理资料》中记载的“底项”，以及《无护照西藏之行》一书的汉字译名“德亨”与拉丁字母组成的“Dihang”一条同源。

雅鲁藏布江上这一水流湍急的马蹄形大拐弯峡谷虽有这么多名称，但至今还没有一个像样的正规名称，那么起个什么样的名字才更具代表性、最合适呢？武振华认为，以“雅鲁藏布”作为大峡谷的专名，是再合适不过了。

雅鲁藏布江在中国可以说是家喻户晓，当地藏族群众称它为母亲河。我国的科研工作者，从 20 世纪 70 年代起就对雅鲁藏布江进行考察、研究，获得了丰富的第一手资料，科研成果累累。近些年来，我国的新闻界，不仅许多报刊对雅鲁藏布江做过专题报导，而且电视、广播也都对雅鲁藏布江进行过介绍宣传，“雅鲁藏布”这一名字已经很响亮。亲临实地考察的科技工作者也极力主张用指代性强的“雅鲁藏布”来命名大拐弯峡谷。

雅鲁藏布大峡谷扎曲顶端大拐弯（花雕摄）

从地名研究的角度讲，雅鲁藏布的语源属藏语的标准称说，其含义健康，又是人们喜闻乐见的名称。地名学上有一术语叫“派生地名”，用“雅鲁藏布”这一江河的专有名称，派生出大峡谷名也是顺理成章的事，理由也很充足。故武振华认为，把雅鲁藏布江马蹄形大拐弯峡谷名称最后确定为“雅鲁藏布峡”很恰当。

武振华说，定名为“雅鲁藏布峡”，名称的科学性也是成立的。“Yarlungzangbo Xia”中，藏、汉语词分开，按两段分写，专名与通名结构清晰明了。这样一次性把汉字规范化名称、对外的标准化拼写形式共同决定下来，有利于对“雅鲁藏布峡”的推广和宣传，有利于不同文版地图上的标记。将其名称确定为“雅鲁藏布峡谷（Yarlungzangbo Xia）”，符合国务院有关地名命名、更名的精神，具有广泛的社会和科学依据，符合地名命名的原则。

虽然雅鲁藏布江的干流上还有若干个项目，有的有名称，有的还没有名字。用“雅鲁藏布峡谷”命名大拐弯峡谷的名字，不会引起与其他峡谷名字相混淆。雅鲁藏布江上大大小小所有峡谷，可通统为雅鲁藏布江上的峡谷，“雅鲁藏布峡”也在其中。“雅鲁藏布峡”只不过是雅鲁藏布江上这一段世界最大峡谷的名字而已，它只是专指这大峡谷唯一的名字。流经其他段的小峡谷的名字，只能用各自的具体名称来命名，它们各自也只能代表各自的具体小型峡谷。最具代表性的峡谷，只有马蹄形大拐弯峡谷。马蹄形大拐弯峡谷洪流浩荡，气势澎湃，汹涌宏大，只有大拐弯峡谷才有资格用“雅鲁藏布”四个字。

在武振华看来，派生命名“雅鲁藏布峡”是恰如其分的组词结构。如果再为它重新命名个新名，人们会感到生疏或莫名其妙。以原生地名派生命名地名的现象，在我国地名中比较普遍。比如，北京的三里河，派生出三里河路；拉萨市派生出拉萨大桥；唐古拉山派生出唐古拉山口……派生地名直观明了，一提“雅鲁藏布峡”，不假思索就会知道是指雅鲁藏布江上的大峡谷。

《北京青年报》先前已用“雅鲁藏布江峡谷”，武振华为何不选用？他特地将这一名称作一分解，雅鲁是藏语的区域性地名，藏布是藏语江的意思，峡是“两山夹水的地方”，谷是“两山或两块高地中间的狭长而有口的地带”。前面“藏布”已是江的意思，后面再加一个“江”，显得有些多余。“峡”与“谷”释义相近，作为地名用“峡”足矣，不必重复使用峡谷二字。

提起地理通名峡谷的问题，武振华解释，中国地名中普遍的处理方法，只用一个“峡”字。如虎跳峡、长江三峡、龙羊峡、三门峡、青铜峡、刘家峡等。上面只有“峡”字，用简练的文字，表达了相同的信息。“雅鲁藏布江峡谷”不仅可省去“谷”字，还可删掉“江”字。经这样删减，就形成了藏汉合璧式的“雅鲁藏布峡”。

有的专家提出，美国有“科罗拉多大峡谷”，秘鲁有“科尔卡大峡谷”，都用了“大”字。雅鲁藏布江上大峡谷的命名，是否也用“大”来加以修饰？武振华认为，“大”这样的字眼，可用在对峡谷的介绍文章里，或者说明性的报道中。随着时间的推移，事业的发展，世上很多客观的未知事物，逐步被人们所认识。因受时间与了解事物深度和广度的限制，当时认为是了不起的、无可比拟的东西，带“大”、带“最”的，可能会被后来者所超过。

武振华介绍说，目前尚未发现超过“雅鲁藏布峡”的，它是世界上最大的。在“雅鲁藏布江”被发现、公布于世前，“科罗拉多大峡谷”是世界上最大的，现在有了“雅鲁藏布峡”为世界之最，已经约定俗成的“科罗拉多大峡谷”一名也不好更名。我们在起名之初，就应考虑到这些因素。世界级高峰“珠穆朗玛峰”，是世人皆知的山峰，在它的名称中就未加“最”之类的词，谁又不知它是世界第一高峰呢？因此，在“雅鲁藏布峡”一名中，无需加“大”，这样的字眼，依旧符合地名国家规范化和地名国际标准化的原则。

“雅鲁藏布峡”是新的世界之最，将同“珠穆朗玛峰”一样齐名海内外，都将成为西藏境内的旅游、探险、科考热点。它也将像珠穆朗玛峰一样，给西藏人民带来财富，带动和促进其他相关行业的发展。

首穿世界第一大峡谷

1998 年 4 月 17 日，中国科学探险协会组织科学家、探险家、媒体记者全程徒步穿越大峡谷，彻底揭开了大峡谷的诸多未解之谜。从七拼八凑探险经费、春季探察穿越线路到三队合力进入大峡谷，从派乡到白马狗熊，飞瀑水雾映深峡，领略绒扎大瀑布，从西让到扎曲等，展示了此次徒步探险科考活动成果。

春季探察穿越线路

1998年 4月17日是值得纪念的日子，是新华社对外发布雅鲁藏布大峡谷为世界第一大峡谷四周年纪念日。

就在1998年3月，4位中国科学院专家高登义、杨逸畴、关志华和李渤生就聚到一起。杨逸畴年龄最大，时年63岁；高登义排第二，时年59岁；关志华排第三，时年58岁；李渤生年龄最小，时年52岁。他们拟开展一次大峡谷全程徒步穿越活动，其难点在白马狗熊至扎曲90千米河流段，尚未有一名科学家沿江全程考察，这里面到底有多少未解之谜，希望通过全程考察，展现在世人面前。

在他们中，高登义无疑是这次活动的核心人物，也是探险考察的领队。高登义曾是中国科技大学58级地球物理系毕业生、中国科学院大气物理所研究员、博士生导师、挪威卑尔根大学荣誉博士，曾任中国科学院大气物理研

中国科学探险协会主席、穿越雅鲁藏布大峡谷组织者高登义（高登义供图）

究所副所长，从事高山、极地和海洋气象科学考察研究，开创了“山地环境气象学”新的研究领域，研究重点在地球三极地区与全球气候环境变化的相互关系。先后获得中国科学院科技成果特等奖、国家自然科学一等奖、竺可桢野外科学工作个人奖等，享受国务院政府特殊津贴。

高登义不仅是一名卓有成就的科学家，还是中国科学探险领域的开拓者之一，先后组织和参加青藏高原、南极、北极和西太平洋等科学考察40余次，成为我国第一个完成地球三极科学考察的人。他曾担任中国科学探险协会主席，创办《中国科学探险》杂志社并担任社长。因为有这样的经历，他再次担负起中国科学探险的又一项创举——组织近200人的科学考察队伍,完成对雅鲁藏布大峡谷沿江的全程科学考察。

1998年4月7日，高登义组织了十几人的预察小分队，参加春季探险路线的科学考察，此次科研人员有高登义、杨逸畴、关志华、李渤生、王维、陶宝祥；新闻工作者有新华社的张继民，《北京青年报》的何平平，中央电视台的项飞、徐进、韩东光、陈平，人民画报社的杜泽泉；企业代表有于宪光、林永建、郭鑫，以及2名台湾记者。预察队完成派至加拉的考察后，最艰难的行程便是排龙至扎曲的考察。

4月17日，预察队从排龙乡出发，将走进雅鲁藏布江大拐弯。8点多，川藏公路线上的排龙门巴民族乡，当地政府为小分队约定的42名民工全到齐了。他们背着背篓，装上行囊，等待出发命令。领队高登义临时决定，将原计划10点30分出发提前到8点30分。

小分队大约走了500米，从川藏公路下来，折向东久河上的一座吊桥。过了吊桥，右边便是陡崖，左边为山路，下边是湍急的帕隆藏布江。张继民走着走着发现，有些民工背上煤气罐、粮食，体积虽不大，分量却很沉，负重艰难，累得直不起腰，衣衫全被汗浸透，大口大口地喘着粗气。考察队员陶宝祥见状，悄悄对同行的队友说，他记住了那几个背粮食和煤气罐的，偷偷地给他们几位加些钱。

民工们沿路的生活也很艰苦，宿营时就在考察小分队的帐篷附近，砍几棵小树随便搭个两三米宽的简易棚架，再在棚顶摊开塑料布成坡状，一直连到地上。这三面透风的棚子，简陋得只能遮些毛毛雨和露水。这些民工几乎不带行囊，夜里就在篝火边坐着，困了打个盹。过度的劳累，加上得不到有效的睡眠，有两人患了感冒。

1998 年春，中国科学探险协会得到企业赞助，
决定首先组织雅鲁藏布大峡谷的春季预察（高登义供图）

在这些民工当中，38 岁的贡觉次仁还带着 14 岁在林芝上中学的儿子。他走路一拐一拐的，老落在队伍后边。宿营时，张继民跟他聊天，方知十几天前，他的同伴在山上打死了一只野牦牛，返回时半路遇上雪崩均被埋，一人当场死去，另外一人爬出来，吃力地将雪扒开救了他的命。他的脚肿得很厉害，走路都疼，依旧不愿去医院治疗。门巴族小女孩次仁卓嘎 16 岁，正在念中学。赶上这两天学校放假，趁这个机会出来揽活挣点钱。

一路上，民工们与考察小分队风雨同舟，为他们分担了不少辛劳，同时也增加了很多乐趣，尽管市场经济的春风已经吹到这个闭塞的地方，但是当地还是保持着相当淳朴的民风，从民工们的身上便可窥见一斑。张继民印象最深的是一位村主任，脸狭长，留着齐耳长的头发。当时村主任正爬山，正好经过他旁边，看见他更累，就想帮他提个包。张继民看他累得够呛，没好意思让他提。正是村主任的这个举动，让张继民有一种如沐春风的感觉。

从排龙到扎曲，荨麻多极了。靠近路边的荨麻长得较低，有 20 多厘米高。再往外，长得则比人还高。风一吹，两侧的荨麻往往向路中间摆，加上枝叶之间互相重叠，有的地方差一点把路给封死。考察队行走时都非常小心，不得不双手握拳缩在胸前，不时还缩着肩膀，弓着腰，唯恐荨麻触到裸露的双手、头部和颈部。张继民曾蹲下来，数了数巴掌大的叶面上到底有多少个螫，竟然有 90 多个。

按原定计划，他们打算花 2 天，徒步到 30 多千米外的扎曲。他们沿着帕隆藏布江边的山崖小路往南走，路的右边是陡峭的高山悬崖，左边是轰鸣呼啸滔滔奔流的江水，山势高低起伏，狭窄的小路在半山蜿蜒曲折地往前延伸。探险队副队长于宪光个头不高，但精力特别充沛，像一匹骁勇的骏马勇往直前，遥遥领先于队伍。

队伍经过吊桥后，江水便到了他们的右边，左边则是悬崖峭壁。自然结合的队伍中，分为多个梯队。于宪光等属于第一梯队，速度较快，一下子窜得没了影。张继民和何平平、李渤生自然成为“第二梯队”。也许是走得太急，大家早已累得满身大汗。坐下后，山谷风吹来，又倍感寒冷，大家纷纷收紧领口。16 时，他们走到一个周围地势比较缓和的路口，开始沿着左侧的河滩走。张继民对原始森林有一种恐惧感，一想到森林里的蛇、蚂蟥、荨麻等就胆战心惊。过了一会儿，张继民赶到森林边上，发现不对劲，对何平平说：“算了，咱们还是回到刚才的那条小路吧。”但看到李渤生在前面一个劲地往前狂奔，还是只能在他的后边跟着，在密林里折腾着，根本找不着路，都快绝望了。

就在这时，走在前面的李渤生突然喊道，他已经看见路了。几人精神为之一振，赶紧加快速度，向前奔去。果然，窄窄的一条羊肠小道出现了。向北望去，正是他们拐向河滩前的那条路的延伸。对于张继民来说，此时的路是那么亲切，好像是绝望中突然抓到了一棵救命草。其实他们在林子里并没有走多长时间，只是 20 多分钟，而坡距只有 50 多米。这时，民工过来说，要倒回去，在前面的沙滩地宿营。此时“第一梯队”早已没了踪影，有人用对讲机呼叫于宪光，于却回话说，他们已经冲出了五六千米。

考察小分队忙着搭帐篷，有些新队员第一次搭帐篷，不知如何才能将它支起来。张继民曾远征过南极，去过塔克拉玛干沙漠，搭帐篷算是驾轻就熟。大伙正搭帐篷之际，于宪光回来了，他一个劲地埋怨大家不事先通知他，让他们跑了很多冤枉路。这也让大家明白，考察队应事先做好宿营规划，每天宿营在什么地方，再派名轻装的民工先行，在宿营点示意考察队员停步，就可避免盲目。

张继民、李渤生和何平平三人找不到路时，曾盲目地穿行在江边一块块又大又圆的砾石上，砾石表面多呈红色，后来才知这同泉水有关。这时，部分没有走冤枉路的队员准备宿营。有人发现了温泉，已经泡上了，边洗还边大声嚷嚷："真痛快，大家快来洗温泉。"此时已经17时多了，走了一天的路，队员们无不疲惫不堪，听说有温泉，精神都为之一振。

张继民快步走过去，只见山崖下有一大块裸露的砾石滩，大石头下边是一个幽深的洞，洞口有2处泉眼，泉水源源不断地冒出来。泉水从泉眼里流出后，先积在小水潭，潭的外缘形成小溪流，顺直流淌五六米长，便拐了一个弯，静静地朝南泻去，最后汇入帕隆藏布江。他坐在石头上，把脚放在溪流里边。水温温的，约有40°C，顿觉两脚轻松了许多，全身的疲劳也减去一些。后来，他们又在不远处发现了一个落差不到1米的较大温泉，温度在50°C左右。这地方正处排龙与扎曲之间，完全可以建成一个中转旅游地。

到了后半夜，张继民被震天的江水声吵醒了。白天的疲劳大有缓解，他的脑海里忽然闪出个念头，宿营地距帕隆藏布江只有三四十米，若上游降暴雨，河水暴涨漫出河道，来势凶猛的江水在人们没有觉察时极有可能在几分钟之内将人卷走。他想起历史上关羽水淹七军的场面，几十万大军在顷刻之间没了踪影。再看旁边巨大的砾石都被江水卷到河滩上，更何况这些区区血肉之躯。在野外宿营时，首先应考虑到各种危险因素，特别是泥石流、雪崩和滑坡塌方等，千万不能粗心大意，以免造成不必要的损失。此时不是雨季，不可能有山洪暴发，考察队领导选择此地宿营还是有道理的。

从排龙到扎曲，最危险的是滑坡区，每段只有三四十米，让人胆战心惊。滑坡区的险在于，路的外侧是数百米的滚滚急流，白色的浪花在空中翻卷沉落，然后以排山倒海之势呼啸着奔腾而去。路的另一侧，则是滑动后稳定不久的坡度很陡的土石。此处没有小径可言，只有前人踩平的一串脚印。走到这里，一旦脚下不稳，身子一斜，就会滚下江里，转瞬间便无影无踪。

当他们行至老虎嘴，这是当地门巴族群众在峭壁当中凿出的路，只有1米左右宽，如同横在这里的栈道。这地方三面临险，稍不留神就会坠落崖下。从安全的角度出发，探险队经过此地时应拉安全绳，起到保护作用。探险不是冒险，而是科学考察，并获得科学成果，故而安全最为重要。考察队员通过滑坡区等险要地段时，应拉这样的绳子，以备患有恐高症或心脏病的队员经过这里时有所依附，避免出现意外事故，造成生命危险。

考察队一路上走过4座吊桥，吊桥上面横置木板，两边几乎没有护栏，即使有也只是用根铁丝缠绕在横跨着的长长的钢绳上。铁丝网空隙较大，鸭子都能钻过去，很难起到护栏的作用。人走在上边，桥晃动的幅度很大。走快了也有危险，急急忙忙看不准脚下，遇到有空的地方，就有可能踩空。万一出现问题，人必须尽快坐下来，这样既能减小桥的晃动幅度，又能保持平衡。旧桥有的桥板已经脱落，只有竖板，出现很多空格。透过空格，可以看见 100 米之下的滚滚急流。胆小者走到这样的地方，真会天旋地转，魂飞魄散。

从排龙到扎曲，沿着帕隆藏布江，一路上经过峭壁区、碎石区、滑坡区，历尽艰难险阻。最累人的当属接近扎曲时，那绝对高度在六七百米，曲曲弯弯的山路，几乎是步步爬坡。此时临近中午，天气炎热，令人大汗淋漓且不说，还几乎喘不过气来。幸好这个地方海拔比较低，植被茂盛，氧气充足，否则真会有人累倒在这里。15 时，油菜田、栅栏、羊群映入大家的眼帘，考察队到达了扎曲村。

扎曲村坐北朝南，正好处在雅鲁藏布江大拐弯的顶端，背倚峻峭挺拔的青山，南傍呼啸奔腾的滔滔江水，东西两侧是缓坡。举目四望，层峦叠嶂，郁郁葱葱，雅鲁藏布江宛若一条绿色的丝带，镶嵌在绿波林海之中。宿营地就选在村口的草地上，约有 50 平方米。大家疲惫不堪，对地上的猪粪、鸡粪等稍加处理就开始搭帐篷。

晚上，考察队领导到离营地 200 多米远的猎户家去探访，了解雅鲁藏布江大峡谷各段能否穿行，为秋季正式徒步穿越做准备。有位户主叫林富，曾多次进入大峡谷，比较熟悉各个路段的情况。但他只是分几段穿行过，从来没有做过贯通性行走。林富说，有的路段山势陡峭，又兼有飞瀑，加上树高林密，很难行走。秋天时雨季已过，草木更加茂盛，旱蚂蟥更为猖狂肆虐，他希望科学探险队对此有充分的准备。他还同意科学探险队的请求，在秋季徒步穿越世界第一大峡谷时充当向导。

第二天早晨，太阳从东方冉冉升起，霞光透过山尖，柔柔地照在营地左边的小木屋。村里炊烟袅袅，在朝晕的映衬之下，更显得生机勃勃，颇有田园诗意。扎曲村的南面，不到 300 米处，就是雅鲁藏布江大拐弯的顶端，站在悬崖边的一个最佳点，这个 U 字形的大拐弯可以尽收眼底。只见雅鲁藏布江从西滚滚而来，折向南边，然后以冲出山门之势向南奔腾而去，同时发出震耳欲聋的声音，在山谷中回响。前面映入眼帘的是一座马蹄状的青山，当地老百姓称之为多布拉雄山。山上除了 3 块裸露的直立峭壁之外，其他地方绿色葱茏，布满了原始森林；远处群峰挺秀，山脉绵延，满目都是醉人的绿色。

对于杨逸畴、李渤生、高登义、张继民来说，他们共同参与了世界第一大峡谷的论证和发布，抒发感言是一项重要活动。他们到达雅鲁藏布江大拐弯顶端时，正好是世界第一大峡谷公布于众 4 周年纪念日。每人都事先打好腹稿，反复琢磨，然后写出最能代表自己心声和意愿的清词丽句。

大峡谷还是那个大峡谷，青山绿水依旧；人还是那个人，却头发斑白了。当杨逸畴教授屹立在大峡谷顶端的石岩上，头顶天空碧蓝如洗，身后有雪山银峰雄峙，脚下是绿谷白水。他豪情满怀指点江山的形象留在了彩色胶卷里，同时借助摄影机镜头，进入了千家万户的荧屏。确实，对于大峡谷来说，他有些久违了。早在 80 年代初，杨逸畴在西藏野外就时常发生险情，休克过几次后，方才查出心脏出了问题。确切地说，病因来自血液方面：浓度高而水分少，一上高海拔，流经心脏时难免偶发堵塞现象。然而，他始终魂牵梦绕大峡谷，不时听得到那方青山碧水的召唤。他想要圆一个梦：穿越大峡谷。

首先，杨逸畴写下了长长的留言："雅鲁藏布江下游大拐弯峡谷是世界最大的峡谷。大峡谷的发现和认证，是中国科学家和新闻界很好结合的集体成果，是 20 世纪末一次重大的地理发现，是对人类深化认识自然做出的贡献。大峡谷不但是世界之最，而且环境独特（特别是大峡谷是青藏高原最大水汽通道）、自然景观众多、资源蕴藏特别丰富（特别是水力资源和包括森林资源在内的生物资源以及旅游资源）；大峡谷是一条聚宝谷，是人类的共同自然遗产。今天，我们再次来到大峡谷，面对大拐弯、面对在峡谷奔流的激流、满目青山的万千气象，心情激动澎湃。过去我们在大峡谷山河献出了青春，留下了一片深情，今天我们要为大峡谷继续努力，鞠躬尽瘁。让大峡谷永远碧水长流，绿山永驻。大峡谷，我的高原情，我的中国籍！"

高登义接过杨逸畴的笔写道："亲爱的朋友们，让我们遨游在世界第一大峡谷水汽通道中，感受这条水汽通道同自然环境与人类之间的亲密关系。"张继民留下自己的感受："难以忘却，1994 年 4 月上旬，雅鲁藏布江大峡谷被发现是世界第一大峡谷，是中国科学院三位研究员与新华社一位科技记者智慧交汇，认识互补的结果。可见，自然科学工作者与社会科学工作者必要的合作与联手，会有效地促进和加深对事物的认识，以至升华，赢得重大突破。"最后，李渤生也饱含感情地写道："我坚信，世界第一大峡谷——雅鲁藏布江大峡谷，必将以其雄奇壮丽的自然景观，丰富多彩的生命世界，朴实无华的民族风情，纯洁无瑕的自然环境震撼每一个来访者的心灵；同时她也将成为青藏高原上的一颗明珠，永久地造福于当地人民。能为雅鲁藏布江大峡谷深深铭刻于世界人民心中而奉献我的青春年华，我终生无悔！”

紧接着，4人并排蹲在悬崖边上拍照。他们当时所处的位置特别危险，临崖崖深500多米，谷底即是雅鲁藏布江，稍有闪失即坠入深渊。在他们之前，于宪光险些就在此遭遇不幸，他站在悬崖边上拍照时，想再往边上靠一靠，以为脚下是实地，没想到探脚踩到的却是一丛透空生长的草丛。要不是杜泽泉情急之中拉他一把，他就一命呜呼了。现在李渤生两腿就半跪在悬崖边上，实在是不能稍稍往外挪一寸。他们照了几张合影，留下了难忘的瞬间。

写完感言，合过影，大伙还兴致勃勃，意犹未尽，一看时间尚早，就顺路向西南方向走去。听老队员说，前方那座凸出的高山叫罗布藏城，海拔2185米。他们欣然前往，也许能更好地鸟瞰雅鲁藏布江大拐弯的雄姿。考察队准备将来在大峡谷设立两座纪念碑，一个在派，一个在扎曲。罗布藏堆的山势很有特色，能否成为最佳候选点，要待踏勘后才能敲定。他们沿着一条小道爬上去，好不容易才走到罗布藏堆山脚下的一个凹口处，疲惫不堪。李渤生和林永键早已到达山顶，还大喊山顶的风光特别美。张继民等觉得体力不支，只好返回宿营地。

大峡谷被科学家称为“地球上最后的秘境”，其中的一个自然科学之谜便是：这里有没有比黄果树瀑布还要壮观的雅鲁藏布江大瀑布？4月24日下午，当考察队到达门仲村后，刚与村干部交谈，就发现了一个重大情况：他们告知雅鲁藏布江大拐弯西段有2条大瀑布，1997年该村猎人还曾带几个美国人考察了门仲村南6千米的一处瀑布，到瀑布需走3天的行程。该瀑布洪水期宽大约150米，高60米。那几个美国人说今年还要来，要去另一处较远的瀑布考察拍照。李渤生得知后，立即用对讲机通知队长高登义，建议利用这几天天气较好的有利时机，组织小分队先赴门仲附近考察瀑布。高登义考虑大家已精疲力竭，又未带攀岩装备，门仲村附近的瀑布之谜，只能等待秋季组队徒步穿越大峡谷时再来揭开。

考察队来到波密县，沿扎墨公路行进，选择二分队秋季穿越线路，当行驶到14千米时，盘山公路被一处30米宽、150米长的雪崩带冲垮，只好结束了这次预察。张继民后来写出了一本反映春季预察的书，书名为《走进世界第一大峡谷》，在社会上产生了很大影响。

四队合力进入大峡谷

大峡谷春季预察结束后，预察队回到北京。李渤生提出了第一分队穿越大峡谷活动的具体计划，即先到扎曲，请门仲猎人带队，集中力量先完成大峡谷西段最关键地段的科学考察，特别是门仲猎人提到的两处大瀑布，尽量在大雪封山前翻过西兴拉。翻山后再与派乡出发的补给队会合，从容完成全部穿越考察。对于二分队来讲，他则建议先翻过最危险的果布拉，进入墨脱后就安全了，若遇大雪封山，还可以从嘎隆拉山口出来。

为了保证此次穿越成功，考察队还准备了第二套行动方案：一分队从林芝到派、白马狗熊、西兴拉、扎曲，二分队从林芝到波密翻过嘎隆拉到达木、墨脱、西让、加热萨、巴玉、扎曲，两个分队在扎曲会合。可令他们没有想到，进入大峡谷的道路瞬息万变，通过辛苦考察确定下来的路线和方案，从最初执行时就被全部推翻了。

在考虑人员时，涉及多个学科专业，根据他们多年的考察实践及对大峡谷地区掌握的资料，认为主要是地学、生物学两大学科，专业是水文、水资源、地质、地貌、冰川、气象、动物、植物、测绘、考古等。一分队侧重于地质、水文、测绘、植物、气象、地貌；二分队侧重于水资源、动物、测绘、植物、冰川、气象。

考察队决定，邀请 4 名西藏登山队的优秀登山家参加，负责开路搭桥、遇难救险等工作。中国科学探险协会副主席、中国登山协会前主席王富洲与西藏登山协会联系，指定世界级登山健将仁青平措、丹增、加措、小齐米参加科考队。西藏登山协会表示完全支持，让他们抓紧训练，全身心地投入穿越雅鲁藏布大峡谷科学探险工作中去。后来的实践证明，若没有 4 位登山队员，就不会有穿越雅鲁藏布大峡谷科学探险考察的成功。

在挑选人员时，考察队既注意参加人员的专业，又注意之前参加过青藏高原科考和研究的背景，同时还注意新老研究员的搭配，如挑选了长期研究青藏高原及雅鲁藏布大峡谷的关志华、李渤生、张文敬等骨干队员，同时也挑选了年轻的地质博士季建清、水文博士马明、气象博士周立波等。

春季预察回来后，国家测绘局几次打来电话，并派人商量，他们愿意承担考察中的测绘工作。考察队商量后认为，科学院派人参加，将来考察结果及数据要报国家测绘局审核后才能向世界公布。测绘局直接派人参加这项工作，对考察结束后的对外公布是有利的，于是同意了测绘局派人的方案。雅鲁藏布大峡谷探险考察结束后，国家测绘局很快召开新闻发布会，将他们测绘的一批数据向全世界进行了公布。

1998 年春在扎曲（高登义供图）

1998 年 10 月 9 日，中国天年雅鲁藏布大峡谷科学探险考察队在天安门广场举行了隆重的出发仪式。时任全国人大常委会副委员长王光英，西藏自治区委书记热地，中国科学院院士叶笃正、刘东生、孙鸿烈等为考察队壮行。中央领导及科学院、科协的领导都到会讲话，给予资金赞助的天年公司的金税总经理也到会讲话。

10 月 18 日 13 时 50 分，考察队从北京的南苑机场出发，16 时 30 分到达成都太平寺军用机场。原定第二天继续飞拉萨，但机场方面通知，西藏的气候与内地不同，飞机的运载不能太重，若第二天先运行李，2 天后再运人，考察计划将被全部打乱。陶宝祥、王维和于宪光找到场站领导讲起考察时间紧迫，队领导找各部门负责人商量后，明确特事特办。第二天，第一架飞机起飞 10 分钟后，第二架也矫健地冲向蓝天。到达拉萨后，王维激动地说：“这辈子坐过火车押运物资，坐过轮船押运物资，这可是第一次坐飞机押运物资。飞机坐了无数次，每次都是坐着，可这次是躺着，躺在我们的物资上。”

10 月 23 日 15 时，全体队员在布达拉宫广场举行了隆重的出发仪式。这支由藏、汉、满、蒙古族等各民族科学家、新闻工作者和登山队员共 46 人组成的队伍里，既有大家熟悉的面孔，诸如杨逸畴、高登义、李渤生、关志华等，也有更多是一张张布满激动神色的年轻面孔。这次的重点任务是完成大峡谷核心河流段的穿越，揭开其神秘面纱。正如杨逸畴所讲：世界第一大峡谷由中国人发现，中国人首次用双脚全程去丈量，中国科学家有能力自立于世界民族之林。

人类如何徒步穿越大峡谷？大峡谷近百千米核心段没有路，河床十分陡峭，树木巨石满山遍布，面对毒虫、猛兽的侵袭等，其难度可想而知。这次徒步穿越选择在旱季，即在春末和秋末沿江通行，安全性更有保障。大峡谷近百千米河段的无人区，从没有科学家沿江涉足，徒步穿越的意义更为重大。进行科学考察，搜集大量资料，将为大峡谷首漂及开发提供科学依据。

大峡谷有多少世界奇观？大凡去过大峡谷的科学家，无不被那里奇特的自然景观吸引，总爱用“菜花金黄映雪山，葱茏林海舞银蛇”来形容。大峡谷发育有全世界所仅有的珍稀冰川类型，竟然游弋在绿色的原始森林中。从南迦巴瓦峰山顶到墨脱背崩河谷，不过 50 余千米，让人经历从极地到赤道的那种难忘的感受。大峡谷“水汽通道”，凿开了喜马拉雅山的地形屏障，就像埋在藏东南的一个巨大的“烟囱”，印度洋暖湿气流带来了水分和热量，热带山地环境向北推移了 5 个纬度，形成与高原荒凉干燥完全不同的景象。

大峡谷有没有世界最大的河床瀑布？雅鲁藏布江平均海拔在 3000 米以上，是世界上最高的河流。在大峡谷中最险峻的核心地段，至今没有一名科学家沿江走通。从空中看，大峡谷核心地段有多处大瀑布，英国人沃德声称自己发现了两条大瀑布，将其命名为“虹霞瀑布”。据当地老人说，过去这里确有两条河床大瀑布，在 1950 年的大地震中消失了。从空中看到的是瀑布还是水汽，将等待科学家徒步穿越来证实。

大峡谷地区有老虎吗？1998 年是中国的虎年，世界野生生物保护组织推出了保护老虎的战略计划。有人惊呼 21 世纪是老虎彻底灭绝的世纪，而大峡谷又给人们带来新的关于虎的希望。当地的人说这里有老虎，属孟加拉虎，是中国目前野生虎分布和数量最集中的区域，人们期待在核心区能见证孟加拉虎的存在。

大峡谷能通气垫船吗？墨脱县是全国唯一没有通公路的县，大峡谷地区交通状况的恶劣让人难以想象。通往墨脱的公路，进入夏季，往往瞬间就会被泥石流冲个精光，大量财富毁于一旦。科学家与一家气垫船厂联合，提出了一个大胆的设想：在一些河道上，炸掉妨碍通行的礁石，用气垫船向墨脱运送物资，将为墨脱县的交通带来新的飞跃。从理论上讲，任何常年性河流都是能漂流的。然而，大拐峡谷山高谷深，成为世界上最险的大河，漂流难度极大。沿途河道能否漂流，还需科学家沿江考察论证。

大峡谷能否建成中国最大的水利工程？1997 年称得上是中国的水利年，长江三峡大坝和黄河小浪底的合龙，无不让人感到人类与自然搏击的自豪。雅鲁藏布江的水力资源在全国仅次于长江，三分之二又集中在大峡谷。大峡谷中单位河段水能蕴藏量为世界第一，若开发大峡谷建水电站，将相当于 3 个三峡水电站。有专家已经提出大胆方案：在大峡谷上游海拔 2800 米的地段筑坝，开凿长 30 千米左右的隧洞穿山而过，引到下游海拔 500 米左右的地方，可获得近 2300 米发电水头的巨大落差，用来发电所获得的电能，将是巨大而无与伦比的。水资源专家考察大峡谷后，将给世人更为准确的答案。

大峡谷何时能成为旅游胜地？世界最高的珠穆朗玛峰已成为人们向往的旅游胜地。珠穆朗玛峰由少数探险者的登山，逐渐变成普通人的旅游景区。大峡谷入口处的派乡，以南大拐弯顶端的帕隆、易贡和江北色季拉山地等外围地区，均可建立国家森林公园，使大峡谷景观真正成为世人瞩目的旅游胜地。雅鲁藏布大峡谷国家森林公园的建立，将成为西藏最为美丽的藏东南地区核心景区。人类首次穿越世界第一大峡谷，将无形中提升大峡谷的知名度，为旅游开发提供条件。

正是这一个个悬念，激起了社会各界的广泛关注。大峡谷到底有多少人间奇观，到底有多少地理、生物、生态新发现，等待着科学家们穿越大峡谷核心无人区后才能揭开谜底。

1998 年夏季，长江发生了百年不遇的特大洪水，雅鲁藏布江也出现了历史上少有的特大洪水。考察队从拉萨至林芝的公路多处被泥石流滑坡冲垮，原定一天半的行程，却走了三天一夜才到达林芝八一镇。林芝地委、行署接到自治区的电报，在八一镇举行了隆重的迎接仪式。仪式结束后，传来一个极坏的消息：林芝至排龙公路的东久段发生了大塌方，已有 10 多天不能通车了。

10 月 25 日，考察队领导想出了一个“非常好”的计划，即把行进路线倒过来，两队先到派乡，二分队翻越多雄拉山后顺雅鲁藏布江而上，一分队则从派乡沿江而下，两队在扎曲与先期抵达的队部会师。这个方案的优点便于媒体宣传，队部可以率先发现近临扎曲村的大瀑布。然而，李渤生更清楚这对一分队来说是极其危险的，搞不好会全军覆没。在当晚的紧急会议上，他坚持原方案不能变，仁青平措踏勘回来，证明从林芝到帕隆的公路卡车可以通行。从派乡出发到扎曲会合的方案，更具极大的诱惑力，考察队不再更改。在这关键时刻，又传来消息：1997 年探查门仲瀑布的美国人已抵达八一镇，一分队要绕个大圈才能见到大瀑布，肯定被美国人抢个头功。

1998 年春在扎曲（高登义供图）

“安全是这次考察的生命线，决不能让一个人留在大峡谷里，”高登义说，“死亡固然壮烈，但更有意义的是生，从某种意义上讲，考察者仅仅不畏死是不够的，能够生而且取得成果，是科学考察者的又一种责任。”考察队决定改变路线，将原有两套方案都取消。大队人马全部先到大峡谷的入口处，把原来胜利会师的地方改为扎曲村。

2 天后，考察队赶到了派村。他们从乡政府处证实，多雄拉山口尚未封山，近日可以通过，这对全体队员鼓舞很大。考察连夜召开会议，指挥部设在扎曲村，决定新的行动路线：李渤生带领一分队，从派到白马狗熊，翻越西兴拉再到扎曲；关志华带领二分队，从派出发，尽快翻越多雄拉山口到背崩、西让、墨脱过甘登到扎曲；杨逸畴带领三分队在外围考察。3 个队在扎曲与指挥部会合，正好同原计划的路线相反。

考察队根据每条路线情况，将人员分成 3 队。第二天上午召开全体队员大会，队长高登义讲起改变计划的原因，公布了分组名单，2 天后准时出发。大多数队员对分组情况满意，二分队个别队员得知一分队能发现大瀑布，就要求调到一分队，经过队领导的耐心劝说，才同意留在二分队。

第二天，李渤生组织一分队开会时，发生了重大分歧。李教授曾多次到过大峡谷考察，从白马狗熊到扎曲他没有走过，要求带队走这一段。他认为考察路线改变后，对分队的影响很大，之前是体力好时考察最困难的江段，现在是体力耗尽时考察最困难的江段。为保证完成考察任务，他将一分队分成两部分，全体队员从派徒步穿越到白马狗熊后，部分队员返回，只留下少部分人员继续往前走。这个方案提出后，一分队炸了锅，没有一人愿意返回。

高登义立即意识到问题的严重性，这样出发到达白马狗熊后，准会出大乱子。考察队立即召开一分队骨干开会，请李渤生详细说明。他们最终决定，绝不让部分人员返回。会议最后决定，将一分队人员分成两部分，由李渤生带领部分人员走原来的路线，由张文敬带另一部分人组建瀑布分队，从扎曲到门仲进入无人区，在大峡谷另一岸与一分队对接。这样既减轻一分队线长人多的压力，又能保证队员的安全。

10 月 28 日，一分队按照预先拟定的科考计划，到大峡谷入口处进行 GPS 观测基准点的设置，以及 GPS 精确测量的定位。原计划派 2 台小车送大家上山工作。因媒体都要参与报道，故换成了大卡车，大峡谷基准点再次成为媒体采访的热点。张江齐、马明和孙洪君执行观测任务返回时，被山包下奇怪的响声吓得发抖，以为狗熊要找他们的麻烦。他们还是安全回到了大本营，举办了新闻发布会，宣布世界第一大峡谷入口处的精确地理坐标与海拔高度，标志着探险考察的正式开始。

出发的当天，一、二分队全部在部队转运站的院子里集合。二分队队员们心比较齐，全队都剃光了头，他们说："这既代表我们完成穿越考察任务的决心，又可以 1 个多月在深山老林里不洗头了。"两个分队共雇了 150 多位民工，平均每个人配 8 个民工，所有的吃、穿、用、住及考察仪器、通信设备等物资，全部装在防雨的编织袋里，由民工们背着。考察队员们背着贵重的设备，手拿着一根木棍上路了。当地藏族同胞说："从来没见过这么多人一起进山。"三、四分队的队员们送别队友，很多队员眼含泪水，依依惜别。

从派乡到白马狗熊

人们后来看到，这次大峡谷探险的难点是从派镇经白马狗熊，横穿西兴拉，探查藏布巴东瀑布，最后到达大拐弯顶端扎曲。这个重任落在了一分队身上，两名国际登山健将仁青平措、小齐米全程探路。

10 月 29 日中午，考察队副队长陶宝祥临时决定，卸空装载食品的大卡车，送他们到大峡谷的尼定村。汽车缓缓驶过山嘴，南迦巴瓦峰展现在面前。卡车上的气氛顿时活跃起来，像历次考察一样，他们投入大自然的怀抱，抓紧下来拍摄照片，赶在大雪封山前横切西兴拉。

一分队共 12 名队员，包括中国科学院植物研究所的李渤生、综考会水文博士马明、地质研究所博士后季建清，国家测绘局国家基础地理信息中心空间定位部高级工程师张江齐，西藏登山队员仁青平措、小齐米，中央电视台《东方时空》的李萧萧、纳日斯，《新闻联播》的梁文钢、李庆波，中央新影厂的何雄鹰、孟建伟等。考察队深知一分队的艰险，配有近百名民工。一分队科学家的任务非常明确，张江齐、马明将利用高精度 GPS 定位仪测取有关大峡谷的精确数据，李渤生负责建立大峡谷自然保护区的规划任务，季建清寻找大峡谷巨大构造带上地壳表层深部涌形成“热涡”现象的证据。

一分队伍来到尼定村，该村正处在雅鲁藏布江二级阶地上，地势平坦，视野开阔，可以同时看到南迦巴瓦峰和加拉白垒峰。测量小组的张江齐与马明就地留下，布置了 342 米的测量基线。使用 GPS 定位测量时，需要连续 24 小时的数据积累，还需等待山峰良好的能见度，必须在村里工作 1 至 2 天。大队人马不能停留，当晚赶到直白村宿营。测量小组仅用了 1 天半就完成了任务，又用 1 天半时间走完了一分队 3 天的行程，赶在 10 月 31 日与大部队成功会合。

直白村营地旁，有一道清澈的小溪，溪边发育着繁花似锦的蒿草草甸。从营地向南望去，南迦巴瓦峰利剑般寒光四射的冰峰从山谷缺口处拔地而起，直戳蓝天。山谷口散落着几户人家，石砌的房屋，冷杉木瓦铺就的房顶，再加上木瓦上错落有致的压瓦卵石，别有风情。村边寺庙旁林立的高大旗杆上，白色风马旗在秋风中猎猎作响。

10月30日，一分队从直白村出发。上百人的庞大队伍排布在山路上，像一条长蛇缓缓向前游动。走过村北的农田，穿过陡峻的江边泥石流沟壑，前面出现了一个村庄的废墟。从残留的房屋还可以看出村庄当年的规模，该地是西藏地震记录中有名的尤悲村，毁于1950年8月15日大地震。直白村与尤悲村几乎都被毁灭，后直白村重建，尤悲村则只剩遗迹，被茂密的高山栎林所淹没。当天赶不到加拉，只能在高山栎密林中野营。

10月31日9时30分队伍出发。前行不久，跨过几道小河，就见到雅鲁藏布江漂流探险队的队员正在收拾营地准备出发。西藏自治区考虑到安全问题，已下文件不允许他们漂流派乡以下的雅鲁藏布江段。他们在派乡收队后，组织了一支徒步小分队继续沿江考察，两队一直默默地相伴前行。一分队民工逢山开路，遇河搭桥，给他们提供了方便。攀过石壁，快步穿过密林，眼前就是加拉村。18时，张江齐与马明也风尘仆仆地赶来，大家共同为初战告捷而庆贺。

国家测绘局测绘学家张江齐在雅鲁藏布大峡谷起点建立GPS测量点——科新一号

（高登义供图）

季建清对岩石感兴趣，在他看来，地质变迁是一个极其漫长的过程，青藏高原纵然是抬升最快的地方，但对于人的一生来说，其速度还是太慢。地质的年代，通常是以百万年来计算的。大峡谷是双向变化，一方面是地壳的抬升，另一方面是江流的切割。由于落差大，江流急，水里总是冲刷挟带着大石块，隆隆作响。高原上的石头，往往被一直冲到孟加拉平原上。有的科学家就从平原上冲积的石块里，找寻研究大峡谷的岩石证据。季建清曾在1年前到过大峡谷，有些地方变化很大，有些沟深多了，景色也变了。

一路上，季建清都注意着江边的岩石。快到加拉村时，要过一道悬崖，当地人在悬崖上开了一条道，凿一个凹进去的通道，像老虎嘴一样。这个新开的道，正好给他提供了方便。此地很危险，悬崖下边是江流，雷鸣般吼着。大家小心地走过去，胆小的目不斜视，贴着里边走。分队长李渤生已经发话，前边不远有块平缓处，可以在那里休息吃午饭。

季建清边走边察看，快要走出去时，突然眼前一亮，发现一块闪着金光的岩石。黑褐色的岩石上，嵌着一片片闪光的金云母。他异常激动，这就是他苦苦寻找的超基性碱性杂岩。这些岩石组合，将软流圈上涌所带来的一系列变化非常典型集中地表现出来。那闪着金光的黑褐色岩石，地壳浅层是不可能形成的，最少都来自地下100千米以下，经过地壳碰撞过程中地幔上涌体外溢形成的。这有力地证实了雅鲁藏布大峡谷地幔上涌体的存在，支持了他的博士导师所提出的雅鲁藏布大峡谷独特的热带环境与地下热涡有关的论断，属于此次考察重大地质发现。

季建清立刻取出相机拍照，又掏出工具，敲下几块岩石作标本。这种岩石来自深处的高压层，出来以后压力变小就很容易碎裂。他敲了好半天，选了几块较大的，兴冲冲地追赶队伍去了。多年后，季建清回忆起当时的情景，高兴之情仍溢于言表：“我手里这几块千金不换的石头，会在国际学术界为一些重大的问题提供珍贵的证据。只要是搞这个专业的，一看这几块岩石都会惊叹，绝对是好东西。大家在前边准备吃中饭，看见我高兴的样子，手里拿着的东西，都估计有了什么发现。几个记者跑过来问我。中央电视台的梁文刚，笑着和我谈了半天，问是什么东西，我觉得这么重大的问题还是回去敲定以后再说，就谨慎地谢绝了，说是一般的标本，没什么特别的。我心里明白，我来大峡谷的两个任务，已经完成了一半，心中的激动程度是可想而知的。”

加拉是个只有7户人家的小村，坐落在雅鲁藏布江南一级阶地上，由此再向东，便进入了无人区。前面路途异常艰险，一分队临时决定休整一天。

他们从当地购买了 2 只羊犒劳大家。傍晚，大家回到营地，只见民工们围着分队政委平措激动地喊着。李渤生过去一问，方知民工们认为前面路太险，民工费过低，如不增加工资就准备回去。

考察队招民工的时候，讲好了价钱，也说清楚了去扎曲，他们中间有人也去过此地。走了几天后，民工开始抗议了，之前的路线比较好走，而沿江道路难度太大。他们说雅鲁藏布江两岸全是悬崖峭壁，或者山体滑坡留下的遗迹，无路可寻，无树可攀，弄不好还会发生新的滑坡。

一分队穿越无人区，经常攀爬陡壁悬崖，每个民工必须自带 20 天的口粮，背运物资不能超过 25 千克，其负载能力大打折扣。若换个角度来看，民工们所提出的要求并不过分。平措反复劝说，还用对讲机向队长高登义请示。双方终于达成了协议，民工费从每人每天 30 元增加到 50 元，大家又跟着继续出发了。

11 月 2 日，一分队进入无人区。经过一天的休整，队员们情绪高涨，穿过茂密的高山栎林，就到了雅鲁藏布江堰塞处，泥石流规模巨大。从江中残存的大径砾石来看，泥石流曾冲到江的对岸。泥石流坝虽被冲垮，江水流到这里却突然被水下凸起的石坝高高抬起，然后跃上紧缩变窄的乱石河床，江水在巨石间撞击着，形成白浪滔天的急流轰鸣而下。泥石流扫荡过的支流河滩地都已被郁密的沙棘、杨树林所覆盖。湍急的冰川河水在泥石流堆积物中切割出一道深谷。前面一座高山迎面扑来，这是进入大峡谷的第一道关口，也是大峡谷核心部位的天然屏障。李渤生后来主持制定雅鲁藏布大峡谷国家级自然保护区总体规划，将此山作为大峡谷核心区的西界。从此处开始，前面已没有路，仅有一条时断时续、隐约可见的兽道。一分队政委平措与民工轮流挥着砍刀在前面开路，大家小心地跟在后面，拼力向上爬。16 时多，前面出现了一株巨大的云杉树，树下有一小块平地，残留着生火的痕迹，显然这是猎人传统的野营地，他们就地扎营。

11 月 3 日，一分队继续在竹林里穿行，向上爬了近 2 小时，来到瀑布上方的悬崖上。这里路极窄，没有一株树木，脚下是万丈深渊，大家只能抓着坡上的草，一点点向前挪步。登山家平措站在最危险的地方，一次次将大家拉过去。11 点终于攀上了 3300 米高的木斯拉山口。他们不敢停留，越过山口飞快地向山下奔去，林下长满了竹子，大家像猴子一样，抓着竹竿向下溜，进入雅鲁藏布江回水处，淤成了一大片河滩，足有 0.5 平方千米。不久，一分队来到了泥石流堰塞堤坝前，无数 2 ~ 4 米高的大石头散布在河中，碧蓝的江水到此突然像开了锅一样沸腾起来，形成一股股急流从大石隙间夺路狂奔，卷起数米高的浪花，发出震耳欲聋的轰鸣。雅鲁藏布江漂流探险队的队员正在江边拍照，李渤生上前问：“这种水情能否漂流？”对方毫不犹豫地回答说：“水情太险恶，漂不了。”傍晚，他们在附近的河滩扎营，一堆篝火熊熊燃起，映红了整个营地。

11 月 4 日清晨，队伍穿过河岸边大片的沙棘及杨、柳丛林，便被一面数十米高的大石壁拦住了去路。为保障全队顺利行进，登山家平措、小齐米头天组织民工，赶在天黑前在石壁上用木头架起了栈道，并在石壁上悬挂上了 2 根防护绳。大家依次小心通过石壁，花了 1 个多小时才安全通过。不久，山势越来越陡，很久没人行走，路迹全无。他们下行到谷底沟中，一处陡崖迎面而立，上面悬垂着一条瀑布。江边到处是崩塌的巨石，大家在巨石间小心行走，当晚在宗青砾石河滩上扎营。营地附近河岸两旁都是巨大的砾石，石中含有大粒的石英、重结晶的黑云母，像一个个睁大的眼睛。这是古老的眼球状片麻岩，其年龄已近 7 亿年。

11 月 5 日，队伍前行不久，就看到对岸加拉白垒峰西南坡的冰川悬挂在眼前，河边又一座山嘴的绝壁挡住了去路。平措想抄近道从绝壁侧面攀过，试攀后觉得太危险放弃了。他们不得不再次爬上河岸阶地，从绝壁上部的牛松拉山口翻过。大家手抓灌木，脚踩着石隙，一点一点往上爬。1 小时后到达比较平缓的陡岩上部，大家急促的心跳才逐渐平和下来。翻过牛松拉山口，绕过山嘴沿坡而下，在色龙小溪边扎营，加拉白垒峰西南坡展现在眼前，数条雪白的冰川直泻而下坠落到江边。南迦巴瓦峰与加拉白垒峰的连线在此与雅鲁藏布江垂直相交，大峡谷最深处很可能在此地，这里是测量的重点。

张江齐与马明到达营地后，立即下到江边安放 GPS 仪进行测量。从营地下到江边，要从一个很陡的阶地边坡爬下。他俩抓着几根藤条，慢慢下到谷地，在江边一块 3 米高的巨石上架 GPS 仪。大石下面就是咆哮的江水，巨石被江水冲得溜滑。张江齐小心地趴在石头上，安装调试仪器，生怕有个闪失滑落到江中。江水在石头下边咆哮着，滔滔白浪撞击着嶙峋的礁石，水雾四溅的喷泉腾空而起，吼声震耳欲聋。安装完仪器从巨石上跳下，他俩身上已因紧张出了一身冷汗。江面宽度的测量是在巨石堆积的河滩上完成的，给架设仪器造成了很大困难，观测时难以找到立足之地。张江齐一条腿架在高高的石头上，一只脚让巨石夹得紧紧的，扭着身体歪着头好不难受。直到天黑前，他们才完成最后的测距工作。黑暗中马明的手电筒被摔坏，张江齐的军用手电筒的电也已耗尽，他们与民工在漆黑的巨石滩摸索着爬到陡坡下。天快黑了，大家焦急地等待他们完成测量任务平安返回大本营，左等右等不见人影，李渤生和几个民工打着手电筒前去寻找，终于在陡坡边见到他们。

11 月 6 日，队伍正准备出发时，突然河对岸一声轰鸣。大家抬头望去，加拉白垒峰西南冰川谷中腾起一股白色雪雾。“雪崩！”有人大叫起来。李萧萧抄起摄像机开始拍摄，大家拿起照相机猛拍。冰川携裹着冰雪飞驰而下，越滚越大，不时腾起阵阵雪雾，最后轰然砸落至江边，如同原子弹爆炸一般，腾起一股蘑菇云雾。他们沿河谷前行，河岸边堆满了巨大的砾石。前行不久，又出现了一道道冰川河，只能临时架桥，全队行进十分缓慢。平措与小齐米在几个民工的配合下，一连架设了 3 道桥，保护大队人马平安通过。

11 月 7 日，一分队从笔陡的砾石边坡溜到狭窄的江岸，穿过巨石垒叠的山嘴，前面出现一处巨大的塌方，坡面物质十分松散，碎石不断飞落而下，一位摄像师与一个民工被滚石砸伤。他们不敢久留，沿山坡上行，来到一块高于河谷百多米的高台地，中部有一个名叫错卡烈的小湖，湖边发育了大片沼泽湿地。大家穿过湿地后稍做休息，又继续向后山爬去。14 时 30 分，他们爬上了边坝拉山口。山坡南侧非常陡，前面的人把地表苔藓踩得稀烂，后面稍不小心就摔个仰面朝天。大家不断地摔跤，你刚站起来，他又跌倒，一路上叫骂声不绝于耳。16 时 30 分，他们终于溜到山下，来到白马狗熊废弃的寺庙边安营扎寨。到白马狗熊后，翻越西兴拉的行程已过半，清查全部食品，发现所剩不多，若不省着吃，将无法翻过西兴拉。前面的道路越来越艰险，民工们再次动摇了，许多人酝酿着返回派乡。当晚，李渤生拨通了大本营的海事电话，希望队部及时补充食品，设法组织扎曲民工前往支援。

为了实现沿江探险考察，一分队必须放弃猎人之前走过的路，用绳索拉着，爬陡坡，下悬崖，在无路处开路。最初的一段路，向导曾经走过，地势比较平缓，又有水源，还可以扎营休息。可后来有时得拼命赶夜路，才能走到有水源的地方。说来很难想象，沿江而行，找水源居然成了大困难。有些地方，连向导也没有走过，前边的路况没有人知道。平措带着 2 个向导去前边探路，摸清了路线，顺便砍去障碍，挂上绳索，大队人马才敢前行。有时大队人马好不容易爬过滑坡，爬上高山，结果再往前是一处下不去的悬崖，别无他路，只好原路返回。民工们见此状况，开始动摇了。

一分队队员们都太累，只想着自己如何尽快调整，恢复体力。谁有任何理由，都不能拖后腿，不然集体行动就无法按计划完成。他们尽快吃饭，打开发电机，接通卫星电话，与各队联络，向部里汇报情况，或者打开手提电脑，写新闻稿。若再有精力，写点日记。那天，大家照例吃完早餐后，民工动作快，吃得又简单，坐下来嚼着糌粑，等茶烧开，放把盐就喝，喝完完事。往常他们一歇脚就开始唱歌，这几天歌声少了，大家也没意识到什么。

11 月 8 日，吃过早饭，队伍准备出发。李渤生与平措来到白马狗熊寺庙遗址，向导从石墙中取出藏在里面的一尊残破铜佛，然后摆放在墙基上双手合十俯拜。李渤生也沉浸在这种神圣的气氛中，心中不断念叨着："老天千万别下雪，菩萨保佑我们安全通过西兴拉。"他们回到营地，大家行李都已整理好，准备分给民工背。在行李分配上，小齐米遇到了麻烦，他铁青着脸，呆呆地站在一边。这 10 余天来，连续行军使大家都很疲劳，加上队伍因找不到路，走了不少冤枉路，每天累得要死，而水平距离仅前进了两三千米。最近食品渐感短缺，中午已无路餐供给，大家都很焦躁。

平措走在前面打先锋，小齐米断后。不断有民工不辞而别，小齐米每天都要为民工重新分配物品，搞得心烦意乱。小齐米体力好，人又年轻，有劲使不出，也终于在出发前"罢工"了，不愿意再断后，年轻力壮的，天天和民工磨嘴皮子太窝囊。平措平时脾气很好，因行路不顺也一肚子火，要开除小齐米。小齐米不服气，两人吵了起来。他们都是我国登上过珠穆朗玛峰的著名运动员，仁青平措还是全国劳动模范，他们配合穿越大峡谷，承担了极大的责任。每天清晨，平措早早起来点火做饭，小齐米则负责民工物资分配，调解民工矛盾，安定民工情绪。若没有他们的帮助，这支民工队早跑光了。看到他们争吵，队员都着急了，都跑过来劝说。

当天早晨，民工竟然没人唱歌，在一个大的塑料布棚子里坐着，一会儿就嚷嚷起来了。3 个年长的男民工朝仁青平措的帐篷走去，他们称不愿再走了。仁青平措在队伍里有绝对权威。近几日的路线太陌生，他也经常要找民工商量。在这种地方，经验特别重要，民工中有些猎人虽没走过这段路，但关于这一带的地形、植被情况的经验比较多，不能不请教他们。再往前走，就更加艰难了。民工们再也不提涨工钱，每天都有几个人提出回去，说什么也没有用。又走了几天，民工更少，剩下的人负担就更重了。再往前就是西兴拉山口，若在这里被拖住了，或者出点事，遇上西兴拉大雪封山是会死人的。

队员们都去做民工的思想工作，给他们讲科考的意义，讲此次考察会给他们的发展带来好处，讲彼此间的友谊和感情。仁青平措与小齐米千方百计劝说，又有 12 个民工决定返回。不过，大部分人还是选择留下来，都是很精干的民工。他们只能让几个铁杆民工多背一些，并许诺每人多给一份工钱。大家经过简单整理后，9 点 10 分，队伍终于出发了。队员们与民工混在一起，排成长蛇阵，在山腰、密林、杂草之间，“嗨嗨嗨”地哼着节奏，努力赶往西兴拉。

一分队队员过独木桥（高登义供图）

进入白马狗熊后，横穿西兴拉，真正的艰险才正式拉开序幕。11 月 8 日，一分队队员来到西兴拉山脚下，发现一片高大的沙棘林，林冠翳密，藤蔓摇曳，阴森可怕。不久队伍停下，前面横着一条冰川河，当地名为阿鲁曲，即“老虎河”。河中堆满巨大的冰碛砾石，大家从一块块大砾石上跳过去，前面又是一大片冰水砾石。仁青平措、小齐米同几个民工到周边林子砍下几根原木，将 2 根原木捆在一起，架起了一座便桥。过桥后，李渤生爬上一块大石头向上游望去，只见江中出现了一道 3 ~ 4 米高的跌水，难道这就是贝利笔下的彩虹瀑布？李渤生取出《无护照西藏之行》，翻到照片进行对比，其河谷倒有些相似，但这里河流宽度为 70 ~ 80 米，而彩虹瀑布河道要狭窄得多。他感到遗憾，贝利当年发现的彩虹瀑布，直到如今依然未能证实它的存在。

告别阿鲁曲瀑布后，一分队继续在江边的巨大砾石间择路前行，杂草、密林、陡坡，连羚羊路都找不到，硬是由当地向导和 2 名国际登山健将用砍刀劈出了一条小径。沙滩上密密麻麻都是扭角羚的脚印，他们闯入了我国珍稀野生动物扭角羚的领地。走了一天，越走越难，仁青平措也有点不知所措。只好令大家原地休息，等待他们前去探路。他们去了半天，没有任何消息。到天快黑时还没回来，大家开始担心他们的安全，派人四下望了半天，也不见踪影，大家心里开始着急恐慌。仁青平措过了很久才回来，笑着说，明天可以从新道翻过，省得再爬南面的大山。他讲了一下前边的路况，大家早早地睡下。

11 月 9 日早晨，李渤生爬出帐篷，天阴沉沉的，变天了。从这里到西兴拉山口，还要走上三四天，而他们的食品只能再坚持五六天了。他只能祈祷上天，千万别下大雪，保佑分队平安翻山。他们沿着前一天所探的道路爬上去，到中午时，人人已大汗淋漓，想找个平地休息一下、喝点水都不可能。陡坡上无处歇脚，亏得有树可抓，不然根本过不去。大家一边紧紧抓住一丛灌木，一边小心地将脚踏在稳固的石块或土坑处，眼角余光可扫到峡谷下百多米深的急流，每个人的心都吊起来。有几次，实在太陡，还得靠仁青平措拉绳子，将大家一个个拉上去，没想到走到头却发现是死路一条：前边是一个很深的悬崖，根本下不去，他们的绳子都不够长，况且下去后是怎样的情况也不好猜测。没办法，只好原路返回，重新探路。“天无绝人之路”，他们最终还是探到了一条可以走通的路。当下在雅鲁藏布江一条清澈的支流边宿营，所在处叫乃家登。18 时，天下起了小雨。晚上，李渤生在帐篷中听着淅淅沥沥的雨声，心中不断念叨着：“上天保佑，别再下了，让我们平安翻过山口。”

飞瀑水雾映深峡

11月10日，一分队进入大峡谷后的第13天，被他们称为“黑色的13天”。早晨6点30分，天刚蒙蒙亮，队伍便出发了。队员们走在山坡上回头一望，真是哭笑不得，3天前离开的白马狗熊就在眼前不远的地方。难怪当地人将这里称神山，果真是奇幻难料。他们走了3天，就像孙猴子走在如来佛的掌心里一样，自以为过了十万八千里，可回头才发现没挪出几步。大家已经累极了，走几分钟就一身大汗。身上的衣服湿透了，脸上的汗水不住往下滴。到一块稍平些的地方，大家停下喝水，许多队员什么也顾不得，直接瘫倒在潮湿的地上，昏睡过去，连摘下背包的力气也没有了。可休息一会儿，还得撑起来继续赶路。

西兴拉海拔3700米，是一分队穿越路线上最高最艰难的山。当大家望见西兴拉山峰的时候，其实还离得很远，但大家觉得有了盼头，行进速度就加快了。这段行程，需要过很多小溪，可有些小溪比山外大河的流水量还大，流速非常急。在山外形容什么东西很近，就称“近在眼前”，在这里眼前的东西离得很远很远，这种遥远超出了大家的估计，大家一时都有点感觉错乱。面对“近在眼前”的西兴拉山，队员们花了1天时间，才走到山脚下。

当天在爬山时，中央电视台《东方时空》的纳日斯被草虱子咬了脚趾。他自觉没有什么，继续跟大家一起跋山涉水，谁知10天以后，他大腿根的腹股沟淋巴竟肿了起来，疼痛难忍，行走十分困难。好在当时他已翻过西兴拉山口，队员们不得不先行派几个民工送他去扎曲大本营，然后他自己又花了5天时间，一瘸一拐地走出大峡谷，到八一镇115医院动了手术，挖掉了留在体内的草虱子的伪头，割除了已经化脓的腹股沟淋巴结，这才恢复了元气。

大峡谷穿越之难，难就难在水恶、山险和气候恶劣。一分队从加拉到西兴拉的路段，正处在南边巴瓦雪峰的北坡（阴坡），这里分布着11条由冰川融水形成的大小河流，其中6条水深流急，必须架桥。架桥需要时间，架“好”桥则需要更多的时间，近百人的队伍过一次桥，就要将近2个小时。一分队不仅要赶路，还要做大量的科学考察工作，争取时间至关重要。每次行军，仁青平措和几个精干的向导都走在队伍的前面，逢山开道，遇水搭桥。许多河谷异常狭窄，近百人的队伍到达后，拥挤在陡峭的河岸旁十分危险，故所搭桥梁常常非常简易，只是将一些细树干用登山绳捆扎在一起，在中间再铺上些石块，当然河宽处还要用石块铺成引桥。10 多天后，一分队已成为一支敢打敢拼、行动快捷、精诚团结的精锐部队。

雅鲁藏布江陡然直落，构成了雄奇的藏布巴东河床大瀑布（税小洁摄）

中科院地质博士季建清在日记里这样写道："今天是我们在大峡谷穿行的第 13 天，依照西方人的习惯，'13'是一个不吉利的数字。早晨一起床，我就有预感，今天是一个艰难的日子。"痛苦的事情后面真的接二连三地发生了。10 月 12 日，队伍早上从松岩湾营地出发，计划到西兴拉山脚下宿营。他们花了约半个小时在泥浆中艰难攀登，被嘎卓河阻断了去路。这条河就像大峡谷地区所有的水系一样，切割很深，两岸都是陡峭的悬崖，河道坡降大，南迦巴瓦峰西侧雪山融水，加上一夜的雨水奔腾而下，气势逼人。大家好不容易找到一处可以下到河底的缓坡，将绳子系在山坡的大树上，颤颤悠悠地一个个吊到水边。

河边很难取到大树，搭桥的是几根细木杆，横在急流中，每个过桥的人都要湿鞋。季建清过桥时，不小心踩在小齐米受伤的脚趾上，小齐米滑倒后将正在桥中间的季建清也拉倒了，就在急流将他们冲走的一瞬间，2 名队员扑入水中将他们拉上了岸。

队员们攀上嘎卓河对岸后，钻入一片原始森林。12 时 35 分，队伍面前出现了几百米高的悬崖。仁青平措因保护队员落在后面，看到大家无路可走，便急着赶到分队前面去探路，从一较缓的位置向下跳，没想到竟然撞在了李渤生的身上，将对方撞下悬崖。李渤生在草丛中翻了几个跟斗，出人意料地站了起来。他掉下去的地方正好是稍微平坦一点的位置，这一摔跤因此意外地创造了考察队继续前行的机会。他们沿着李渤生掉下去的位置，走了一段不敢往下看的悬崖路，又遇到一个 60 多米高的陡壁，将两根 70 米的绳子接上，将 77 名队员和民工晃晃悠悠地吊到绝壁下，刚要继续行进，探路的民工回来告知，前面是几百米的绝壁，根本过不去。大家只好沮丧地沿路返回，当回到原来的位置时，已是 15 时 20 分。

天仍在下小雨，被蚂蟥叮咬的人越来越多，几乎每个人都被荨麻刺过。没有水，不可能做饭，压缩饼干早没有了，干渴、饥饿、极度的劳累和在绝壁间奔突无望的心理煎熬，还有对自己生命难以把握的凄凉感折磨着所有人。在这期间，有 2 位民工在悬崖边失去重心，扎西掉到一棵树上，捡回了一条命；道齐就在要掉下去时，纵身跳到灌木丛中，只划伤了手脸。大家麻木地挣扎着走了大约 3 个半小时，天渐渐暗下来了，也登上了一个较缓的阶地，只有摸黑扎营。第二天，队员们无意发现，前一天的营地离前两天营地嘎卓谢戈尔多普布还不到 1 千米的距离，似乎就在脚底的悬崖下。

队员们继续向前走时，但更可怕的事情发生了。一分队要过一条河，本来想搭 2 根木头，但是只砍到 1 棵树，若再要 1 棵就得上山去砍。民工都说用不着，搭好那根木头，一个个很顺利地过去了。

为了科考队员的安全，仁青平措让人在河的两头拉起一条绳，不善过桥的人可以手扶绳子走得平稳些。大部分人过去后，李渤生走上了独木桥，季建清见他过了大半，也跟着上了桥。他经常到野外考察，蹚水过桥是常事，根本不在话下，于是没有扶绳便往前走。刚到独木桥中间，因为他走得太快，快赶上李渤生了。不知怎的，李渤生突然停住了脚步，这一停就易失去平衡，只听“哗啦”一声，李渤生掉进了水里，李渤生拉的那条绳子又拽住了后面的过桥人，季建清还没明白怎么回事，就也掉入激流中。跟在季建清后边的李清波，也随之掉了下去。李渤生、李清波离岸边不远，水流不急，水也不深，几下就站了起来。季建清掉下的地方，正是河流最深最急的地方，没等他反应过来，就被冲出了好远。季建清在刚被冲下去时，还死死抓着绳子努力挣扎着想站起来。可水实在太凉了，一下子从脖子灌进去，他又被冲走了。亏得后背一个大包垫住了，没让头直接撞在石头上。季建清这时也慌乱了，抓了好几次石头，但石头太滑没抓住，已经被冲出好远了，正好撞在一个大石头上。他一下子抓住了石头的尖角。季建清又冷又累又紧张，全身都瘫了，腰以下泡在水里，上身本能地趴在石头上，没有一丝力气再动，只有狠命地抓住石头，直抓到手指都流血了。岸上扔出一根木头，他也无力去抓。

这里水流落差很大，水流非常急。岸上的人喊成一片，民工加央丹增踩着水朝季建清扑上来。中国雅鲁藏布江河流队（简称雅漂队）跟在考察队后面，队里有名叫赵发春的少尉军官看到后，毫不犹豫地跳到冰冷彻骨的小河中，一把拖住了季建清。雅漂队另 2 名队员在下游又筑起了两道防线。雅漂队队员要来绳子，捆住季建清的腰，与民工加央丹增一起将他扶上了岸，从而避免了一场悲剧的发生。

季建清坠入河流的整个过程，敏捷的中央电视台记者用摄像机记录了下来。梁文刚后来征求季建清的意见，将此事当新闻传回台里播出。季建清怕家人看了担心，就借了卫星电话，把情况先告诉了家人。这感人的一幕，多次在中央电视台闪出特写画面，感动了亿万观众。季建清谈起此事仍感后怕，若当时再往下冲出几十米，就进入了雅鲁藏布江，那是绝不可能生还了。

队员们救季建清时，拍到精彩镜头的摄影师何雄鹰仍不满足，想过桥再换个角度拍些镜头。谁知他上桥没走几步，脚下一滑，“扑通”一声，也栽到河里，好在摔到近岸边的浅水处，人和摄影机只是下水洗了个澡，不过这已将他吓得半死，大峡谷还未穿越一半，摄影机就泡了汤，以后的仗可怎么打呀？爬上岸后他也顾不得换衣服，连忙把摄影机拆开，倒出机中的水，设法挽救摄影机。摄影机“伤势”严重，镜头里面都是水珠，何雄鹰和其同事孟建伟在之后的 3 天中，不分昼夜连晒带烤，最后还通过海事电话，在中央新影厂专家的指导下对摄影机镜头动了大手术。这样，在他们翻越西兴拉山口的关键时刻，“起死回生”的摄影机才得以投入决战。

中央电视台记者将穿越雅鲁藏布大峡谷的新闻及时向外界宣布（高登义供图）

后来，一分队继续往上爬，很快就上了雪线。这里很少有树，稀稀落落的高山草甸也被斑驳的积雪覆盖了。冷风吹着，大家都已经身着羽绒服，大口哈着热气，一步一步缓慢地向上爬去，前一天最多是秋天的感觉，这一天一下子就是冬天的景象了。下午，他们终于上到山顶了。这时，天气非常晴朗，蓝色的天空仿佛是孩子画画用的那种鲜艳的水彩涂出来的。

下山的路更加陡峭，一直走到天黑，一分队都没有找到一块稍稍平缓点的地方来扎营。全是陡坡，再摸黑往下走就很危险了。实在没有办法，又勉强往前摸了一段路，陡峭的程度丝毫不减。李渤生和仁青平措商量后决定，当晚不能搭帐篷了，就把大塑料布支起来，搞成一个两面透风的“洞”，大家和衣躺在“洞”里。为了防止冷风吹，他们把所有的大行李包垒成一堵墙，挡在“洞”口。晚上全体队员都围站在篝火旁烤衣服，一分队 12 名队员中就有 4 人落水，这一教训让他们在以后的穿越中更加小心谨慎。为了纪念这起难忘的事件，大家七嘴八舌议论了一番，决定把这个新设立的营地叫“烤衣台”，出事故的小河叫“落水沟”。

11 月 13 日出了“洞”口，大家向下一望，不由得倒吸了一口冷气。这山坡非常陡，而且没有树，只有些杜鹃丛给人一点心理上的拦挡作用。如果前一夜谁稍有不慎摔下去，恐怕一下子就滚到万米之下的深洞里了。多亏天黑看不清，若没有绝对的疲劳，这样的环境是没有几个人能睡得着的。大家都有些后怕，匆匆收拾行李，背起来就走。没过多久，有人突然发现了雅鲁藏布江上腾起的水雾，仔细一听，还有隆隆的轰鸣，这正是大家要寻找的河床瀑布。大家一下来了精神，都像打了一针强心剂，在陡坡上匆匆朝水汽腾起的方向爬去。

一分队来到雅鲁藏布江大拐弯西侧峡谷的入口处，江水在此急折北上，从加拉白垒峰与南边巴瓦峰的结合处穿过，在门仲再折向东，然后在扎曲又急折南下，形成一个奇特的马蹄形大拐弯。无法沿雅鲁藏布江行走，他们不得不沿江的一条支流上行，然后从山地西侧翻上西兴拉山口，再从悬崖顶部绕到雅鲁藏布江的东岸，在中午走进了一片高大浓密的森林里。仁青平措与猎人以最快速度到前边探路去了，大部队随后跟着前去。可是不久，探路的人回来了，带回的是不好的消息。前边不远处就是绝壁，绝壁下面就是雅鲁藏布江，大瀑布就在这里，但根本下不去。大家都想走过去，哪怕看一眼大瀑布的影子。可绝壁太深，连河道也看不见。无奈，只能按照向导的指示绕道而行。可这一绕，也许就是好几天。

11 月 14 日清晨，队伍出发了，一分队沿着一条干涸的山涧艰难地向西兴拉挺进。快到午时，队伍越拉越长，分成 3 个集群。李渤生拼力地向上爬，处在中间集群的位置。当他站在西兴拉山口北侧 3800 米的小山包上，凝神鸟瞰雅鲁藏布大峡谷，尽情享受着眼前奇丽的风光：在目极之处，苍翠的群山如江波海涛从碧蓝的天边一波波涌来，屏列于峡谷两侧的南迦巴瓦与加拉白垒诸峰峦如同在两列高卷的绿波上掀起的千堆雪，在巨大的天地蓝、绿色块中间勾上了一抹银白。奔淌的雅鲁藏布江宛如一条苍龙，在犬牙交错的幽深山谷间奔腾驰骋、时隐时现。满山的杜鹃在脚下织就一幅绿色的绒毯，亭亭玉立的花蕾似乎在发出大峡谷之春的召唤。站在西兴拉山口，李渤生感慨万端：雅鲁藏布大峡谷是世界上最壮丽的峡谷，它必将以其雄奇壮丽的自然景观、丰富多彩的生命世界、朴实无华的民族风情、纯洁无瑕的自然环境，震撼着每一个来访者的心灵。

11 月 15 日中午，一分队经过一天半艰苦的攀爬，终于翻上 3800 米的西兴拉山口。队伍出发后，与雅漂队在此分手。吃过午饭，队伍又出发了，一会儿就翻上了 3800 米的西兴拉山北侧山口，大家都惊呆了，一面笔陡的光裸山坡直垂江边，平措与向导在岩壁上搭起了防护绳。突然，走在前面的李萧萧脚下一滑，身子马上倒向左边，幸好后面的民工一把抓住了他的衣服，他才幸免于难。过了一道冰河，两处滑坡，终于到营地了。到达营地后，他们感到特别庆幸，若 10 日的降水再大一些，一分队即使冒险攀上西兴拉山口，也会上演“败走麦城”的悲剧。

经过 2 天的艰难跋涉，科考队员穿过一条窄缝，又找到了羚羊路。顺着这条路，来到一个非常狭窄的过道。这里没有茂盛的树林了，可以看清四周都是矗立的崖壁，连树都很少，绝无攀登的可能。只有这一条崖壁上的小径可以爬过去。爬了好长时间，路慢慢变宽起来。再下一段陡坡，就快到江边了。这时，他们发现了羚羊的粪便，还有零星的大块粪便，据猎人说是雪豹留下的。这些粪便遗留时间不长，说明它们前不久还在这里。猎人说，这是羚羊来江边饮水的地方，这一带全是悬崖，就一条小道可以下到江边，被羚羊发现了，便经常来饮水，雪豹也发现了这个秘密，所以就在这儿堵住路口捕杀羚羊。

科考队员下到江边，江水在这里猛拐弯，形成一片沙滩。最怕人的是，一条羚羊后腿骨被雪豹啃光之后弃于滩上。大家举头上望，真是坐井观天，江水在这里猛拐一下，形成了峭壁环抱江水之势。江对面又是一面如镜子般的岩壁，直上直下。岩上没有一棵树，四面的悬崖都有数百米之高，能见的天空只是一个四方小块。这里的河床瀑布很大，每秒 10 多米的江流，冲下 30 米高的瀑布，再突然拐弯，经四壁的回荡，声响可想而知。

该处瀑布位于大峡谷地质构造活动最剧烈的地方，由于受到强烈的挤压，峡谷两岸形成了许多绝壁，到处是岩崩、滑坡。藏布巴东瀑布群由 3 个瀑布组成，位于刀劈斧砍般的多吉帕姆峡谷中。为了测量多吉帕姆峡谷江面高程，张江齐将 GPS 接收机架设在高出水面 8 米的巨石上，民工在巨石下让尺端接触水面，测量仪器天线至水面的高差。开机观测后，他密切监视仪器的卫星接收数据与定位状态，发现这里只能接收到 3 颗卫星信号，不能三维定位，而卫星预报表屏中却有 8 颗卫星可供使用，这是由于四周被绝壁遮挡的缘故。连续 3 个小时都是这样，当天的观测失败了。10 月 16 日上午，张江齐将 GPS 接收机设置为自动定时开机状态。他清晨来检查接收机的工作状况，发现同时接收了 5 颗卫星，工作一切正常，江面的高程终于可以控制住了。

11 月 17 日，派乡来的部分民工准备返回，心情非常激动。李渤生感到十分欣慰，全队 75 个民工，没有一人伤亡。从扎曲村来的新民工，还有几名门巴族女性，背负重物攀山，一点也不亚于男性。他们跨过数道泥石流沟后，已靠近瀑布上方的石崖。为避免落石，大家尽量拉开距离。

突然，前边的民工止住了脚步，大家依序爬到山石顶端，架起摄影机、摄像机，端起照相机，瀑布就在下面。当雅鲁藏布江流经过此处时，在基岩中切出一道奇特的门字形峡谷，江水到此以平均流量每秒1600余立方米突然坠落，激起数十米高的水雾，并发出震耳欲聋的轰鸣。当他们顺着先头部队垂挂的登山绳下到江边营地时，帐篷边已生起篝火，营地上空飘荡着袅袅炊烟。这时大家已按捺不住激动的心情，围拢在火边大声欢唱：“雅鲁藏布江哟，你流向何方……”李渤生坐在篝火旁，掏出野外记录本，写下了这样一段文字：“11月17日下午5点30分，一分队全体队员经20天长途跋涉，安全抵达藏布巴东营地，雅鲁藏布江大瀑布之谜即将全部揭开……”

11月18日清晨，整个谷地全笼罩在云雾中，山峦上的森林时隐时现，瀑布腾起的云雾高高悬挂在空中，形成动感十足的三维云雾画卷。他们从巨大的棱角分明的石块中寻路下到江边，江水如同海潮般涌来，有节奏地拍打着岸边的巨石，形成一股强大的水流，在巨石上激起2米高的浪花。平措和小齐米怕大家拍照时出危险，先从悬崖侧方开出一条道路，但该路在距瀑布100多米处就被一陡壁所阻断，只见雅鲁藏布江翻卷着浪花从前面两绝壁间涌出，随后被江心巨石所挡一头栽下去，形成了巨大的瀑布，不得不冲向西岸，并在两峭壁之间跌落形成又一处巨大的瀑布。从江边水位线高度可以看出，在该江段水位涨落高差高达20米，也就是说在洪水季节，这两条瀑布会更壮观。英国人沃德看到的瀑布，距雅鲁藏布江与帕隆藏布江汇河口处16千米，无疑就在此。

11月19日，天气稍有好转，张江齐与马明立刻开始了对藏布巴东瀑布群的精确测量工作。他们将GPS接收机架设在高出水面8米的巨石上，民工在巨石下让尺端接触水面，测出了一组数据。117米宽、33米落差的藏布巴东瀑布，62米宽、35米落差的白浪瀑布的测量工作是在悬崖边完成的；35米宽、7米落差的白浪谷瀑布与由多个10米左右瀑布连续构成的57米落差的扎旦姆瀑布，是用绳索吊下悬崖在湿滑的河床上完成的。在这短短的3千米河道内隐藏着大大小小的瀑布6个，比降达到75.3%，又一个新的地理极值在这里诞生。

当天中午，一分队观测完毕返回营地，平措到二号瀑布预察后刚返回营地，他说有路可下到瀑布底部。他们爬到营地后面的平台往下望，雅鲁藏布江水从60米宽的狭口倾泻而下，峡谷口水下的基岩阶坎将汹涌的江流从底部托起，弯成一拱美丽的圆弧然后飘然落下，发出雷鸣般的轰响。纳日斯执意下去拍摄，平措帮纳日斯扣好保险带和下降器。纳日斯从几十米高的光裸岩壁上缓缓下到平台上，然后在小齐米保护下开始拍摄。梁闻钢吊挂在悬崖上，向全世界亿万观众报道了藏布巴东二号瀑布的发现消息。拍摄完毕，大家又顺着沟谷攀爬到悬崖下面，只见二号瀑布以雷霆万钧之力砸落在崖底深潭之中，使深潭如同一口沸腾的大锅。锅中蒸出的水雾直冲云天，整个峡谷均笼罩在水雾之中。

11 月 20 日，为保证全队安全，平措与小齐米单独攀爬陡岩到瀑布下方的雅鲁藏布江河道进行了探测，一直走到南端无法攀越的绝壁。科考队成员回到小营地，大本营的粮食已送到，可因经费不够，不能再向前沿江找别的大瀑布。他们下山后，踏上了一条通往扎曲的小路。

11 月 21 日，一分队怀着依依惜别的深情，告别了多杰帕姆峡谷和藏布巴东瀑布群，踏上返回措丹姆前进营地的归程。人人都打起精神，善于长跑的梁文刚摆开双臂大步狂奔，疲惫已极的李清波突然精神焕发，一路小跑一路吼叫；老成持重的仁青平措也起哄大叫着赶上去，青年民工加央丹增更是猛虎下山一般往前扑去。大家积压在心头的郁闷、寂寞、辛酸全被这条突然显现在眼前的小路所唤起的狂热情绪所代替，没有任何方式比这样狂奔狂叫更足以表达心中的激情。

这样的直线距离，大家平时翻山越岭，最少也得好几天才能到达。几个小时之后，仁青平措要大家休息一下，喝点水吃点东西。这时，天已黄昏，大家都不愿停下休息，继续往前跑。直到天色已黑，到了扎曲对岸，大家隔江相望，安营扎寨。有人支起了水准仪，望着扎曲的人吃晚饭的情景，大家开心极了。仁青平措拔出枪来，“叭叭叭”地连开数枪，枪声在扎曲村的上空回响。

领略绒扎大瀑布

当一分队横穿西兴拉山时，三分队来到了大拐弯的门仲村，踏上了寻找大峡谷河床瀑布的行程。11 月 6 日清晨 6 点钟，队员汤海帆钻出帐篷，见到南北极协会的香港女探险家李乐诗一身装束站在外面，正聚精会神地在笔记本上写着什么。从拉萨到门仲村，李乐诗一路少言寡语。探险队一旦扎下营地，大家便会见她拿着笔写生，第一页是她游历过的地方景观的钢笔速写。张文敬事后说：“别看只是粗粗几笔，‘阿乐’画的地形地貌很准确，这张画的是派乡冰川U形谷，画出了冰川作用后的样子。”

门仲村不过10来户人家,高大的木屋零散建在长满芭蕉树的绿色山坳里。村里没有电，更没有自来水。为了生活，聪明的门巴人从山顶引出泉水，用一段段竹筒连接成“水管”，谁想用水，从某一接口拔开竹管即可，但用完必须重新接好，否则“下游”住家就会断水。

10时30分，队长高登义宣布向雅江核心段无人区挺进，证实雅鲁藏布江河道上到底有没有门仲村猎人所见的河床大瀑布。前一天刚到门仲村，心急的队员来不及扎营，便在村民中四处打听瀑布的情况。然而探听到的结果让人大感意外，竟然有几个村民说根本没有什么河床瀑布，有些猎人说看到过，但听他们描绘，只是山林里普通的支沟瀑布。分队长张文敬教授顺着山坡直奔门仲村书记央金的家。

央金书记告诉说，1996年，曾有两个美国人到过门仲村，请央金做向导。从村里向无人区走了四五天，在大峡谷看见了河床瀑布，他用手比画，有自家木屋3倍那样高。门巴人的木屋用木桩架起，足有10米高。据央金讲，当时美国探险者让他不要把见过的瀑布告诉别人，因为没带摄影器材，他们2年后的秋季还要来大峡谷。看着大家满脸怀疑的样子，央金说，如果不信，可以去问他们村里到过地方最多的老猎人才旦。队员们拜访才旦时，才旦说自己不仅见过书记所说的瀑布，若再沿江向上游走几天，还有更大的瀑布。

队员金辉赶紧把那张1：100 000的《南迦巴瓦地图》铺在木桌上。这张已破裂又重新贴满透明胶带的地图，被认为是目前所有大峡谷地图中最准确、形象、详尽的一种。让人惊异的是，目不识丁的才旦竟能指着图上曲曲弯弯的白粗线说“雅鲁藏布”，还能认出哪儿是门仲村、白马狗熊和南迦巴瓦峰。过了一会儿，老猎人又用粗糙的手指在地图上点出两处瀑布的位置。老金是军人出身，识图能力极强，他根据等高线、地图比例尺以及央金、才旦的说法，默默计算一番后点点头说：“如果他们说的都是河床瀑布的话，应该没错。”

11月7日，清晨8时15分，门仲村头的空地上聚了百十号人，寂静的山村被来自排龙、扎曲、闪郎等附近几个村落的男女老少村民给搅热闹了。大峡谷地区生活的门巴、珞巴人主要经济来源有三项：种地、打猎和当民工。从20世纪初最早到大峡谷窥探的英国人贝利开始，多少年来，科学家、探险者一直不断，都离不开当地人背送装备、给养。三分队15名队员需要雇请77

个民工，门仲村仅有几户人家，承担不了这项“大买卖”。民工每天可获得 30 元人民币，食宿自理。这次大峡谷考察，光民工费用恐怕就得几十万元。

村民们排队领取民工牌和背包，小牌是他们换取酬劳的凭证。一些老手掂掂这个包，提提那个包，想挑轻的。加措和丹增两位登山队员则按轻重分给身体好的和身体弱的。三分队的给养包括食盐、大米、挂面、萝卜、白菜、压缩饼干、方便面、奶粉，这些东西和帐篷、雨布等分装在 29 个编织袋里。

刚出村就开始登山。门仲海拔 1680 米，走了 2 个多小时的山路，当他们爬上 500 多米高，遍布荆棘、野草的山头时，已经呼哧带喘。带队的央金书记说，附近有水源，这么大一支队伍只能在此宿营。刚刚到中午，早憋了几天劲的队员没想到现在就要扎营。很快，几顶帐篷围起的营地建在了这个海拔 2100 米、插满经幡的山头上。

有队员从几棵不知名的矮树上采来一种苹果大小、橘黄色的野果。门巴人叫它“蒂犁”，说可以吃。有的拔出刀子削一片尝尝，酸得口水直流。张文敬说：“这是木瓜，有丰富的维生素。”大家支起平锅，点燃砍下的树皮树枝，把木瓜片放进煮开的水里，掌勺的登山家丹增多吉撕开一袋葡萄糖全倒进去。酸甜的木瓜水，恐怕只有这些探险者才能尝到。

黑暗的四周山坡，几堆篝火，那是门巴民工们的营地。一会儿，远处门巴人的火堆旁响起了歌声，还有人影晃动。后来才知，民工们为了御寒，他们宁可整宿唱歌、跳“锅庄舞”而不睡觉。考察队员知道，没有民工，没有向导，科学考察探险是根本无法完成的。

11 月 8 日，队员们开始领教徒步穿越的真正滋味。清晨拔营下山，探险队便进入无边无际的茂密原始森林。

“没路哇！原地休息！”远处隐约传来前面队员的喊声。其实，森林里根本就没有路。猎人才旦和央金走在探险队最前面，他们用易贡短刀砍倒挡路的所有荆棘和荨麻。再往前走，眼前横着一根倒伏在地的巨大枯树干，下面是荆棘丛和铺满厚叶的泥沼，只能从这根天然桥梁上通过。用手一摸，裹满青苔的枯树滑腻异常，除非骑着树干蹭过去，否则很容易滑跌到不知深浅的泥沼中。每隔 30 厘米左右，树干就有利器刚凿出的三角形凹槽，这是登山家丹增多吉与加措用冰镐弄出的脚窝。

午后，大队人马选择了一块林木稀疏的无名地休息。几个门巴族民工围坐在一起，生起篝火。他们把一块黑乎乎的砖茶掰碎放进一只被烟熏黑的铝壶里，架在火上煮。茶香很浓，味道咸咸的。门巴人在茶里放了盐巴，可以补充过度运动后体内损失的盐分。冰川学家张文敬教授很是兴奋，手指着很近的雪山喊："你们看，那里是大峡谷北岸加拉白垒峰东坡的现代冰川。我考察过咱们国家所有的冰川，而这条冰川还是第一次考察。"按照张教授的描述，这是一条曲形的季风型暖性大型山谷冰川，长约 10 千米，尽管雪线高程 4700 米，可末端海拔只有 2850 米，冰川消融区伸入原始森林带的垂直距离达 1400 米以上。接近黄昏，探险队到达第二个宿营地——湍急轰鸣的列曲隆巴河边。营地不过 10 平方米，猎人用砍刀临时平整出来，四周遍爬藤萝的高大杉树。

11 月 9 日，队伍翻越了进入无人区后第二座超过 3000 米的山脉。在山顶垭口，像许多崇敬高山的藏族人一样，登山队员加措在此处树枝上系了一条哈达，用冰镐在树干上刻下一行藏文，意思是"加措到此一游"。15 时 30 分，到达 3 号营地一处狭长的小山脊。队员们很难找到一块平地，就是坐着都要抓几根树枝，否则容易滑下山坡。队员们寻找能支帐篷的地方，所有民工都四散开去。门巴猎人的野外生存能力极强，碗口粗的树木左右 4 刀下去便可砍倒，4 根树干挑起雨布即搭好一顶大棚。

一个门巴猎人见队员汤海帆脸色难看，便通过西藏电视台记者晋美告诉他可能是中毒了。这种所谓的"毒"，就是潮湿的亚热带丛林释放出的瘴气，没有什么药可以治。当地门巴人中了瘴气后，一般抽几口烟，闻一闻火柴，或闻一种叫绿萝的植物被烧后放出的烟。他从不吸烟，只好向队友要了几支，点燃后开始一支一支地吸。说来真奇怪，几支烟吸过之后，到晚饭前，发烧的感觉就已全无，一切又恢复正常。

11 月 10 日 10 时，雨竟然还在下个不停。有队员问身为大气物理学家的队长高登义这场雨什么时候能停。透过森林顶尖树叶的缝隙，高队长望着乌云密布的天空摇头说："我们没有大峡谷这一地区的基本气象数据，而且山区林地的局部气候变化无常，不好推测。"气象情况不明，三分队是就地休整等待天晴再出发，还是冒雨前进？如果休整，分队的给养有限。高登义决定立即召开会议。考虑到探险队里部分队员身体虚弱，以及过重的电视卫星传输设备和电影胶片影响前进速度，决定挑选少部分身体强健的队员组成突击小组，先到达瀑布所在地，而后大队人马再跟进。此时，门仲村书记央金警告说，这场雨不会马上停，若前面的山体出现滑坡塌方，整个探险队就会被困在森林里，若是冒险往前走，或许能闯过这一关。高登义沉默了一会儿，看看手表最后说："要走全队一起走，不能留下一个人。吃完早饭，出发！"

没走出多远便是下山。手脚已不够用了，被大雨冲刷过的山体湿滑稀烂，一般左手总要揪住点什么草、树枝甚至荆棘，右手的拐杖一路探着别踩空，而更多时候，屁股也要向下坐以支持倾倒的身体。波密猎犬个头不大，一遇比它高许多的笔直陡坡，蹦跳几次还是滑下来。有的队员见状，便在下面用手垫了一下它的后腿，狗才蹿上去。一路上，除去向导猎人、登山队员，走得最快的就是像高登义这样超过 50 岁的老科学家。一根登山手杖，脚下轻便的登山鞋，还套着一双防蚂蟥的布袜子，牛仔裤上遍布泥水。几天里，他就是这一身行装和这些年轻人在无人区里穿行的。

山里的气候变幻莫测，雨渐渐停了。所有队员从头到脚、从外到内都被淋了个通透。快到 4 号营地，过一条湍急的溪流时，一些队员索性学门巴民工一路蹚水过去，不再左躲右闪。终于，爬过一片塌方山体，前面有人喊："到了！到了！"

这是一块巨石滩，波涛滚涌的雅鲁藏布江水自西向东翻跳着流过，被上游洪水冲下来的树干，因枯水季水位下降而横七竖八搁浅在巨石的缝隙间。一个精疲力竭的队员哭丧着脸，指着远处江中失望地说："那儿就是瀑布？跟想象的差远啦！倒是个跌水！"扎下营地后，所有队员忙着生火烘烤衣物。门巴族猎人说，此行的河床瀑布，距此地还有大约 15 分钟路程。

11 月 11 日上午 10 时，媒体记者开始认真检查两架相机，上好新胶卷，调好光圈、速度，汤海帆从背包里找出印有"北京青年报"字样的大红旗。队员金辉急不可耐，满面通红地来到帐篷边，兴奋地说："刚才我去了瀑布那儿。很壮观，的确很壮观！因为前一天多是顺着水流方向看，有误差，其实瀑布在我们眼睛看不到的地方一下子垂直下落！"

11 时 20 分，12 名队员跟随带路的猎人，踩着巨石向目标继续前进。右边雅鲁藏布江江水滚滚流动，河道很窄。因为是冬季，水位有所下降。如果是在丰水期，恐怕营地都会被淹没。越接近目标，江水倾泻震耳的轰鸣声越大。攀过一道光滑的基岩，队员们终于找到了河床大瀑布。一块平面成锥形的巨大基岩直插进瀑布顶面，瀑布左岸近 20 平方米的三角形石台上挤满了记者、科学家和门巴人。江水直泻而下带起的劲风险些把一些队员头上的帽子吹飞。4 架电视摄像机、摄影机，十几架照相机都把镜头对准下溅的水花，因为流速快、落差大，浪花溅起几十米高，形成水雾。正午时分，在强烈阳光的照射下，瀑布上方出现弯弯一道灿烂的彩虹。十分遗憾的是，他们只能在瀑布侧面观察拍摄，瀑布左右岸都是直上直下的绝壁，除非从对面山上吊下绳索，将人系在上面拍摄，否则永远无法迎面观测这条壮观伟岸的水幕。

就在队员们兴奋之时，队员凌风做了件让大家意想不到的事。这位身材瘦小、戴一副黑边近视眼镜的民族画报社记者，不知何时说动了登山队员丹增多吉，让丹增把他“五花大绑”起来，由丹增控绳，几个门巴猎人用力拉绳，慢慢将凌风顺基岩的直壁放下去。基岩很光滑，根本没有手攀脚蹬之处，这位中年记者的生命就掌握在那条粗绳和五六双手中。凌风极缓慢下降的身体和飞速闪过的江水形成鲜明对比。大家在上面紧张地看着，放到一定深度，凌风猛拉绳子，丹增示意停止。凌风把头上的棒球帽向后一转，帽檐搭在脑后，身体半悬在空中，贪婪地举着相机拍照。

下去容易，上来极难。急流带起的风把凌风的夹克衫吹成一只鼓球，因为无处可以攀缘，他几乎完全是被用绳子提起来，将到岩顶，丹增恐怕绳子禁不住与石头的摩擦而断裂，他让两个门巴人从身后搂住他的腰，探下身，一把拎住凌风背后的绳子，连拉带拽，硬是揪了上来。被众人围观的凌风弓着腰站在基岩上，还停留在刚才惊险的回忆中，脸上露出一丝笑容，但那笑衬托在苍白的脸上，显得有些怪。看到有人成功下去，众多记者围住丹增，纷纷要求下到那独绝的角度去拍摄，丹增只沉着脸，一边收绳一边使劲摇头，嘴里说：“他最轻，你们都太重，危险。”高登义早耐不住性子，过来狠狠训斥了丹增多吉，为什么不经他同意就擅自放人下去，出了事谁来负责？

只有亲眼见过雅鲁藏布江水在这段像疯了一样地流过，你才能明白，试图漂流这条平均海拔3000米以上、世界上最高的大江几乎不可能。雅鲁藏布大峡谷底部宽70~200米，流速大的河段达到16米/秒，水量大约1000立方米/秒。尤其是进入围绕南迦巴瓦峰的马蹄形大拐弯峡谷核心河段，平均每千米河床下降3.5米，而其中白马狗熊到帕隆藏布江口32千米河段，河床下降653米，这里地形险峻，跌水不断，更有落差巨大的河床瀑布。

中央电视台当即进行了现场直播，同全国人民一起分享这次大发现的喜悦和兴奋。中央电视台女记者牟正篷站在大石上边，瀑布的气流掀动她的衣衫，轰鸣声震耳欲聋。她手持话筒，向亿万观众播报：

1998年11月11日是个不同寻常的日子，经过连续好几天的艰难跋涉，这一天，我们终于发现了一处大瀑布，经过测算，这个瀑布高30多米，宽50多米。同行的科学家说，在世界著名河流的干流上出现这么大的瀑布是非常罕见的。这也是世纪末人类在一片从未涉足的土地上发现的一大自然奇观。这个瀑布在帕隆藏布江与雅鲁藏布江交汇口上流约6.5千米处。经卫星定位系统测定，具体位置是东经 95 度 05 分，北纬 29 度 51 分，海拔是 1680 米。经登山队员反复探索，终于因山势太陡，没有找着绕到正面下方拍摄瀑布全貌的路径。中午，太阳照进峡谷时，瀑布前出现了一道美丽的彩虹……科学家认为，这个瀑布的形成，和喜马拉雅地区居活跃地壳运动区有关，它可能是近几年才形成的一个很年轻的瀑布，不过还要经过详细的测定才能确定。科考队队长高登义教授认为，向这个瀑布上流继续考察，还可能发现新的干流瀑布。这是中央电视记者在西藏雅鲁藏布大峡谷向您报道。

中央电视台记者牟正蓬将发现的绒扎瀑布传向世界（高登义供图）

牟正篷是考察队唯一进入大峡谷核心区的女性。就在前一天，她已经感到不适，浑身的关节僵硬，嘎吧直响，像有无数小蚂蚁在爬。头有些晕，感觉自己像个生了锈的机器人。可她硬是一声不吭，跟着队伍拼命向前赶路。这一天，她实在支持不住了。头晕恶心，双腿发软，隐隐觉得开始发烧了。恰好队伍就在前边休息了，准备吃午饭。她一见到大伙，不由得瘫倒在了地上。几个民工看见了，喊着：“中央电视台病了！”民工认为她中了瘴气，就从树上抓了大把的绿萝，用火烧着，递到她鼻子边，让她闻几口那种烟。中午休息一会儿，喝了些水，大家再出发时，她也能爬起来跟着走。走着走着，她又慢慢落到最后去了。她开始发烧了，头晕得厉害，突然摔倒了。

前边是一个陡坡，路太危险，几个人在那里等着她。看见她满身是泥，都吓了一大跳。在一个拐弯处，她身子一晃，差点一头栽下深沟，幸遇队员一把抓住她，否则就没命了。就这样，一直坚持到营地，她躺倒在草丛里，大家又是给药，又是刮痧，能施的手段，全试了一遍。几位队领导看她的样子，决定她留在原地休息，由一名女民工陪护。她昏睡一夜，第二天醒来病好了。她立刻起床，帮做早餐的人烧火，让大家相信她的健康足以完成下面的跋涉。她如愿以偿，跟队伍一道走了。

牟正篷终于见到了大瀑布，她的心情仿佛比来大峡谷更加激动。她忘记了一切疲劳，爬上爬下，找寻最佳现场报道位置。由于无法站到瀑布的对面拍到它正面的雄姿，只能侧面俯拍。她只能从声音、水量感受到瀑布的壮观，没有一个角度可以更好地观察瀑布。后来，她就站在瀑布一侧的高坡上，尽可能靠近瀑布，让观众看她现场报道时，就能从旁边看到大瀑布的水流。当天《晚间新闻》播出了他们的报道，第二天又上了《新闻 30 分》，然后又上了《新闻联播》。这种满足感，抵消了她经历的所有痛苦。

如何测量这条大瀑布，关系到以后的科研工作以及新闻报道。他们没带更精确的测量仪器，经过研究，队长高登义让登山队员将冰镐绑在一条 70 米长的绳索上垂直放下，浸到江水中停止，因为他们脚下即是瀑布顶端，经测量，瀑布落差约 30 米，经过大家目测，估计瀑布宽约 50 米。用 GPS 测定后，瀑布处海拔 1680 米。金辉用圆珠笔在那张 1∶100 000 的南迦巴瓦地图上，标注了瀑布的准确位置。

张文敬教授经过沿江勘察发现，这条大瀑布上游近 200 米距离内还有 7 级跌水，科学家认定这是一个大瀑布群落，也是本次大峡谷探险考察发现确认的第一个瀑布群。当地门巴人称此处为“绒扎”。尽管有队员提议将找到的瀑布命名为“飞虹”，但大多数人倾向于命名为“绒扎瀑布”，所有记者当晚都把这一消息发了出去。

经科学人员用 GPS 测定瀑布地理位置：北纬 29 度 51 分，东经 95 度 05 分，海拔 1680 米，距大峡谷拐弯顶端约 6 千米。令人更惊喜的是，这里的瀑布是一群，共有 7 级，最大瀑布相对高度 30 米，宽 70 米，7 级瀑布群在 200 米之间，形成总落差 100 多米，这组大瀑布被定名为绒扎瀑布群。

11 月 12 日，三分队人马考察完绒扎瀑布返回大本营。中午，他们正在丛林草坡上休息，张文敬突然对大家说：“是不是还在为找到大瀑布高兴？小汤啊，你还不知道，咱们这个队还有比瀑布更重要的发现!”短短一句话，把周围几个队员全都吸引过来。原来，他经过一路考察认定，大峡谷腹地无人区里生长着大面积的原始红豆杉林。红豆杉属常绿乔木，雌雄异株。红豆杉可以提炼出一种比黄金还昂贵的紫杉醇，对治疗某些癌症有特殊功效，更成为炙手可热的珍宝。目前，天然原生红豆杉树在地球上分布极少，在我国西藏察隅、四川西部、云南有少量生长。张文敬身为冰川学家，又是贡嘎山高山森林生态站站长，他估计大峡谷有大片珍稀的红豆杉林，分布面积达近千平方千米。如此大面积原生红豆杉林，无疑构成丰富的树种基因库。

冰川学家张文敬（左）讲起红豆杉发现过程非常高兴（高登义供图）

“这里有红豆！快来看，那是不是？”高登义在棵大树下兴奋地叫嚷，队员都紧跟了上来。果然是那珍贵的红豆杉树，树叶间长满红豆，低垂得可以伸手够到，一些队员正准备采摘，高队长急忙说：“不要着急，先拍照，完后再摘，大家都有份。”一下子几架摄像机、照相机对准红豆杉左照右拍。张教授向旁边的猎人借了一把短刀，砍下一小块红豆杉树皮带回去分析。当地门巴猎人称红豆杉为“格朗星”，可以治肚子痛。

张文敬夹在笔记本内的红豆杉标本（高登义供图）

三分队撤回大本营，专家预测到上游可能还有大瀑布，但前行太艰难，庞大的队伍无法继续工作，两名队员金辉和中央电视台的徐进主动请缨，在11名门巴人带领下，深入密林，继续溯流而上，找寻新的大瀑布。

走了几天，一无所获。到处是悬崖绝壁，他们在几百米上千米的高处，俯视雅鲁藏布江，透过针叶阔叶林的空隙，断断续续地窥见雅鲁藏布江的面目，有时只是一条白线。有一次，他们下到江边，可以捧起江水洗脸，坐在石头上看一江回旋动荡的曲线、变幻的波光、翡翠般的水质和野性的力量。他们焦渴难耐，举着望远镜，找寻江上有无大瀑布的迹象。

一路上的困难大多是预料不到的，民工帮他们想出了各种方法，没有民工，他们连生活都难以维持，更谈不上寻找瀑布，民工能将湿树枝点燃，烧起火来，能找到可食的野果子，能在密林中辨清方向，循着声响找到目标。他们手中的一把刀是万能工具，能在陡坡上砍出一个平台来睡觉，砍些树枝来搭棚，能在无法行走的林中砍出一条路，甚至后来还看到他们用砍刀剁肉馅、包饺子。在他们手里，刀几乎是神奇的。

他们从绒扎向南行进14千米，一边砍路一边行进，自己搭桥过支流，夜里就睡石崖岩洞，还碰上羚牛的造访。他们沿江走了5天，在秋古多隆无人区，又发现一组瀑布群。主瀑布宽约 40 米，崖差 12 米。上游不远出现三四个连续的大跌水，尽管没有绒扎瀑布群壮观，但这里地形条件很好，可以从雅鲁藏布江左岸正面观测瀑布，而对面右岸又是悬崖峭壁。

徐进打开摄像机立刻就拍，几个民工高兴得也大喊大叫。金辉被瀑布的气势和优美深深感动了，呆呆地盯了许久，一言不发。他敞开胸怀，任凉风卷着水雾扑来打湿衣衫，让这可餐的秀色沁人心脾、灵魂。激动后的疲惫，使他一下子躺倒在地，全身放松，闭上双眼，听那轰隆隆、哗啦啦、叮咚咚立体的交响，如醉酒一般，如飘浮在云雾之上、大海之中，如所有的美梦化为了现实一般，无以言表。

金辉睁开眼，细细端详这一片青绿中镶嵌的如万吨翡翠不断地轰然下泻的大瀑布，为造化的神奇默默地惊叹。大瀑布的左侧，是几百米高的悬崖，一条飞瀑从崖顶挂下来，注入深潭。飞瀑经风一吹，摇曳着腰身，如羞怯的珞巴少女，婀娜多姿。悬崖上长满了各种杂树，时不时挡住飞瀑，溅起如烟的水雾，瀑布水穿云破雾，若仙子下凡。飞瀑的两边，也有一些断断续续的如练水串，轻轻飘飞下来，消失在浓密的丛林里，仰望蓝天白云，仿佛刚刚被大瀑布的水流洗涤过似的，纯净透明，无与伦比。

11 月 22 日晚，大本营的对讲机突然收到信号，断断续续传出金辉和徐进的疲惫声音，他们报告，一切安全。正在返回途中，即将到达扎曲。20 时多，天又下起浓密的小雨。昏暗中，等待多日的大本营队员，终于盼到孤军深入的金辉、徐进和十几名门巴猎人，吃力地从山下爬了上来。大本营的王维拿出事先留好的肉罐头，准备犒劳大伙。金辉感慨地说："请求多付给民工一些酬劳，若没有他们，我们恐怕回不来了。"

徐进回忆说，他第一次见识了门巴猎人的厉害，抬眼一扫就能看清对岸山坡上躲在丛林中的藏羚羊。他们吃完所带给养后，十几个人就以野牛肉充饥。门巴人很会生活。一个猎人左右手两把易贡短刀，把刚割下的牛肉放到垫石头的树皮上，连续切剁，一会儿就变成牛肉馅。这些猎人用自带的面粉做成厚厚的饺子皮，包成拳头大的牛肉饺子。

1999 年 2 月 17 日，光明日报社主办的《生活时报》报道：

……11 月 11 日，科考探险队在距大峡谷顶端约 6 千米处绒扎地区的雅鲁藏布江干流河床上，首先发现了一个瀑布群，该瀑布群共有 7 级，最大的一个瀑布相对高约 30 米，宽 50 米，7 级瀑布总共相距不到 200 米，形成总落差

100多米，时有彩虹出现。之后的几天内，科考探险队又先后发现了3组大瀑布群。其中，位于西兴拉山下，距帕隆藏布汇口约20千米处雅鲁藏布江主河床上的藏布巴东瀑布群，海拔2140米，在相距600米的河床上，出现了两处瀑布，分别高35米和30米，为雅鲁藏布大峡谷中最大的河床瀑布。秋古都龙瀑布群位于距帕隆藏布汇口14.6千米处的主河床上，海拔1890米，最大的一个瀑布高差在15米左右，宽40米，在其上下600米的河床上，还发现有三处2～4米高的小瀑布和五处跌水，另外在大瀑布南岸，还挂有一条宽1米、高50米左右的河床瀑布，景色极为壮观美丽。

从西让到扎曲

10月29日，一辆卡车沿着多雄拉山的山道逶逸而行，二分队17名队员的脸上透着一股开赴“战场”的激动和紧张。该分队由19人组成，队长关志华是中科院综合考察委员会的水资源专家，队员有中科院动物所的昆虫专家姚建、植物所的王崇杰，国家测绘局的孙洪君和中央电视台的王铁钢、张军、刘彤、史建伦，中央新闻电影纪录制片厂的费小平、谷全喜、张又鹏，新华社的索朗罗布、中央人民广播电台的张彬、《中国青年报》的郝磊、《人民画报》的杜泽泉和中国环境报的杨西虎，《广州日报》记者陆咏鸿，而国家登山队的丹增多吉和加措则负责在甘登至扎曲的无人区开路接应他们。

11时，卡车走到了公路的尽头一个叫松林口的平台，这里海拔3700多米。二分队翻越多雄拉山，经拉格、汗密到达墨脱县背崩乡。11月5日，二分队顺利到达大峡谷中国境内最南端的西让村。他们将逆雅鲁藏布江北上，到扎曲与一分队会合。西让是一个门巴族村寨，坐落在山腰，被热带丛林包围。一色的吊脚楼错落有致，村寨中橘树掩映，铺展着层层梯田。

他们在热带丛林中穿行，到达了地东村。值得庆幸的是，中科院动物所的姚健手握大虫网，网住了一只一寸多长的毒蜂，驱散了蜂群。据姚健介绍，被这种毒蜂蜇一下就可能丧命。地东村27岁的门巴人高荣，多年前退伍回到家乡，当年就借了发电机、电视、录像机，在家乡不通电、全寨人还没有见过电视的情况下，开了一家录像厅。开张4个月，就还清了全部借款。他还开着一个小店，是附近4个村中仅有的。村民索杰多吉说：“我们有橘子、甘蔗、香蕉，但这些都运不出去，全烂了，只要有了公路，一切就都好了。”

地东还保留着原始的溜索，长307米。十分队走到跟前，只见溜索一端牢牢用钢锥打进岩缝。民工扎西把2个人字支架往索上一挂，三角凹槽中的铁皮正好和铁索插在一起，支架显然经常用，铁皮已磨得发亮。他让队员们两手抓住支架的两腿，头下脚上，用藤条将他们的腰紧紧拴在支架上，然后再用一根藤条兜在颈下。把他们捆结实后，扎西将另一个支架往铁索上一挂，用两根藤再把他们的支架和他自己的支架连起来，他自己身下只兜2根藤。他说，两手两脚搭在溜索上交替用劲就走了。

昆虫学家姚建发现缺翅虫分布的新情况（高登义供图）

由于铁索很重，不可能保持一条直线，两头高中间低。因此，实际上从溜索一出发，不费什么劲就滑到了中间，再往后就全靠两手和两腿用力往上爬了。队员们大都缺乏经验，两腿根本用不上劲，全靠两臂，不一会儿就酸痛得一点儿劲儿也使不出来了。有的队员往下看，倒抽一口凉气。几十米下的大江漩涡迭起，轰鸣贯耳。

11月9日，科学家们的工作基本结束，按科考队的计划，要在这里选点设置（GPS）国家全球定位系统基准点。二分队当天到达背崩，在横跨雅鲁藏布江的解放大桥东南侧时，确定了大峡谷第二个全球定位系统基准点，即科新2号，该基准点位于北纬29度14分43.8秒，东经95度9分51.5秒，海拔高程669.5米。这是继10月28日在米林县派区尼定村设置的“科新一号”之后的第二个基准点。“科新一号”是由中国雅鲁藏布大峡谷科考队设置；“科新二号”则由中国科学院、国家测绘局、中央电视台、新华社、中央人民广播电台、《中国青年报》和《广州日报》共同参与设置。

11月10日上午9时许，二分队从背崩出发，出发时天下着蒙蒙细雨。背崩距墨脱县城36千米，这段路塌方达60多处，一路爬坡，从海拔600多米走到海拔1100多米，对大家来说是一次极限考验。从背崩到墨脱，左临雅鲁藏布江，一路穿行在热带丛林中。在经过的60多处塌方区中，最大的一处长达200多米，行进时必须手脚并用。此处塌方不到一个月，塌方时一位过路妇女被埋在里面。当晚20时，二分队终于抵达墨脱县城。

墨脱县城依山傍水，紧贴雅鲁藏布大峡谷，海拔1100米。县里没有一条柏油路，土路凹凸不平。在县城中央，有一辆解放牌汽车被埋在土里，只留下一个蓝色驾驶室露在外面。这辆车成了墨脱人对公路企盼的明证，它的主人是来墨脱做生意的四川人唐祖金。他1993年购买了汽车，准备搞运输，鸣着喇叭开进了县城。可车刚开进来，路就被塌方泥石流毁了。唐祖金说，就让这辆车废在这儿吧，权当作一个纪念碑。

二分队进入墨脱，当地劳力大多为县里背运物资，一时难以凑足人力，不得不在墨脱滞留。11月16日，他们从米日出发，目的地是达木。达木是墨脱县唯一的珞巴民族乡，80户人家，居住地非常分散。他们居住的地方到处有泉水，于是都用竹管做成水槽，巧妙地将高山泉水引到自己的门前。达木乡所有房屋都是吊脚木头楼，房屋选址散乱，却都朝阳。到达达木，映入眼帘的是一片美丽景色：村寨居高临下，四面环山，林木葱葱，山峦起伏，河水蜿蜒，山村高处，飞瀑悬空，小鸟飞鸣，世外桃源一般。

中科院研究生王崇杰采标本时，碰到了毒蜂窝，被毒蜂叮得鼻青脸肿，眼镜也丢了。看小王无法走路，关志华帮他找眼镜，没想到被毒蜂蜇了一头包。姚键拿着捕虫网，依然大败而逃。眼镜捡不回来，小王无法上路。索朗罗布拿来土制的弓箭，陆咏鸿掏出棉纱手套，蘸上汽油绑在箭头点燃，索朗罗布弯弓搭箭，对准蜂窝便射，箭出去了，可棉纱却因为绑得太松而脱落了。

姚建又找来了一根长竹竿，大家把棉纱固定好，重新点燃，索朗罗布举起竹竿就朝蜂巢冲了过去。蜂巢点燃了，瞬间变得通红，像个巨大的火球，毒蜂飞出巢穴翅膀着火，纷纷坠地。

11月21日，二分队从邦辛出发，计划3天时间走到甘登，途中要在旧当卡和龙列歇脚。爬上一个大山，便绕着山腰陡壁前行。凹进山壁的小路不到1米宽，另一侧是下临峡谷的万丈深渊，雅鲁藏布江在奔腾呼啸。中午刚过，天气开始炎热起来，艳阳高照，不久便进入密林。忽然起风了，一块大石从滑坡体的顶端直滚而下，接着，无数的小石块往下滚，“山崩了。”不知是谁叫了一声，大家都下意识地纷纷向后退。刹那间，大面积的砂石腾空而下，响声震天，飞沙走石，几百米内尘雾弥漫。眼看前路不通，怎么办呢？经过商量，最后决定另寻路径，绕过这山迂回前进。在猎人向导的引领下，大家在山上左折右绕地又走了几小时，从高山下到了谷地又来到江边。

从邦辛去甘登，要经过的峡谷更深，越走越高，直上直下的幅度更大，要走到海拔2000至3000米。开始，他们从旧当卡上山，在临江半山的林中穿行，左边一侧是几百米的陡崖。这里谷底狭窄，两山夹峙，江流落差很大，水声轰鸣，但当走到两山距离较宽的阶地时，轰鸣声音又突然减弱，这种忽强忽弱的振动之声，给人造成一种莫名的恐惧。大家不知道这片原始森林有多大，也不知道草丛前面的峭壁有多高，一种孤独、焦灼的心情顿生。每走一处，陆咏鸿拿冰镐拨开藤蔓，刚一落脚，还未反应过来，便向下滑了1米多深，才被灌丛和藤蔓卡住。他抱住一棵树往下望去，原来这是一处陡峭的坡崖，不由吓得一身冷汗，幸亏这些陡崖上的藤蔓，不然他就永远上不来了。这时，史建伦、索朗罗布和张又鹏赶了过来，他们同时伸出拐棍，奋力搭救，才把他拉了上来。

二分队走出邦辛乡朱登卡村，一路下行，直线下降了近700米后又开始上爬，爬升800多米后又开始下山。由于林密草深，大家走在路上，湿漉漉的树枝直接刷在脸上，但谁也不敢用手拨，因为脚下的草更滑，稍有不慎，有可能失足成千古恨。突然，副队长王铁刚脚下一滑直往山下溜去，来不及喊一声，大家的心一下子提到了嗓子眼儿。幸好此段岩壁上长满了灌木杂草，挡住了他的下滑势头，大家连忙用手杖将他拉上来。墨脱县正值运输季节，劳力十分紧张。二分队的民工队伍已从原来的80多人缩减至50人，民工背重后，速度自然慢下来。此时，谁心里都清楚：唯有前进方是唯一的出路。

11月23日，阴雨连绵。为尽快抵达甘登同接应人员会合，大家向无人区发起最后的冲刺。到中午时分，太阳驱散了弥漫峡谷的浓雾，走在山谷中的队员心情不禁为之放松。“看！插旗子的地方就是甘登！”刚走出一片原始森林转过山，二分队队长关志华就指着对面山坡上几间铁皮房高兴地叫起来。甘登是墨脱县最北边的一个乡，再往前走便进入无人区，是二分队的新起点。突然，不知谁看见了穿着红色登山服的加措，不禁放声大叫：“加措！我们来了！”紧接着，所有的队员都扯着嗓子叫起来。

走进甘登，眼前又出现另一番景象，高山陡立，崖壁如削，一间间木屋凌空悬挂于山崖之上，疏疏落落的木屋乱中有序，每间木屋都是三面悬空，一面对岩，开门见壁，门外没有多少活动余地，一出门不是上山便是下山。据甘登乡的门巴族乡长介绍，甘登的先辈是为逃避瘟疫来到此间的。开始时，在山洞石穴里栖身，后来有人依地势搭起小窝棚，经过不断适应和不断改造，就变成了现在的样式了。望着这些挂在山崖上的木屋，队员们惊叹于门巴、珞巴族人的聪明才智。

据当地老乡介绍，即将封山，再过十来天，二分队走不出无人区，就只有滞留在大峡谷以待明年开春了。甘登是二分队的一个里程碑，他们用了整整 26 天。再往下还有 60 千米，探路侦察的丹增说：“如果从我们现在走的江左岸穿越，前方 20 多千米有一个 1000 多米的塌方，而且现在还在不断滚石，根本无法通过，唯一的办法就是从甘登过江，转道江右岸。”

11 月 25 日，晨曦微露，二分队和民工近 80 人继续前行。在离开甘登的一片森林中，中科院动物所工程师姚健发现了缺翅虫。缺翅虫的存活对生态环境要求非常严格，它生活的初始环境只要稍有破坏就无法生存。目前这种昆虫仅存活于非洲赤道附近和我国西藏的原始森林，在我国仅发现了中华缺翅虫和墨脱缺翅虫两种，但数量只有十几只。姚健发现的这只是否是新种，还有待进一步鉴定。据昆虫学家黄复生先生通过卫星电话介绍，缺翅虫的发现从一个方面证明雅鲁藏布大峡谷的原始生态环境保持相当完好，同时还给大陆板块构造学说提供了新的论据。

花了 5 个多小时通过一条溜索，渡过雅鲁藏布江。一过江，等待他们的就是一座一眼看不到顶的山。爬了 3 个多小时，天已很黑，大家决定住在山腰。雅鲁藏布大峡谷闷热潮湿，人人身上都起了大片湿疹，加之天天走路，无法清洗，湿疹溃烂化脓，痛痒异常。白天走路，有的队员撕扯开疮疤，脓血流进袜子，不一会儿就把袜子和肉粘在了一起。到宿营地脱袜子时，得咬牙把袜子从肉上扯下来。一夜睡醒，脓疮结痂。白天爬山时又撕破，如此反复，疮口越烂越大。

11月27日，二分队继续赶路，强攀过各布拉山。各布拉山是南迦巴瓦峰的侧峰，海拔4300米。穿出密林，走上山脊又拐过山腰，各布拉山就在眼前，脚下的路平缓了一些，但非常冷。这里的海拔虽然只有2300米，但日夜气温却相差20多度，太阳落山了。为了把更多的体力留在第二天攀越，大家选择好营地，面对各布拉山搭起帐篷。28日天刚亮，下起小雨，眼前的各布拉山仿佛触手可及。他们沿着山沟向上，融雪的溪流石头很多很滑，加上不断有滑坡后的松散地带。他们走得很慢，队伍拉得很长。丹增多吉在前面引路，加措断后，关志华在中间不停地用对讲机询问情况。

走上山岗，步上裸露岩地带，这里就只有灌丛和草甸零星分布。转瞬间，天空迷雾四合，云团密布，周围顿时一片混沌，大家喘着粗气，一步一步往上走。在一片欢呼声中，他们终于爬上了各布拉山。到了海拔3000米处，翻过山口，沿山坡而下，下山的脚步更沉重，大家像机械人般蹒跚而行，往下走，寒冷减退，气温渐高，又见到繁茂的草丛，林木也出现了。穿过灌丛，前面有了一片草甸，大家开心极了。

12月3日上午，二分队冒着灼热的太阳，直下江边又爬上另一座山，于13时13分攀上了位于山顶的小村扎曲。一分队前一天抵达扎曲，人类首次徒步穿越大峡谷科学探险活动画上了圆满句号。经我国国家测绘局专家测定，雅鲁藏布大峡谷的平均深度为2268米，最大深度为6009米，最窄处为35米，进一步确认了雅鲁藏布大峡谷世界第一的地位。此次还发现了4组大瀑布群，其中有3个瀑布的落差在30～35米间，宽度为50～200米；发现了缺翅昆虫在喜马拉雅山脉北坡的新分布，发现了较大面积的红豆杉原始林，唤起了中国和世界对大峡谷更多的关注。

1998年的雅鲁藏布大峡谷科学探险考察，由中国科学探险协会和珠海天年高科技国际企业公司主办，北京巨星文化传播中心和北京全艺国际公共关系有限公司承办。如此大规模的科学探险考察由中国企业家赞助来完成，这在中国科学探险考察史上尚属首次，将载入我国科学探险考察史册。

为纪念此次穿越，科学考察队于扎曲村头设立了纪念碑，当天下午举行了纪念碑揭碑仪式。中国科学院、西藏自治区、林芝市政府组成的慰问团来了，2台摄影机、3台摄像机同时转动，无数的镁光灯此起彼落，都争相拍摄下这难忘的时刻。队员们站在纪念碑前，远眺群山，雄伟的南迦巴瓦峰屹立眼前，雅鲁藏布江像一条银白色的飘带由西而来。探险考察的队员们心绪难平。历史记住了他们的名字：高登义、杨逸畴、李渤生、关志华、张文敬、王富洲、陶宝祥、于宪光、齐米、加措、李世源、李乐诗、王维、周立波、金辉、汤海帆、张彬、郝磊、祥祖军、徐进、陆咏鸿、杨西虎、白坤义、何雄鹰、孟建伟、谷全喜、张又鹏、费小平、杜泽泉、张江齐、马明、王方辰、王崇杰、姚建、孙洪君、季建清、王铁钢、李庆波、牟正蓬、刘彤、梁文钢、马挥、李建章、王红军、纳日斯、张军、史建伦、张战庆、凌风、郑东伟、庞新华、晋美、徐军、林永健、多穷、仁青平措、丹增多吉、索朗罗布。

参加的单位有中国科学院自然资源综合考察委员会、大气物理研究所、地理研究所、植物研究所、动物研究所、地质研究所、成都山地自然灾害及环境研究所、国家测绘局、国家体委、中央电视台、新华社、中央新闻纪录电影制片厂、中央人民广播电台、《中国青年报》《中国环境报》《人民画报》《民族画报》《北京青年报》《广州日报》。

热地书记为考察队送行（高登义供图）

佛山援墨人的科旅研学路

广东省第九批援藏工作队墨脱县工作组以墨脱地球全谱景观园规划为基础，将景观园建设与当地经济社会发展紧密相结合，寻找到了墨脱县有着 800 多年历史的古茶树，创新性地提出了打造墨脱县稻香、茶香、果香旅游经济带和雅江特色农业产品珍珠链，以果果塘大拐弯观景平台、墨脱县专业足球场等为支撑，以栈道连接中科院动植物科普馆，探索旅游观光和科普游相结合的发展思路，服务于西藏“两屏四地一通道”的重大战略。

2018年4月27日，雅鲁藏布大峡谷腹地墨脱县吸引了中科院青藏高原所陈发虎、丁林，生态环境研究中心傅伯杰，厦门大学焦念志，中山大学高锐等7位院士的关注，他们前来参加墨脱地球景观与地球系统综合观测研究中心暨墨脱地球全谱景观园建设研讨会。西藏自治区政府、科技厅领导，以及武汉植物园、华南植物园、西双版纳热带植物园、昆明植物所等领导、专家及工作人员共40余人也出席了这次会议。

广东省第九批援藏工作队墨脱县工作组（以下简称工作组）以墨脱地球全谱景观园为基础，将景观园建设与当地经济社会发展紧密相结合，工作组组长、墨脱县委常务副书记叶敏坚一直思考如何进一步提升墨脱美誉度的问题，同时热心于墨脱县科考与旅游的结合，查阅多方资料，了解大峡谷和墨脱，带队寻找墨脱县有着800多年历史的古茶树，创新性地提出了“三香一链”的科学旅游发展思路，即以科研为基础，着力打造墨脱县稻香、茶香、果香旅游经济带和雅江特色农业产品珍珠链，探索科旅共融发展的路径。以果果塘大拐弯观景平台、墨脱县专业足球场等为支撑，以栈道形连接中科院动植物科普馆，探索旅游观光和科普游相结合的发展思路，服务于西藏“两屏四地一通道”的重大战略。

雪山峡谷专业足球场

2019年6月28日，工作组组长、墨脱县委常务副书记叶敏坚，副组长、墨脱县常务副县长张巍巍，以及林荫辉、肖志伟、冼伟光、王文会、覃业在、翁恩维等8名成员，从南国佛山进入藏东南，从离大海最近的广东，来到离天空最近的西藏，正式开启为期三年的援藏工作。他们要去的墨脱县，当即给了他们一个下马威，林芝市六县一区的援藏工作组已奔赴察隅、朗县、米林等地，但墨脱县正值雨季，沿途道路塌方严重，通往墨脱县的公路断了。工作组成员想不到他们会被困在墨脱县驻林芝办事处长达22天。

墨脱是全国最后一个通公路的县。全程117千米、整整修了几十年的扎墨公路，是目前墨脱连接外界的唯一通道。而这条唯一的通道，还经常因地震、塌方、雪崩、泥石流等自然灾害而受阻，并遭遇停水停电、断路断网的困境。

广东省第九批援藏工作队墨脱县工作组（佛山援藏）全体组员合影

工作组成员每天关心着墨脱县的路况，广东省政府副秘书长、省第九批援藏工作队领队、林芝市委副书记、常务副市长刘光明多次前来看望大家，要求大家守初心，担使命，弘扬新时代的援藏精神，在援藏工作中着力锻造一支忠诚、干净、担当、过硬的干部队伍，将安全放在首位，将生命放在首位，尽快打开一个“安全、健康、有序、向上”的工作局面。

工作组被困林芝市巴宜区八一镇期间，不等不靠前去拜访了林芝市发改、商务、财政、住建、农业、旅游、卫生、教育、广电等部门，与各部门主要负责人深入交流，刘光明要求他们将援助墨脱工作的重心放在民生领域。工作组前往易贡茶厂等地考察，一路上见到不少，听到很多，援墨思路在心中孕育。

7 月 21 日，叶敏坚得知扎墨公路恢复通车的消息，做出了抓紧进入墨脱县的决定。工作组从巴宜区八一镇出发，翻越海拔近 5000 米的色季拉山，经“通麦天险”。中午，在藏王故里波密匆匆午饭时，天上仍然下着雨，整个帕隆藏布江河谷笼罩在白茫茫的水雾之中。王强在墨脱复杂路况有着 10 多年的驾驶经验，完成多届援藏工作组的车辆保障，叶敏坚特地征求他的意见。王强坚定地说：“叶书记，前方随时都会出现塌方，桥梁随时都会冲断，墨脱县好不容易恢复交通，趁着这个空当抓紧进去。我驾车走在最前面，后面 3 台车跟上，见机处理。”

工作组成员穿过进入墨脱县的屏障—嘎隆拉隧道后，犹如走进侏罗纪世界的大门，喜马拉雅山南麓温暖而湿润的季风气候，营造了另外一个世界，迎面而来的是常年缭绕的浓雾和连续几处“之”字形的拐弯下坡路段。举目而望，入眼尽白，能见度最多十几米。云雾深处就是西藏海拔最低的墨脱县，工作组成员真正见识到了“云在脚下飘荡，路依山势蜿蜒”的场景。只见云雾缭绕，宛若仙境。道路曲折蜿蜒，颠簸难行，落差较大，但沿途自然景观令人流连忘返，叹为观止。过了扎墨公路 K80，道路两旁出现了野生芭蕉种群，大家感到很诧异，芭蕉一般生长在南方，没想到在西藏墨脱也有分布。

墨脱孩子放飞“足球梦”（援藏工作组供图）

车一路下山，海拔从近 4000 米下降到 1000 米左右，植被带垂直变化之快，植被物种之丰富，让人目不暇接。工作组成员沿着金珠曲河和雅鲁藏布江前行，到处都是山高林密、坡陡谷深、路窄弯多、水急势大。这里雨水丰沛，年降水超过 2000 毫米，成为高原的“聚雨盆”。路两边的竹林和原始森林，山涧流下来的瀑布和泉水，还有植物活化石—恐龙时代的桫椤树，眼前的美景全然让人们忘记了脚下的艰险，汽车像在刀尖上奔驰，人们感受着超越电影《阿凡达》的影像世界，犹如置身于一部真正的 3D 大片。

工作组成员沿着扎墨公路往下走，经历一处处塌方，沿途是很窄的泥沙路，急弯一个接一个，驾驶员稍有不慎，就会掉下数百米的悬崖，坠入波涛汹涌的雅鲁藏布江。短短几小时的路程，从海拔 4000 多米下降到 1000 米左右，似乎经历了春夏秋冬，也让他们切身感受到了墨脱气候的多样性，经历了寒带至亚热带，看到了“一山显四季”的景致。

墨脱与外界连接的扎墨公路，一边是经常发生泥石流、滑坡、塌方的山体，另一边悬崖下则是滚滚流淌的雅鲁藏布江，有些路段仅容一辆车通过，还有多处水毁、塌方的痕迹。从林芝市到墨脱县城，在不堵车的情况下，以最快速度行驶，单程都要 8 小时。

经过 10 小时风雨兼程，抵达墨脱县城不到 1 个小时前，工作组已经过的桥断了，何时通车又是一个未知数。墨脱县干部在团结楼列队，给每人献上一条洁白的哈达，欢迎新一批援墨干部的到来。叶敏坚去过甘肃、宁夏等地，接受过当地人献上的哈达，可当墨脱县门巴族领导挂上哈达的那一刻，他想到了三年的援藏工作，更深感肩上的责任，这种感受完全不一样。

为尽快了解墨脱、理清思路，把之前耽搁的时间追回来，工作组开始马不停蹄赴基层开展调研。在灾害频发的墨脱 7、8 月份雨季，工作组克服重重困难深入一线调研，脚踏泥泞、搬石开路，越过泥石流、穿过蚂蟥区、跨过塌方点，在风雨中穿行，1 个月时间走遍墨脱县所有乡镇，明确提出了 3 年援墨“123”工作思路，即坚持以民生援藏为核心，以推动茶产业提质增量和加快旅游产业发展为重点，全力实施群众收入巩固提升、社会事业优化提升和基础设施完善提升三大工程。

第九批援助项目的重点之一是墨脱国际标准足球场。工作组和县发改局工作人员一起调研时，有位工作人员说，墨脱青少年特别喜欢足球，有人提议在墨脱县城西边的拉贡山凹处一个叫措度湾的地方修建一个足球场。这里自古就是墨脱村民射箭、过林卡的地方，国家有关部门考察后，拟投资 850 万元建设一个足球场。

谈到这里，工作组成员、墨脱县教育局副局长肖志伟深有感触。他刚到墨脱县不久，带着学生们去林芝、拉萨参加体育比赛，一场下来，墨脱学生要求暂停 15 次，靠吸氧才能继续上场比赛。西藏自治区体育局曾邀请省级队伍到拉萨参赛，运动员因拉萨海拔高而导致体育竞技水平的发挥受到不小的影响。叶敏坚当即意识到，墨脱在西藏所有县城中海拔最低，县城只有 1000 多米，几乎没有缺氧的困扰，更适合进行剧烈运动、举办体育赛事。以墨脱县城独特的地理环境，若建一个标准化的专业足球场，待以后条件成熟，就可以承办西藏赛事，甚至是国家队的训练和比赛，提升墨脱县城的美誉度。而且，平时可以作为县大型活动的场所，同时也可以承担起县城紧急避难场所的重要角色。

肖志伟同墨脱县中小学生接触的机会多，更感受到了这里青少年对足球的热爱。球星克里斯蒂亚诺・罗纳尔多的球迷遍布世界各地，墨脱青少年中也有不少他的“粉丝”。他亲眼看到，16 位高矮不齐的孩子，身着 AC 米兰红黑相间主场球衣，脚穿专业足球鞋，在教练的口令下，简单热身活动后，专注认真地练习着带球、射门、扑救等技术。

阿旺朗杰是墨脱县足球队队长、教练，最早将足球运动带到了墨脱，肖志伟同他有过多次交流。20 多年前，阿旺朗杰在墨脱上小学时，县城连一家商店都没有，买不到足球，学校的教学设施也很落后，根本没有现在铺着橡胶跑道和草皮的足球场，他感叹现在的孩子们比他小时候幸福多了。他第一次接触足球，还是走出墨脱县到林芝地区所在地上中学那年。他考上西藏自治区体育学校后，在那里踢了 6 年。

2002 年，阿旺朗杰刚从体校毕业，便来到墨脱，当上一名专职体育老师，将足球带到了墨脱。那时候，墨脱县城里连一个像样的球场都没有，许多学生连足球是什么样子都没见过。为了让同学们认识足球，阿旺朗杰自己动手拿木料做龙门，将一片仅 100 多平方米的空地作为球场，教小学生踢足球。足球很快便成了小学生们最喜爱的运动。学校看到踢足球的孩子越来越多，将其组织起来，教育部门免费提供球衣、足球，建成了一支足球队。足球队每周集中训练三次，都在课余时间进行，并不耽误孩子们学习和休息。

林芝地区每年都会举办小学生足球联赛，墨脱县 2012 年之前，因道路通行不畅，这支足球队都没能走出墨脱的大山，与其他学校一较高下。2012 年墨脱队曾报名参加林芝地区的联赛，因赶上雨季，正在修建的墨脱公路上泥石流、塌方不断，考虑到学生们的安全，最终还是弃权了。

19 年过去，昔日的足球老师成了墨脱足球的“元老”。这些年，阿旺朗杰既当球员，又当教练，带着墨脱县足球队南征北战，在林芝市最负盛名的第九到第十四届“尼洋河杯”足球赛中，一共夺得 1 次冠军、2 次亚军、2 次季军。如今，墨脱县各中小学校开设了足球兴趣班，涌现出不少优秀的足球人才苗子，多次代表林芝到西藏自治区参加比赛。

足球在墨脱几乎就是全民运动，中小学男生大都喜欢踢足球。墨脱共有 18 支足球队，搞的足球比赛多，足球文化渗透到了他们的骨子里。2014 年时，全国有名的足球俱乐部——广东恒大足球学校首次到西藏招新生，录取了 6 名体育苗子，墨脱就占了 2 人。墨脱小学的旺前罗布、次仁高东被选送到恒大足球学校，旺前罗布如今已被选中，签约 15 年的合同。墨脱足球队成立的时间不长，但发展迅猛，成为西藏一支响当当的劲旅。可惜的是，墨脱县仍没有一个正规的 11 人制足球场，每次球队外出参赛，都要重新适应赛场。阿旺朗杰感叹，在墨脱的家门口，不知何时才有专业的足球场。

听完肖志伟的情况汇报后，叶敏坚特地找到时任县长魏长旗深入了解情况。魏县长说：“这块拟建足球场的地方，是墨脱县城周边群众逛林卡、射箭、唱歌、跳舞的地方。”叶敏坚接过话茬说：“工作组加大投入，在建好足球场的同时，搞好配套设施，诸如篮球场、羽毛球场，建体育馆，建起属于墨脱的体育运动基地。”

墨脱县过去盼路、盼电、盼网，如今这些目标都实现了。第七批援墨工作组在墨脱县城建了莲花圣地公园，第八批工作组做了城市亮化，这些提升了墨脱的城市形象。第九批工作组从何处着眼，才能提升墨脱县城的品质，这也是叶敏坚苦苦思索的问题。墨脱若有了国际标准的足球场，就可以承办西藏自治区大型体育赛事，带动体育、康养等相关产业链的发展。

工作组没有犹豫，多次前去拉贡山进行实地考察。他们从墨脱县城出发，很快便进入拉贡景区，这里有一处开放式公园。在门的左侧有条水泥路，可驱车直达拉贡山顶，山上有个观景亭。在观景亭的东侧，有一条水泥石阶路，可下至景区入口，形成一个大的闭环。沿右侧水泥路往上行，路右边全是绿油油的稻田，虫鸣蛙声叫个不停，一派南国气息。他们顺着公路行走大约 3 千米，便抵达了拉贡山顶。登上拉贡景区最高处的观景阁楼，雅鲁藏布江延伸至远方，翻腾的云海让墨脱县城时隐时现。南眺，透过树林，目光所及可达更帮拉；西揽，山坡上的茶园层层叠叠，满眼苍翠，如梯田一般在云海间吐露芬芳。

工作组成员返回时已近黄昏，暮光犹存，云卷云舒。路沟里潺潺的流水，和着游人上坡时的节拍。周围黛色的山峰，或披着霞光，或挂着云雾，若隐若现，宛若仙境。工作组成员再次登上山顶的观景楼，登高望远，远处墨脱县城灯火阑珊，光影婆娑。雅鲁藏布江峡谷雾气蒸腾，仙气十足，如梦如幻。

足球这项体育运动有着无穷的魅力，每逢墨脱县举办中小学足球赛事，孩子们奔跑在绿色的赛场，那种年轻如朝阳般的气息便扑面而来。在青藏高原，能够在绿茵场敞开呼吸、肆意驰骋的地方更是少有，墨脱就是为数不多的足球狂欢地。工作组经过调研论证，决定建设一个包括专业足球场在内的公共体育运动基地，该基地还包括高标准的足球场、篮球场、羽毛球场、射箭场等，当地干部群众形象地称其为墨脱县体育公园。其中的墨脱足球场总投资额 4750 万元，是墨脱历史上首个大型专业球场，可谓是大手笔、大投入的援藏项目和民生工程。

若从空中俯瞰墨脱县城附近地形，就会明白在此找块平地修建足球场有多难。雅鲁藏布大峡谷贯穿而过，墨脱县城分布在峡谷两岸的狭小坡地上，宛若“挂”在陡峭的山体上。由于东、北、西三面被青藏高原边缘的高大山脉阻隔，泥石流、滑坡、地震等地质灾害频发。在这样一个曾经非常闭塞的地方修建国际标准化的专业足球场，其难度可想而知。

工作组成员、墨脱县住建局副局长林荫辉介绍，拟建足球场的措度湾处在地震断裂带边缘，处理主看台及群众看台的地基是确保工程质量的关键，工程项目组颇费心思。工作组请专业团队按照国家抗震等级九度设防要求进行设计。在做土方工程时，按照正常填土，需要 2 至 3 年的自然固结。为解决这个技术难题，施工过程中每填一层土，就用压路机反复碾压，并经检测达到设计要求的密实度。足球场上面有个 80 米的看台，对其基础进行大面积的沙石换填，提高了地基承载力，确保其均匀沉降，日后不发生结构开裂等问题。

措度湾地块总计近 200 亩，属于水电等市政基础设施配套不完善的“生地”，在思考项目总体规划时，工作组花费了很多心思。一是思考援墨项目与国家项目如何有机结合，产生 1+1 大于 2 的效果。经调研，县财政基金项目追加近 400 万元，对原有的简陋足球场地面进行了提升，铺设了国际标准人造草皮，整个档次就上来了。二是思考足球场乃至措度湾地块日后维护营运的问题。工作组在规划该土地时，在最佳位置预留了近 50 亩商住用地，一方面可以通过土地招拍，增加县财政收入；另一方面也可以通过招商引资，整体营运足球场项目，解决足球场日后维护问题。

墨脱公共足球场（赵东供图）

墨脱体育运动基地一期工程包括公共足球场及配套设施，建设中的一些特殊困难令设计和施工团队始料未及。足球场的四个角都安有照明灯杆，保证夜间照明，之前设计为 30 米，却忽视了一个重要问题，因墨脱盘山公路的转弯角度过大，球场照明灯杆即便拆分成三段，放在卡车上仍无法转弯，只能将灯杆长度改为 25 米，再将其截成 3 段，每段 8 米多，运到足球场后还需要重新烧电焊。这类工作墨脱县没有工人做过，得从内地找师傅进来施工。

扎墨公路桥梁有限载，一些钢结构构件只能拆成更小的部分运输。当拉着钢构件的车辆经过几座钢架便桥时，工作组成员只好将桥的两边封了，让车慢慢通行，再左右调整。有次车开到便桥中间，竟然下沉了半米，若便桥垮塌掉进河里，后果不堪设想。西藏施工有特殊规定，每年 11 月至来年 3 月，通往墨脱的道路会出现厚厚的冰雪，建材物资运不进来。每年 3 月，墨脱下桃花雨，6 月以后下暴雨，每次持续四五天。公路因雨季地质灾害前后封闭一个多月，材料同样运不进来。面对施工中遇到的困难，工作组成员没当甩手掌柜，将安全管理丢给监理，而是对每个环节都非常严格，目前没出现任何安全事故。

墨脱国际标准足球场的建设，均参照专业足球场施工。墨脱年降雨量超 2000 毫米，场地排水很重要，若比赛时下起雨来，就会出现水球现象。为解决这个技术问题，林荫辉向内地相关专家请教，在施工过程中，在 20 厘米碎石排水层的基础上再增加 20 厘米三七灰土透水层。用最小的工程预算，达到最佳的排水效果。墨脱地震频繁，若一旦发生大地震，可在上面搭建救灾帐篷，这里也可成为墨脱县城及附近村民户外应急的避险所。

墨脱门巴族、珞巴族青少年从小爬山和背东西，身体素质非常好，脚的灵活性强，善于在球场上奔跑跳跃。他们天生好动，爱玩足球，当脚下有了足球，整个身体都会灵动起来。但若不经过正规的足球培训，则会在技能上有所欠缺，难以成为专业的足球健将。2019 年 11 月 3 日，叶敏坚带领工作组成员王文会、肖志伟前往目前世界规模最大、硬件设施一流的新型足球学校——恒大足球学校，与该校校长兼恒大体育赛事有限公司董事长王亚军商议相关合作事宜，双方达成如下协议：恒大足球学校拟在墨脱新建的公共体育设施挂牌设立青训基地，不定期派教练和管理人员到墨脱培训当地足球人才，提升墨脱县中小学的足球水平。

2020 年 9 月 2 日，西藏自治区体育局副局长赖万鹏到墨脱县调研体育文化事业发展情况，对墨脱县公共体育运动基地项目大加赞赏，认为该项目结合地方体育文化特色，拉动了墨脱城市的提质扩容，布局长远，落子精准。

赖万鹏一行来到建设现场考察，只见大型钩机与运输车辆来回施工作业。赖万鹏当即表示，墨脱县城平均海拔 1100 米，是开展体育运动的理想地方。该项目建成后，西藏自治区体育局可以把相应的专业训练活动和产业项目向墨脱倾斜，并以墨脱县公共体育运动基地项目为纽带，以足球等体育竞技运动为抓手，吸引各地体育竞技人才到墨脱交流。

2021 年 2 月，墨脱县政府和工作组克服重重困难，初步建成足球场，并在“雅江杯”开赛前投入使用。16 岁的门巴族少年旺前罗布是墨脱最为耀眼的“球星”，他 2014 年进入恒大足球学校，今年回家时发现第十三届足球比赛换了新场地。许多乡亲们坐着汽车前来县里为球队加油，这也是旺前罗布之前不敢想象的“新年礼物”。魏长旗说：“未来，墨脱公共体育场馆区域将是县城一处新的城市活动中心，甚至可以将林芝市乃至自治区级的比赛引入墨脱，打造藏东南的体育产业和高原康养中心。”

墨脱公共体育运动基地是墨脱县城西拓发展的重要节点，为解决墨脱公共体育运动基地交通瓶颈问题，工作组和相关部门论证后决定投入 600 多万元兴建墨脱小康村项目，拓宽原来的旧栈道，将其改造成为一个小公园，同时建设“三香一链”农旅融合观景平台，对游客进行分流。这两个项目建成后，遥相呼应，工作组再将门珞巴文化跟佛山元素相结合，做成宣传壁画，拉贡景区的整体效果就出来了。肖志伟说，墨脱公共体育运动基地建成后，自东向西形成“县城莲花公园—拉贡景区—体育基地—果果塘观景平台”连线风景带，墨脱旅游产业从此由点连成了线。站在拉贡塔上，向北可以俯瞰整个墨脱县城和连片稻田、茶田风光，向南侧可看到正在改造提升的果果塘大拐弯景区。不久的将来，墨脱的各支足球队随时能来到这个全新的专业足球场，酣畅淋漓地踢个够，当地村民也将零距离观看球类赛事。外面的游客看罢球赛，还可以在一片风吹稻浪之中品茗新茶，体验秘境墨脱的独特魅力。

该项目被列为工作组的“一号工程”，是一个事关墨脱的重点民生援藏项目，既要立足实际，又要着眼长远。公共体育运动基地计划分三期建设，第一期足球场配套项目已建成。第二期在“十四五”规划期间实施，援墨工作组再投入 1700 万元建设墨脱县墨脱村民族文化体体育设施提升改造项目，建一个集射箭、抱石头、拔河、唱歌、跳舞等休闲娱乐于一体的林卡场。并同期建设标准的室外羽毛球场、篮球场等体育配套设施，填补墨脱公共体育设施的空白。第九批佛山驻墨脱县工作组用心用情用功，从大局出发，将公共体育运动基地纳入墨脱县整体县城规划，在第三期实施墨脱县公共综合体育馆及相关配套设施建设项目。为解决项目资金缺口，工作组向佛山市委、市政府申请计划外资金 3000 万元，计划以“交支票”形式建设框架三层、建筑面积约 6800 平方米体育馆。公共体育运动基地从规划到动工建设立足佛山援藏“改善民生、发展产业”这个着力点，既契合墨脱现实需求，又着眼墨脱长远发展，建成后将助力县城建设扩容提质，改变墨脱县单一经济结构，培育新的第三产业增长点，全县干部群众对此项目引颈期待。

2021 年 5 月底，派墨公路全线贯通，可从林芝市出发，经米林县派镇进入墨脱县。从此，墨脱县城西拓后的这一条风景线，定将成为游客打卡的必经地，也将带动西藏自治区、林芝市体育赛事的发展。

2021 年 10 月 4 日，西藏自治区党委组织部副部长、第九批援藏干部人才全国总领队杨晓林在调研墨脱公共体育场时说：“2019 年我第一次来墨脱时到过这里，当时还是一大片山头，想不到你们工作组用短短两年时间真的把这个球场做出来了。”

适应医院发展创“二甲”

墨脱地处边境，地理环境独特，沿线道路状况差，若将病人送到外面就医，死亡率高、致残率高。墨脱县经常路毁桥断，因此这里不断上演网络会诊、直升机救人、抬着担架送病人出山等故事。多年前，有名外来务工人员，施工时头部被山上的石头砸伤，引起颅脑损伤，送往墨脱县人民医院时，病人已深度昏迷。当时医院既没有 CT 机，也没有做开颅手术的医生，按常规处理后立即送往林芝。可惜的是病人尚未到达波密就去世了。若墨脱县人民医院做 CT 找到出血部位，再行开颅手术，就有可能保住病人的生命。

还有一名施工人员不慎从二楼摔下来，造成脊柱骨折，1 个小时后送到墨脱县人民医院。当时既没有 CT 机，也没有手术治疗条件，医院进行简单处理后紧急送往林芝，然而沿途 10 多个小时的行车颠簸，对脊椎造成二次损害，林芝市人民医院无能为力，只好将其转送成都华西医院治疗，最终高位截瘫。工作组成员、佛山市中医院主任医师、墨脱县人民医院常务副院长王文会清楚，脊柱骨折动手术越早越好，病人康复起来容易。若墨脱县有 CT 机查出病因，有条件为患者手术，这位病人就不会高位截瘫。

工作组尚未进入墨脱县时，就拜访了各部门，虚心问教，一个个信息扑面而来：2020 年扎墨公路将完成路面的全部硬化，2021 年派墨公路将通车，雅鲁藏布江下游超级江河水电站蓄势待发，大批游客涌入墨脱，大量外来人员参与墨脱重大工程建设。墨脱县人口不足 1.5 万人，医疗承载能力本来就很有限，再过几年，面对 3 倍以上的医疗承载量，墨脱县人民医院能否经受住考验，成为工作组民生援助墨脱县需要考虑的头等大事。

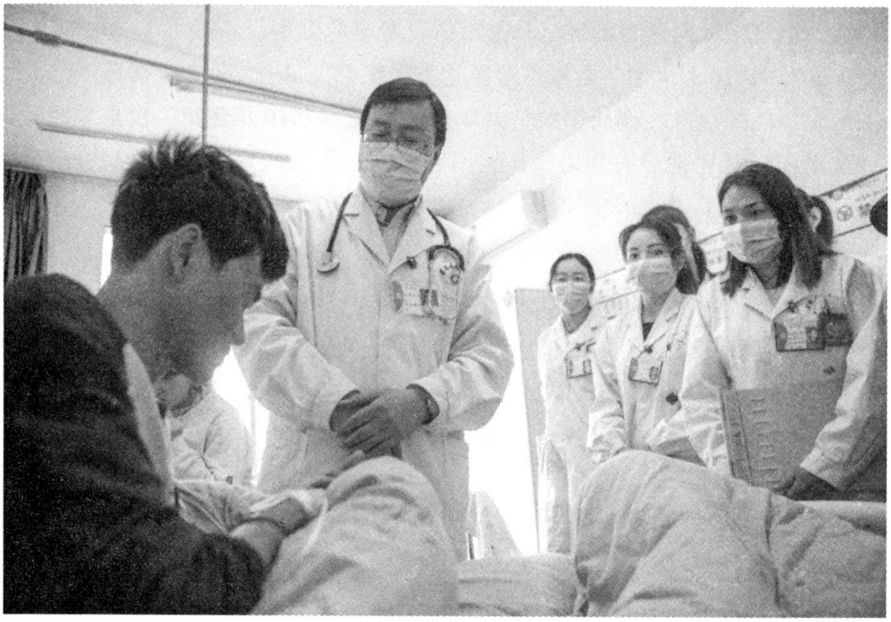

工作组成员、墨脱县人民医院常务副院长王文会（左二）带领本地医护人员次仁曲珍（右一）等在墨脱县人民医院住院部查房，了解临床案例并指导处置措施（工作组供图）

“没有全民健康，就没有全面小康。”墨脱县人民医院若能成功升级为二级甲等综合医院（简称“二甲”），就会减少很多悲剧的发生。叶敏坚同王文会一道，特地前去拜访林芝市卫建委，卫健委坦言，墨脱医疗基础差，三年内创“二甲”，其难度实在太大。

进入墨脱县的第二天，工作组成员尚未洗去身上的征尘，便踏上七乡一镇的调研行程。通过走访村民和乡村卫生所，叶敏坚最初的判断得到证实：群众缺医少药成为当地最大的民生痛点。墨脱县人民医院要适应未来重大工程建设和游客大量涌入大峡谷的现实需要，更需要超前的建设眼光。不到1个月，叶敏坚便同墨脱县委、县政府和县人民医院领导谈起了创“二甲”的事情。

这是一项开创性的工作，林芝市六县一区的县级人民医院里有些远比墨脱县人民医院条件好，尚且未先行先试，工作组却在墨脱率先将创“二甲”纳入重要工作。2019年10月17日，工作组召开了墨脱县人民医院创“二甲”启动大会，叶敏坚讲述了进藏3个多月来到县医院、乡镇卫生院、村卫生所的调研经历，以及县人民医院创“二甲”的重要性和紧迫性，明确提出了援助县人民医院创“二甲”，背崩乡卫生院异地新建，以此努力破解墨脱县的医疗难题，并将此作为民生援藏的重要项目，列出了创建“二甲”所需条件清单，进行挂图式作战。没过多久，工作组首个民生工程项目—墨脱县背崩乡卫生院建设项目正式开工。

在叶敏坚看来，墨脱县医疗援藏的核心，要从“输血”变为“造血”，更要注重“防失血”。只有充分发挥佛山市组团式援藏医生的言传身教，才能打造一支“永久牌”医疗技术人才队伍，从根本上改变县医院医疗人才短缺问题。墨脱县人民医院创“二甲”动员会不久，工作组同佛山市卫生健康局沟通，正式拉开了佛山市卫生系统“组团式”援助墨脱县人民医院创建“二甲”的帮扶工作。

2019年10月，佛山市中医院副主任医师陈景利来到墨脱县人民医院，连续举办了两期美国心脏协会（AHA）基础生命支持（BLS）培训班，6名医护人员成为林芝市县区医院中首批成功获得国际认证的急救资格证的人员；佛山市中医院派出医疗专家帮助县人民医院标准化急诊科，开展全天候24小时急诊服务，完成了林芝市县区医院首例腹腔镜下胆囊切除术，至今已开展17例。同时，该医院还开展了胃床旁超声应用、血气分析等8个新项目。

2020年1月，林芝市人民政府将墨脱县人民医院创“二甲”列入该年度“十大民生实事”。经过工作组牵头，“组团式全覆盖”对口支援墨脱县人民医院创“二甲”活动全面拉开。4月，佛山市中医院派出3名医疗、护理、院感专家组成的第一批援墨团队，积极开展创“二甲”工作。5月9日至14日，佛山市卫健局组织佛山市9名“三甲”医院的评审专家奔赴墨脱，开展专项帮扶，把脉创“二甲”短板，以评促建，开出“诊断”和“处方”，随后分成6个小组，深入医院各个科室进行临床现场调研指导，对照《2017年西藏医院评审标准实施细则（试行版）》，从医院功能与任务、医院服务、患者安全、医疗质量安全管理与持续改进、护理管理与质量持续改进、医院管理等6个方面对墨脱县人民医院创“二甲”工作进行了系统全面的“体检”。6月29日，来自佛山卫生系统三甲医院的10名组团式医疗援藏柔性专家人才，帮助县人民医院新建了疼痛科、中医科及康复理疗科，重整ICU、新生儿科、病案室、微生物实验室，重点发展胃肠镜检查中心，填补了墨脱县医疗卫生系统各领域的空白，助推了“二甲”的创建工作。同年7月，墨脱县人民医院率先通过了林芝市创“二甲”初评。但由于西藏卫健委新的等级医院评审细则正在修订中，全区均未进行终评，故“创二甲”还在路上。

10年前，医院投资30多万元，建起了网络化办公的信息化系统，因缺乏维护，病人到县医院后，依旧排队看病，病历模版陈旧。医院每个月仍靠手工统计处方和处理财务账目。若医院创“二甲”，就需告别传统的手工模式，建立起适应当前医疗要求的现代信息化系统。内地“三甲”医院每年承载数百万人口就医，仅建立一套信息化系统工程就耗资上千万元，墨脱县承载人口数量远比内地大医院少，援藏医疗资金有限，其配置量按十万人设计够用就行。

2020年6月，工作组结合墨脱县人口和就医数量，投入资金近400万元采购了一套医院信息化系统。墨脱县的本地网络公司能力有限，工作组特地从佛山市妇幼保健院请来信息化专家上门指导。信息化系统很能体现医院的先进性、系统性等，也是创“二甲”非常重要的一环，哪个环节出差错，都事关医院创“二甲”的成败。为创“二甲”，医院没有节假日，加班加点做信息化系统，按常规需半年以上才能完成这套系统的运转，他们仅用3个多月就完成了。

2020年11月15日，墨脱县人民医院信息化系统所有系统模块均已完成安装并上线正式运行，成为林芝市所有县区中首个上线的一体化医院信息系统，包含HIS系统、LIS系统、PACS系统、病案管理系统、自动化办公、一卡通、自助挂号交费一体机、中心机房等，也是所有县区医院中最早实现微信预约挂号的系统，实现了从挂号、门诊、住院、检查检验到库房、后勤、统计、财务、出入库等所有诊疗、管理活动的一体化系统性连接。凭借此系统，患者可以通过一张诊疗卡，实现就诊“一卡通”，也可通过绑定医院微信公众号实现在线挂号、缴费，避免了排队之苦，大大提升了患者就医体验和满意度。西藏医疗战线的专家前来墨脱县人民医院检查工作时，感到异常惊讶，在偏远的墨脱县，居然有了内地医院才有的一体机，无论是硬件，还是软件，均走在了西藏各县区医院的前列。

工作组组织援藏医疗队下乡义诊（工作组供图）

墨脱县冬季大雪封山，夏秋雨季桥毁路断，外出就医十分困难，经常出现外伤、危重患者因检查诊断不明确而贻误救治的情况，完善配备 CT、移动 DR 等检查设备，显得尤其重要。工作组刚来时，医院仅有一台老旧的 X 光机，用于骨折和外伤拍片，若遇上脑部出血，腹腔等疾病，拍片看不清，诊断不出病情。王文会清楚地记得，有个门巴族阿婆突然晕倒在地，是脑梗死，还是脑出血，医生难以下结论。若脑梗死就需要溶栓、抗血小板、扩张血管、增加脑供血，脑出血则需要止血，甚至开颅手术。可因没有 CT 拍片，诊断不出准确的病因，医生们只能摇头叹息，建议送往林芝市治疗。当他将购买 CT 的想法向叶敏坚提出时，叶敏坚当即表态说：“援藏资金有限，钱要花在刀刃上，有了 CT 设备，就能挽救很多脑外伤和危重病人的生命，花再多的钱也得买。”

在林芝市六县一区中，墨脱县较为偏远，提起 CT 设备的运输、安装和调试，也是一波三折。2020 年 9 月，援藏资金投入 400 多万元，采购了上海的飞利浦 16 排 32 层 AccessplusCT，首先运到成都，再走川藏线运到墨脱，按常规需 3 天。当时正值雨季，嘎隆拉隧道两端已积雪，沿途泥石流、塌方不断。当 CT 机运到县人民医院，王文会前去接 CT 机时，驾驶员的第一句竟是“墨脱公路太恐怖了，这辈子再也不进墨脱了”。

CT 机进入机房后，还需厂家派人安装调试，由于国内疫情稍稍平稳，购买 CT 机的用户多，厂家忙不过来。墨脱路途险远，进出墨脱一趟耗时太多，厂家在派人上一推再推。若再这样下去，大雪封山后，就只有等到来年才能安装调试了。援藏医疗队负责人一次次打电话催促，最终感动了厂家。9 月 28 日，CT 设备试运行，12 月 3 日验收合格。该机器的安装使用，结束了墨脱县没有 CT 诊断设备病人的历史，这也是林芝市所有县区医院中第二台 CT 设备。

墨脱县人民医院之前没有 CT 室，更没有操作此类设备的医生，医院每做一张 CT 片，需通过网络和视频发给佛山市第一人民医院的相关专家，再写出检验报告单，才能诊断患者的病情。一个月后，陆军第 956 医院 CT 专家进入墨脱，手把手教本地医生拍片和写报告单，这才结束了远程影像诊断的情况。12 月 14 日，经过墨脱县人民医院的 CT 检查，被诊断为右髋关节骨融合的加热萨乡患者次仁德吉，通过远程视频方式，得到了佛山市中医院骨科专家们的诊治。

为了进一步提高县医院的 CT 诊断水平，工作组还联系佛山市第一人民医院放射科，让派县人民医院放射科扎西平措医生前去进修 3 个月。2021 年 3 月，扎西平措已完全接手，负责 CT 设备的操作和诊断。CT 设备的运用，明显提升了疑难重症、外伤、脑血管意外等患者的诊断水平，降低了因诊断不明而转院途中的风险。

2021 年 4 月 27 日清晨，王文会拨通了 3 名援藏医生的电话，用急促的声音说：“医院刚接诊一位危重病人，请迅速赶到急诊室。”援藏医疗队 3 名成员接到电话通知后，立刻赶往医院急诊科，这 3 名成员是佛山市中医院第六批援墨专家，于 2021 年 4 月 12 日加入援藏大家庭。劳美玲是内分泌科主治中医师，何芬是康复医学科主治中医师，黄中梁是针灸科主治中医师。这天凌晨，76 岁的仁增老人在家中卫生间突然晕倒不省人事，被家属送到医院时已陷入深度昏迷状态，大小便失禁。医生为患者打开通静脉通道，输氧，上心电监护仪。劳美铃到场后，看到患者双侧瞳孔不等大，右侧瞳孔散大，对光反射消失，全身瘫软，双侧病理征未引出，于是快速做出判断：急性脑血管意外，立刻进行头颅 CT 检查，结果显示：右侧颞顶侧硬膜下大面积出血。随着出血增多，患者颅内压增高，危及生命。黄中梁密切监测患者生命体征变化，静滴甘露醇减低颅内压。何芬以敏锐的专科意识想到手术减压延续患者生命。墨脱县人民医院尚未开设颅脑专科，更谈不上做颅脑手术，何芬医生第一时间网络连线佛山市中医院颅脑外科主任贾若飞进行远程会诊。

患者高龄，颅内出血量大，又合并高血压、2 型糖尿病等病史，病情异常凶险，生命随着时间的推移在流逝。通过连线，贾若飞主任阅片后要求即刻给病人做颅脑手术，解除血肿对大脑的压迫。在3000多千米外的佛山市中医院，贾主任利用互联网远程指导，全程监控手术操作。无影灯下，医院院长邓声敏和外科医生次仁顿珠为患者实行“颅内血肿置管引流术”：定位，消毒，利用颅骨钻在患者颅骨上开孔，清理表面血块，置入引流管，接上引流袋等，每一步操作都精准细致。历时30分钟，手术顺利完成，术程中引流出约20毫升的暗红色血液。患者生命体征趋于稳定，出现了对痛觉刺激的反应，在场医务人员都露出了欣慰的笑容。患者随后被安全送到林芝市人民医院救治，复查的CT结果显示血肿减小，说明墨脱县人民医院开创性地成功完成了首例颅骨钻孔引流手术，为挽救患者生命赢得了宝贵时间，同时也填补了墨脱县在该领域的技术空白。

墨脱县人民医院创“二甲”以来，工作组共投入1100多万元，用于改善医院的软硬件水平，提升了诊断水平。为了更好地进行远程会诊和培训，工作组还将投入几十万元升级远程会诊平台，成立墨脱县人民医院的会诊和培训中心，为患者提供更为准确、优质的医疗服务。

进藏2年多来，佛山市卫生系统先后派出医疗专家共29人次帮扶墨脱县人民医院，按照“补硬件、设机制、建学科、提技术”的思路，对医院进行了法律法规、医院管理、院感管理、急救技能等院级培训共计34场，培训1200多人次，完成60余人次的教学查房，带教30余名医护人员，完成危重病人抢救24例，主持疑难病例讨论28例，专题讲座64次，通过专业讲座、带教、远程会诊、新技术新项目开展等方式为墨脱培养出一支带不走的医疗队伍。

次仁曲珍是墨脱县人民医院的儿科医生，从小立志从医，源自她心底的一个遗憾。“家里本有兄弟姐妹8人，5人夭折，在我刚出生一个月后，我父亲就突然去世了。”过去，墨脱县医疗水平和交通状况落后，次仁曲珍常眼睁睁看着乡亲们被一些普通病症夺去生命，初生婴儿的存活率也较低。她高中毕业后，如愿考上西藏大学临床专业，2012年时成为一名医生。但那时，墨脱的医疗水平依旧相对落后，比如遇到新生儿窒息等病例，医生往往无能为力。

2017年，次仁曲珍等一批墨脱当地医护人员到佛山南海区人民医院参加为期半年的儿科和新生儿科等培训。“我学成归来后，到现在成功抢救了至少3起新生儿窒息病例，这是我特别开心的事情。”墨脱县人民医院创“二甲”后，工作组投入巨资改善医院的软硬件水平，先后派遣6批柔性医疗援藏人才赴墨脱指导医院完善科室建设、培训医护人员，次仁曲珍更是满怀信心地说：“驻点帮扶医院的十几名佛山医生是身边最好的老师，我们以后可以为墨脱百姓提供更优质的医疗服务了。”

背崩乡位于墨脱县南部，距离县城28千米，是墨脱县行政村和人口最多的乡。原有的背崩乡卫生院房屋危旧、环境嘈杂，就诊条件差，难以满足日常医疗工作需要。工作组投入援藏资金295万元，联合国家专项资金260万元，异地新建起900多平方米的乡卫生院，并协调佛山优质医院与其结对，提升软硬件水平。

工作组带领援藏医疗专家团队，先后4次克服沿途多处落石、塌方、泥石流的困难深入背崩乡西让村、地东村两个偏远山村，以及墨脱非常偏远的加热萨乡义诊，送医送药、交流调研。西让村的白卓玛老人是叶敏坚的“结亲”对象。工作组得知她身患者眼疾，右眼失明，安排王文会送她到林芝市人民医院免费就医，并多次上门慰问，还送去由佛山快递过来的眼药，让老人重新见到了光明，新华社、《人民日报》《西藏日报》《佛山日报》等各大媒体都予以关注和点赞。西藏卫视拍摄的反映墨脱医疗卫生发展的纪录片《墨脱缘——生命通途》多次在央视网、西藏卫视播出，片中背崩乡卫生院院长扎西次仁含着热泪，感谢佛山工作组和援藏专家为墨脱基层医疗卫生事业发展做出的贡献。

2021年10月4日，杨晓林到墨脱县人民医院时了解到，由佛山援助新建的中医科、康复科、疼痛科等科室运作良好，非常高兴，认为将佛山传统中医治疗技术引入墨脱，不仅提高了墨脱当地医疗水平，更加促进了民族交流与融合。

工作组上门为白卓玛复诊，老人女儿送他们时流下了感激的泪水（张弘弢摄）

茶旅融合构筑特色游

北纬30度，世界上最神秘的一条线，穿越四大文明古国：埃及、巴比伦、印度、中国。在这条线的附近，有着神秘的百慕大三角、著名的埃及金字塔、传说中沉没的大西洲、世界最高峰珠穆朗玛峰……可这条线上的茶叶也均为知名的好茶，叶肉饱满，营养丰富，香气持久，我国西湖龙井、君山银针、蒙顶甘露等十大传统名茶，还有世界著名的阿萨姆红茶，均产生在这一纬度。

鲜为人知的是，墨脱茶也位于北纬30度线上，墨脱纯净湿润的空气催生世界上独有的高山有机茶。在短短的5年里，墨脱县建起了西藏最大的高山有机茶基地，种植面积2.59万亩。墨脱红茶、墨脱绿茶连续两届斩获四川国际茶叶博览会金奖。

抵达墨脱县的第三天，工作组来到拉贡山和巴米典等地。环视四周，可饱览整个墨脱县城及墨脱村、亚东村、巴日村、文朗村、德兴村等特色门巴族村寨，雅鲁藏布大峡谷、果果塘雅江大拐弯、亚东瀑布等峡谷风光，西漠河大桥、鲁古吊桥、德兴藤网桥等9座壮观桥梁，拉贡茶场、上崩多茶场、文朗茶场、荷扎茶场等8个仙境茶园，德兴芭蕉扇梯田、墨脱梯田、巴米典梯田等6片神奇田园，更有雅江晨雾奇观，……

墨脱的气候条件适合茶叶生长，从2012年开始，当地干部群众和广东援藏干部共同努力，克服了种植技术、销售渠道等诸多困难，发展茶叶产业。截至目前，已建成高标准高山有机茶园90个。站在拉贡山远眺，山腰星星点点有人穿行，那是墨脱的茶农。从不种茶叶到以茶叶为生，墨脱群众走出了一条从无到有的高山有机茶园路，如今建成了青藏高原最大的有机茶产业基地，走出了茶产业的致富路。

2019年7月，第九批援墨工作组来时仅有茶园8000多亩，经过墨脱县干部群众的艰辛努力，茶叶种植面积呈现暴发式增长，现有茶园25 900余亩，是他们刚来时的3倍。墨脱茶叶种植的面积，远超工作组的预期。墨脱茶园可采摘面积也急剧增加，2019年采摘茶青近6.5万千克，2020年翻一倍，近

12.5 万千克，增加农牧民收入达到 800 余万元。2021 年的采摘面积达到了 8000 多亩，茶青产量将再创新高。

工作组成员走进一个个高山茶园，一个个疑问也在心中产生：墨脱县何以成为茶叶生长地？何以成为高山有机茶产业基地？它与墨脱县独特的自然环境有何关系？这里是否有古茶树？叶敏坚查阅雅鲁藏布大峡谷的科考资料，从中国科学院西双版纳热带植物园专家的科普著作中得知，墨脱县地理高山环绕，雅鲁藏布江水汽通道给这里带来了丰沛的降雨量，墨脱县海拔 1000 多米，喜马拉雅山东侧为亚热带湿润气候，年均温 16 °C、年极端最低气温 2 °C，山谷里云雾缭绕。墨脱县与目前世界上茶叶的最佳产地印度阿萨姆及大吉岭接壤，自然条件近乎相同。特殊的区位优势和自然环境造就了墨脱极优的种茶条件，这个只有上万人的边陲县，是中国最适宜种茶的未被开垦的处女地。

工作组下乡考察时，无意间听到这样一个传说：曾有一批来自四川甘孜、阿坝一带的藏族群众为寻找莲花圣地来到墨脱。这里没有酥油茶喝，藏族群众感到很不习惯，也不喜欢墨脱的生活，常头痛头晕。后来，这里来了一位高人，施行法术，有只鸟飞过来，嘴里叼片树叶，高人便对大家说，你们到森林里去寻找这种树叶，就可以用它来做酥油茶了。

对此，工作组没当传说听，坚信墨脱生长着古茶树，就隐藏在墨脱县村落的房前屋后。说来也巧，有易贡白村村民前来讲，在他们后山有棵树，树叶竟然长得像他们种的茶叶，他们也不敢断定那是不是茶叶。

2020 年 3 月，工作组从墨脱县城出发，开始了寻找易贡白古茶树之旅，翻过一道道山梁，穿越一个个峡谷，终于来到易贡白村的高山上，见到了村民口中的这棵树，这果然是一棵古茶树，高近 10 米，树幅超过 16 米。

墨脱的天，就像娃娃的脸，说变就变，刚去时万里晴空，当晚就狂风大作，下起了罕见暴雨。墨脱阴雨连绵，一下就是十天半月，援藏工作千头万绪，若等到天晴再走，就会影响整个援藏工作。叶敏坚想到这里，一夜难眠。

第二天吃过早饭，雨变小了。叶敏坚做出了返回的决定。沿途多处遭遇塌方、泥石流的冲击，路毁严重，有的护栏被山上掉下来的大石砸坏。行进了一段距离，一块大石头横在了路中央，上面不时有小石头往下掉，驾驶员王强只好用车套上钢丝绳去拉，好不容易才将这块石头弄走。再继续向前行了一段距离，前面出现了一块更大的石头，比小方桌还大。王强用钢丝绳套住石头，挂上四驱石头仍纹丝不动。就在他们决定往回撤时，来的路又被新的塌方所堵，进退不得。叶敏坚只好拨通了易贡白村村主任平措的电话，对方派推土机过来将大石头推走，他们才得以继续往前赶。当时大家没有吃午饭，但将车上的苹果、饼干都给了推土机师傅。

沿途路面被石头砸断，他们只好请来当地筑路机械清理路障。随后工作组饿着肚子继续往前赶，又遇一处泥石流塌方路段，一块巨石横在了公路上，小石头还不时从山上掉下来。雨依旧下着，雨水混着泥水掏空路基，下面是近千米的悬崖，稍有不慎，车辆就会掉进滔滔的雅鲁藏布江，情况异常凶险。幸好王强小心驾驶，才避免了车掉下悬崖的危险。王强深有感触地说："我清楚地记得，那天是 3 月 28 日，当 3 台车经过时，才发现暴雨掏空路基，小半边路悬空，车若掉下去，后果不堪想象。我在墨脱工作 10 多年，现想起来也是脊背发凉。"

叶敏坚事后回忆说："墨脱路况在西藏最差，雨季塌方、泥石流不断，冬季雪崩频繁，所以全国援藏总领队、省援藏领队和市领导等各级领导见面指导工作时总是提醒在墨脱一定要注意出行安全，当时 8 名工作组队员都去了，3 年援藏期满，必须将他们安全带回广东，我深感肩上的责任重大。"

2020 年 6 月初，华南农业大学专家组进入墨脱，专家组通过与国内已鉴定的古茶树进行树幅、树高、一级分枝直径的对比，确立墨脱"茶树王"树龄超过 800 年，从而将墨脱乃至西藏茶叶的历史往前推了近千年。茶叶专家考察后，认定墨脱是种植高山有机茶、云雾茶最顶尖的地方。此外，工作组成员下乡时，在文朗村、德果村也发现了数棵树龄近千年的老茶树。德果村曾有棵古茶树，当地群众不知道给砍了，树桩的四周长出了新芽，茶叶专家经过现场考察后，认为古茶树的树龄也不小。

工作组还发现古茶树生长的地方均在村庄的旁边，若是野生古茶树，在丛林里应能找到，但至今也没发现。在墨脱珞巴人的传说中，就有由青藏高原北部南迁的历史，他们与南边珞巴族通婚，融入当地生活中。据历史记载，松赞干布（617—650 年）时期，连年征战不断，从川、滇、甘、青等地抓来不少战俘，将其押解到西藏。珞渝地区的墨脱县多瘴气，故成为流放战俘的地方。战俘多能工巧匠，少不了种茶能手。公元 8 世纪，莲花生大师应藏王赤松德赞迎请入藏弘法，曾到墨脱开创了莲花圣地，之后也有一些僧众从青藏高原腹地前来。墨脱与茶马古道相距咫尺，是否为他们种的茶树，目前尚未有定论。

墨脱古茶树的发现，说明这里适合茶叶的生长，故适合引进高品质茶叶栽种，使其成为青藏高原高品质云雾茶的重要产地。毕业于中国农业大学的墨脱县农业农村局局长袁瑜贵说："工作组不畏艰险，冒雨徒步深入边远山村摸查古茶树资源，并邀请华南农业大学茶叶专家现场调研古茶树，初步推断本地最古老的茶树树龄超过 800 年，把墨脱、林芝乃至西藏的茶树生长史向前推进了近千年，极大地丰富了西藏的茶文化历史。"

2019 年 12 月，工作组进藏半年之际，广东省援藏队刘光明领队深入墨脱县进行实地考察调研，充分肯定了工作组坚持茶旅融合、带动墨脱茶产业发展的思路。他特地要求工作组围绕茶旅融合思路，走差异化特色产业之路。要依托墨脱县得天独厚的自然条件，打响墨脱茶叶品牌。结合门珞民俗文化，认真策划观景品茶的茶旅融合线路，提升墨脱全域旅游的知名度、美誉度。

刘光明领队到墨脱考察现场询问茶叶发展情况（工作组供图）

如何保证茶旅融合落到实处，叶敏坚首先想到了进出墨脱的两条公路线，也是墨脱茶旅的大环线。以川藏线 318 国道线上的波密作为起点，翻越嘎隆拉山，便进入了墨脱县达木珞巴民族乡贡日村。这里居住着数十户珞巴族村民。这里将成为墨脱高山有机茶旅游的第一站，再在沿线达木村、德兴村、巴日村、墨脱村、亚东村、背崩村等地，建设一批茶旅融合的示范村。

工作组成员翁恩维来自广东省潮州市，毕业于华南农业大学茶学专业，曾有过 6 年从事茶叶种植的经验，挂任墨脱县农业农村局副局长。工作组进墨脱后，经过深入调研，将茶产业提质增量作为产业援藏的工作重点，成立了墨脱茶产业增产提质组团式援藏小组，翁恩维担任组长，制订了《墨脱县茶产业增产提质组团式援藏三年计划》。为此，工作组还启动了“广东茶园计划”，着力建设一批科技含量高的茶园，引种广东优良品种凤凰单丛茶，引进凤凰单丛茶加工企业，丰富墨脱茶叶品种和产品结构，逐步优化提升墨脱县当时已有的茶园管理水平和成茶品质。

翁恩维清楚地记得，工作组最初引进凤凰单丛没能成功，栽种的茶苗大都干枯了。他同农业农村局人员下去调研，发现从广东长距离运苗到墨脱，茶苗失水严重，成活率可想而知。墨脱引进福建、四川等地的茶品种，均能种植成功，凤凰单丛茶何以出问题？翁恩维一头扎进墨脱茶田做起了调研，对土壤性质、气候环境、降水量、温度、湿度等进行了深入考察，将这里海拔、经纬度跟广东凤凰山进行了比较。凤凰山的纬度近 28 度，而墨脱近 30 度，两地纬度相差不大。这里土壤呈酸性，酸度没有凤凰高。他随即撰写了《墨脱县引种凤凰单丛茶可行性报告》发给广东省农科院茶科所。所领导看到这份报告后，认为墨脱种植凤凰单丛茶是可行的，当即盖上茶科所的公章予以认证。凤凰单丛茶因此得以在墨脱县大面积推广。

工作组茶产业小组团发现，茶苗种植和管理不对，也是导致存活率低的另一个原因。20 世纪 90 年代，在试种凤凰单丛茶的村庄，村民没种过茶，由稻农突然变身为茶农，不知如何种植。村民往往用开山尖尖锄头挖坑种茶树，有的群众跑到大树前，砍下一根树枝削尖，再插进土里戳洞种茶。这种原始的种植方式、管理水平，不适宜茶苗成活和生长。加强管理，提高茶苗成活率，显得非常重要。工作组与管理方签订合同，茶苗存活率达不到 86%，由他们出资购买茶苗进行补种，管理方不敢懈怠，取得了意想不到的效果，茶苗成活率超九成。如何保证茶苗根壮产量高，翁恩维经过大量摸索，总结出在墨脱采取深挖放底肥、浅种茶苗不伤根的方法，茶苗成活后，很快长出新根，吸收深处的肥料，长得更快更壮。目前，工作组引种凤凰单丛茶近 2500 亩。成园后每亩每年可为当地群众增收 4000 元。

叶敏坚带领工作组成员考察古茶树生长时经过塌方、泥石流地段（张弘弢供图）

工作组敏锐地意识到，墨脱县上万亩高山有机茶园，就是一张亮丽的旅游名片，何不借助华南农业大学等多所大学力量，用科技去提升墨脱茶叶的品质和产量，助力墨脱茶叶的科普旅游？工作组乘势而上，以古茶树为契机，提出了茶旅融合的新思路，催生了墨脱特色的“茶香游”，引起了上级领导关注。

工作组针对墨脱茶产业发展的实际情况，实施了人才引进和培养工程、茶叶种植加工标准化示范工程、茶叶品牌建设工程、茶产业消费援藏工程和茶旅结合建设工程等五大工程。他们还加大招商引资，引进潮州市天下茶业有限公司公司和茶叶加工工艺，延长产业链，丰富产品结构，扩大茶叶市场。积极建设墨脱茶产业服务中心，职能包括茶园管理、茶叶加工技能培训，茶产品质量检测和茶产业研发三部分，助推全县茶产业发展。工作组还投入 1790 万元，建设配套的墨脱县茶产业服务中心，着力以提升、培养、引入等方式，提高墨脱县茶产业人才储备和研发水平，以此带动茶产业的增产提质。

2020 年 4 月 16 日，叶敏坚带着工作组成员来到达木珞巴民族乡达木村，脚踩崎岖泥泞的机耕道，穿过蚂蟥区，步行爬山半个多小时，进入广东茶园，调研茶产业发展情况，种下了工作组引进的凤凰单丛茶苗。他们还与当地群众一起，挥动铁锹挖茶苗坑，施基肥，回填土，种茶苗，培土，浇足定根水，一幅多民族劳动生产、融洽和谐的画卷呈现眼前。在和煦的春风中，新种植的凤凰单丛茶苗错落有致，茶芽嫩绿健壮。这片茶园次年即可采摘茶青。

东仁广东茶园地处扎墨公路线上，位于贡日村山谷地带，面积达 280 亩，地势平缓、土质肥沃，自然条件优越。2020 年 5 月 17 日，工作组成员来到达木乡贡日村东仁广东茶园，开展茶产业发展调研。亲手种植凤凰单丛茶，在共同劳动中了解当地群众在茶产业生产中遇到的问题。在蒙蒙春雨中，新种植的凤凰单丛茶苗整齐成行，茶芽嫩绿健壮。

2020 年 5 月，刘光明领队在林芝市茶产业发展工作领导小组 2020 年第一次会议暨茶产业小组团工作会议上，指出茶旅相融合的产业是促进林芝经济结构转型升级、保障群众持续增收、推进乡村振兴的重要载体。工作组专门召开工作会议，就如何继续把茶产业援藏作为佛山产业援藏的重点，针对技术、人才、资金、市场等方面的问题，实施人才引进和培养工程、品牌战略工程、消费援藏工程、茶旅结合工程等四大工程，进一步协助墨脱县政府破解政策和资金难题，加强招商引资，整合政府与社会资源，推动墨脱茶叶全产业链的高质量发展，提出了诸多应对之策。

工作组适应墨脱未来茶产业发展，投资 1790 万元建起了墨脱县茶产业服务中心，集科研、办公和配套设施于一体，远可培养茶硕士，近可培训农牧民。2020 年 6 月 2 日，经工作组牵线搭桥，华南农业大学与墨脱县结对，举行了合作签约仪式暨墨脱茶产业发展论坛。华南农业大学在墨脱县设立华南农业大学（墨脱）茶叶科研基地、研究生联合培养基地、园艺学院实践教学基地，广泛开展茶叶科研、技术培训和技术推广，为茶产业发展引进华农智慧，促进墨脱茶产业的高质量发展，助力群众收入的巩固提升。

华南农业大学还与墨脱县达成了战略合作，将派出茶学专业研究生常驻墨脱县茶产业服务中心，从事茶叶科研工作，并定期派出专家到墨脱县指导茶产业发展。华南农业大学还将通过举办茶叶种植技术培训班和现场传帮带等方式，全力培养墨脱本地茶产业技术人才，鼓励本校茶学专业优秀毕业生到墨脱县工作。华南农业大学园艺学院副院长、华南农业大学茶叶研究所副所长刘少群说："墨脱云雾多，无霜期长，昼夜温差大，环境无污染，种茶条件非常优越。"红茶专家、广东省茶叶收藏与鉴赏协会常务副会长、广东省农科院茶叶研究中心研究员陈栋也说："在广东茶叶科研力量的全力支持和援藏工作组及当地干部群众的努力下，在雅鲁藏布大峡谷国家级自然保护区的亚热带雨林间的墨脱，一定能种出全世界一流品质的好茶。"

墨脱群众对工作组“广东茶园”项目充满期待（工作组供图）

病虫害的防治，同样事关茶叶提质增产的大问题。2020年8月，工作组和县农业部门查看东仁广东茶园长势，看到了令人心酸的一幕，茶田杂草丛生，茶树叶子被虫害啃光，茶农望着茶树一脸无助。他们特地邀请华南农业大学茶叶病虫害专家舒灿伟教授来到墨脱县，对茶园病虫害的防治进行调研指导，从中发现了毒蛾、卷叶蛾、炭疽病等10多种病虫害。舒教授撰写了《墨脱县茶园病虫害防治方案》，提出了农业防治、物理防治、生物防治和有机农药防治等茶叶病虫害生态立体防治方案。工作组没有就此止步，牵头召集墨脱县茶产业援藏小组团、农业农村局、茶叶办和达木乡党委的主要领导和相关人员开专题会议，针对东仁佛山茶园存在的问题研究制定后续解决方案，将其打造为墨脱县茶园优化升级的示范茶园，为其他茶园提供了可以借鉴的病虫害防治经验和管理模式。

2020年11月10日，墨脱县茶叶高级职业技能人才培训班在华南农业大学园艺学院开班，15名来自墨脱县农业农村局、县茶叶办、各乡、镇以及县茶叶公司的相关管理和技术人员学员，在华南农业大学接受系统的理论学习及相关培训后，奔赴潮州凤凰镇考察当地单丛种植、制茶工艺，学习制茶实操。

此外，工作组还全力做好“茶产业小组团”援藏工作，通过智力引进、人才培养、茶园管理优化、茶叶品牌建设、茶叶消费援藏工程等系列措施，力争实现墨脱茶产业提质增量。墨脱县茶叶服务中心，功能包括茶园管理、茶叶加工技能培训，以及茶产品质量检测和茶产业研发等，助推全县茶产业发展，目前已经完成场室建设，正在采购相关设备。

在墨脱镇数千米外的拉贡茶场，群山包围着小城，云雾萦绕着群山，连片茶田早已长出新芽，在清晨的雨后分外鲜绿。15 岁的门巴族女孩桑杰玉珍背着小背篓，与家人一起在过腰高的茶田里仔细挑选刚长出的细芽。桑杰玉珍捏起一根刚采摘的叶芽给母亲细嗅，鼻尖满是淡淡的茶香。桑杰玉珍说：“这是我们家种茶的第八年，去年爸爸妈妈给我新买了平板电脑。”

桑杰顿珠是桑杰玉珍的母亲，2012 年开始，墨脱县大力推广茶叶种植，桑杰顿珠成为一名职业茶农。她指着面前这片茶田说：“这片茶田是我们今年新承包的，预计一年能赚 1 万多元；我们家还有一亩茶田在果果塘，每年也有 1 万多元收入。”桑杰顿珠预计，2020 年光靠采茶就能有接近 3 万元的收入。而在过去，一家人种水稻种玉米，早出晚归也只能勉强糊口。茶叶成了桑杰顿珠眼里的“金叶子”，给他们一家带来希望和信心。

2021 年 3 月 9 日，央视新闻客户端以视频方式报道了墨脱春茶开采的画面，在全县干部群众的努力下，茶产业已成为墨脱县边境小康村建设和实施乡村振兴的主抓手。工作组 2019 年进墨脱后，茶产业已成为墨脱群众收入巩固提升的主导性产业，现有茶园 2.59 万亩，增收 1157 万余元，受益农户实现人均增收 8000 元以上。

墨脱县地处雅鲁藏布大峡谷核心，全国最后通公路的县，在国内享有较高的知名度，这里没有污染，适合做高端品牌茶，高端红茶每斤卖到了 5000 元，喝起来口中生香。茶树成了群众致富的“摇钱树”，茶园则是游客眼中的“风景线”，工作组将茶旅融合列为产业援藏的重点，大力提升茶产业的历史文化内涵，打造独具区域辨识度的墨脱茶文化 IP。如今，墨脱茶有了网店，通过网络直播，消费者可以直观了解墨脱茶叶生产的全过程。不仅如此，茶叶营销还发生了巨大改变，从四川来的商人黄诗凯已经有了自己的淘宝店，通过网络独立营销墨脱茶。黄诗凯说：“随着墨脱茶声名日盛，墨脱圣茶的销路越来越好，今年高峰时每月有 60 万元的销售收入。”

“三香一链”助推富民梦

雅鲁藏布大峡谷是个异常丰富的绿色世界，也是植物“基因库”，各种植物资源不胜枚举。在40千米的直线距离中，浓缩了从北极到热带几乎整个北半球的植被景观。独特的地理环境，孕育了墨脱特有的农产品。墨脱茶旅融合“茶香游”的成功探索，让叶敏坚思考得最多的，莫过于如何利用墨脱县特色农产品，结合形势发展，打造农旅相融合的经济带，全方位提升墨脱在外界的美誉度，同时进一步巩固脱贫攻坚成果同乡村振兴的有效衔接。经过大量的实地调研和深入思考，他提出了打造雅江茶香、稻香、果香旅游经济带和雅江特色农业产品珍珠链“三香一链”农旅共融发展的产业援藏思路，探索农旅共融发展新路径，巩固拓展脱贫攻坚成果与乡村振兴有效衔接。

拉贡“三香一链”农旅融合观景平台（工作组供图）

“三香一链”以雅鲁藏布江为纽带，沿江各乡水稻梯田为节点，打造风光旖旎的高山梯田景观，形成雅江稻香旅游经济带。以茶园风景秀美景观为基础，以古茶树历史、民族文化与茶文化结合为内涵，以采茶体验、茶艺表演为载体，发展茶香旅游经济，形成雅江茶香旅游经济带。以墨脱四季如春、水果丰富的优势为基础，继续发展特色水果种植基地，推进亚热带水果现场采摘品尝体验的果香旅游经济，形成雅江果香旅游经济带。以发展一村一品、一村多品为抓手，发展蔬菜、菌类、药材种植和水产养殖等特色农业，串成沿雅鲁藏布江特色农产品珍珠链，助推本地特色农产品进入市场，促进农牧民增收。

“三香一链”的创新发展思路是如何提出？2020 年 4 月，工作组走进背崩乡背崩村。站在半山腰，一幅久违的田园风情画映入眼帘。背崩背靠青山，坐落在层层梯田之巅。青山之上悬挂着齐天的瀑布，在风雨中飘荡着；梯田里二牛抬杠耕田，农户正在插秧苗。背崩村对面的山腰上，依稀露出片片刀耕火种田；山脚下，咆哮着雅鲁藏布江。整个背崩周围，云雾迷漫，涛声隆隆，平添了几分神秘，几分梦幻，几分诗意。

背崩村是一个建在河谷台地的村庄，150 多户人家。“背崩”在藏语里意为“大米堆”，有人称是源于这里产大米。当晚，工作组住在背崩村格桑次仁家。他们早就听人讲，用石锅煮背崩出产的大米，味道特别好。石锅煮饭清香，炖肉鲜美，尤其是用石锅烹制鸡炖鲜蘑菇，更使人垂涎。很快，格桑次仁家用石锅煮大米，香气四溢，还没揭开锅盖，香味早就出来了。

工作组自然地畅叙起背崩大米的鲜味，格桑次仁听到这样的称赞，有一种特别的自豪感。他还说这种大米名叫“加巴热”，产量高、油性大、味道香、适应性强。他还讲了这种大米传入墨脱的传奇故事。

大约在三代人之前，有个名叫桑仁金的门巴族青年，有一次背着食盐到一个珞巴族村庄去卖，希望换回水獭皮。当他在一户人家住下来后，发现有一种叫作“加巴热”的大米有许多优点，心里想，如果自己家乡的人能吃上这种大米，那该多好！但那里的头人规定，严禁稻种外传，凡外来人离村时，均要严格搜身检查，如发现私带一粒稻谷立即处死。

怎样才能把谷种弄到手？桑仁金为此伤透了脑筋。桑仁金对家乡的炽热情感，将格地村的一个珞巴族姑娘感动了，他们商定了主意。当桑仁金被搜身检查完毕，离开格地村的时候，姑娘把一串稻谷夹在自己的腋窝下，朝桑仁金的方向走来，在靠近时，姑娘悄悄抬起胳膊，那串谷穗不偏不倚，掉到桑仁金的脚背上。他假装脚痒，弯腰挠挠，趁机抬起谷穗，赶快珍藏起来，并昼夜兼程，迅速把种子带回家乡。自此以后，经过数十年的栽培，现在这种优良稻谷已得到普遍种植，为墨脱门巴人造福。

墨脱加巴热是早期从下珞渝传入墨脱县的水稻品种，因印度语中大米发音为“加巴热”而得名。加巴热是禾本目禾本科稻属植物，单子叶，叶面多茸毛，叶片细长，米粒狭长，分蘖能力强，耐湿性、耐热性、耐强光性、耐贫瘠性好，较抗稻瘟病。墨脱加巴热和水稻一样，喜高温、多湿、短日照的气候，对土壤的要求不高。穗分化期至灌浆盛期是结实的关键期，对水分和矿质营养的需求比较旺盛。

墨脱加巴热碾去外壳后的糙米富含淀粉，并含有少量蛋白质和脂肪，含维生素 B_1、核黄素、铁和钙等营养物质，淀粉黏性较普通籼稻强，散发出一种特有的香味，是过去墨脱县百姓餐桌上的首选、日常生活中做米饭的佳品。墨脱加巴热在当地除了食用以外，还用于酿酒、制作米粉等；碾米的副产品——糠可作为牲畜饲料，稻壳可做燃料、抛光剂，亦可用于制作肥料；稻草在过去常被农户用于烧火做饭，还可用作饲料、牲畜垫草等。

工作组成员冼伟光进入墨脱后，即对古老稻种加巴热产生了浓厚兴趣。早在 18 世纪中叶，门巴族群众迁徙到墨脱县的近 300 年里，这里便有了加巴热的种植，但由于墨脱外来水稻品种的引进，加巴热种子变得混杂、退化，导致品质下降，产量降低，亩产仅 100 多千克，而且其种植过程相对其他谷种较为烦琐，尽管每千克卖到 100 元左右，但总体效益还是偏低。现在整个墨脱只剩背崩乡地东村和达木乡珠村的零散农户种植，若再这样下去，加巴热将面临绝种的可能，还有墨脱红米也面临一样的困境。为了保护墨脱特色稻种资源，发展墨脱特色稻种资源的多样性和多元化，墨脱县农业农村局启动“墨脱县本地水稻品种资源保护项目”，针对墨脱特色稻种资源关键性状，利用航天搭载、重离子辐射等高技术开展墨脱稻种资源创新与创制，创新一批适合墨脱生态及产业需求、综合性状优良的新种质及新品种。谈起加巴热能否与其他稻谷品种杂交，或将其送内地改良时，冼伟光说：“墨脱县政府面对加巴热和古老红米绝种的现实问题，拟新建种质资源保存冷库一座，通过纯化与保存，将加巴热与墨脱红米等优质本土种子冷藏保护起来，等到条件成熟后，再进行改良和小面积推广，满足市场的需求。”

墨脱县现有水稻田近 5000 多亩，大部分水稻由于种子退化，病害严重，造成产量越来越低，老百姓种植水稻的意愿逐渐减少，水稻面积也在逐年减弱。为保障墨脱县水稻产业的长期发展，促进和提升脱墨脱特色水稻产业，引进并筛选适合墨脱水稻产业的新品种迫在眉睫，工作组和县农业农村局组织墨脱县农村农业局农机推广站技术人员立马开展墨脱县水稻新品种引进试种试验项目，通过联系华南农业大学、四川成都仲衍种业股份有限公司及四川川种种业有限公司共搜集水稻品种 33 个，结合原有种植的 2 个品种在墨脱村建立一个 5 亩的水稻引种试验田，通过对照试验，筛选适合墨脱本土的新水稻品种并加以推广。

墨脱县受印度洋暖湿气流的影响，这里有青藏高原唯一的热带亚热带季风气候带，造就了墨脱在青藏高原的稻谷种植条件。墨脱的水稻种植主要集中在以下几个地方：德兴村 290 亩、文浪村 400 亩、荷扎村 193 亩、德果村 176 亩、背崩村 400 亩、地东村 336 亩、墨脱村 736 亩、亚东村 729 亩、巴日村 113 亩、米日村 138 亩、玛迪村 146 亩、达木村 151 亩、卡布村 190 亩、珠村 216 亩、西登村 167 亩。

墨脱稻田（工作组供图）

工作组看到，墨脱县梯田规模虽不大，却很有特色，可谓梯田中的小家碧玉，在地域上呈大分散小集中，分散在5个乡镇的15个村，每一处都集中连片。它们镶嵌在峡谷两旁崇山峻岭的坡地上，层层叠叠，错落有致，形状各异，煞是好看！最漂亮的梯田数德兴村集中连片的稻田290亩，形似芭蕉扇。在出墨脱县城离福利院约800米处，这里便是观赏德兴稻田的较佳位置。

在墨脱历史上，田少、人多、产量低，老鼠总是偷吃稻谷。工作组听到了当地群众治理鼠患的智慧。听一位上年纪老人讲，他们捉住雄鼠后，掏出其睾丸，植入两粒黄豆，然后将其“放生”。当雄鼠回到鼠群后，黄豆发胀导致阴囊剧烈疼痛，使得雄鼠脾气暴躁，异常勇猛，在鼠群里到处撕咬同伴，光是凄惨的叫声就足以震慑鼠群好多天，防鼠效果特别好。

9月，正是墨脱各乡村水稻成熟、收割的季节。在高山峡谷之间，在万绿包围之中，在峰回路转之时，突然冒出一片片错落有致、色泽金黄的梯田，让人眼前一亮。墨脱梯田犹如镶嵌在雅鲁藏布江两岸高山峡谷中的一串串、一颗颗黄金一样，分外夺目，加上当地特有的门珞风情，更显神秘而迷人。

当历史进入21世纪，有些群众挞谷用的工具依旧很原始，下面是一个椭圆形、圆形或者方形的大木桶，盛放打下来的稻谷。上面、左右和后方用竹篾编成的制品围挡，用来防止打稻谷时向外飞溅，但不会封顶，以便举起抽打时不会被阻挡。在桶内前方斜放一个梯子，打稻谷时就把稻穗往上抽打，让它脱落。在桶子前方左右各系一条绳子，两条绳子可分开，也可绑在一起，用来拖拉禾桶前进。挞谷既是体力活，也是技术活，打的时候高举头顶，然后抽打在禾梯上，抖一下再举起来双面抽打。

叶敏坚敏锐地意识到，雅鲁藏布江贯穿墨脱，沿江两岸成片的稻田，构成了墨脱县独特的稻香旅游经济带，沿着雅鲁藏布江干流及支流自北往南分布，以雅鲁藏布江为纽带，以沿江的达木乡、墨脱镇、德兴乡、背崩乡为节点，整合5000多亩稻田，打造风光旖旎的高山梯田景观带。工作组规划了墨脱村小康示范村建设项目，在拉贡栈道上设计了观景平台。

工作组对现有栈道进行拓宽并加建护栏，对拉贡塔进行亮化，提高景区形象。在拉贡景区入口处，工作组增加了广场和绿化，对现有破损的农家乐和观景台进行改造。观景台在拉贡山腰视野良好的位置，高出地面，并向外挑，使人身临其境。游客站在拉贡观景台，置身于拉贡山腰的茶田，可远眺雅鲁藏布江及德兴村近300亩水稻梯田景观，也可近观墨脱村800亩水稻梯田景观。叶敏坚介绍说：“拉贡观景平台和观光栈道的建造，在服务于当地居民的同时，也兼顾游客的观光游玩，成为墨脱县城市建设的新亮点，并进一步提高墨脱县的城市品位。”

工作组打造雅鲁藏布江两岸果香经济带，缘于墨脱香橼（柠檬）种子从太空归来。工作组进墨脱后，积极推进农业科技援藏工作，在墨脱开展特色农产品资源调查、品种引种试种、产业发展等项目。墨脱香橼又称墨脱大柠檬、枸橼、香水柠檬，是柑橘属植物，和柠檬、柚子的外观相似，有的重达2千克，可熬制糖浆、泡酒，也可入药，有理气降逆、宽胸化痰的功效。

工作组最初接触香橼是去村民家做客时，看到其色泽鲜艳，味道很香。当礼物送朋友，反馈回来的信息说里面竟然爬出虫来。原来香橼果很小时就被果蝇所叮咬，产卵在里面，慢慢长出了虫子，影响了美誉度。当地村民的香橼，每亩平均产2500千克，只能卖掉250多千克，八九成以上烂在了地里，柠檬里的果蝇重新繁殖，再叮咬香橼，形成恶性循环。如何将香橼销售出去，成为工作组的一项重要任务。他们加大了食品加工企业引进力度，拓宽了购销、加工合作力度，加快了研发香橼、蜜柚茶等特色农副产品，提高了香橼的知名度和美誉度。

墨脱太空香橼种植启动仪式（工作组供图）

2020年6月28日，西藏自治区首次系统性高原物种太空搭载返回林芝站交接仪式在广东省第九批援藏工作队举行，西藏华大基因科技有限公司、西藏自治区高原生物研究所向墨脱县工作组移交经太空搭载返回的墨脱香橼种子。西藏华大基因科技有限公司副总经理杨永涛说，作物种子进入太空，会在太空射线等因素影响下发生基因突变，可能会产生产量更高、抗病虫害能

墨脱香橼（工作组供图）

力更强、有效成分更丰富的突变株。希望通过科学选育和太空育种品牌效应，带动墨脱县高原物种的产业化发展，形成增产增收的特色产业。此次经太空搭载的高原物种墨脱香橼种子返回后，工作组将与西藏华大基因、自治区高原生物研究所、当地农业部门一同对其进行试种、观察和选育。

2020 年 9 月 18 日，通过工作组牵线搭桥，林芝嘎玛康桑实业有限公司与墨脱镇玛迪村村委会签订了墨脱香橼采购协议。按照协议，在墨脱大香橼成熟期，玛迪村每月向嘎玛康桑有限公司提供至少 5000 千克，按照每千克 4 元计算，每年将给村民创收 20 万元。企业收购村民的香橼后，研发加工成香橼蜜柚茶等特色农副产品投放到市场，既能大量减少果蝇虫卵随着香橼果实掉到地里，阻断了虫卵重新繁殖成果蝇，提高产品美誉度，也能提高其产品附加值，为农牧民创收，可谓一举多得。此举将大力促进本县特色香橼的市场销售，极大提升群众种植香橼的热情，促进墨脱县亚热带水果产业做大做强，更将使墨脱县优质农产品走向更广大的市场。

2021 年 4 月，工作组和佛山科学技术学院签订了一个框架合作协议，并在佛山建立一个墨脱香橼佛山科研基地，将墨脱香橼引种佛山市试种，开展适应性和病虫害防治研究，开展规范化栽培技术研究，提高墨脱香橼产量和品质并进行推广，并对香橼产品的开发与利用进行探讨。也可以组织墨脱村民前去佛山学习培训，掌握内地先进的管理经验。基地的建立将进一步丰富墨脱“三香一链”农旅融合发展路径的内涵，为墨脱香橼的推广、开发和利用奠定技术基础，为助推墨脱高原特色水果产业化、高质量发展注入新的活力。

如今，墨脱县在墨脱镇、德兴乡、背崩乡、达木乡、邦辛乡 5 个乡镇 18 个行政村建成了特色林果经济基地 30 个，占地面积达 2252 亩，种植枇杷、柑橘、香蕉、香橼、草莓等水果，同时引进脆柿、菠萝蜜、夏威夷果等新品种，2020 年各基地累计产出水果 252 吨，推动墨脱县优质农产品走向市场，实现经济收入 28 万元，带动 781 人增收。

墨脱初春，红蓝相间的门巴村落掩映在绿油油、黄澄澄的农田间，远处薄雾升腾，茶树吐新，宛如人间仙境。家住墨脱镇亚东村的门巴族姑娘央前拉姆，挽上竹编筐，到自家后院采摘草莓，大多数卖到了县城的农产品市场。

德兴乡德兴村 46 岁的珞巴族农民扎西结旦，在自家庭院翻晒地上的玉米，这些玉米将用来制作迎接客人的黄酒。在工作组的帮助下，扎西结旦在自家院子和山地种植枇杷、香蕉和墨脱香橼等水果，加入乡里的合作社编织门巴特色藤编，每年增收 1 万多元。

墨脱县属于亚热带气候，雨水充沛、气候温和、地理和气候条件优越，使得墨脱县境内植物物种丰富，种类繁多，这里生长有许多奇珍异果、奇花异草和特色农作物，当地群众依靠当地资源，打造出富有墨脱特色的农产品和手工艺品，特色农产品有黄酒、红米、辣椒、野花椒等，特色手工艺品有石锅、竹编、门巴木碗、乌木筷等，特色水果有香蕉、木瓜、蜜柚、柠檬等，特色花草有鸡血藤、七叶一枝花、石斛、玉叶金花、兰草等，深受游客们喜爱，在西藏自治区内外赢得了良好名声。

2021 年 5 月 23 日，墨脱水产项目正式投产（墨脱县农业农村局供图）

工作组发展一村一品或一村多品，点式发展蔬菜、特色菌类和药材种植等特色农业，沿雅鲁藏布江打造独具墨脱特色的蔬、菌、药等特色农产品珍珠链。大力推广玛迪村的墨脱香橼、米日村的柚子、德兴村的枇杷等水果，发展亚东村的冬种蔬菜、格当乡的辣椒和达木乡的温室羊肚菌、格当乡林下经济等多种特色种植业，助推这些本地特色农产品进入市场。在房前屋后、村边路旁，他们还结合旅游产业，打造“庭前院后经济化，村容村貌旅游化”

的生态旅游新方式，让每个村各具特色，并与墨脱优美的自然景色、茶园景观和田园风光有机结合起来，促进果、茶、田、旅相融合，既能保持农业原有的功能，又能形成特色旅游村落，提升县域旅游景观品质。

2020 年 9 月 7 日，经过工作组的牵线，墨脱县政府与广东何氏水产有限公司成功签订了水产养殖合作框架协议，双方共同打造墨脱县水产养殖基地。广东省何氏水产有限公司是一家集淡水鱼养殖、收购、暂养、加工、物流配送于一体的综合性企业，在全国享有很高的知名度。该公司将为墨脱水产养殖提供技术支持及服务。为探讨将佛山较为成熟的水产养殖技术、品种引入墨脱的可行性，广东何氏水产有限公司的水产养殖技术人员对墨脱县的墨脱镇、德兴乡、背崩乡等 4 个乡镇 8 个行政村进行实地调研考察，最终确定建立墨脱县水产养殖基地，试点项目设立在玛迪村，利用 3 座温室大棚改造，安装 6 套水产养殖系统，其中 4 套系统养殖南美白对虾，1 套系统养殖加州鲈鱼，1 套系统养殖黑鱼。在 3 个品种中，加州鲈鱼最难成活，工作组特地让该公司空运一批加州鲈鱼到墨脱，通过 2 周的墨脱室外环境放养试验，成活率达八成以上，验证了项目的可行性。

墨脱养殖对虾的成功，将结束西藏买不到新鲜对虾的历史。广东省何氏水产有限公司董事、副总裁王丁望兴奋地说："何氏水产全国业务辐射图，在各省市均有养殖基地，唯独西藏是空白，今天这张全国何氏养殖图总算圆满了。"工作组副组长、墨脱县政府常务副县长张巍巍出席了签约仪式，他说："此次双方的成功签约，是工作组提出'三香一链'产业发展布局的又一举措，有助于将广东沿海先进的水产养殖技术及成熟的水产养殖经验引入我县，既有利于调整我县产业结构，又填补了西藏对虾养殖的空白。"

工作组通过引进企业合作，带动墨脱县电商平台以及消费援藏等模式发展，促进农牧民增收。11 月 12 日，林芝源"7+2"消费援藏平台广东省首家旗舰店在佛山开幕，推动林芝乃至西藏的农产品、文旅产品走进粤港澳大湾区，以消费援藏带动产业援藏。走进佛山市中心地段的林芝源佛山旗舰店，颇具西藏风情的装饰让人耳目一新，墨脱茶、石锅、松茸、藏蜜、青稞曲奇、牦牛肉干等，琳琅满目的林芝产品从千里之外的林芝运输而来，吸引来不少消费者选购。

"7+2"消费援藏平台通过集中采购、打通物流环节，通过整合、抱团、集中等方式向大湾区等市场输送产品，提高效率，降低成本，精准帮助林芝特色产品走向市场，同时也让大湾区老百姓在家门口就可以优惠便捷地享受到林芝的特优农产品。叶敏坚说："佛山旗舰店将推广、展示、销售林芝乃至西藏特产和文旅产品，打造'永不落幕'的消费援藏平台，通过消费援藏带动产业援藏。"

如今，墨脱的茶园、稻田、果园遍布高山深谷。一片片小小的茶叶是村民手中的"金叶子"，一垄垄整齐的果园成为当地群众的"聚宝盆"，撑起了农民增收、农村富裕、脱贫攻坚的一方天地。旅游基础设施建设力度的不断加大，开启了墨脱全域旅游新篇章，将吸引越来越多的游客走进这片神秘的土地。

"一心两翼"旅游大环线

雅鲁藏布江从海拔 2880 米的米林县派镇大渡卡村一跃而下，进入墨脱县背崩乡西让村时，海拔已下降到 680 米。在 254 千米距离内，两地落差竟然达 2200 米，形成了世界上落差最大的峡谷。雅鲁藏布江进入墨脱县德兴乡德兴村拐了一个大弯，犹如一条绿色长龙盘踞在苍翠茂盛的雨林之间，蔚为壮观，这就是墨脱旅游网红打卡点—果果塘大拐弯景区。

工作组进入墨脱后，感受到了大自然的丰厚馈赠，也找到了"农产品+旅游"相融合的发展模式。墨脱美景声名在外，如何提升墨脱全域旅游的美誉度？他们心里清楚，要打造自己特有的品牌，做到"人无我有"，让更多游客"欲罢不能"，于是提出了改造果果塘大拐弯观景观台，将其变成门珞文化体验场的发展思路；将钻石茶园与大拐弯串成一线，并配套建设观光栈道、藤网桥等，打造一条既可欣赏自然风光，又能动手摘茶制茶的体验式旅游路线。

工作组刚到墨脱县不久，便着手第九批援墨工作组重点工程的规划，县发改局的一位工作人员说："在果果塘大拐弯风景区，有个被边坡落石砸坏了的观景台，也是游客必去的地方，要加以修复，才能对游客开放。"

从墨脱县城到果果塘大拐弯是一条从林芝经米林通往墨脱的传统古驿道，是感受神奇大峡谷和体验门珞历史文化的长廊。于是工作组立刻前去深入考察。他们离开墨脱县城，站在"秘境墨脱"观景楼上朝西南方向望去，雅鲁藏布江如一柄巨斧，把墨脱的高山峡谷一劈两半，著名的德兴藤网桥横跨大江两岸，像一条飘忽摇摆的黄色哈达。

清晨的雅鲁藏布江，绿荫环抱，云蒸雾绕。汽车往下行驶，穿过遮天蔽日的原始森林，来到雅鲁藏布江边，洪波巨浪如千百匹发狂的野马，奔腾呼啸，颇有雷霆万钧、地动山摇的气势。这里有两座跨江桥，一座是可通汽车的钢索吊桥，一座是供行人体验的藤网桥。

藤网桥全长 150 多米，离江面 50 米。桥身由 8 根拇指粗的藤条组成，每隔 10 米左右，有一个藤圈固定，藤条和藤圈之间，用更细的软藤编织，使整个桥身像一张管状的藤网。桥随人的重力与河谷风的吹送左右晃悠，幅度较大。过桥的人必须手抓两侧的藤条，脚踩脚下的桥面，小心翼翼地挪步。

笔者在《莲花遗梦》一书中描述了 20 世纪 50 年代墨脱的生存状态，在距离德兴藤网桥不远处，便有一座过雅鲁藏布江的荷扎藤网桥。早在百年前，这里便是西藏腹地林芝经米林，翻越多雄拉、工布拉，下到多雄河谷，再经易贡白、穿越荷扎藤网桥，进入墨脱的一条古驿道。清军管带刘赞廷攻打波密土王进入墨脱，著有《西南野人山归流记》一书。在刘赞廷的笔下，“墨妥（脱）地方险恶，群山环绕，森林弥漫，为一深谷，云雾迷蒙，南北不分，幸有指南针，否则不明方向。此处为白马冈（今墨脱）、妥坝、波密交界之地，东南二百二十里至妥坝，西至白马冈二百余里，北至滴洞（今地东村）四五十里。大山横梗，出入鸟道，一小村也。而藤萝满谷，花木遍山。”刘赞廷一时兴起，遂题诗一首：“崇峰环绕入云屯，翠叠藤萝山下村。曲径在望春色远，小桥斜渡夜黄昏。”

1911 年 7 月，刘赞廷由墨脱村率队向地东村前进，“约二十里至薄（雅鲁）藏布江，沿江而行，见两岸狭窄之处，有藤（网）桥数道悬于空中，而不能行人。据土人（门巴人）云，及悬崖生藤长有十余丈者，猿猴作秋千，两相勾接成桥，以渡往来，名曰猴桥，年久可以渡人。闻独匈（指多雄拉以下地方）有藤网桥一座，名火热（荷扎）大桥，为工布、冬九通白马冈（岗）大道，人行其上，藤萝映罩，一奇景也。”清军管带陈渠珍则在 30 年后著的《艽野尘梦》中，更加生动地叙述了离此不远的这座荷扎藤网桥。

> 自波密入野番（指墨脱县），中界白马杠（岗）大山。过山行十余里，雅鲁藏布江横其前。江面宽七丈余（约 23 米），有藤网桥通焉。两岸绝壁百丈，遍生野藤，粗如刀柄。桥宽丈许，高亦如之，皆野藤自然结合而成，不假人工。桥形如长龙，中空如竹。枝叶繁茂，坚牢异常。人行其中，如入隧道。

野人呼为伙惹（今荷扎）藤网桥。“伙惹”，番语为神造，即神造藤网桥之意也。野人迷信神权，语涉荒唐，原不足据。

在陈渠珍看来，此桥“河辐宽至六七十丈，岸高亦近百余丈，水流湍急，决非人力所能牵引而成者。陵谷变迁，匪可思议”。此桥如何架设而成，陈渠珍想探个究竟，依然不得而知，这让他惊叹，“安知今日之大江，非太古时之溪流也。则当日结合自易，稍加人力，遂成小桥。迨终千万年后，浅流变为巨浸矣，小溪变为大江矣。水力既猛，冲刷日甚，故河愈久而愈深，河岸亦愈冲而愈阔，而短桥之藤亦愈延而愈长矣。虽其构成之经过不可得见，然以理推断，其所由来者渐矣，非一朝一夕之故也”。

墨脱县地处山高林茂、冈峦起伏的高山深谷地带，谷地内溪河交错。因此珞巴人出门须跋山涉水，且全靠两条腿，与外界联系十分艰难，那时，车马舟船等交通工具还没有出现，人们在半山腰隔江相望，往往走到对岸得大半天或一天。可老天似乎关照墨脱人，浩瀚的林海里，生长着几十种藤本植物，其中白藤居多。它茎蔓细长，攀寄于乔木树上，5 年生的可达 40 米以上。它柔软而坚韧，是编织篮、筐、箱、器皿和工艺品的上乘材料，也是架设藤网桥的唯一材料。于是，墨脱人在两岸之间架起了一根根藤溜索和一座座藤网桥，作为跨越江两岸的桥梁。

20 世纪 50 年代中期，墨脱珞巴族群众见原有的荷扎藤网桥破旧不堪，便在此重新架设了一座新桥，全长 248 米，历时 11 天才竣工。藤网桥拴在两岸的大树上，宛如半边彩虹倒挂在江上。藤网桥竣工后，珞巴族 2 位氏族首领分别站在桥的两头，各杀一只鸡，将鸡血、鸡毛涂于拴藤条的大树和藤条上，将整只鸡和一碗白酒扔于江中，祈祷说：“请树神、藤神和河神保佑‘巴桑’（桥）坚固耐用，保佑行人平安过桥。”说毕，踏上藤网桥，向对岸走去。珞巴人、门巴人携带酒、饭、菜前来庆贺。

男女各为一组唱歌，男组唱：“谷粒像金子/姑娘似桃花/我心上的人呀/不知你心里想的谁？”女组随即应和：“你勇敢又健壮/打猎是能手/种地也在行/阿达（哥哥）呀放心吧/你心上的人儿等着你。”人们通宵达旦地喝呀、唱呀、跳呀，沉浸在欢乐的气氛里。

汽车经德兴钢索吊脚，向左拐约 4 千米，工作组成员便抵达了墨脱县著名的果果塘大拐弯观景台。墨脱县雨水多，浓雾笼罩整个山谷。站在观景台上，眼前白茫茫一片，如仙境一般。云雾缭绕之间，刹那间有种置身于云端的错觉，仿佛人行半空，俯瞰人间仙境。10点过后，雾渐渐稀淡。山脚下，幽幽地飘来一阵清风，雾纱被卷起一角，露出雅江的水面，波光粼粼。大约过了20分钟，云开了，雾散了，大拐弯终于露出来了，宛如江中突出的半岛，岛上是层层叠叠的茶田。

站在观景台上，果果塘大拐弯上托着一块茶田，上面种满一畦畦的茶树。工作组成员第一次见到了奔涌而来的江水，犹如蛇形般突然转向，令人叹为观止；峡谷间云雾缭绕，犹如仙境；繁盛的植被，掩映在这云雾之间，美不胜收。

果果塘大拐弯观景平台效果图（工作组供图）

在果果塘景区所在的德兴村，当地村民开起了第一家农家乐。门巴人家中布局很有特色，主屋留有火塘，低矮、土石垒砌起方方正正的“灶”。有的村民家的火塘则换成了铁皮炉子。据说在火塘烟熏火燎的作用下，有利于排湿，利于防止害虫对木材的侵害。火塘上方还有两层熏烤架，从前的作用是利用热烟烘干木柴或是除去食物水分，防虫防霉。现在也有村民在上面放着杂物。

在火塘一侧，可见挂着的竹酒筒。驻村干部解释说：“黄酒在门巴语里叫

'巴羌'，是由玉米和鸡爪谷制成，先要煮熟原料放曲酿制，放个半月一月的，再拿出来，放在酒筒里，用开水慢慢倒入，酒就滴出来了。'巴羌'对他们来说就像是茶，早中晚都要喝。政府出钱，让这家人到拉萨学习厨艺，建农家乐，现在光是农家乐的收入就有 10 多万元呢！"

古驿道、茶田、梯田、瀑布、藤网桥、花海、观景台、吊脚楼、黄酒等，构成了一幅奇妙的画面，有感于大自然的神奇造化，墨脱县政府和工作组多次组织墨脱县文旅、国土、住建等专业人士深入项目实地进行了充分的考察，认真挖掘门珞文化元素，邀请第三方专业设计团队参与果果塘大拐弯观景平台的设计。经过数月的深入调研和讨论，规划出了"一心带两翼、串联大环线"的景区发展思路。按照叶敏坚的设想，以果果塘雅鲁藏布江大拐弯核心景区为"一心"，对原有陈旧观景台进行改造，建设悬挑景观栈道、亲江步道及二期工程，届时将呈现一个"莲花+莲叶"状的地标性观景平台。

"两翼"指建设包含游客服务中心、中科院动植物科普馆的综合服务区，满足游客集散、科普教育和高端度假等需求，串联起方圆约 5 千米内的旅游景区，通过旅游换线连接"一心两翼"，对古驿道、观光茶田、藤网桥等特色景点元素进行挖掘统筹、统一规划，打造集旅游、观光、科普、民俗文化体验及高端住宿为一体的综合型景区。

墨脱县境内的南迦巴瓦峰，是东喜马拉雅山脉最高峰，峰顶常年白雪皑皑，银装素裹，与山峰南坡上遍地生长着的亚热带植物形成了鲜明的对比。"很多驴友都想来墨脱，墨脱也需要发展旅游，但我们始终保持对大自然的敬畏之心。"叶敏坚说，有人曾经建议在果果塘大拐弯上建一座全玻璃跨江桥，虽然技术是允许的，但这里地处雅鲁藏布大峡谷自然保护区，建桥审批手续异常烦琐。墨脱县是中国雨都，降水量丰富，建玻璃桥的安全系数低，也会破坏大拐弯天然的模样。工作组经过反复讨论，决定将铁栏杆围栏的观景台改造成玻璃飘台，让游客在空间感上更接近大拐弯，拍照打卡更时尚，大胆的游客还可以看看脚下雾起云涌，如临深渊。

以前游客来到观景台，待上 20 分钟，拍摄几张照片就离开了，德兴乡村民感受不到旅游带来的红利。若在靠近钻石茶园的地方，建设游客服务中心，恢复之前传统的古驿道，建起可供游客亲近雅鲁藏布江的观光栈道，在沿线一处大冲沟上架设藤网桥，当游客进入服务中心后，就可乘坐观光游览车到达观景平台，拍照后再沿着观光栈道下到传统的古驿道，穿越藤网桥，回到游客服务中心，还可参观游览中科院青藏高原研究所的动植物科普馆。按照工作组的构想，可将果果塘大拐弯景区按照国家 5A 级景区来打造，这将是墨脱县展示给游客的一张风景名片。

2020 年 5 月，刘光明仔细听取工作组组长叶敏坚的汇报后，高度认可雅鲁藏布江果果塘大拐弯景区改造提升项目新的整体规划思路和实施方案，认为该项目找得准、调研到位、思路清晰，其规划起点高、格局大、有前瞻性，希望墨脱县工作组用心推进该项目的建设。

6 月，当施工单位进驻果果塘大拐弯观景台后，施工之艰难远超出他们的想象。墨脱年降水量近 4000 毫米，每年 5 月下旬到 9 月上旬，要耐受上百天昼夜不断的下雨，占据了较长的建设工期，还有地质灾害、进墨脱雪山道路限行、便桥限载等，使得建设材料、施工机械，及至发电机所需柴油都送不进来，2020 年因地质灾导致的断路及通行管制累计 83 天，所耽误的最佳施工时间少说也有 50 天，剩下 1 年半可用于施工的时间仅有 8 个来月。施工单位动弹不得，工期受到严重影响，将一个个问题反映到工作组。

工作组深入调研果果塘二期工程（工作组供图）

就在这一年，墨脱连通外界的唯一通道扎墨公路因雪崩、泥石流、塌方等各种地质灾害造成完全中断达 49 天，嘎隆拉隧道交通管制 34 天，给援藏项目建设带来极大困难。工作组没有退缩，叶敏坚旗帜鲜明地提出“断路断网不断精神、停水停电不停斗志”，以党建为引领打造援藏铁军，鼓励全体援藏干部士气，坚定坚持“项目为王、落实为要”工作原则，带领工作组克服地震、塌方、泥石流多发，公路经常断行等重重困难，快速推动了墨脱县体育公共设施建设等多个重点项目。

工作组向积极参与智力援藏的佛山科学技术学院取得联系，希望能派交通和土木方面的柔性援藏专家前来墨脱，增加项目建设技术力量，解决工作组援藏大项目中遇到的多种技术和安全难题。雷元新、周绍缨夫妇作为学院的骨干教师和土木工程专家，既承担着学院科研和教学任务，还承担了不少社会项目的评审、咨询服务工作。当学院领导谈到工作组急需项目工程技术顾问时，夫妻俩没有犹豫，做出了“到墨脱去”的决定。周绍缨事后说：“早在 2008 年汶川地震时，我们就曾主动报名，想参加震后房屋的安全鉴定。如今时隔 12 年，没想到世界第一大峡谷给了我们一次‘圆梦’的机会，我们感到义不容辞。”

2020 年 12 月 4 日凌晨 4 点，雷元新、周绍缨夫妇踏上了从广州飞往林芝的班机，下机后忍受着初进高原的不适，再经 9 小时车行奔波，当晚 8 点多才抵达墨脱。他们稍事休整，便前去察看工作组在建和拟建的工程项目，诸如果果塘大拐弯景区改造提升、墨脱县体育公共足球场建设、背崩乡卫生院工程建设、墨脱县小康村建设、墨脱县人民医院创“二甲”及中小学智慧课堂建设等，进行详细检查、踏勘与评估，并提出整改、施工意见。短短 20 天里，雷元新的笔记本密密麻麻地记满了 30 多页。57 岁的夫妻同心结伴，给墨脱援藏工程以技术支撑，这在广东对口援藏史上也是难得一见的风景，他俩也被人们誉为“墨脱的梁思成与林徽因”。

12 月 8 日，雷元新、周绍缨夫妇第一次走进果果塘大拐弯观景台施工场地，施工图纸早已设计完成，工程开展了几个月。他们很快察觉该项目施工面临四大难题：一难钢结构没有好的安装条件，缺乏大型起重设备；二难施工场地很是狭窄，需占用通往荷扎村、易贡白村一半的土公路，无法满足施工条件；三难进入施工场地的必由之路，德兴钢索吊桥是一座承载力有限的危桥，连车带物需控制在 10 吨以内，进墨脱的路通行能力有限，构件需小型化，运输车辆连载货长度控制在9.6米以内，须对原有整体设计的钢构件进行拆分，化整为零，运到作业场地，然后再分件拼装；四难为高边坡临边、凌空作业，属于高风险性施工。

雷元新、周绍缨夫妇来到观景台施工现场，雷元新不顾大家反对，直接下到作业面。在雷教授看来，若不走到施工危险处，怎能发现问题出在哪里。他看到边坡最陡处为65至70度，有些地方达到80度，而边坡表层竟是之前修建观景台挖路时倒下去的沙石，非常松软，再支撑数吨重的钢架，很难防范因地震、塌方、泥石流等地质灾害带来的冲击和破坏。

雷教授顿时感到，边坡的稳定事关观景台建设的成败。施工时需固本强基，做好柱基础的可靠性及土石边坡的稳定性。雷教授结合多次实地考察，凭着多年对边坡地质灾害的处理经验，提出了边坡治理的方案。雷元新、周绍缨夫妇发现边坡里面柱子没有作业空间，需重做挡土墙，再进行钻桩作业。观景平台与栈道下面有5个柱下的桩基承台，不仅要按设计要求，确保做好柱的桩基，还应做有针对性的地质灾害防治处理，即将每个桩基周边坡积土石用石笼挡土墙围护起来，在每个钢管柱下桩承台处加上3根抗拉锚杆，从而使柱下桩基础镶入山体里面，锚杆也呈下倾式锚入山体，并嵌固到稳定的岩层中。为对原有设计方案达成这些优化，他们先后跟设计方反复沟通了多次。他们心里清楚，若等安全问题出现后再施行补救措施，那就真的晚了。工作组领导非常赞成这种将安全放第一、质量放首位的做法。

施工方建起网格式的护坡需捆扎钢筋，有的工人偷懒没用铁丝捆扎，雷教授当即指出其危害性。他见有的工人嫌麻烦不戴头盔作业，若上面滚石头，砸伤头部就是事故，立即让其改正。他指着桩基施工工作面处的陡坡，解释说："这些芭蕉及其他植物的根系确实固定了一些坡积土石，晴天看起稳定，若遇到下雨，含沙量高的泥土遇水容易流失，根系就会很快脱空、松动，随时都会触发塌方，这些土石就全下去了。桩基不稳，安全堪忧，处理起来是很麻烦的，这种情况下必须投钱做防范措施，做挡墙、护坡梁格等护好边坡。"在一处很陡的地方，那里完全悬空，安装作业时，没有回头空间，只能一次性成功，若做第二次，其难度和风险巨大，可能会变得不可控，施工组织设计、安装方案必须先行考虑周全。

雷元新到观景台下10多米陡坡桩承台工作面，与设计、施工管理人员讨论地质灾害防治问题时说："这是中间的桩，这里挺危险的，这个更危险，上面有条冲沟，边上没有支护，土石松散，指着下部挖开面说这都没（挖）到老土。”设计、施工人员回答：“我们当时没考虑地震。”雷教授接着说：“若出现地震，打的柱下桩基就（跑）出去了，还得做挡墙，将下面边坡全部覆盖保护好，1~2 米承台+锚杆，将这里（观景平台的）钢管柱支承住，才能保证稳定性。这是第九批援墨工作组出彩的工程，下面看起来很壮观，立起来更加壮观。”

“要把所有存在或可能存在问题的细节记录下来，并从中找到解决问题的办法和关键。”雷元新说，受到墨脱特殊的地理、地质条件影响，沿海很多地区简单的施工技术，在这里却是大问题。作为工作组邀请的专家顾问，要责无旁贷地尽可能发挥专业所长，为佛山援墨项目守住质量安全底线、提供必要的技术支撑，当好工程质量的“把关人”。

工作组督导援藏项目施工建设（工作组供图）

目前，援墨工作组搞工程援建管理只有工作组成员、县发改委副主任覃业在等 3 位专业人士。他们每天都要到工地检查、督促和验收，解决施工方、监理人员面临和解决的众多技术、质量和安全问题，没有双休日。有些问题异常难做，总是按下了葫芦又浮起了瓢，大小问题可以说层出不穷。

据覃业在介绍，观景台下面承台、柱脚需要混凝土浇筑，按照我国现行施工规范的有关规定，混凝土浇筑标高差超过 2 米，就需做混凝土浇筑溜槽，项目组查看现场，项目标高差最高超过 20 米，溜槽过长，无法确保项目施工质量，现场施工场地条件不允许安装塔吊，同时综合考虑栈道钢结构安装需求，完成施工只能依靠大型吊车。很快，又一难题摆在了项目组面前，通往果果塘景区的唯一通道德兴钢索吊桥限载 15 吨，自重 32 吨、起重 25 吨的吊车无法通行德兴钢索吊桥。项目协调组组长林荫辉大胆提议将吊车开到德兴桥边，一拆为三，大臂自重 8 吨，转盘及配重自重 7 吨，拆卸完的主车 17 吨，各部件转运到桥的另一边再重新组装使用。工作组副组长、县常务副县长张巍巍主动联系，协调县交通部门同意该方案，起重设备问题得以解决，混凝土顺利浇注，保证了承台、柱脚的工程质量。

墨脱施工因特殊地理原因不能使用重型机械设备，工人很多时候得靠肩扛手抬（工作组供图）

果果塘观景平台及栈道是游客集中的区域，其景区道路上面是含沙量高、土石松动的一面陡坡，易引发塌方和泥石流，若出现飞石砸伤游客，将是严重安全事故。叶敏坚常常告诫大家，不能援藏项目干完就了事，拍拍屁股走人，留下一堆问题给地方政府。为此，在“十四五”期间，项目组追加400万元，对栈道范围进行全面的地质灾害防治。共设三层防护，诸如建挡土墙、做钢筋石笼、建防护网罩等。

果果塘大拐弯的钻石茶园，不仅成了群众致富的“摇钱树”，也成了游客眼中的“风景线”。工作组在这里开辟了茶叶文化体验旅游路线和学习体验项目，依托茶业龙头企业丰富的资源，以茶叶为背景，深入挖掘墨脱文化底蕴，打造集度假、商务会议、文化体验、休闲娱乐为一体的生态旅游区，向外推广墨脱茶叶产品和墨脱特色文化。

在果果塘观景台，来自重庆、60多岁的驴友阮庭国凝视果果塘雅鲁藏布江大拐弯许久，感慨这里的交通太不方便，却看到了世间难得的风景，觉得很值。从四川慕名而来的游客黄志韬以小车、摩托车、徒步3种出行模式，终于来到了期待已久的果果塘大拐弯。站在景观台，他禁不住拿出手机拍照留念，称赞墨脱的美景，感到不虚此行。当他得知果果塘大拐弯将打造综合景区，连声说：“经过长时间的山路跋涉，游客进入墨脱已经十分疲劳，如果能停留2天歇下脚，又能了解当地民俗文化，岂不快哉？”

世界一流的全谱景观园

2020年3月27日，中国华能集团公司（以下简称“华能”）在官网发布了一条消息《华能援建西藏派墨农村公路第二段全面复工》，引起了工作组的极大关注。多雄拉山南坡、派墨农村公路沿线雨雪纷飞，寒风呼啸，冰天雪地中，1台反铲在前甩雪开路，2台大型装载机紧随其后平整道路。1台被公路建设者戏称为“冰雪收割机”的抛雪机是从加拿大进口的，功率很大，清雪效率很高，沿线来回清理着厚厚的积雪。3月23日，派墨农村公路第二段已恢复正常施工，标志着公路已全线复工建设。

派墨农村公路是西藏自治区重点民生工程，由华能集团筹资20余亿元援建，分四段建设，起点为米林县派镇，终点为墨脱县背崩乡，全长66.7千米。建设起点为多雄拉隧道口，终点与新建的解放大桥相接，含隧道2座，大桥1座，中小桥5座，工程预计2021年全部完工。公路沿多雄河延伸，经拉格、大岩洞、汗密、老虎嘴隧道、阿尼桥，最终沿白马希仁河右岸至解放大桥右岸桥头，与背崩至地东边防公路相接。

该公路穿越雪山、峡谷、雨林，沿线多为无人区，建设难度极大。为了缩短工期，华能投巨资采购了目前世界最先进的双护盾全断面隧道掘进设备。派墨公路一旦打通，林芝到墨脱的路程将缩短一半以上，并与先期建成的扎墨公路形成交通环网，彻底缓解墨脱的交通瓶颈。

2020 年 9 月 3 日至 4 日，新华网“新华视界”，新华社、人民日报客户端先后进入美景如画的派墨农村公路。他们沿着尼洋河逆流而上，跨过鲁霞大桥，进入岗派公路到达派镇，再沿新修的派墨公路迂回向上。行驶约 9 千米后，采访团来到新建的多雄拉雪山隧道口。穿越多雄拉隧道，平整如初的路肩绿意渐浓，挂网喷播的边坡青翠欲滴，人工种植的行道树生长旺盛，顺势避让的古树苍翠挺拔，挂牌保护的树木整齐排布，碧草如茵的渣场再添新景，公路沿线草木葱茏，鸟语花香，展现出一派生机勃勃的景象。

派墨公路将与扎墨公路一起，组成一条林芝至墨脱的旅游大环线，派墨

派墨农村公路沿线深秋景色优美如画（李鑫摄）

公路与扎墨公路将雅鲁藏布大峡谷区域串起来，形成一条世界级的旅游环线。派墨农村公路沿途的地质、气候等条件都好于扎墨公路，通行效率也大大提高。墨脱红茶、松茸等优质农产品将改走派墨公路，源源不断运往各处，墨脱群众的脱贫致富路也会越走越宽。

派墨公路通车后，从林芝市巴宜区至墨脱县城，不必再走波密县，道路里程由原来经波密县城的346千米缩短为经米林县派镇的180千米，行车时间将从11小时缩短为4.5小时，从拉林高等级公路、拉林铁路、林芝机场进入林芝到大峡谷的游客，90%以上将改由派墨公路进入墨脱县，派墨旅游风景线将成为国内非常热的一条景观线路。

工作组到派墨公路考察时看到，华能林芝水电工程筹建处按照公路不同海拔高度生态分布情况及特点，投入2500万余元环保专项资金，在沿线路基路肩和渣场分别栽植灌木、乔木3300余株，累计撒播灌草花超过17万平方米，对200余株胸径大于80厘米的古树进行挂牌保护，对21株国家二级保护植物桫椤实施避让或就近移栽保护。组织实施5800平方米碎石边坡挂网喷播绿化和1600平方米高寒土工格室护坡环保实验项目，着力打造最美生态公路和环保示范工程。

工作组还注意到，多雄拉山海拔4500米，其山口海拔4221米，其隧道净高4.5米，进口高程3547米，出口在拉格的西北方，高程3566米。在松林口下面附近从隧道翻越多雄拉山口后，就可以大部分时期通车。在多雄拉隧道出口处抬头往上看，那里是寒带灌丛和草甸带。往下看，便是山地暖温带和寒温带针叶林带、山地亚热带常绿、阔叶混交林带和热带雨林带，构成了地球上难得一见的地球全谱景观园。

派墨公路的起点为雅鲁藏布大峡谷入口米林县派镇，江水奔流在丛山密林之中，起初只是一系列小拐弯，到达扎曲时便形成了闻名于世的马蹄形大拐弯，在墨脱县境内形成世所罕见的地理奇观。雅鲁藏布大峡谷的奇异处，在于它是全球热带森林分布最北的地区，是全球降水最多的地区，是全球隆升最快的地区，是一个巨大的水汽通道。它剧烈的构造活动为地球打开了一扇天窗，从地表就可以观察到原本几十千米厚的地壳、岩石圈直到上地幔部分。墨脱县地处雅鲁藏布大峡谷腹地，是植物垂直分布的博物馆，是生物多样性的基因宝库，也是物种起源和分化中心、第三纪孑遗物种避难所，故成为科学界关注的热点地区。

墨脱地球全谱景观园是中科院与西藏自治区战略合作协议中的一项重要

内容，由中科院青藏高原研究所和墨脱县政府具体负责推进。墨脱县政府同青藏高原研究所合作，以墨脱地球全谱景观园为基础，将景观园建设与当地经济社会发展紧密结合，建设墨脱科学研究中心和墨脱地球全谱景观园，明确提出了建设“一心三园一廊多点”。一心指墨脱科学研究中心，三园指墨脱热带植物园、墨脱亚高山植物园、墨脱高山冰缘生态园，一廊指扎墨公路全谱景观科普长廊，多点指扎墨公路和派墨公路沿线多个观测点。以栈道形式打造科普园，开展旅游观光和科普游相结合，届时组织青少年来墨脱县进行科普游，也可以组织夏令营、冬令营等。

工作组成员深知墨脱地球全谱景观园建设的重要性，即立足墨脱发展实际，聚焦生态环境、水文气象和地质地貌等研究方向，把墨脱全谱景观园建设成集观测研究、学术交流、国际合作、科普教育、生态保护、国土安全等功能为一体的产学研示范基地；以墨脱全谱景观园的建设为契机，依托中科院的科技力量，推动墨脱县的生态文明建设及经济社会发展，为加快西藏构建国家生态安全屏障发挥重要作用；将墨脱全谱景观园建设成为世界一流的生态景观园和高端旅游目的地，走出一条科学研究与旅游产业合作、生态建设与经济建设互补的绿色发展新路。顺着科学研究与旅游产业融合的发展思路，工作组再次将目光聚焦到了派墨农村公路。

2021 年 6 月，工作组从米林县派镇出发，沿着新修的扎墨公路，直达海拔 3800 米的松林口。一路上都是喜马拉雅山北坡的原始森林的景色，森林里有各色杜鹃、桦树、落叶松等阔叶树，它们身着红色、金黄色，点缀在郁郁苍苍的原始针叶林的云杉、冷杉之中，给人一种刚柔相济之感。再往上走，生长在多雄拉山口附近的冷杉树好像一支支旗杆。这种奇特的树，植物学家形象地称其为“旗树”。

工作组没往山口爬，而是穿越多雄拉隧道，进入南面出口，海拔反而上升了 19 米。墨脱南面受大峡谷暖湿气流的影响，积雪消融，万物复苏。叶敏坚作为带队人员，从这里向上爬，以期感受海拔 4000 米以上地方植被发生的明显变化。大峡谷地区完整的垂直气候分带形成了垂直自然带谱，这里不仅是开展自然地理学研究的重要地区，而且是开发特种旅游项目的理想去处。

当工作组进入海拔 3900 ~ 4100 米地域时，便到达了植物学家分类的高山寒冷气候带。多雄拉雪线附近的碎石带中，一朵朵毛茸茸的喜马拉雅雪莲迎风挺立着。地面岩石上是苔藓、地衣、灌丛草甸，植物矮小，匍匐在地面。这里紫外线极强，风劲寒冷，但那五花草甸构成了高山上的花园。

从海拔 4100 米往下走，当下到达海拔 3600 ~ 3900 米时，便进入了山地寒温气候带至高山寒冷气候带和高山寒冻风化气候带。沿山而下，不知不觉中景象慢慢地变了，四周不再是皑皑白雪，而是漫山的绿。这里是高山灌丛草甸，灌丛以杜鹃为主，漫山遍野的杜鹃，闪耀夺目的绿色。每年夏季杜鹃花盛开，便能感受这里不同于西藏其他地方的杜鹃花海。小叶紫花杜鹃、血红的平卧杜鹃……它们匍匐在地，伴着它们的有垫状方枝柏、高山柳，加上黄花的锦鸡儿等，组成一簇簇花丛或一个个花环，开花时那样热情奔放。花季时一切都淹没在杜鹃花的海洋里，异常壮观美丽。

再往下走，进入海拔 2800 ~ 3600 米的多雄河谷一带，便进入了高原温带半湿润气候带和山地寒温气候带，此处植物由墨脱冷杉、苍山冷杉群落构成。因为它们数目众多，伟岸的身躯笔直挺立着，显示出一种夺人的阳刚气势，构成高大挺拔、军队般的阵营。这里的冷杉树高三四十米，胸径 40 厘米左右，粗糙的树皮是它们的骄傲，那是岁月的风雨在它们身上留下的痕迹。然而，它们的枝干依然优雅而舒展。

从多雄拉到背崩之间是一条 U 形峡谷，谷底是水流湍急的多雄河，两岸岩壁陡立，高达百米以上，直插云霄。这一带是瀑布的家乡，千姿百态的瀑布令人心旷神怡。有的瀑布水量充沛、吼声震天、十分壮观；有的瀑布细弱如几缕轻纱，从石壁上飘落下来化为缕缕雾气，在阳光明媚的日子里，往往形成绚丽的彩虹，美不胜收。多雄曲两岸瀑布众多，多达数百条以上，有“千瀑峡谷”之美誉。

多雄河小峡谷从绝壁下连生，起始像条裂缝，时而收缩仅有几十米窄、时而又洒开至千米宽。河水虽漂浮着草、叶，却清澈透亮且急速奔腾。海拔高 3100 米的拉格，之前曾是一座微型小村落，驮货的马匹尽可放至草甸上饱尝绿嫩青草。性急的背运民工往往再向前赶几千米，到海拔约 2400 米的大岩洞，在那岩洞中存放货物，躲避风雨雾气、抵挡夜间降温会更好些。

向汗密行进的路上布满了常绿阔叶林低矮灌木丛，向两旁山峰增高为针叶林带。到汗密，峡谷又豁然开阔。这里越来越接近小峡谷与南迦巴瓦峡谷入口处。从印度洋上滚滚而来的暖湿气流从小峡谷拐弯猛烈冲刺进来，到夜晚更显强劲。气流后浪推前浪、一浪高过一浪，冲击着两侧山峰上针叶林带。原始丛林发出两股松涛声，一阵又一阵、一波又一波，节奏感很强的振荡声，犹如滔天巨浪撞击峭壁陡崖，又似汹涌巨流汇入山关隘口，汇合弹奏成一曲松涛交响乐章，令人感叹和陶醉。

工作组从汗密东南行，道路沿奔腾咆哮的多雄河蜿蜒而下，经阿尼吊桥过“喀秋莎”来到工布拉山间悬空搭起的栈道上。拐过一个山嘴，眼前豁然一亮，终于走到了森林的尽头，这便是有名的老虎嘴。在一处绝壁，瀑布像条天河似的自崖顶飞落，深邃的谷地传来阵阵轰鸣，并弥散着浓浓的雾气。

继续向下走，就进入了山地常绿阔叶林。它们常常形成不同高程、有层次的圆形或球状的树冠，让人体味它的浓郁和淳厚，以及强大的生命力。这种森林的上层乔木会在旱季末雨季初集中脱叶换叶，构成一种罕见的自然奇观，半常阔叶林也由此得名。刺栲是常绿阔叶林的霸主，分布较靠下，刺栲树林的郁闭度也很高，一年四季群落外貌保持不变，林下有滇丁香、紫金牛等灌木。

离开刺栲林，就进入低山、河谷季风雨林带了。这里的季风雨林不同于赤道附近的热带雨林，它是在热带海洋性季风条件下形成的有明显季节变化的雨林生态系统，丛林郁闭，阴暗潮湿，藤蔓交织，幽兰蕊香，环境与我国的海南岛、西双版纳相仿。

“一山有四季，十里不同天。”翻过多雄拉，从海拔4000多米一气下到海拔700多米。山顶是冰雪世界，到了谷底，又进入热带雨林的气候环境，穿短裤，光着膀子依旧大汗淋漓。一会儿一身冰霜，一会儿又一身热汗。人的生理受到极度考验。多雄拉虽然凶险，其景色却像一幅水墨画。山顶云雾中耸立着挺拔的杉树，下方悬挂着冰川和皑皑积雪，以及大大小小飘缈的瀑布。

从多雄拉山口下到背崩谷地，过去需要走3天，派墨公路通车后，2小时内便能到达。最令工作组成员震撼的是，如此短的时间和距离，他们却经历了如同从极地到赤道、从我国东北到海南岛一样多变的景色：在同一山的坡面上，竟分布着9个垂直自然带，世界上的自然带这儿全齐了，堪称“世界之最”，天然的生物博物馆。在此之前，人们都认为四川贡嘎山东坡是自然带分布最完整齐全的地方，但那里仅有7个，而墨脱县却有9个。

当多雄河汇入雅鲁藏布江后，人类活动相对集中起来，这里生活着门巴人和珞巴人。他们的村落多建在不同高程的河谷台地上，村边地头有蕉林、蔗园、竹丛，雨后滴翠，潇潇洒洒；野生的香橼、柑橘生长良好；梯田、水稻一片片、一垄垄地镶嵌在河谷台地上。这里可种双季稻，缓坡上的曼加、旱稻也生长得很好。村边的菜园子里，金黄色的南瓜，可长到五六千克。红得发亮的尖椒更是这里的特产，据说这种辣椒的辣度能辣死人。墨脱县实在可以称得上是西藏的“西双版纳”、高原上的一座绿洲。

当游客从派墨公路进来后，第一个村落便是门巴人聚居的巴登村，一个靠着公路2021年才完工的现代村落，而在距此不远的山上，是一座有着200多年建村历史的传统村落，若修建一条步行观光道，就能如同穿越门巴文化时空隧道，感受新旧巴登村的无穷魅力。

巴登，门巴语意为“直直的赤竹”，一个典型的门巴族村落，当地门巴人用竹做成各种实用工具，诸如装小鸡的筐、背木柴的篓，遮阳的斗笠，甚至过河的竹桥。巴登村也是墨脱县最大的休斯贡编织中心，藏族人逛林卡特别喜欢用它来装食品。巴登村民卫国在墨脱县城经营一家店面，专卖墨脱竹编，介绍说：“现在这些竹器的需求量越来越大，价格也越来越高，之前价格100元，如今卖到了200元，户均收入超2万元。”

工作组第五次考察派墨公路，在即将贯通的老虎嘴隧道口同施工人员合影（作者摄）

每家都在窗台摆上了花草，装花盆要么是一个锈掉的铁桶，或者一个破旧的陶罐，充满了生活的情趣。人们一边在吊脚楼的平台上忙着手中的活计，一边和其他吊脚楼中的邻居喊话聊天。牛和猪就悠闲地在村道上散步，母鸡突然扑棱棱地飞进树上的一只吊篮里生蛋，几只小柴犬人走到哪里就尾随到哪里。在这个如世外桃源一般的村庄里，一切都按照各自的规律无拘无束地生长着，人与人、人与动物、人与自然之间的关系是那样亲近与和谐。

“巴登”这一名字，还有一段有趣来历。相传在很久之前，朱隅（今不丹）门巴族不堪忍受农奴制度的压迫和剥削，7 兄妹从不丹搬迁至墨脱县，路经此地发现一块平坝子上有一丛藤树蔓延伸长着，藤的长度刚好可以在白玛希仁河上搭建一条溜索，“巴登”之名由此而来。不丹 7 兄妹落脚“巴登”，就近采集藤树藤枝，搭建简易遮雨“屋顶”，第一个竹编编织成品诞生了。

走进巴登村，似乎无人不会编织，这里的老人从孩童时期就和竹编打交道，这门手艺一拿就是一辈子，他们也靠着这门手艺撑起了一个家。这里用的竹子叫“达巴”，腕口细，韧性却很好，用它编织出来的竹器可以用上数十年。谈起巴登村竹子，村主任介绍说：“我们去一趟‘达巴’竹子生长的地方，需要一天时间来回，比附近的竹子都要高大和粗壮，这是老祖宗传给我们的秘密。每年 11 月竹子开始变老，就是砍伐的季节。竹子砍回来要劈开、去芯，再削成竹篾，然后晾晒，让绿色褪成黄色。等到农闲慢慢来编，编的时候还要反复将半成品泡水，防止竹篾干裂。这个过程需要耗费大量的体力，所以编竹器一直都是男人来做。”

巴登村的门巴人都是竹编高手，竹子的编法总共有四五十种，村里一般人都能掌握十几种编法，每人每年可编织 100 至 200 个成品。竹编的出现，不仅给门巴人生产生活带来了便利，同时也开辟了门巴贸易之路。过去村里的竹编制品需要背夫背下山，去交换生活所需物品：摩托车、电视机、明星海报……可以说村里的一切，都是巴登人一点一滴编织出来的。

“现在这些竹器的需求越来越大，价格也越来越高，5 年前 50 元左右的小筐，现在要 100 多元了。”卫国如今在墨脱县城经营一家店面，专门卖墨脱竹编。他说，2013 年扎墨公路通车后，墨脱竹编的销售是原来的 1.5 倍。墨脱竹编带来了大量收入，村里的生活改善了许多，村民们更认识到传统墨脱竹编的精细技艺才是宝贵的，丢掉了那些，不仅会丢掉传统，还将失去追赶现代的资本。

在《墨脱县背崩乡巴登村传统村落保护发展规划》中，墨脱县政府将按照传统建筑保护利用、历史环境要素修复、基础设施改善等，估算投资 2770 万元。也许在不久的将来，这里将成为风光宁静优美、民族特色鲜明、民俗风情浓郁的美丽门巴乡村，穿越门巴时空隧道不再是梦。

在派墨公路，还能见到震撼人心的背崩瀑布，夏日的狂风暴雨洗净了林野半壁山峰，涓涓细流汇聚成了汹涌巨流，造就了一条怒吼的银龙，从半空中猛扑下来，气势磅礴、激荡起阵阵狂风、喷溅出如雹急雨，令人震撼、震动、激动、感动。瀑布激起的雪沫烟雾，漫天浮游于数十米外，让人如坠百尺雾中。渐渐地，雾气与山谷中腾起的乳色水汽连片如絮，聚为云，云海如潮、泻入山峦谷底，经微风吹拂又腾升至山腰，群山变成了浩瀚无际的云海。

背崩以下为雅鲁藏布下游峡谷，海拔只有 500 ~ 900 米。热带雨林以高大乔木为主，还有成片的野芭蕉林、阿丁枫等植物群落以及珍稀树种乌木、树蕨等。这一带夏季多雾，早晨和傍晚常常见到“雾锁峡谷”“江中流云”、半山腰云雾缭绕的“仙境”等美丽景色。早、晚还常见霞光，此地是大峡谷中风景最优美的地段之一。

背崩、地东等地分布于海拔 500 ~ 1100 米的雅鲁藏布江谷地，降水呈双峰型，每年 6 月最多，9 月再次出现降水次峰期。每年 11 月至次年 1 月降水较少，但雾天甚多，相对湿度大，弥补了冬季降水的不足，故广泛生长着热带、亚热带季雨林。而西让村属湿热气候类型，分布于海拔 500 米以下的雅鲁藏布江谷地及支流内，这里干湿季比较明显，雨季很潮湿。每年 11 月至次年 1 月的旱季则雨水较少。峡谷内多云雾，相对湿度高，这里生长着茂盛的热带季雨林。

背崩乡东南部的布琼湖是热带雨林景观和珍稀动物保护点。由于山高林密，人们很难进入该地区。长期以来，“布琼湖怪兽”的种种传说为该地区蒙上了一层神秘色彩。无论“怪兽”存在与否，布琼湖的热带雨林景观和丰富的热带动植物资源都是不可多得的旅游和考察研究对象。从背崩进入墨脱乡亚东村、墨脱村、亚让村，这里都是以门巴族居民为主的村落，这里的民居、服饰、藤网桥、寺庙等，都是欣赏和研究门巴族人文景观的重要内容。

大峡谷区的珍禽异兽数量多，分布面积大。它们有的为本地特有，有的属特别珍稀的保护对象，是世界难得的“天然动物园”。在珞巴族的传统观念里，人是由老虎变来的，老虎是他们图腾，所以不能猎杀老虎。还有穿山甲、熊、豹子等动物，也是当地人的崇拜对象，无形中受到了保护。珞巴族民间文学也渗透着有关野生动物的内容。在当地广泛流传着一幅保护野生动物的图画，这幅图中，猎人放下猎具，拜佛祖说：“我不再杀生，多行善事。”这幅图可能是随着藏传佛教传入墨脱，劝说人应与野生动物和睦共存。

据我国著名大气物理学家高登义所讲，雅鲁藏布大峡谷三面环山，为东喜马拉雅山、念青唐古拉山和横断山所环绕，形成一个面向西南开口的马蹄形凹槽，犹如在青藏高原东南部撕开了一个巨大的裂口，使印度洋上西南季风带着暖湿气流源源不断地溯江北上，经大峡谷构成的水汽通道输往高原内部。再加上高原上几道东西向山脉对南下冷气团的阻挡作用，使得大峡谷一带气候温和，降水比同纬度其他地区高得多。这种暖湿气流输送通道的作用不仅对南迦巴瓦峰地区，而且对青藏高原东南部的气候产生了很大影响，打破了北纬 30 度气候带的某些特征。著名地理学家杨逸畴也讲到，大峡谷下游的墨脱县所处的纬度比云南西双版纳地区偏北 5 度，可这里 1100 米以下河谷夏无酷暑，冬无霜冻，生长着的热带、亚热带的植物群落却与西双版纳类似。

中国科学院白春礼院士到墨脱考察后，就明确地讲，在这么短的距离内，就能感受到四季变化，墨脱的垂直景观带在全球是绝无仅有的。工作组成员感到，这里可建热带植物园，将会吸引众多游客的目光。

墨脱通公路之前，所有东西都靠人背运进山，墨脱的历史就是一部徒步史。派墨徒步线路被《中国国家地理》杂志评选为“中国最美徒步线路”和“徒步爱好者心中的喜马拉雅”，在国内旅游市场上有着广泛的影响力。派墨脱徒步线路是否还在，工作组成员从广东休假回来后，特地前去考察。他们了解到，派墨徒步经典线路依旧还在，没有受到太大影响。不仅如此，派墨公路通车后，还将为夏季翻越多雄拉山徒步到墨脱的游客提供更为安全的生命救援通道。经过专业机构评估，将推行派墨徒步线路常态化，完善沿线的住宿、餐饮等，以及有自驾、马拉松、骑行等，将其打造成为西藏山地户外运动基地，以此带动墨脱县茶旅、农旅、文旅、体旅的全面发展。工作组成员还看到，许多群众依旧住在派墨徒步线上，为徒步爱好者提供住宿和餐饮。每年开山的 3 个多月里就能赚 10 多万元。若有组织地将派墨徒步线路常态化，他们非常愿意担任向导，这能让沿线更多群众吃上旅游饭。

走向地球画屏

2021 年 3 月 16 日，叶敏坚带着工作组成员前往墨脱道路最险恶的邦辛、加热萨和甘登三个乡调研慰问，开启了新的研学路。援墨工作组从墨脱县城出发，沿着扎墨公路经达果桥后往左拐，便开始往山上盘旋。从半山腰往对面看，可以看到达木乡达木村的全貌和卡布村的背影，以及蜿蜒曲折的盘山公路。一名工作组成员描绘了当时进入达木乡珠村时的情景：

车子大部分时间行走在云间雾里，沿途山路狭窄、凹凸不平，两辆车根本无法同时相向通行。一边是山体，另一边是深谷，雅鲁藏布江的咆哮之声就从谷底传来。我坐在车里，右手紧紧地拉着车门扶手，心里提醒着自己不要往车外看，可还是忍不住，会往外瞟上几眼。窗外景色如同仙境，绿色的芭蕉树生长在悬崖边。可往下看，就是万丈深渊，下面是滔滔的雅鲁藏布江水。万一车轮打滑，我都不敢再往下想。

工作组刚进入珠村，便与村两委和驻村工作组进行了座谈，看望慰问贫困户，午饭后又下到雅鲁藏布江边上方实地考察水稻田。珞巴人凭着自己的聪明和智慧，在陡坡上开垦出一条条梯田，每块田多数只能种两行，有些田只能种一行。

工作组考察完珠村，便继续向前进发，前往邦辛乡，感受墨脱知名品牌邦辛石锅的制作手工艺。沿着盘山公路，过了两个山口，便能看到邦辛乡的邦辛村和根登村。汽车盘旋而下，经过邦辛乡政府后，直接前往根登村，考察了村里的一个养鸡场。他们没再停留，转过一个山口，前往该乡的帮果村，徒步考察了村里的水稻田。

墨脱石锅专卖店里，石锅店老板曲珍在擦拭石锅（工作组供图）

沿途公路正进行改造和加宽，炮声隆隆，烟尘滚滚。由于山高谷深，烟尘无法向上散去，只能随着江风往上游飘浮。除了江面上升腾着的一条黄色的巨龙外，江两边一定范围内的树木也是“层林尽染”，绿树林变成了“黄树林”。这些烟尘影响到了当地居民，可他们却说，这是“幸福的扬尘”。

从珠村往邦辛走，是逆着雅鲁藏布江而上，脚下的路越走越高。珠村紧靠雅鲁藏布江边，江面相对宽阔，越往前走，雅鲁藏布江便犹如被挤进一条夹缝中，江面越来越窄，落差越来越大，水流越来越急，犹如一把利剑巨斧，把群山从中间劈开，飞流直下，势不可挡。

对于邦辛之路的险陡，英国人贝利在《无护照西藏之行》一书中有过这样的记载：“那天仅仅多走了三英里半（约 5.6 千米）路，路坏极了，出村就是一个八百英尺（约 240 米）高的陡坡。山顶虽笼罩在云雾之中，但从上面可以看得见峡谷深处。村子周围都是五千英尺（约 1500 米）高的坡，倾斜度为四十五度或者更陡。一个山坡如此之陡，看上去实在令人惊讶。”

工作组成员仔细观察峡谷，峡谷犹如一条飘飞闪动的银线，漫天云雾飘浮。云雾是大峡谷最突出的景观，翻滚缭绕，气象万千。

太阳刚刚偏西，天际传来一阵阵雷鸣般的轰响。不好，变天了，如果下起雨，前面的路就更不好走了。不料没多久就云雾消散，峡谷和天空都露出了灿烂的容颜。春日艳丽，峡谷璀璨，原来那轰隆隆的声音，是江中瀑布发出来的。

在雅鲁藏布大峡谷腹地走，沿途有许多大大小小的瀑布，有的妩媚秀丽、含蓄深沉，轻轻下落；有的气势磅礴、撼天动地如巨龙飞落；有的雪沫激扬、珠玉飞溅如银河倒悬于九天；有的分层分段有序降落，飞泻于千仞绝壁，穿过云雾，越过林海，撞击巨岩，陡然跌进谷地深渊，发出震撼空谷的巨响。

夕阳西下时分，工作组来到了邦辛。同峡谷里的所有村庄一样，邦辛也是一个建在半山腰的村庄，巨大的山体在山腰处变得浑圆，呈斜坡状倾向雅鲁藏布江。在这个方圆数百亩的缓坡上，整齐地排列着一块块农田，桃树和柳树林里，隐藏着一幢幢藏族、门巴族、珞巴族的吊脚木楼。工作组成员还目睹了珞巴族群众制作石锅的全过程。石锅选材特别关键，邦辛乡的雅鲁藏布大峡谷两岸陡壁上蕴藏着极为丰富的皂石，它质地软绵，呈灰褐色，能耐 2000 摄氏度以上的高温，是墨脱县质地最好的皂石。在邦辛村，一位门巴族老人赤白讲起了过去采集石锅原料的过程。

村民们沿着蜿蜒的山道向上攀登，岩壁重重，巨石满目，赤白全然视而不见。当来到一处陡壁悬崖前，邦辛村民赤白领大家钻进一个巨大的石洞。这里原先是一个浅浅的天然石穴，眼前的石洞显然是人工开凿的。石洞有一人多高，从两侧看好似一条1米多厚的石层，像煤矿的掌子面一样向前延伸，这就是皂石矿脉。经当地群众长时间的开采，逐渐形成一个有坡度的大山洞。

进入石洞，光线渐暗，如同原始人生活的洞穴。村民们面对山神，口中念念有词："山精灵啊，请你宽恕，我惊动了你，你不要发怒，到了年节，我给你敬献供物，粮食、猪和鸡肉。"村民们向大山念完后，随即转过身对石头说："石精灵啊，你要原谅，我们取走的是你不需要的软石头，我拿去也是为了给人做善事，让人们用石锅做饭，吃饱了去打猎。到了年节，我们用采集的香草、猎来的兽肉和甜甜的玉米黄酒向你供奉。"

村民们祭祀完毕，在四处观察一阵，选择好一块皂石，就动手开采。赤白刚才向山精灵和石精灵许了愿，心里踏实了，于是就放心地从背篓里拿出铁钎、铁斧，沿着石块四周凿凿砍砍，用了三四个小时，消耗了周围许多石料，才挖出两块大皂石。村民们砍去皂石的四棱和多余的部分，基本上就形成了石锅的圆形毛坯，采料工序就算结束了，这才背着石锅毛坯，又手脚并用地攀着陡壁走下悬崖向村里走去。

回村后，村民们就忙碌起来，用铁钻从中向外一凿凿地掏空，再细心地用小铁钻凿去锅壁和底部多余的部分，使其平滑，稍有不慎，石锅就有被打碎的危险。因此，制作石锅者多为性情温顺的老人，道道工序相当谨慎小心，生怕出现意外。制作一个直径60厘米的石锅需要12个工日。凡是圆锅，锅的两端中间部位留有两个端手，便于端锅。用石锅煮饭烧菜，传热相当慢，散热也慢，烧出的饭菜味美可口。煮一锅肉菜慢慢下酒，可以享用很长时间，饭菜也不会凉。这种文火慢炖的炊具，正适合深山密林中逍遥自在的生活环境和怡然自得的浓厚民族情调。

工作组成员感受了石锅的制作过程，也品尝了石锅饭菜的清香，更听到了当地石锅的民间故事：

相传勒布（门巴族石锅发明者）胆大心细，智谋超人。他带领20人，利用20天时间做成了一个大石锅。当他得知翌日庄园主上门讨债，便在进村途中烧了一锅茶水。他听到马的嘶叫声，看见尘土飞扬，急忙用土将火炭埋掉，扔掉灶脚石。庄园主口渴肚饿，石锅里的开水好像理解主人的心情，翻腾得更厉害了。老爷看后入了迷，想用自己的衣服和马换取。经过再三的讨价还价，交易做成了。勒布穿上庄园主的绸缎，骑上庄园主的骏马走了。临别时，勒布告诉庄园主：“这个宝锅爱打瞌睡，装满水后，要用石头敲五下，头次轻，最后一次重敲，它就开了。”庄园主如获至宝，在盘算着国王会赏赐他多少金银和奴隶。他越想越甜蜜，他顺手捡起拳头大的石头，轻轻敲了4下，水还没有开，他使出吃奶的力气猛击石锅，只听“咔嚓”一声，石锅被打烂了，他吓瘫在那里了。

邦辛乡位于大峡谷腹地，分布着热带、亚热带、温带、温寒带、寒带5种气候和植物带谱。在这种奇异的自然环境中，生长着世界各地所能见到的许多植物林木。

森林是人类进化的摇篮和文明之母。我们的祖先正是在森林里开始使用火，并从森林里直立行走进化为人类的。人类成了万物之灵，而与人类为朋的各种动物，仍然自由自在地生活在森林中，森林成了动物的王国和乐园。这片森林里生活着热带、亚热带和高山寒温带形形色色、种类繁多的动物。其中有国家一级保护动物长尾叶猴、金猫、云豹、雪豹、金钱豹、虎、白唇鹿、羚牛、赤斑羚、棕颈犀鸟等，棕熊、小熊猫、灵猫、鹦鹉、麝（獐子）等二级保护动物。

从邦辛乡出发去大峡谷的加热萨乡，意味着道路更加艰难，路况很差，但风光之美却是举世无双。特别是南迦巴瓦峰南坡，就是我国具有最完整、最典型的山地垂直植被带谱的唯一山地。在这个世所罕见的生态系统中，发育繁衍着复杂丰富的植被类型和动植物区系，因而被生物学家称为“植被类型的天然博物馆”“山地生物资源的基因库”，世界上难得一见的巨幅画屏。

以南迦巴瓦峰为主的喜马拉雅山南坡，从海拔7000多米高的冰峰雪岭，到海拔高度只有几百米的密林峡谷，自上而下出现极大反差，人们可以看到自然造化的种种神妙景观。

可更令人称奇的是，因为大峡谷是一条印度洋暖湿水汽的大通道，所以就出现了南北植物大交移的奇特地理分布现象，喜马拉雅山北坡的植物在南坡气候下落地生根，南坡的植物也赫然出现在喜马拉雅山的北坡。这种特异现象，在国内外其他地方是罕见的。大峡谷植物种类之多、数量之大，可以说是西藏第一，在全国也处于领先地位。说大峡谷是“天然植物博物馆”和“山地植物物种基因库”，名副其实。这里是人类最鲜活的一个多维彩色时空，置身其中，仿佛阅尽了大自然的一切景色。

这巨大的画屏、彩色的时空，不是单一的画幅，而是系列长卷。那层层叠叠、绵延不断的画面，连续性、全景式地展示了高山峡谷的雄伟与妩媚。此情此景，让工作组不由得发出“此景只应天上有，人间能得几回见”的慨叹。此刻，他们正行进在这幅地球画屏的第三层，暖温带和寒温带交混的针叶林带。青松屹立，冷杉挺拔，杜鹃花漫山遍野，报春花四处盛开。再往前走，山势越来越高大，越走脚下的山路也越高远。大峡谷的雄姿正以更广阔的幅度、更理想的角度、更丰富的层次，多方位、立体化、全景式地呈现在他们面前。

高山夹峙，峭壁陡立，山峰与峡谷的高差竟达五六千米。曲折迂回、水大浪急的雅鲁藏布江就在加热萨一带撞壁而返，一个 180 度的回旋造成大拐弯的顶端，顶端上面就是墨脱县的加热萨乡。当他们进入加热萨乡时，一下就被眼前的景象惊呆了。

这又是一个珞巴族和门巴族民居的垂直带谱。一间间木屋、一幢幢木楼，阶梯式地挂在近乎直立的山崖上，崖壁如削，房屋悬空。60 度以上的山坡，山势陡峭，岩壁坚硬，在没有三尺平的悬崖上，如何建造房屋？世界上最高明的建筑师，在没有任何现代工具和设施的情况下都会望而生畏、束手无策。但是，门巴人和珞巴人为了生存，不得不适应环境，依据地势，别出心裁地把木屋高挂在峭壁悬崖上。

家家户户的木屋都是三面悬空，一面对着岩壁，开门见山，走出门没有多大活动余地，必须上山或下山。下面的人上山到山泉边接水，就要经过上面所有人家的门口。从下面往上看，那一座座稍微倾斜的阶梯或悬空排列的木屋，很容易使人联想起城市游乐园里，那高大的、挂着许多斗屋旋转的摩天轮。20 世纪 80 年代，当地村民挖出一块平地，建了两排十来间木屋，这就成了加热萨的一座宫殿，一座破天荒的豪华建筑。这里村民种地，也是在山坡上找一片沙土梯田，粗放耕种，由此可见村民生活的艰辛。

工作组再往上走，便是墨脱县上三乡中最偏远、最艰苦的甘登乡。甘登乡以前的物资运输基本靠人背马驮，干部群众出行只能依靠步行，直到 2020 年 8 月 8 日，在各方努力下，甘登乡期盼已久的“致富路”终于通了。甘登乡这个美丽的小乡如今仅剩下甘登村了。环山环水的甘登村，可以远眺贡拉嘎布、加拉白垒、岗日嘎布等多座雪山。村民们每天起来后，总会面朝雪山双手合十祈祷，之后摇起生生不息的转经筒。工作组来到村民卓玛家，她快速把伙房里的柴火生起，给大家烧水煮大茶。她事先把茶叶梗放到壶里，水开后倒进壶里，再撒入一把盐巴即可。大茶煮好后，卓玛拿出圆形茶碗，满满地倒上 8 碗招待大家。茶还没喝完，她又给大家端上热乎的酥油茶。

工作组当晚夜宿甘登村木屋，大风刮，大雨下，整夜不停。在寂静的晚上，漆黑的夜空，没有想象中的星星和月亮，没有悦耳的山涧鸟语，没有熟悉的网络，只有来自雅鲁藏布大峡谷最深处的风声雨声。要想在上三乡待下去，需要坚定的意志。

第二天清晨，工作组远眺贡拉嘎布雪山，聆听一声声吆喝，却似优美的山歌回荡在山谷。工作组还能听到主人隔窗唤牛的吆喝声，以为哪是村民习惯性地在早晨唱歌吊嗓子。乡干部解释说，那是晚上牛在山上吃草，早晨就被主人唤回家。

拉开伙房的窗帘，一股清新的空气扑鼻而来。对面的贡拉嘎布雪山被日出镀上了红色。雪山上的金光渐渐变白的时候，人们都陆续起床了。卓玛从火塘上方挂着的竹编筐里挑选几块腊肉，放到砧板上剁碎，切些自家种的辣椒，清洗小白菜，准备工作组的早餐。半小时的工夫，腊肉炒白菜、青椒炒腊肉，就在卓玛的手下香喷喷地出锅了。

工作组深入墨脱最边远的甘登乡调研（工作组供图）

墨脱上三乡如今均通了汽车，架设在雅鲁藏布江上的多条藤网桥、溜索渐渐地淡出了历史舞台，气势恢宏的钢架大桥横跨两岸。原来生活在上三乡岗玉村的村民，也被迁到通汽车的乡镇上居住，江上的溜索彻底成为历史遗迹。工作组成员告别刻有经文、石锅堆起的玛尼堆时，与一起前往加热萨乡的背夫们结伴而行，或许他们是去买打石锅的原材料？抑或跑运输？工作组成员从心里祝愿甘登乡、加热萨乡的群众能让邦辛乡的石锅工艺走出大峡谷。

工作组回到墨脱县城后，思考最多的是雅鲁藏布大峡谷腹地旅游线路如何向其深处延伸的问题。当大量游客从派墨公路进入墨脱县背崩后，便可感受大峡谷的魅力。他们从背崩出发，沿雅鲁藏布江逆流而上，经德兴乡、墨脱镇、达木珞巴民族乡、邦辛乡、加热萨乡到达甘登乡，沿途可体验门巴族传统村落、果果塘大拐弯景区的壮美、珞巴族民俗风情。随着达木至甘登公路的升级改造，开车进入大峡谷深处不到 3 个小时便可感受大峡谷深处美景，墨脱县的旅游潜力不可限量，这正是工作组进入邦辛乡、加热萨和甘登的最大收获。

2021 年 8 月 25 日，墨脱县组织县直、乡（镇）、村等领导和业务骨干 120 余人，叶敏坚结合在墨脱所见、所闻、所悟、所感，认为墨脱知名度很高，但美誉度不 足，以《把握重大发展机遇，努力提升墨脱美誉度》为题，围绕“准确认识墨脱美誉度的现状”“充分认识提升墨脱美誉度的优势”“着力提升墨脱美誉度的方向”三个方面授课。叶敏坚说，墨脱被誉为“世界植物博物馆”“世界生物基因库”，拥有“五最一秘”的独特资源和雅鲁藏布江大峡谷、南迦巴瓦峰、果果塘大拐弯等世界顶级自然景观名片，墨脱广大党员干部要以国家加大对边境民族地区的关怀和倾斜，以及“十四五”时期国家推进雅鲁藏布江下游水电开发和林芝市构建“一核三带”发展格局给墨脱带来的历史性机遇，从多个方面提升墨脱的美誉度，实现个人与墨脱的共同成长。

参考文献

[1] 高登义，等. 世界第一大峡谷——雅鲁藏布大峡谷历史、资源及其自然环境和人类活动关系. 杭州：浙江教育出版社，2001.

[2] 高登义. 穿越雅鲁藏布大峡谷. 北京：北京大学出版社，2012.

[3] 杨逸畴. 世纪回眸大峡谷. 上海：上海科学技术出版社，2000.

[4] 杨西虎，张军. 穿越大峡谷——雅鲁藏布大峡谷科考纪实. 北京：人民日报出版社，2001.

[5] 汤海帆，等. 最后的探秘——穿越雅鲁藏布大峡谷. 天津：新蕾出版社，2000.

[6] 张继民. 走进世界第一大峡谷. 北京：人民日报出版社，1998.

[7] 卯晓岚. 真菌王国奇趣游. 郑州：海燕出版社，2005.

[8] 徐凤翔. 走进高原深处. 郑州：海燕出版社，2005.

[9] 李渤生. 雪域湮没的残忆. 郑州：海燕出版社，2005.

[10] 陶宝祥. 走入大峡谷的人们. 福州：福建教育出版社，2000.

[11] 张文敬. 大峡谷冰川考察记. 福州：福建教育出版社，2000.

[12] 罗洪忠. 深峡淘金：世界第一大峡谷人文科考解读. 成都电子科技大学出版社，2012.

[13] 罗洪忠. 莲花遗梦——珞渝文化第一人冀文正 50 年代墨脱口述史. 拉萨：西藏人民出版社，2015.

[14] 冀文正，等. 雅鲁藏布大峡谷国土旅游资源. 北京：地质出版社，2011.

[15] [英]F M 贝利. 无护照西藏之行. 拉萨：西藏社科院资料情报研究所编印，1983.

[16] [印]沙钦 · 罗伊. 珞巴族阿迪人的文化. 拉萨：西藏人民出版社，1991.

[17] [美]约翰 · 麦格雷格. 西藏探险. 拉萨：西藏人民出版社，1997.

[18] [英]F 沃德. 神秘的滇藏河流. 北京：中国社会科学出版社，2002.

后记

27 年前的那个春天，我从媒体上知道雅鲁藏布大峡谷为世界第一大峡谷，当时身在西藏军营，雅鲁藏布大峡谷如同天边遥远的神话。

2 年后，我不顾家人反对，前去感受大峡谷的魅力，沿着边境线走上一圈，险些被通麦大塌方处山上掉落的石头所砸，被部队疑为“间谍”给扣起来，认为世上哪有这样的“怪人”，待弄清身份后才放人，向我赔礼道歉，其间的艰辛难以描述。

1998 年 10 月，我国科学家、新闻记者完成了人类首次全程徒步穿越雅鲁藏布大峡谷派乡至西让核心地段的壮举，让我激动不已，决心为雅鲁藏布大峡谷科考和探险写本书，书名定为《雅鲁藏布谜峡——世界第一大峡谷科学探险纪实》。

2002 年 10 月，我到解放军文艺出版社帮助工作，有幸拜访中国科学院大气物理所研究员、博士生导师、中国科学探险协会原主席高登义先生，他既是世界第一大峡谷的发现者之一，也是首次全程穿越雅鲁藏布大峡谷的发起和组织者，让雅鲁藏布大峡谷迅速走向千家万户。高先生的大峡谷水汽通道理论，在科学界产生重大影响，他同自己的团队经过科学实验，率先否定将喜马拉雅山炸开一条大缺口调水汽到大西北的设想。

2019 年 10 月，年已八旬的高先生应中国科学院青藏高原研究所的邀请，参加了墨脱科学考察，走进了雅鲁藏布江下游我方管辖的最南端西让村。他年轻时，一直梦想在这里建站观测水汽通道，未能圆梦。这个梦想如今实现了，青藏高原研究所在这里建起了水汽输送监测站。根据他们的观测，西让村年降水量高达 8000 多毫米，是我国年降水量之最。

我与高先生同为四川人，当听完我的写作提纲、图书价值后，高先生认为这是一部非常值得写的科考纪实类图书，希望我看准目标后不要放弃。他提供了当年参与雅鲁藏布大峡谷科考的部分专家名单和联系方式。若是采访过程中遇到困难，他再帮忙协调。他的热心激励着我做好前期采访和资料储备工作。

在北京工作的一年里，我先后采访了近百名科学家、新闻记者、探险人员，也感念他们为雅鲁藏布大峡谷做出的牺牲。杨逸畴作为最早论证雅鲁藏布大峡谷为世界第一大峡谷的科学家，从青年到老年，40 年沐浴高原的风雨，雅鲁藏布大峡谷可以说是他一生中最重要的地方，也是他最为留恋的。杨逸畴也在反思，中国老一代科学家埋头写学术论文，羞于争谁最先发现什么，更不会将科研成果通过新闻媒体宣传出去，让外国人抢了报道先机。2012 年 7 月 27 日，杨逸畴病逝，在弥留之际，仍心念着雅鲁藏布大峡谷。很多人说，杨逸畴是为大峡谷而生，也是为大峡谷而死的人，杨逸畴是当之无愧的“雅鲁藏布大峡谷之父”。

陈传友是中国科学院自然资源综合考察委员会研究员，将数十年心血用于西藏水利资源考察。我见到陈传友时，他正趴伏在自己亲手绘制的雅鲁藏布大峡谷大拐弯地形图上，对“藏水北调”方案做第五次修改。在他的办公室里，我还见到了一幅超长的地图，是用一张张小地图拼接起来的，陈传友饱蘸浓情孕育他的“藏水北调”大计。他引起中央领导关注后，一不小心“出名”了，他一边小心翼翼地修正着调水方案，一边顽强地保持着斗士姿态与人论辩，甚至与水利部专家也有过激烈争论，他的“藏水北调”至今仍被认为是某种科幻。

早在 1988 年，陈传友先生就曾在《光明日报》上发表文章：“西藏可否建世界上最大的水电站？”陈先生的方案是在雅江干流上修建水库，抬高水位，然后打一条 16 千米长的隧洞引水至支流多雄河，落差达到 2300 多米，可以开发 3 级电站，建成相当于 2.5 个三峡电站的发电量。为了安全和保护生态环境，水电站可以建在地下。12 年苦心孤诣未见一线曙光，“倔老头”陈传友变得现实而理性，“我不奢求藏水北调立项，只希望能及早研究，早做决断。”

2020 年 11 月，《中共中央关于制定国民经济和社会发展第十四个五年规划和二〇三五年远景目标的建议》中，明确提出了“实施雅鲁藏布江下游水电开发”。在 2021 年 3 月的两会“部长通道”采访中，国家发改委主任何立峰透露了“正在谋划推进雅鲁藏布江下游水电开发”；而在地方，西藏自治区政府也多次提到了这一项目，表示要全力加快项目前期工作。科学家是国家的宝贝，他们的科考成果和超前思维，将给国家经济建设注入活力。

采访大峡谷的科学家、探险家越多，越是为他们的科考成果欣喜，越是感动于他们的探险精神，便开始孕育《雅鲁藏布谜峡》一书的写作。我就如何写好雅鲁藏布大峡谷科学考察史，特地拜访我国著名报告文学作家、四获鲁迅文学奖的李鸣生先生。当我花一个多小时讲完相关内容后，李先生很激动，大加称赞这本书的写作价值，就如何写好此书，谈了写作理念和方法技巧。

这本书反映人类探索地球家园——雅鲁藏布大峡谷生存的秘密，重在描述人类的科学探险精神，要有可靠的资料，要尊重历史，写书要有大气度，写出中外科学家好的地方、不好的方面，完全按事实去写。要塑造非常好的人物形象，要用细节去表述，注意原生态的东西，要写出雅鲁藏布大峡谷的地理价值、生态价值、经济价值、人文价值等。

李先生希望我通过这本书，展示各国科学家、探险家的悲喜，通过摆事实和讲道理，写出人与自然、人类自身、人与人、中外人物之间的矛盾，中西方科学家对待科学的不同特点，进行理性思考。记录历史不能有双重标准，一定要有强烈的批判、反思意识，要用两只眼睛去看问题。他要求我写一个好的引言，要像耍魔术一样，介绍大峡谷的地理位置、科考探险目的、开发价值，诸如它是解开地球密码的钥匙等，达到引人入胜的目的。

1825 年 11 月，当英国陆军上尉、殖民探险家贝德福德的双脚从阿萨姆踏上雅鲁藏布大峡谷流域时，到如今跨度近 200 年，这本书涉及的中外历史人物众多，科考成果丰硕，写作难度之大，可想而知。我断断续续写作该书，也在不断采访和积累，此书历时之久，远超出我的预期。

2020 年 11 月 9 日，广东省第九批援藏工作队墨脱县工作组组长、墨脱县委常务副书记叶敏坚出差到成都，就雅鲁藏布大峡谷科考图书如何写作同我进行过初步交流。2021 年 4 月，我再次前往墨脱县就雅鲁藏布大峡谷科考一书实地采访，并与叶书记进行了深入沟通，他提供了很多线索，还有科考成果服务墨脱经济的思路。他宽广的视野、超前的思维、务实的作风，给我留下了深刻印象，他带领的援藏工作组为探秘雅鲁藏布大峡谷而作出的积极努力也深深地感动了我。

“进藏为什么”“在藏干什么”“离藏留什么”，是每一个援藏干部踏上这片神秘土地时都要面对的灵魂之问，叶书记主动担当、无私奉献，用心用情用功巩固墨脱脱贫攻坚成果的同时，也义不容辞地充当了一名临时探险家、科考工作者，对雅鲁藏布大峡谷的神秘与魅力进行孜孜不倦的探索与发现，为莲花秘境墨脱盛放于世人面前作出了积极贡献。就在我采访期间，叶书记被西藏自治区党委和政府授予“全区脱贫攻坚先进个人”称号，是广东省第九批援藏工作队推荐的唯一人选。

我同叶书记交流时，得知他下乡考察有着 800 多年树龄的古茶树，返回时路遇塌方，掏空路基，幸遇驾驶员处理及时，才躲过灾难。叶书记他们置生死于度外换来的古茶树考察之旅，证实了墨脱县的民间传说，很早之前这里就是茶树的生长地，为墨脱系西藏最大产茶基地找到了科学依据。

我静下心来写作此书，开始全面审视雅鲁藏布大峡谷科考历史。中国上百年的历史中，一直受着西方列强的欺凌，外国侵略者一手拿枪，一手持笔，任意踏上我国雅鲁藏布大峡谷的土地，进行军事、地理、人文等资料的搜集。他们不是在探索自然、接近自然中来认识自然，而是为进行所谓的“阿波尔征讨”搜集资料，给中印边界争端埋下了祸根。

的确，过去我们没有能力抵御外国的侵略，也没有能力进行雅鲁藏布大峡谷科考，只能眼睁睁地看着这些掠夺者任意进入，没有条件去考察，没有气魄去阻止。今天的中国，已不是昨天的中国，中国人也不再是“东亚病夫”，中华民族已从历史的悲歌中站了起来。尽管许多痛苦的往事已渐渐远去，但那段历史却烙在中国人的记忆深处。因此，我写作了雅鲁藏布大峡谷一百多年的科学探险考察史，全面审视大峡谷。

在写作过程中，就读于浙江大学的罗林鑫利用寒暑假期，参与到此书整理资料和撰写初稿中来，将其作为大学期间一项重要的社会实践活动。他整理与此相关的书籍、报刊资料达 30 多万字，整理采访录音 16 个小时，撰写第二至七章的部分初稿，我再进行修改和润色。他是一名尚未步入社会的大学生，做事极为严谨和认真，让我感到欣慰。

我已竭尽全力并为此而疲惫不堪，直到现在仍未达到心中预想的目标，但我还是多少感到一丝欣慰，因为我为写作大峡谷科学探险史尽了一份心力，为奔腾的大峡谷科考史长河增添了一朵思索的浪花。

这是一部科学性很强的纪实文学，在写作过程中，参阅了诸多科学家、媒体人出版的专著、考察札记和随笔，有些引文难免有误。我已列出参考的书籍和史料，依旧会有遗漏，敬请见谅。

罗洪忠

2021 年 5 月 25 日于成都